U0291452

2016年
太湖暴雨洪水

水利部信息中心（水文水资源监测预报中心）
太湖流域管理局水文局（信息中心） 编著

中国水利水电出版社
www.waterpub.com.cn
·北京·

内 容 提 要

本书根据太湖流域 2016 年洪水实测资料，全面系统地分析了 2016 年太湖流域天气特征、降水特点、暴雨中心移动路径、水势变化、洪水运动格局、高水位成因、水利工程运用效益、监测预报预警等，并与太湖流域 1991 年、1999 年两次暴雨洪水特征进行了对比分析，提出了 2016 年太湖流域暴雨洪水的启示与建议，是一本反映 2016 年太湖流域暴雨洪水总体情况的实用性成果专著。

本书内容丰富、资料翔实，数据准确可靠，对当前和今后太湖流域防汛、水资源管理、规划设计、工程建设与运行管理等工作具有重要的参考价值。

本书适用于防汛抗旱、水利、水文等单位的技术干部以及大专院校有关师生阅读。

图书在版编目（Ｃ Ｉ Ｐ）数据

2016年太湖暴雨洪水 / 水利部信息中心（水文水资源监测预报中心），太湖流域管理局水文局（信息中心）编著. -- 北京：中国水利水电出版社，2020.10
ISBN 978-7-5170-8806-6

Ⅰ．①2… Ⅱ．①水… ②太… Ⅲ．①太湖－流域－暴雨洪水－研究－2016 Ⅳ．①P333.2

中国版本图书馆CIP数据核字(2020)第157933号

审图号：GS（2020）5059 号

责任编辑：李丽辉　王若明

书　名	**2016 年太湖暴雨洪水** 2016 NIAN TAI HU BAOYU HONGSHUI
作　者	水利部信息中心（水文水资源监测预报中心） 太湖流域管理局水文局（信息中心）　　编著
出版发行	中国水利水电出版社 （北京市海淀区玉渊潭南路 1 号 D 座　100038） 网址：www.waterpub.com.cn E-mail：sales@waterpub.com.cn 电话：（010）68367658（营销中心）
经　售	北京科水图书销售中心（零售） 电话：（010）88383994、63202643、68545874 全国各地新华书店和相关出版物销售网点
排　版	中国水利水电出版社微机排版中心
印　刷	北京瑞斯通印务发展有限公司
规　格	184mm×260mm　16 开本　20.25 印张　499 千字
版　次	2020 年 10 月第 1 版　2020 年 10 月第 1 次印刷
定　价	**168.00 元**

《2016 年太湖暴雨洪水》参编单位

水利部信息中心（水文水资源监测预报中心）

太湖流域管理局水文局（信息中心）

江苏省水文水资源勘测局

浙江省水文管理中心

上海市水文总站

上海市防汛信息中心

序号	编写内容	编写人员
13	5.3节	李磊、罗俐雅、韦浩、闵惠学、房振南、姜悦美
14	6.1、6.4节	刘敏
15	6.2节	季同德、罗俐雅
16	6.3节	季同德、左一鸣、陈光
17	7.1、7.4节	金科
18	7.2、7.3节	王容、左一鸣、崔彦萍、闵惠学、肖梦睫、薛涛
19	第8章	林荷娟
20	附录1、附录6	季同德
21	附录2、附录3	左一鸣
22	附录4、附录5	李磊、王容
23	附录7、附录8	金科、季同德

在本书的编著过程中，得到了太湖流域各地市水文部门的大力支持，在此一并表示衷心的感谢。鉴于太湖流域水文特性复杂，影响因素较多，研究人员技术水平有限，书中难免有分析不到位和错误之处，恳请广大读者和同行批评指正。

作者

2020 年 6 月

《2016年太湖暴雨洪水》编写人员

主　编　戴　甦　刘志雨　林荷娟　孙春鹏

副主编　姜桂花　唐运忆　王淑英　何金林　陈　升

主要编写人员　（按单位排序）
水利部信息中心（水文水资源监测预报中心）

　　　　　　　　　　　　　　赵兰兰　李　磊　王　容

太湖流域管理局水文局（信息中心）

　　　　　　　　　　　　　刘　敏　季海萍　金　科　武　剑　左一鸣
　　　　　　　　　　　　　季同德　房振南

江苏省水文水资源勘测局　罗俐雅　闻余华　崔彦萍
浙江省水文管理中心　　　闵惠学　陈　光　毛鸿鹏
上海市水文总站　　　　　韦　浩　俞　汇
上海市防汛信息中心　　　肖梦睫
上海中心气象台　　　　　邹兰军　李　静　徐继业　傅　洁　韩　昌

参加人员　（按单位排序）

　　　　　　　　李　岩　孙　龙　尹志杰　侯爱中　朱　冰
　　　　　　　　卢洪健　胡智丹　王　琳　黄昌兴　郑　文
　　　　　　　　朱春子　高唯清　张麓瑀　吴　娟　王凯燕
　　　　　　　　甘月云　陈　甜　徐卫东　俞晓亮　薛　涛
　　　　　　　　姜悦美　陈　静　何　健　聂　源　陈利晶
　　　　　　　　周红兵　任小龙　吴金宁　姚允龙　顾林森
　　　　　　　　朱　玲　邵飞燕　蒋闻雨　朱立国　周　芸
　　　　　　　　陆　益　徐　兴　朱晓敏

前　言

受超强厄尔尼诺的影响，2016年太湖流域先后遭受春汛、梅汛、秋汛及多次台风暴雨影响，年降水量达1855.2mm，位列1951年以来第一位；太湖年最高水位4.88m❶，为1954年以来第二高水位；河网水位全面超警，流域北部多个站点水位屡创历史新高。面对流域严重汛情，在国家防汛抗旱总指挥部（以下简称"国家防总"）和水利部的领导下，在太湖流域防汛抗旱总指挥部（以下简称"太湖防总"）的统一指挥下，太湖流域水文部门加强预测预报和监测分析，为有效应对太湖流域特大洪水提供了有力支撑。据统计，2016年洪水因灾直接经济损失75.3亿元，仅占流域当年GDP的0.10%，洪灾主要发生在流域上游的宜兴、溧阳、金坛及长兴一带；而1991年太湖流域大洪水直接经济损失114亿元，占流域当年GDP的6.7%；1999年太湖流域大洪水直接经济损失141亿元，占流域当年GDP的1.58%。2016年灾害损失远低于1991年和1999年，大水小灾，防灾减灾效益显著。

按照原水利部水文局（水利信息中心）的要求和统一部署，太湖流域管理局水文局（信息中心）（以下简称"太湖局水文局"）会同江苏省水文水资源勘测局（以下简称"江苏省水文局"）、原浙江省水文局、上海市水文总站、上海市防汛信息中心等单位对2016年太湖流域暴雨洪水开展了深入的调查、分析和总结，并编制了"2016年太湖暴雨洪水专著编写大纲"初稿，2017年1月6日，原水利部水文局在江苏省苏州市组织召开了大纲审查会，并成立了编写组。2017年3月底，编写组进行了为期一周的集中编写，对分析过程中遇到的问题进行了深入讨论。2017年5月完成了《2016年太湖暴雨洪水》初稿的编写工作，2017年6月7日，原水利部水文局在北京组织江苏、浙江、上海两省一市水文部门召开了"2016年太湖暴雨洪水调查分析阶段性成果研讨会"，对本书初稿进行了讨论，提出了修改意见。太湖局水文局投入大量精力对本书进行了修改与完善，对书中数据和分析成果进行了统一协调，2018年2月完成了本书的征求意见稿。2018年3月，水利部信息中心（水文水资源监测预报中心）❷会同太湖局水文局组织参编单位的专家代表，在江苏省无锡市召开了成果审核会，会议充分肯定了本书编写质量，提出了要进一步加强数据

---

❶　2016年太湖最高水位报汛数据为4.87m，整编数据为4.88m。

❷　2017年10月，原水利部水文局（水利信息中心）更名为水利部信息中心，加挂"水利部水文水资源监测预报中心"牌子。

规范化表示等修改意见，2018年6月完成了本书送审稿的编写工作。2018年9月13日，水利部信息中心（水文水资源监测预报中心）组织国家防汛抗旱总指挥部办公室（以下简称"国家防办"）等单位的专家在北京对《2016年太湖暴雨洪水》一书的送审稿进行了技术审查，专家一致认为该书资料翔实、内容系统全面、分析方法合理、成果科学。

本书在调查及大量实测资料收集和整理的基础上，阐述了水雨情的发展过程，全面总结了暴雨洪水的特点，分析了暴雨特征、暴雨中心移动路径和水势变化、高水位原因以及降水与水位的关系，并与历史暴雨洪水进行了对比分析，从流域、区域、骨干河道三个层面开展了洪水运动格局研究，分析了流域骨干工程、城市防洪工程、水库等在防御2016年太湖流域暴雨洪水中发挥的效益，提出了2016年太湖流域暴雨洪水的几点认识及启示与建议。本书对当前和今后太湖流域防汛、水资源管理、规划设计、工程建设与运行管理等工作具有重要的参考价值。

书中采用的数据除第6章"水利工程运用分析"、第7章"监测预报预警"及附录为实时报汛数据，水位为8时水位，其余均为整编资料，水位为日均水位（除特别注明外）；水位基面高程除浦东浦西区水位为佘山吴淞基面高程、浙西区水库水位为85基面高程外，其余均为镇江吴淞基面高程。

本书共分为8章和8个附录，由戴甦、刘志雨、林荷娟、孙春鹏等编著，林荷娟、姜桂花负责统稿，孙春鹏、林荷娟、唐运忆、王淑英、何金林、陈升校核，吴浩云审定。参加本书编写的人员如下：

序号	编写内容	编写人员
1	概要	赵兰兰
2	1.1节	赵兰兰
3	1.2~1.6节	金科
4	第2章	邹兰军、李静、徐继业、傅洁、韩昌、王容
5	3.1、3.3节	季海萍
6	3.2节	王容、崔彦萍、闵惠学、毛鸿鹏、肖梦睫、陈光
7	4.1、4.2节	刘敏、崔彦萍、陈光、毛鸿鹏、韦浩
8	4.3节	赵兰兰、崔彦萍、闵惠学、肖梦睫
9	4.4、4.6节	武剑
10	4.5节	武剑、李磊、崔彦萍、闵惠学、韦浩
11	5.1、5.4节	赵兰兰
12	5.2节	王容、闻余华、闵惠学、韦浩、房振南

目　　录

前言

2016 年太湖暴雨洪水概要 ··· 1
  0.1　降雨和洪水概况 ··· 1
  0.2　洪水分析 ··· 2
  0.3　洪水运动分析 ··· 4
  0.4　水利工程防洪作用 ··· 4
  0.5　监测预报预警 ··· 6

第 1 章　流域概况 ··· 7
  1.1　自然地理 ··· 7
  1.2　暴雨洪水 ··· 16
  1.3　水文站网 ··· 16
  1.4　防洪工程 ··· 20
  1.5　洪涝灾害 ··· 30
  1.6　社会经济 ··· 31

第 2 章　天气形势分析 ··· 35
  2.1　前期环流形势 ··· 35
  2.2　梅雨期暴雨成因 ··· 36
  2.3　典型年梅雨环流形势比较 ··· 41
  2.4　台风天气形势分析 ··· 42
  2.5　本章小结 ··· 44

第 3 章　雨水情发展过程 ··· 45
  3.1　雨情 ··· 45
  3.2　水情 ··· 70
  3.3　本章小结 ··· 86

第 4 章　暴雨洪水分析 ··· 88
  4.1　暴雨洪水特点 ··· 88
  4.2　暴雨分析 ··· 88
  4.3　洪水分析 ··· 99
  4.4　洪水定性 ··· 134
  4.5　与典型洪水年对比 ··· 135
  4.6　本章小结 ··· 159

第 5 章　洪水组成分析 ·· 161

　5.1　流域洪水组成分析 ·· 161

　5.2　区域洪水运动分析 ·· 173

　5.3　主要河道洪水运动分析 ······································ 177

　5.4　本章小结 ·· 186

第 6 章　水利工程运用分析 ······································ 187

　6.1　流域骨干工程 ·· 187

　6.2　城市防洪工程 ·· 208

　6.3　水库工程 ·· 217

　6.4　本章小结 ·· 227

第 7 章　监测预报预警 ·· 228

　7.1　水文监测 ·· 228

　7.2　洪水预报 ·· 248

　7.3　水情预警 ·· 259

　7.4　本章小结 ·· 262

第 8 章　认识、启示与建议 ······································ 263

　8.1　认识 ·· 263

　8.2　启示 ·· 265

　8.3　建议 ·· 269

附录 ·· 272

　附录 1　主要名词 ·· 272

　附录 2　2016 年汛期太浦闸运行情况表 ···························· 275

　附录 3　2016 年汛期望亭水利枢纽运行情况表 ······················ 280

　附录 4　典型洪水 ·· 285

　附录 5　典型干旱 ·· 288

　附录 6　典型旱涝急转 ·· 290

　附录 7　典型台风 ·· 292

　附录 8　引江济太 ·· 309

参考文献 ·· 312

2016 年太湖暴雨洪水概要

2016 年太湖流域先后发生春汛、梅汛和秋汛，全年降水量位列 1951 年有实测资料以来第一位，太湖最高水位达 4.88m，为 1954 年有实测资料以来第二高水位。太湖流域发生流域性特大洪水，流域北部地区发生超历史洪水。本书依据流域水文资料，全面系统地分析了 2016 年太湖暴雨洪水的基本情况、主要特征和影响因素。由于本书篇幅较大，为便于了解 2016 年太湖暴雨洪水的总体情况，现将 2016 年太湖洪水的主要情况和结论概述如下。

0.1 降雨和洪水概况

0.1.1 雨情

2016 年太湖流域降水异常偏多。流域面平均降水量为 1855.2mm，较常年（1986—2015 年均值，下同）偏多 52%，其中汛前（1—4 月）降水量为 361.6mm，较常年同期偏多 8%；汛期（5—9 月）降水量为 1124.4mm，较常年同期偏多 55%，位列 1951 年以来同期第二位；汛后（10—12 月）降水量为 369.2mm，较常年同期偏多 133%，位列 1951 年以来同期第一位。全年降水空间分布总体上西部大于东部。梅雨期（6 月 19 日至 7 月 19 日）太湖流域降水明显偏多，梅雨量为 426.8mm，较常年偏多 77%，位列 1954 年以来第五位。降水主要集中在流域北部湖西区、武澄锡虞区和太湖区，其中湖西区降水量最大，达 638.2mm，其次为武澄锡虞区 557.0mm，太湖区为 481.6mm，其余各分区梅雨量为 251.0～418.2mm。各分区梅雨量均较常年梅雨量偏多，偏多幅度为 9%～157%，其中湖西区、武澄锡虞区梅雨量为常年的 2.3 倍以上，太湖区为常年的 2.1 倍。

0.1.2 水情

从 2016 年 4 月起太湖水位持续上涨，梅雨期太湖出现全年最高水位 4.88m，太湖流域发生流域性特大洪水，流域北部地区发生超历史洪水。太湖水位 6 月 3 日 7 时 35 分首次达到警戒水位 3.80m，全年累计超警 97d，超设计洪水位 4.65m❶16d。

1—3 月，流域降水总体偏少，太湖水位平稳下降，从年初的 3.42m 降至 4 月 1 日的 3.10m，根据流域省（市）改善水环境的需求，太湖防总在坚持提前预降太湖水位的同时，通过"边引边排""小引大排"的方式，从 3 月 5 日起开展了引江济太。为确保防汛安全，4 月 1 日关闭望亭水利枢纽，停止引江济太，但 4 月起，流域多次出现强降水过程，月降水量 200.2mm，为常年同期的 2.2 倍，太湖水位快速上涨。4 月 15 日，望虞河常熟

---

❶ 根据太湖流域"一轮治太"工程防洪标准，太湖设计洪水位为 4.65m，因此，当太湖水位达到或超过 4.65m 即认为太湖流域发生超标准洪水。

水利枢纽节制闸全力排水，16 日开启望亭水利枢纽排水，17 日加大太浦闸下泄流量。4 月 26 日，太湖水位涨至 3.52m，位列 1954 年以来同期第一位，太湖防总及时启用望虞河常熟水利枢纽泵站全力排水，较调度方案规定的条件提前 38d。5 月 1 日，太湖以历史同期第一高水位 3.52m 入汛，为加快太湖水位下降速度，太浦闸和望亭水利枢纽均全力排水，但太湖水位仍以 1954 年以来入梅日第二高水位 3.77m 入梅，7 月 8 日涨至年最高水位 4.88m，其后随着雨势减弱，太湖水位逐渐回落，至 8 月 6 日，太湖水位稳定在警戒水位 3.80m 以下。汛末，受台风"莫兰蒂"和"鲇鱼"影响，流域两度出现强降水过程，太湖水位快速上涨，并于 10 月 2 日超过警戒水位（以下简称"超警"），10 月 5 日 22 时 20 分达到此次降水过程的最高水位 3.88m，10 月 13 日太湖水位稳定在警戒水位以下。汛后，受台风"海马"外围云系及冷空气影响，10 月 19 日，太湖流域再次发生强降水过程，太湖水位于 10 月 22 日第 3 次超警，10 月 29 日 8 时 40 分达到汛后最高水位 4.14m，超警 0.34m，之后太湖水位平稳回落，11 月 12 日，水位回落至警戒水位以下。

梅雨期湖西区和武澄锡虞区多个河网代表站发生超历史最高水位（以下简称"超历史"）。湖西区王母观站最高水位 6.55m，超保证水位（以下简称"超保"）0.95m，超历史 0.43m，重现期接近 100 年；坊前站最高水位 5.81m，超保 1.31m，超历史 0.37m，重现期超过 100 年；溧阳（二）站最高水位 6.29m，超历史 0.29m，重现期约 90 年。武澄锡虞区无锡（大）站最高水位 5.28m，超保 0.75m，超历史 0.10m，重现期约 80 年；青阳站最高水位 5.34m，超保 0.49m，超历史 0.02m，重现期约 80 年。阳澄淀泖区苏州（枫桥）站最高水位 4.82m，超保 0.62m，超历史 0.22m，重现期约 50 年。王母观站、溧阳（二）站两站 4 次刷新历史纪录。

0.2 洪水分析

0.2.1 天气形势

受超强厄尔尼诺事件影响，2016 年全球海温异常、印度洋海温一致偏暖及西太平洋暖池强度偏强，2016 年梅雨期太湖流域始终处于强降水区，特别是 2016 年副热带高压强度持续偏强，位置偏西，梅雨期内乌拉尔山阻高持续存在，中高纬度呈现西高东低的配置，而低纬印缅槽偏强，西南季风强盛，南北冷暖气流在长江中下游地区对峙，导致太湖流域梅雨期长、梅雨量多。

0.2.2 主要特点

2016 年太湖流域暴雨洪水主要呈现 5 个特点：①前期降水多，入汛入梅水位高。受前期降水持续偏多影响，太湖入汛入梅水位分别为 1954 年以来第一位和第二位。②梅雨总量大，空间分布不均匀。流域梅雨量较常年偏多 77%，降水主要集中在流域北部湖西区、武澄锡虞区和太湖区，湖西区梅雨量是浦东浦西区的 2.5 倍以上。③太湖涨水历时长，超警超设计洪水位天数多。太湖水位从 4 月 4 日开始上涨，至 7 月 8 日涨至年最高水位 4.88m，涨水期长达 95d，比有纪录以来最长涨水期（1954 年，82d）长 13d；太湖水位全年共超警97d，其中持续超警达48d，达到或超过设计洪水位16d。④河网水位超警范围广，多站超历史。流域河网地区设有警戒水位的河道、闸坝、潮位站共有77个，设有保证水位的有71个，汛期共有73个站点水位（潮位）超警，占比达95％，其中33个站点超保，占比达45％；15个站点水位超历史，其中王母观站、溧阳（二）站两站四次刷新历史纪录。⑤太湖水位全年三度超警，为历史少见。除梅雨期超警外，汛末和汛后，受台风强降水影响，太湖水位再次两度超警，最高达到4.14m。

0.2.3 高水位成因

2016年梅雨期太湖水位高、持续时间长的主要原因是：①降水时间长、总量大是太湖高水位的最根本原因。太湖流域春汛、梅汛连发，降水总量大，过程间隔短，导致太湖水位连续大涨小落。②太湖入汛入梅水位高，客观上极大地增加了高水位概率。与1991年和1999年大水相比，2016年从入梅至最高水位期间，涨水历时短，降水量小，但因入梅水位高，最高水位仍然达4.88m，仅次于1999年。③区域排涝能力提高，直接推高了太湖水位。与1999年相比，太湖流域圩区排涝流量增加超过1万m³/s，特别是大运河沿线苏州、无锡、常州城市大包围建成后，排涝能力进一步提高，大量涝水入湖，直接推高了太湖水位。2016年太湖流域上游地区最大30d降水量仅为1999年的80％，但相应的入湖水量是1999年的1.1倍。④下游地区河网水位顶托导致两河不具备大流量持续泄洪条件，是太湖水位居高不下的客观原因之一。4—6月，太湖与下游望虞河、太浦河排洪通道代表站水位差很小，不利于向下游排水，进入7月以后水位差增大，两河才开始大流量排水。

0.2.4 与典型特大洪水年的比较

近30年来，太湖流域先后于1991年、1999年发生超标准洪水。从降水落区、降水强度、洪水量级等方面分析，2016年洪水与1991年洪水相似，均为流域北部型洪水，但2016年洪水前期降水量比1991年大，涨水历时长，入汛入梅水位高，是长历时降水的北部型洪水。

从降水对比看，1991年、1999年和2016年全年、汛期、梅雨期降水量均显著偏多。1999年全流域最大7d、15d、30d、60d、90d降水量重现期[1]均位列历史第一位，其中最大30d降水量重现期更是达到250年左右，而1991年和2016年降水量重现期分别为30年、20年左右。从降水分布看，太湖流域2016年暴雨与1999年明显不同，但与1991年相似，暴雨中心均在流域的西北部，即湖西区、武澄锡虞区，两区除最大1d降水量重现期外，其他特征时段降水量均位列历史前列。

从太湖水位变化看，1991年、1999年、2016年最高水位均发生在7月上中旬的梅雨期，入梅日至最高水位期间历时分别为58d、31d、19d，平均每天上涨2.6cm、6.4cm、5.7cm，从太湖水位起涨至最高水位历时分别为37d、32d、95d。太湖水位超警超设计洪水位天数均以1991年最少，其中超警天数2016年最多，超设计洪水位天数1999年最多。

---

[1] 太湖流域及各水利分区各时段的降水量重现期依据太湖流域水文设计成果，资料系列为1951—2010年。

从地区河网水位变化看，湖西区和武澄锡虞区代表站最高水位均发生在梅雨期，且 2016 年和 1991 年水位高于 1999 年，其他分区河网代表站最高水位则以 1999 年最高。

从水量对比看，汛期入湖水量 2016 年为 87.53 亿 m³，远大于 1991 年的 59.50 亿 m³ 和 1999 年的 76.65 亿 m³；出湖水量❶2016 年为 92.04 亿 m³，大于 1991 年的 69.02 亿 m³ 和 1999 年的 91.05 亿 m³。从分区看，大水年份湖西区、浙西区、杭嘉湖区入湖水量占总入湖水量的 95％以上，入湖水量与区域降水量有良好的对应关系，北部雨型的 1991 年、2016 年以湖西区入湖为主，南部雨型的 1999 年则以浙西区和杭嘉湖区入湖为主。出湖以两河工程及阳澄淀泖区为主，其中 1999 年、2016 年占比达 80％以上。

0.3 洪水运动分析

梅雨期太湖流域产水量为 118.5 亿 m³，流域调蓄量为 25.93 亿 m³，占产水量的 22％；北排长江、南排杭州湾、东出黄浦江的总净排水量共 84.62 亿 m³，占产水量的 71％。调蓄量中，又以太湖调蓄为主，调蓄量达 18.67 亿 m³，占调蓄量的 72％。流域外排水量中，沿长江江苏段、入杭州湾浙江段、黄浦江分别占 49％、13％、30％，另外，浦东浦西入江入海水量占外排水量的 8％。

与 1999 年大水年相比，太湖流域太湖、河网、水库调蓄总量占产水量的比重减少，排水量占产水量的比重增加；太湖湖体调蓄比重增加，入长江和杭州湾水量比重略有增加，黄浦江泄量比重有所下降。

0.4 水利工程防洪作用

0.4.1 太浦河

汛期，太浦闸累计泄水 41.11 亿 m³，相当于降低太湖水位 1.76m。其中，梅雨期累计泄水 17.75 亿 m³，相当于降低太湖水位 0.76m，远大于 1999 年梅雨期的排水量 7.251 亿 m³。5 月 1 日入汛至 7 月 8 日太湖出现最高水位期间，太浦闸共排泄太湖洪水 19.63 亿 m³，远超过 1999 年同期太浦闸的排水量 3.268 亿 m³，相当于降低太湖水位 0.84m，平均 1.2cm/d；期间，太湖流域南部汛情相对较轻，平望水位在调度控制线以上，太浦闸超常规运行 55d，全力减缓太湖水位上涨。7 月 3—18 日，太湖发生超标准洪水，太浦闸共排泄太湖洪水 12.14 亿 m³，相当于降低太湖水位 0.52m，平均 3.2cm/d。

主要退水期（7 月 9 日至 8 月 18 日，8 月 19 日太湖水位降到 3.50m 以下）太浦闸累计泄水 17.98 亿 m³，相当于降低太湖水位 0.77m，平均 1.9cm/d。

---

❶ 从巡测资料统计，1991 年和 1999 年汛期出湖水量分别为 77.29 亿 m³ 和 103.5 亿 m³，但由于 1991 年和 1999 年太浦河巡测断面设在太浦闸下游约 10km 处的平望，为了与 2016 年统一，1991 年和 1999 年太浦河出湖水量将平望水量修正至太浦闸泄水量。1991 年汛期平望断面水量为 20.19 亿 m³，太浦闸泄水量为 11.92 亿 m³；1999 年汛期平望断面水量为 40.85 亿 m³，太浦闸泄水量为 28.40 亿 m³。

0.4.2 望虞河

汛期，望虞河累计排泄洪涝水 28.51 亿 m³，其中排太湖洪水 22.22 亿 m³，占望虞河总排水量的 78%，相当于降低太湖水位 0.95m，平均 0.6cm/d；排武澄锡虞区涝水 6.293 亿 m³，占望虞河总排水量的 22%，相当于降低武澄锡虞区平均水位 2.2cm/d。

梅雨期，望虞河共排泄洪涝水 9.794 亿 m³，其中排太湖洪水 8.440 亿 m³，占望虞河总排水量的 86%，相当于降低太湖水位 0.36m，平均 1.2cm/d；排武澄锡虞区涝水 1.354 亿 m³，占望虞河总排水量的 14%，相当于降低武澄锡虞区平均水位 2.3cm/d。

超标准洪水期间，望虞河共排泄洪涝水 5.213 亿 m³，其中排太湖洪水 5.077 亿 m³，占望虞河总排水量的 97%，相当于降低太湖水位 0.22m，平均 1.4cm/d。

主要退水期望亭水利枢纽排太湖洪水 9.497 亿 m³，相当于降低太湖水位 0.41m，平均 1.0cm/d。

0.4.3 沿江和沿杭州湾水利工程

梅雨期，湖西区沿江各口门累计排水 7.878 亿 m³，相当于降低湖西区平均水位 5.9cm/d；最大日排水量达 8166 万 m³（7 月 3 日），相当于降低湖西区平均水位 0.19m。

武澄锡虞区沿江排水主要集中在 5 月 21 日至 8 月 12 日，期间沿江总排水量为 18.95 亿 m³，相当于降低武澄锡虞区平均水位 11.9cm/d；梅雨期沿江总排水量为 12.32 亿 m³，相当于降低武澄锡虞区平均水位 20.9cm/d。武澄锡虞区最大日排水量为 9199 万 m³（7 月 3 日），相当于降低武澄锡虞区平均水位 0.48m。

梅雨期，阳澄淀泖区沿江总排水量为 11.81 亿 m³，相当于降低阳澄淀泖区平均水位 6.2cm/d；最大日排水量为 7998 万 m³（7 月 3 日），相当于降低阳澄淀泖区平均水位 0.13m。

梅雨期，浙江各闸泵累计排入杭州湾水量为 10.92 亿 m³，其中南排工程（嘉兴段）累计排水 9.892 亿 m³，杭州段累计排水 1.024 亿 m³。杭嘉湖区河网水位主要上涨期为 6 月 19—25 日，期间，浙江各闸排入杭州湾水量 2.337 亿 m³，相当于降低杭嘉湖平原河网平均水位 7.4cm/d，其中南排工程累计排水 2.193 亿 m³。

0.4.4 应急调度措施运用效益

超标准洪水期间（7 月 3—18 日）启用了"三东"（即东太湖、东导流、望虞河东岸）及太浦河南岸和黄浦江口门分洪，其中东太湖瓜泾口枢纽累计分洪 0.9469 亿 m³，相当于降低太湖水位 0.04m；望虞河西岸福山船闸及东岸谢桥以下口门分流 0.5529 亿 m³；浙江省东导流各闸分流苕溪洪水，减少洪水入太湖水量 2.331 亿 m³，相当于降低太湖水位约 0.10m；太浦河南岸浙江段口门分流 1.138 亿 m³；上海市蕴西闸、淀浦河西闸泄洪 0.7938 亿 m³；上海市太浦河、黄浦江段有关口门纳潮 1.010 亿 m³。下游大量洪涝水的及时外排，确保了望虞河和太浦河的通畅，缓解了两河的排水压力，为顺利排泄太湖洪水创造了条件。

0.4.5 水库工程

6月18日至7月20日，江苏省横山水库、沙河水库、大溪水库均遭遇超历史暴雨洪水，但由于调度合理，提前利用泄洪闸泄洪，总体上削峰率在50％以上，为下游河道错峰、削峰起到了很好的效果，减轻了下游城镇的防洪压力。浙江省青山水库、对河口水库、老石坎水库、赋石水库在梅汛期和台汛期削峰率基本在80％以上，合溪水库为60％～70％，水库拦洪削峰作用明显。

0.5 监测预报预警

2016年应对流域性特大洪水期间，太湖流域各级水文部门依托不断发展的新技术，利用各种信息化设备和服务系统，对流域内的汛情进行了及时、快速以及高效的监测预报和预警，24h预见期的预报合格率达91％，12h预见期的预报误差在0～1cm的占82％，为调度决策、防洪减灾赢得了主动和时间，得到了太湖防总和流域各省（直辖市）防汛部门的高度评价。

第1章 流域概况

太湖流域地处江苏、浙江、上海、安徽三省一市，经济发达，人口众多，河网密布，受地理位置和地形特点影响，易发生洪涝灾害。经过长期以来的治理，特别是1991年以来的"治太"工程建设，流域已经形成发达的水文站网以及洪水北排长江、东出黄浦江、南排杭州湾，充分利用太湖调蓄的防洪骨干工程体系框架。但流域总体防洪标准还不够高，遇特大洪水仍易形成洪涝灾害，造成一定的经济损失。本章主要介绍了太湖流域的地形地貌、河流水系、洪水成因、水文站网及防洪工程建设、历史洪涝灾害和社会经济变化。

1.1 自然地理

太湖流域地处长江三角洲的南翼，北抵长江，东临东海，南滨钱塘江，西以天目山、茅山等山区为界，位于东经119°08′~121°55′、北纬30°05′~32°08′。流域行政区划分属江苏、浙江、上海和安徽三省一市，面积37097.8km²，其中江苏省19310.7km²，占52.0%；浙江省12386.1km²，占33.4%；上海市5176.0km²，占14.0%；安徽省225.0km²，占0.6%。太湖流域行政区划❶见图1.1。

1.1.1 地形地貌

流域河网密布，湖泊众多，是典型的平原河网地区。太湖流域地形特点为周边高、中间低，西部高、东部低，呈碟状。流域西部为山区，属天目山山区及茅山山区的一部分，中间为平原河网和以太湖为中心的洼地及湖泊，北、东、南三面受长江和杭州湾泥沙堆积影响，地势高亢，形成碟边。地貌分为山地丘陵和平原，西部山丘约占流域总面积的20%，山区高程一般为200.00~500.00m，丘陵高程一般为12.00~32.00m；中东部平原区约占总面积的80%，分为中部平原区、沿江滨海高亢平原区和太湖湖区，中部平原区高程一般在5.00m以下，沿江滨海高亢平原区高程为5.00~12.00m，太湖湖底平均高程约1.00m。太湖流域地形地貌分布情况见图1.2。

（1）西部山丘区。西部山丘区是太湖洪水的主要来源地之一，行政区划上分属江苏、浙江和安徽三省。江苏省境内为茅山山区和宜溧山区；浙江省境内为长兴西部山丘区和天目山山区；安徽省境内为宜溧山区。

茅山山区山峰高程一般约为500.00m，山坡平缓。向东发育有5条较大的山溪，山溪流程短，汇入湖西平原。

宜溧山区山峰高程约500.00m。向北发育有5条山溪，汇流入南河，上游已建有大溪、沙河、横山等大型水库。

---

❶ 本书流域、行政分区、水利分区面积均采用太湖流域第三次水资源调查评价公布的数据。

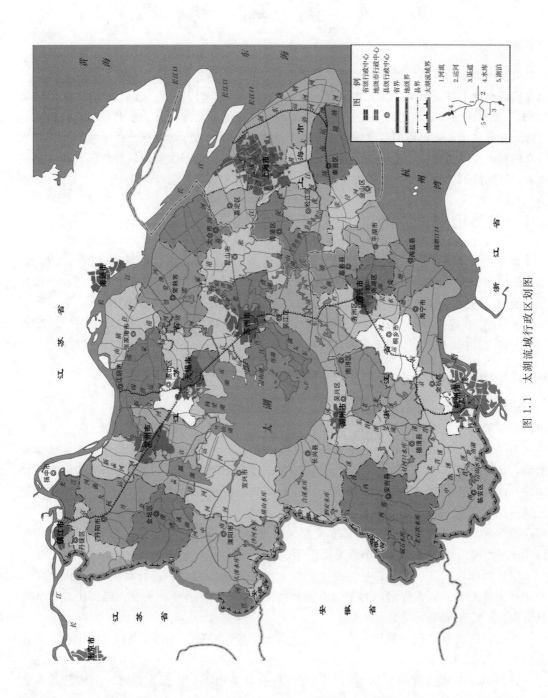

图 1.1 太湖流域行政区划图

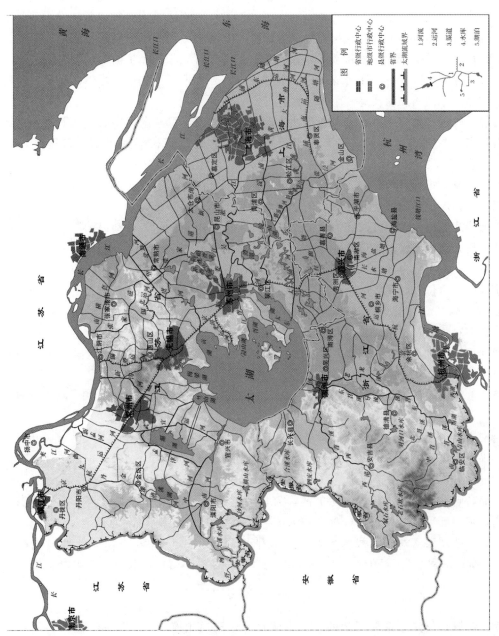

图 1.2 太湖流域地形地貌图

长兴西部山丘区山峰高程为 200.00～500.00m，通过杨家浦港、长兴港、合溪新港等流入太湖。杨家浦港上游支流泗安溪上已建泗安中型水库。

天目山山地丘陵区山峰高程一般为 1000.00～1500.00m，有多座 800.00m 以上的山峰。天目山山地丘陵是西苕溪和东苕溪的发源地。西苕溪上游建有赋石和老石坎 2 座大型水库。东苕溪干流余杭镇以上称南苕溪，以下沿程汇合中苕溪、埭溪等 4 条较大山溪，于湖州白雀塘桥与西苕溪汇合后经长兜港入太湖。东苕溪干流和支流分别建有青山、对河口 2 座大型水库。东苕溪、西苕溪流域均在浙西暴雨区，是太湖流域的主要暴雨区之一。

（2）中部平原区。中部平原区高程一般在 5.00m 以下，可划分为洮滆、锡澄、阳澄淀泖、杭嘉湖、浙西和浦江等 6 个平原区。

洮滆平原位于太湖上游，分布在湖西洮湖和滆湖周围，以两湖为中心，西起丹阳至溧阳一线，南抵宜溧山区南河一带，东至武进、宜兴，北达京杭运河以南，高程 3.50～5.00m。平原形状呈凹字形，洮湖、滆湖间嵌有小片高地。

锡澄平原位于无锡的北郊，西接洮滆平原，北滨沿江高亢平原，东邻阳澄区，南依太湖沿岸山地，形成以锡澄运河为轴心的平地，高程为 3.00～5.00m。

阳澄淀泖平原位于望虞河和太浦河之间，北接沿江高亢平原，分别以阳澄湖和淀泖湖群为名，是太湖流域水面率最高的地区。阳澄淀泖平原以沪宁铁路为界分为阳澄区和淀泖区，阳澄区高程一般为 3.00～4.00m，区内大部分洼地集中在淀泖区，高程约 3.00m。

杭嘉湖平原位于太湖以南，分布在东苕溪与太浦河之间，南与滨海高亢平原相邻，高程为 2.50～5.00m，是太湖流域最大的一片平原，圩外水面率为 6.1%。

浙西平原位于湖州市的长兴和德清，平原高程为 4.00～5.00m。

浦江平原分浦西区和浦东区，地面高程一般为 3.00～4.00m，不少地段处在 3.00m 以下。

（3）沿江滨海高亢平原区。沿江滨海高亢平原地面高程为 5.00～12.00m，由西向东递降，可分为沿江高亢平原和滨海高亢平原。

沿江高亢平原西起镇江东部，东至常熟市，东西长约 135km，南北宽 30～50km，位于洮滆平原和锡澄平原的北端。地形相对较高，西端高程为 6.00～12.00m，东端高程约为 5.00m。

滨海高亢平原西起杭州，东达乍浦，为长约 100km 的狭长不连续高地。地形特点是西端高，东端低，西端高程为 6.00～7.00m，东端高程为 5.00m 左右。

（4）太湖湖区。太湖为浅水湖泊，湖底平均高程为 1.00m 左右，最低处高程约为 0.00m，岸边高程约为 1.50m，湖西侧和北侧有较多零星小山丘，东侧和南侧为平原。

1.1.2 河流水系

太湖流域是长江水系最下游的一个支流水系，江湖相连，水系沟通，流域内河网如织，湖泊密布，是我国著名的平原河网区。流域水面面积达 5551km²，水面率为 15%；河道总长约 12 万 km，河道密度达 3.3km/km²。流域河道水面比降小，平均坡降约十万分之一；水流流速缓慢，汛期一般仅为 0.3～0.5m/s；河网尾闾受潮汐顶托，流向表现为往复流。

流域水系以太湖为中心，分上游水系和下游水系。上游水系主要为西部山丘区独立水系，包括苕溪水系、南河水系及洮滆水系；下游主要为平原河网水系，包括东部黄浦江水系、北部沿长江水系和东南部沿长江口、杭州湾水系。江南运河（京杭运河长江以南段）贯穿流域腹地及下游诸水系，起着水量调节和承转作用。太湖流域水系见图1.3。

（1）苕溪水系。苕溪水系分为东西两支，分别发源于天目山南麓和北麓，东苕溪长150km，流域面积为2306km²，西苕溪长143km，流域面积为2273km²，东苕溪和西苕溪在湖州城北白雀塘桥汇合。苕溪水系是太湖上游最大水系，地处流域内的暴雨区，其多年平均入湖水量约占太湖上游来水总量的30%。

（2）南河水系。南河水系发源于茅山山区，沿途纳宜溧山区诸溪，串联东氿、西氿和团氿3个小型湖泊，于宜兴大浦港、城东港、洪巷港入太湖，干流长117.5km，下游北侧与洮滆水系相连。

（3）洮滆水系。洮滆水系以洮湖、滆湖为中心，纳西部茅山诸溪，后经东西向的漕桥河、太滆运河、殷村港、烧香港等多条主干河道入太湖；同时又以越渎河、丹金溧漕河、扁担河、武宜运河等多条南北向河道与沿江水系相通，形成东西逢源、南北交汇的网络状水系。

（4）黄浦江水系。黄浦江水系北起江南运河和沪宁铁路线，与沿江水系交错，东南与沿杭州湾水系相连，西通太湖，面积约为14000km²；非汛期沿江沿海关闸或引水期间，汇水面积可达23000km²。黄浦江水系是太湖流域最具代表性的平原河网水系，湖荡棋布，河网纵横。水系涉及的平原地区地面高程为2.50～5.00m，是流域内的"盆底"。河道水流流程长、比降小、流速慢，汛期流速仅0.3～0.5m/s。水系内包罗了流域内大部分湖泊，主要有太湖、淀山湖、澄湖、元荡、独墅湖等大中型湖泊，水面面积约2600km²，约占流域内湖泊总面积的82%。受东海潮汐的影响，黄浦江水系下段为往复流。

该水系以黄浦江为主干，其上游分为北支斜塘、中支园泄泾和南支大泖港，并于黄浦江上游竖潦泾汇合，以下称黄浦江。黄浦江干流全长89.4km，西起松江区三角渡，东至吴淞口长约80km，水深河宽，上中段水深为7～10m；下段水深达12m，河宽为400～500m。黄浦江是流域重要的排水通道，也是全流域目前唯一敞口入长江的河流。

（5）沿长江水系。沿长江水系主要由流域北部沿长江河道组成，大都呈南北向，主要河道有九曲河、新孟河、德胜河、澡港、新沟河、夏港、锡澄运河、白屈港、十一圩港、张家港、望虞河、常浒河、杨林塘、七浦塘、白茆塘和浏河等，为流域沿长江引排水通道，现已全部建闸控制。

（6）沿长江口、杭州湾水系。沿长江口、杭州湾水系包括浦东沿长江口和杭嘉湖平原南部的入杭州湾河道，自北向南有上海浦东的川杨河、大治河和金汇港等河道，以及浙江杭嘉湖平原的长山河、海盐塘、盐官下河和上塘河等河道。杭嘉湖平原入杭州湾河道为流域南排洪涝水的主要通道。

（7）江南运河。江南运河自镇江谏壁至杭州三堡，全长318km，是京杭运河的南段。江南运河贯穿流域南北，依次流经镇江、常州、无锡、苏州、嘉兴、湖州和杭州等七市，连接长江、钱塘江以及太湖地区平原河网，与太湖、长江、钱塘江及太浦河、新孟河等流域多条重要的洪水外排和引供水骨干河道相通，是流域水体转承的重要通道，对流域、区

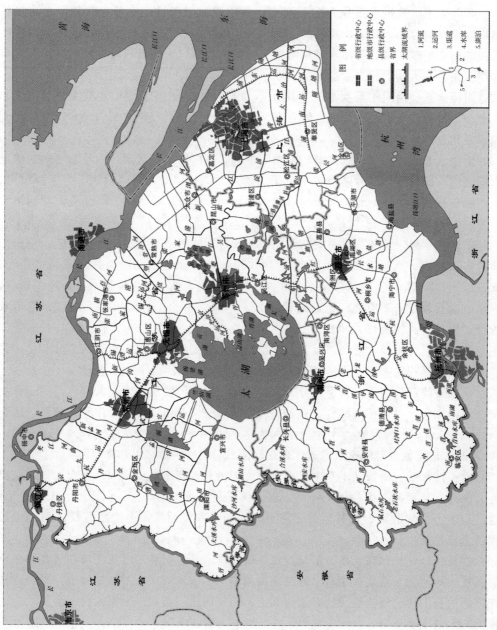

图 1.3 太湖流域水系图

域的防洪、排涝和供水具有重要作用和影响，也是航运的"黄金水道"。从 2007 年起，交通部门逐段实施江南运河四级航道改三级航道工程建设，整治标准为：航道底宽 70m，航道宽度 80m，设计水深 3.20m，航道口宽 90m。

太湖流域湖泊面积为 3159km²（按水面面积大于 0.5km² 的湖泊统计），占流域平原面积的 10.7%，湖泊总蓄水量为 57.68 亿 m³，是长江中下游 7 个湖泊集中区之一。流域湖泊均为浅水型湖泊，平均水深不足 2m，最大水深一般不足 3m，个别湖泊最大水深达 4m。

流域湖泊以太湖为中心，形成西部洮滆湖群、南部嘉西湖群、东部淀泖湖群和北部阳澄湖群。洮滆湖群包括洮湖、滆湖、钱资荡、西氿、东氿等，位于茅山和界岭的山溪流入平原之处。嘉西湖群包括菱湖、钱山漾、百亩漾等，位于东苕溪山溪入平原之处。淀泖湖群包括澄湖、独墅湖、金鸡湖、淀山湖、元荡、汾湖等，数量最多，面积最大，分布最广，处于古太湖向东和东南泄水的通道处。阳澄湖群包括阳澄湖、昆承湖、傀儡湖、巴城湖等，位于太湖东北向泄水的通道上。流域内面积大于 10km² 的湖泊有 10 个，分别为太湖、滆湖、阳澄湖、洮湖、淀山湖、澄湖、昆承湖、元荡、北麻漾和独墅湖。太湖流域主要湖泊基本情况见表 1.1。

表 1.1 太湖流域主要湖泊基本情况表

湖泊名称	水面面积/km²	平均水深/m	蓄水容积/亿 m³
太湖	2338.1	2.06	48.16
滆湖	157.0	1.08	1.70
阳澄湖	116.0	1.80	2.09
洮湖	85.8	1.00	0.86
淀山湖	59.2	1.94	1.15
澄湖	40.1	2.49	1.00
昆承湖	17.7	2.14	0.38
元荡	12.7	2.57	0.33
北麻漾	10.7	2.16	0.23
独墅湖	10.1	4.18	0.42

太湖湖区面积为 3158.2km²，其中湖区水面面积为 2338.1km²，太湖是流域内最大的湖泊，也是流域洪水和水资源调蓄中心。西部山丘区来水汇入太湖后，经太湖调蓄，从东部流出。太湖出入湖河流有 230 条，环湖河道多年平均年入湖水量为 88.19 亿 m³，多年平均年出湖水量为 92.00 亿 m³，多年平均蓄水量为 49.33 亿 m³。

1.1.3 水利分区

根据流域地形地貌、河道水系分布及治理特点等，流域分为 7 个水利分区，分别为湖西区、浙西区、太湖区、武澄锡虞区、阳澄淀泖区、杭嘉湖区和浦东浦西区。

（1）湖西区位于流域的西北部，东自德胜河与澡港分水线南下至新闸，从新闸下段西线沿武宜运河东岸经太滆运河北岸至太湖，再沿太湖湖岸向西南至江苏、浙江两省分界线；南以江苏、浙江两省分界线为界；西以茅山与秦淮河流域接壤；北至长江。湖西区行政区划大部分属江苏省，上游约0.9%的面积属安徽省。该区地形极为复杂，高低交错，山圩相连，地势呈西北高、东南低，周边高、腹部低，腹部低洼中又有高地，逐渐向太湖倾斜。该区北部运河平原区地面高程一般为6.00～7.00m，洮滆、南河等腹部地区和东部沿湖地区地面高程一般为4.00～5.00m。区内又分为运河平原片（运河片）、洮滆平原片（洮滆片）、茅山山区、宜溧山区4片。

（2）浙西区位于流域的西南部，东自太湖湖滨沿长兜港东岸经环城河，由湖州市西向南沿东导流东大堤至余杭，再沿分水岭至流域界；北与湖西区相邻；西、南以流域界为限。浙西区行政区划大部分属浙江省，上游约2.6%的面积属安徽省。区内东西苕溪流域上、中游为山区，山峰海拔一般在500.00m以上，其中龙王峰高程1587.00m，为流域最高峰，下游为长兴平原，地面高程一般在6.00m以下。浙西区又分为长兴、东苕溪及西苕溪3片。

（3）太湖区位于流域中心，以太湖和其沿湖山丘为一独立分区。太湖区周边与其他水利分区相邻。太湖区行政区划分属江苏省和浙江省。太湖湖底平均高程约1.00m，湖中岛屿51处，洞庭西山为最大岛屿，其最高峰海拔338.50m。湖西侧和北侧有较多零星小山丘，东侧和南侧为平原。

（4）武澄锡虞区位于太湖流域的北部，西与湖西区接壤；南与太湖湖区为邻；东以望虞河东岸为界；北滨长江。武澄锡虞区行政区划属江苏省。全区地势呈周边高、腹部低，平原河网纵横。该区以白屈港为界分为高、低两片，该河以西地势低洼呈盆地状，为武澄锡低片；该河以东地势高亢，局部地区有小山分布，为澄锡虞高片。该区地形相对平坦，其中平原地区地面高程一般为5.00～7.00m，低洼圩区主要分布在武澄锡低片，地面高程一般为4.00～5.00m，南端无锡市区及附近一带地面高程最低，仅2.80～3.50m。

（5）阳澄淀泖区位于太湖流域的东部，西接武澄锡虞区；北临长江；东自江苏省、上海市分界线，沿淀山湖东岸经淀峰，再沿拦路港、泖河东岸至太浦河；南以太浦河北岸为界。阳澄淀泖区行政区划大部分属江苏省，小部分属上海市。区内河道湖荡密布，东北部沿江稍高，地面高程一般为6.00～8.00m，腹部为4.00～5.00m，东南部低洼处为2.80～3.50m。阳澄淀泖区内以沪宁铁路为界，南北又分成淀泖片和阳澄片。

（6）杭嘉湖区位于太湖流域的南部，北与阳澄淀泖区和太湖区相邻，以太湖大堤和太浦河北岸为界；东由泖港经掘石港向南沿惠高泾东岸接浙江省、上海市分界线至杭州湾；西与浙西区接壤；南滨杭州湾和钱塘江。杭嘉湖区行政区划大部分属浙江省，小部分属江苏省和上海市。该区地势自西南向东北倾斜，地面高程沿杭州湾为5.00～7.00m，腹部为3.50～4.50m，东部一般为3.20m，局部低地为2.80～3.00m。杭嘉湖区又分为运西片、运东片及南排片等3片。

（7）浦东浦西区位于太湖流域的东部，东临东海；南滨杭州湾；北以江苏省、上海市分界线及长江江堤为界；西与阳澄淀泖区和杭嘉湖区为邻。该区北、东、南部地势比西部高，境内以平原为主，有零星的小山丘分布。金山、青浦、松江地区为上海最低地区，地面高程一般为2.20～3.50m，最低处不到2.00m。浦东浦西区以黄浦江右岸为分界线，又分为浦东区和浦西区。

太湖流域水利分区基本情况见表1.2。

表 1.2　　　　　　　　　　太湖流域水利分区基本情况表

水利分区			省	地市	面积/km²	占流域比例/%
上游区			合计		16590.8	44.7
	浙西区		合计		5954.5	16.0
			浙江省	小计	5797.5	15.6
				杭州市	1413.8	3.8
				湖州市	4383.7	11.8
			安徽省	宣城市	157.0	0.4
	湖西区		合计		7478.1	20.2
			江苏省	小计	7410.1	20.0
				南京市	167.4	0.5
				镇江市	2050.0	5.5
				常州市	3439.2	9.3
				无锡市	1753.5	4.7
			安徽省	宣城市	68.0	0.2
	太湖区		合计		3158.2	8.5
			江苏省	小计	3153.2	8.5
				常州市	41.3	0.1
				无锡市	652.4	1.8
				苏州市	2459.5	6.6
			浙江省	湖州市	5.0	0.0
下游区			合计		20507.0	55.3
	武澄锡虞区		合计		4028.5	10.9
			江苏省	小计	4028.5	10.9
				常州市	872.2	2.4
				无锡市	2160.9	5.8
				苏州市	995.4	2.7
	阳澄淀泖区		合计		4312.1	11.6
			江苏省	苏州市	4153.1	11.2
			上海市	上海市	159.0	0.4
	杭嘉湖区		合计		7552.4	20.4
			江苏省	苏州市	565.8	1.5
			浙江省	小计	6583.6	17.8
				杭州市	1116.1	3.0
				嘉兴市	4036.2	10.9
				湖州市	1431.3	3.9
			上海市	上海市	403.0	1.1
	浦东区		上海市	上海市	2449.0	6.6
	浦西区		上海市	上海市	2165.0	5.8
流域总计					37097.8	100

1.2 暴雨洪水

太湖流域属亚热带季风气候区,四季分明,雨水丰沛,热量充裕。冬季受大陆冷气团侵袭,盛行偏北风,气候寒冷干燥;夏季受海洋气团的控制,盛行东南风,气候炎热湿润。

太湖流域多年平均气温为 15~17℃,气温分布特点为南高北低,极端最高气温为41.2℃,极端最低气温为-17.0℃。

流域多年平均年降水量为 1218.1mm,空间分布自西南向东北逐渐递减。受地形影响,西南部天目山区多年平均降水量最大,东部沿海及北部平原区多年平均降水量相对较小。受季风强弱变化影响,降水的年际变化明显,年内雨量分配不均。夏季(6—8月)降水量最多,平均为 533.1mm,占年降水量的 44%;春季(3—5月)平均降水量为294.6mm,占年降水量的 24%;秋季(9—11月)平均降水量为 206.0mm,占年降水量的 17%;冬季(12月至次年2月)降水量最少,平均为 184.4mm,占年降水量的 15%。

太湖流域全年有 3 个明显的雨季:3—5月为春雨,特点是雨日多,雨日数占全年雨日的 30%左右;6—7月为梅雨期,降水总量大、历时长、范围广,易形成流域性洪水;8—10月为台风雨,降水强度较大,但历时较短,易造成严重的地区性洪涝灾害。

太湖流域主要引排水口门分布在长江和杭州湾沿岸,各口门引排水均受东海潮汐影响。东海潮汐为正规半日潮,一日有两次高潮和低潮。月内阴历初三和十八前后为大潮,初八和二十三前后为小潮。

太湖流域暴雨洪水特性是由流域自然地理和气象特性决定的。流域暴雨是形成地表洪涝过程的基本原因,而太湖流域受平原地势低洼、坡降小和潮汐顶托等影响进一步加剧了流域性或区域性洪涝灾害。总体来说,太湖流域洪涝类型根据降水类型可分为如下两类。

(1)梅雨型洪涝:梅雨是东亚地区独特的天气气候现象,是东亚夏季风阶段性活动的产物,主要出现在 6—7月我国江淮流域到韩国、日本一带,它主要是由来自北方的冷空气与南方的暖空气汇合形成的准静止锋造成的。梅雨型洪涝发生在 6—7月上半月梅汛期。梅雨历时长,降水总量大,降水引起平原地区河道水位持续上涨且经久不退。在梅雨范围较大的年份,长江流域往往与太湖流域同期发生洪水,使得太湖沿江地区向长江排水的主要通道受长江高水位的顶托,造成河网持久的高水位。梅雨是造成太湖流域流域性洪涝灾害的主要原因,中华人民共和国成立以来,太湖流域发生的 1954 年、1991 年、1999 年和 2016 年流域性大洪水都是典型的梅雨型洪涝灾害。

(2)台风暴雨型洪涝:主要发生在 7—9月台汛期。台风降雨虽然总量有限,但由于降雨强度大,造成部分区域河道水位上涨速度快、涨幅大,一日最大涨幅可达 1.00~1.50m,可造成较严重的洪涝灾害。在太湖流域,造成洪涝灾害的台风型暴雨其降水范围可从几百到几万平方千米不等。覆盖流域范围的台风型暴雨可以引起全太湖流域洪涝,洪水位可能持续一段时间。降水范围较小的暴雨可造成局部地区河道水位暴涨,形成局部性洪涝,但退水速度一般较快。特别是台风遭遇天文大潮,出现强风、暴雨、高潮三碰头,灾害会更严重。

1.3 水文站网

19 世纪中期,随着沿海商埠的开放,先进的生产方法和科学技术逐渐传入我国。同治十二年(1873年)上海徐家汇天文台开始观测雨量。镇江海关于光绪七年(1881年)、上海竣浦局于光绪二十一年（1895 年）先后设站观测水位和雨量。1911 年上海竣浦局设在吴淞江口的水位站开始用自记水位仪，1918 年设江阴自记水位站，同年江南水利局设测量所，观测太湖重要支流水位，并先后在吴江、苏州、无锡、吴兴、余杭、长兴、杭州、江阴、洞庭西山、孝丰、海盐、吴淞等地设站观测水位、雨量、流量、含沙量等。至 1936 年抗日战争全面爆发前夕，太湖流域已有雨量站 41 个、蒸发站 19 个、水位站 55 个、流量站 4 个。

中华人民共和国成立后，1956 年按照水利部制定的《水文站网布设原则》，进行了第一次基本水文站网规划。1962 年流域内的水文站网进行了一次调整和充实，水文站网整体功能水平有了较大的提高。20 世纪 80 年代（改革开放初期），水文事业发展迅速，水文站网建设进一步调整、充实，流域内各省（市）的水文站网得到了进一步的发展。由于受经费和水文发展思路的影响，20 世纪 90 年代是流域内水文站网调整最大的时期，同时由于水利工程、测站老化失修等原因，一部分站网进行了撤销或迁移。1999 年太湖流域有固定水文测站 275 个，其中太湖流域管理局（以下简称"太湖局"）直管 1 个，江苏 120 个，浙江 84 个，上海 70 个；此外，太湖局还有 67 个水雨情遥测站。

21 世纪以来，全国水文基础设施建设投资力度不断加大，随着《全国水文基础设施"十五"建设规划》《全国水文基础设施"十一五"建设规划》《全国水文基础设施建设规划 (2013—2020 年)》以及《全国省界断面水资源监测站网规划》等规划的实施，全国山洪灾害防治、中小河流水文监测系统等项目的建设，太湖流域已基本形成布局合理、功能齐全的水文站网体系。通过近几年水资源监控能力、省界水资源监测站网等项目的建设，目前太湖局已拥有各类水文测站 103 处，其中太湖流域水文遥测站 75 个；此外，通过报汛信息交换系统太湖局还共享太湖流域江苏、浙江、上海近 500 个水文测站，基本覆盖了流域内主要河湖、水库及沿江等区域，实现了流域水雨情、环太湖风力风向信息实时采集。2000 年以后，江苏省在地方站网、调水（供水）站网、水质站网、地下水站网和城市水文站网等专用站网的研究和布设上进行了积极的实践。2012 年，《江苏省水文事业发展规划》《江苏省水文站网规划》《江苏水文现代化规划》等陆续批复并实施，使江苏水文从站网建设、技术能力、服务水平等迈上了一个新台阶，截至 2016 年年底，江苏省共有各类水文测站 5201 处。浙江省水情遥测站网自 1999 年大水之后迅速发展。2003 年，开展全省中型和小（1）型水库水情信息采集系统项目建设，2005 年开始对省重要小流域及重要小（2）型水库水情信息采集进行系统规划，截至 2008 年年底，浙江省共有水情遥测站 2433 个；2008 年以后，山洪灾害防治县级非工程措施、山洪灾害防治（一期）、中小河流水文监测系统、国家地下水监测工程等项目陆续实施建设，截至 2016 年年底，浙江省共有水情遥测站 3876 个。上海市水情自动测报系统自 1998 年开始建设，共一个中心站和 20 个遥测站，1999 年投入运行；水情系统二期于 2001 年投资建设，在原系统基础上，形成了 71 个遥测站，9 个集合转发站的系统规模；2012—2013 年，上海市水文总站对水情系统进行了升级改造，形成了 1 个中心站，12 个分中心、227 个遥测站的规模，2013 年汛前投入试运行。2014 年，在原系统的基础上，通过"中小河流水文监测系统——配套雨量站改造项目"，在全市范围内新增 86 个单雨量站，2015 年汛前投入正式运行。目前，上海市共有各类测站 320 处。

截至 2016 年年底，太湖流域有国家基本水文测站 257 个，其中水文站 81 个，水位站 100 个，雨量站 76 个。按观测项目计，流量监测站 81 个，水位监测站 181 个，雨量监测站 217 个，蒸发监测站 30 个。太湖流域基本水文水位站及降水蒸发站分布见图 1.4 和图 1.5，各

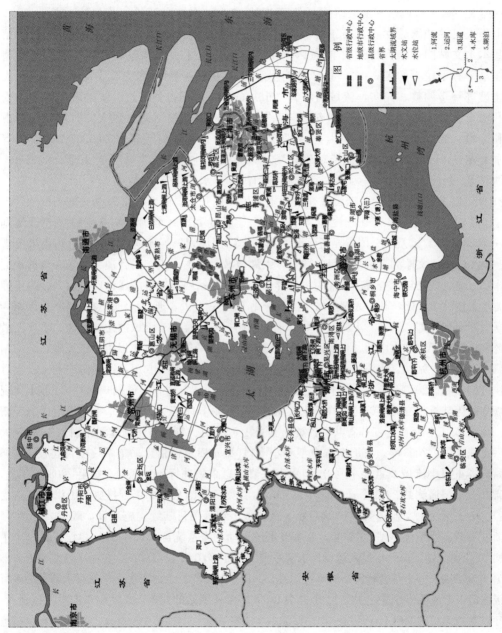

图 1.4 太湖流域基本水文水位站分布图

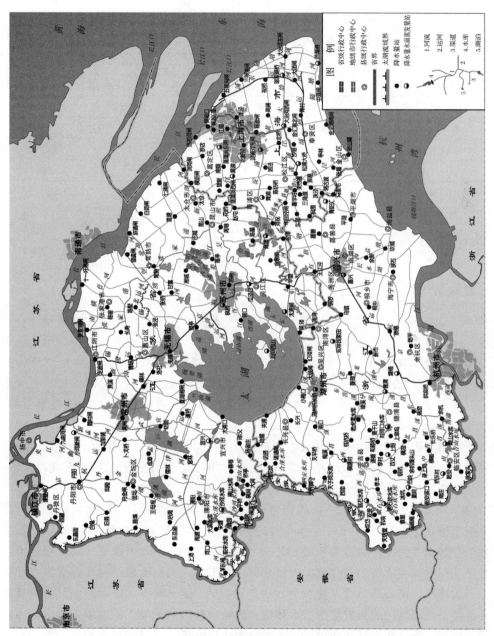

图 1.5 太湖流域基本降水蒸发站分布图

省（直辖市）基本水文测站统计见表 1.3。基本水文站网平均密度为 455km²/站，基本雨量站网平均密度为 170km²/站，基本满足世界气象组织推荐的容许最稀站网密度。❶ 目前太湖流域向太湖局报汛的站点有 400 余个，中央、流域机构和省（直辖市）之间实现了水情信息共享。各级水文部门还建立了环太湖、沿长江、沿杭州湾等 10 余条水文巡测线，以弥补大洪水期间固定水文测站的不足。

表 1.3　　　　　　　　　太湖流域各省（直辖市）基本水文测站统计表　　　　　　单位：个

隶属机构与省（直辖市）	水文站	水位站	降水站	蒸发站
太湖局	7	—	7	1
江苏省	37	30	85	6
浙江省	29	27	73	14
上海市	8	43	52	9
合计	81	100	217	30

注　水文、水位站按站类统计；降水、蒸发站按观测项目统计。

1.4　防洪工程

1.4.1　流域骨干防洪工程

1987 年，太湖局基于有关单位和部门在 1954 年大洪水之后形成的《太湖流域综合治理规划报告》和《太湖流域综合治理骨干工程可行性研究报告》等相关流域综合治理规划工作成果的基础上，编报了《太湖流域综合治理总体规划方案》（以下简称"总体规划"），确定了流域综合治理的十项骨干工程，即望虞河、太浦河、杭嘉湖南排、杭嘉湖北排通道、环湖大堤、湖西引排、红旗塘、东西苕溪防洪、扩大拦路港、武澄锡引排。1997 年国务院治淮治太第四次工作会议又增列了黄浦江上游干流防洪工程为流域治理骨干工程。十一项骨干工程又被称为治太一期工程，其中，望虞河、太浦河、杭嘉湖南排、环湖大堤工程为流域性工程；东西苕溪防洪、湖西引排、武澄锡引排工程为区域性工程；拦路港、红旗塘、杭嘉湖北排通道、黄浦江上游干流防洪工程为省际边界工程。

1991 年大洪水之后，流域骨干工程相继开工建设。其中解决太湖洪水出路的工程如太浦河、望虞河在 1991 年汛后开工，至 1998 年扫尾，其余大部分工程在 2005 年左右完成，少数工程如湖西引排和武澄锡引排的部分项目至 2009 年年底才建成。流域综合治理十一项骨干工程全部完成后，结合流域内已有的水利工程，太湖流域已初步形成洪水北排长江、东出黄浦江、南排杭州湾，充分利用太湖调蓄，"蓄泄兼筹，以泄为主"的流域防洪骨干工程体系，流域内的防洪除涝、水环境和航运条件得到了较大的改善，供水能力得到了一定的提高，流域初步具备防洪减灾、水资源优化配置、合理调度的基本条件。太湖流域治太骨干工程现状见图 1.6。

---

❶ 温带、内陆和热带平原区水文站为 1000～2500km²/站，山区为 300～1000km²/站，温带、内陆和热带平原区雨量站为 600～900km²/站，山区为 100～250km²/站。

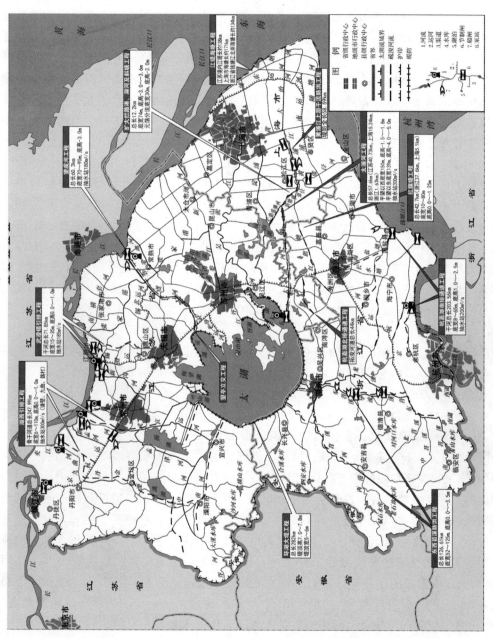

图 1.6 太湖流域治太骨干工程现状图

1999 年，太湖流域又一次遭遇流域性大洪水袭击。针对流域经济社会发展和下垫面情况变化，太湖局组织流域两省一市水行政主管部门编制完成了《太湖流域防洪规划》，并于 2008 年 2 月得到国务院批复同意，太湖流域开启了新一轮的治太工程，主要包括环湖大堤后续工程、望虞河后续工程、太浦河后续工程、新孟河延伸拓浚工程、东太湖疏浚整治及吴淞江行洪工程、扩大杭嘉湖南排工程、新沟河延伸拓浚工程、东西苕溪防洪后续工程、黄浦江河口建闸工程等，工程布局详见图 1.7。

截至 2015 年年底，望亭水利枢纽更新改造工程、常熟水利枢纽更新改造工程、走马塘拓浚延伸工程、太浦闸除险加固工程、东太湖综合整治工程、淀山湖河网综合整治一期工程等已建成或基本建成；新孟河延伸拓浚工程、新沟河延伸拓浚工程、太嘉河工程、杭嘉湖地区环湖河道整治工程、扩大杭嘉湖南排工程、平湖塘延伸拓浚工程、苕溪清水入湖河道整治工程等正在实施。

环湖大堤工程全长 282km，北以直湖港、南以长兜港为界，其以东部分称为"东段"，以西部分称为"西段"。在工程布局上，采取"东控西敞"的原则，即东段大堤的口门全部进行控制（或并港封堵、或建控制建筑物），西段大堤口门基本敞开。环湖大堤按 1954 年型洪水设计，堤顶高程按设计最高水位 4.65m 加 10 级风浪爬高加超高考虑，东段为 7.00m；西段为 7.00m，另设 0.8m 高的挡浪墙；堤顶宽 5～7m。环太湖共有 230 座口门，结合调研情况共有 195 座口门仍在应用，其中敞开口门共 44 处，设置涵闸（洞）、节制闸、泵站、套（船）闸等建筑物的口门共 186 处。东太湖大浦口、瓜泾口、三船路、戗港等 4 座口门合计宽度为 88m，闸底高程除大浦口 0.5m 以外，其他均为 −0.5m，闸顶高程为 5.50～6.50m。

望虞河是沟通太湖和长江的流域骨干排洪河道，南起太湖边沙墩口，北至长江耿泾口，全部在江苏省境内，全长 60.3km。望虞河底宽 72～90m，河底高程为 −3.00m，遇 1954 年型洪水（50 年一遇），5—7 月承泄太湖洪水 23.1 亿 m^3，占太湖外排水量的 51%；遇干旱年引长江入太湖水量 28 亿 m^3。常熟水利枢纽工程是望虞河连接长江的控制性水工建筑物，位于常熟市海虞镇，距望虞河入江口约 1.6km。工程于 1995 年 9 月开工建设，1998 年 12 月竣工，具有泄洪、灌溉、排涝、挡潮、通航及改善水环境等综合功能。2008 年 12 月对该工程实施加固改造，2011 年完成。常熟水利枢纽闸站采用泵站居中、节制闸分布两侧的布局。泵站 9 台，总流量为 180m^3/s。此外，泵站还可以通过双向进水流道闸门控制实现自由引排水，设计流量为 125m^3/s。节制闸共 6 孔，总净宽为 48m，设计流量为 375m^3/s，校核流量为 750m^3/s。望亭水利枢纽是望虞河连接太湖的建筑物，是太湖流域防洪和水资源配置的重要控制性工程之一，位于苏州、无锡交界的望虞河与苏南运河（京杭运河长江以南段的江苏部分）交汇处，上游距望虞河入太湖口 2.2km。工程为 2 级建筑物，1992 年 10 月开工建设，1993 年 12 月基本建成，1998 年 10 月通过竣工验收，2011 年 12 月完成闸门系统及上部结构更新改造。为保持太湖正常行洪、引供水和运河通航安全，望亭水利枢纽采用"上槽下洞"立交形式。上部矩形槽宽为 60m，底高程为 −1.70m；下部为 9 孔矩形涵洞，每孔为 7m×6.5m（宽×高），底高程为 −9.60m；设计流量为 400m^3/s。洞首设平面钢闸门，采用卷扬式启闭机启闭。

太浦河是沟通太湖和黄浦江的流域骨干排洪河道，西起东太湖，东至泖河，跨江苏、

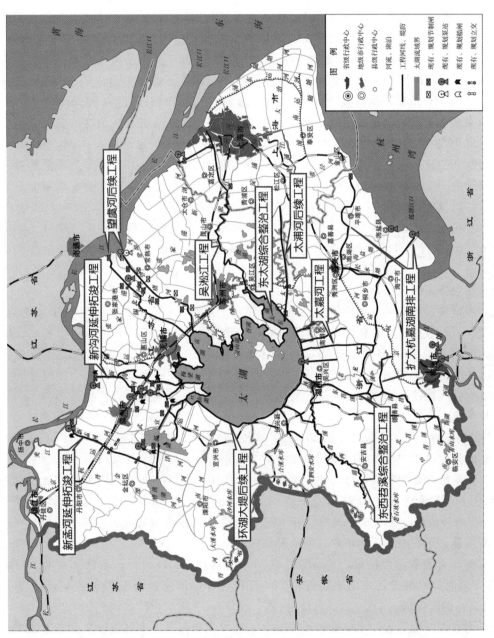

图 1.7　太湖流域综合治理工程布局示意图

浙江、上海两省一市，全长57.6km。太浦河底宽为128~150m，河底高程为-1.50~-5.00m，遇1954年型洪水（50年一遇），5—7月承泄太湖洪水22.5亿m³，占太湖外排水的49%；同时承泄杭嘉湖北排涝水11.6亿m³；遇流域特枯年份，5—9月可引太湖清水，向黄浦江补给21.6亿m³，以改善黄浦江及上海市上游引水工程水源地水质。太浦闸工程位于江苏省吴江市境内的太浦河进口段，西距东太湖约2km，是太湖骨干泄洪及供水河道太浦河上的控制建筑物。原太浦闸建成于1959年10月，共29孔，总净宽为116m，2012年9月至2014年9月拆除重建。重建后闸孔总净宽为120m，采用平面直升钢闸门配卷扬式启闭机。闸基、闸墩等按闸底板-1.5m进行设计，设计流量为985m³/s，校核流量为1220m³/s。近期设闸槛堰顶高程0m，设计流量为784m³/s，校核流量为931m³/s。

杭嘉湖南排工程是太湖综合治理规划中排泄杭嘉湖平原洪涝水入杭州湾的主要排涝骨干工程，遇1954年型洪水可排涝水入杭州湾22.4亿m³。工程包括南台头闸、长山闸、盐官上河闸和盐官下河枢纽及相应干河，节制闸总排水设计流量为2240m³/s，泵站总排水设计流量为200m³/s。扩大杭嘉湖南排工程于2016年汛前建成的有三堡泵站和七堡泵站，总设计流量为260m³/s，平湖塘延伸拓浚工程中独山闸设计流量为537m³/s，2016年汛前独山排涝应急工程基本完成。因此，2016年汛前沿杭州湾控制线共计闸排设计流量为2777m³/s，泵排设计流量为460m³/s。扩大杭嘉湖南排工程的南台头排水泵站和长山河排水泵站在2020年汛期完工并投入试运行，两泵站设计流量均为150m³/s。

沿长江引排工程包括湖西引排工程和武澄锡引排工程等，主要口门建筑物有谏壁枢纽、九曲河枢纽、小河闸、魏村枢纽、澡港枢纽、定波闸、新沟河江边枢纽、张家港闸、十一圩闸、白屈港枢纽、新夏港枢纽、常熟枢纽、浒浦闸、白茆闸、荡茜闸、七浦闸、杨林闸、浏河闸共18座，目前节制闸总排水设计流量为6050.2m³/s，总引水设计流量为4981.5m³/s，泵站总排水设计流量为995m³/s。湖西区沿江口门共有4座，合计闸排能力为1540m³/s，引水能力为1060m³/s，泵排能力为300m³/s。武澄锡虞区沿江口门共有7座，合计排水能力为1648m³/s，引水能力为1283m³/s，泵排能力为365m³/s。阳澄淀泖区沿江口门共有8座，排水流量为2487.2m³/s，引水流量为2263.5m³/s，泵排能力为150m³/s。此外，望虞河常熟水利枢纽闸门设计引排流量为375m³/s，泵排能力为180m³/s。

东苕溪东临杭嘉湖平原，自余杭至德清的东岸堤防（即西险大塘）是杭州市西北的防洪屏障。东西苕溪防洪工程河道总长为126.61km，底宽为45~150m，底高为0~-5.34m，西险大塘按100年一遇防洪标准设计，导流港东堤和环城河东堤按50年一遇防洪标准设计，尾闾段堤防同环湖东堤的设计标准按50年一遇设防，堤顶高程自13.50m渐降至7.00m与环湖大堤衔接。其余堤段按20年一遇防洪标准设计；西苕溪防洪工程均按20年一遇防洪标准设计。南北湖蓄滞洪区合计设计分洪流量为1175m³/s，滞洪量为4466万m³，西险大塘、东导流右岸口门控制工程共有17座，合计宽度为221.5m。

2016年7月3日，太湖水位涨至4.65m，太湖发生超标准洪水。根据《太湖流域管理条例》和《太湖流域洪水与水量调度方案》的有关规定，太湖防总商江苏、浙江、上海两省一市防指提出了《太湖流域2016年超标准洪水应对方案》，并通过了国家防办的批复。方案中除了强调骨干工程对流域防洪的作用，还提出了要通过东太湖88m口门、江苏昆山千灯浦闸、上海淀浦河西闸和蕴藻浜西闸分泄洪水。

东太湖 88m 口门指的是东太湖大浦口、瓜泾口、三船路、戗港 4 座合计宽度 88m 的口门。详见表 1.4。

表 1.4 东太湖 88m 口门基本情况表

序号	名称	闸孔数	单孔宽 /m	总宽 /m	闸底高程 /m	闸顶高程 /m	设计流量 /(m³/s)
1	大浦口	4	8	32	0.50	5.50	114
2	瓜泾口	2	16	32	−0.50	5.50	20
3	三船路	1	12	12	−0.50	6.00	
4	戗港	1	12	12	−0.50	6.00	
合计		8	—	88	—	—	

淀浦河西闸位于上海市青松片，节制闸 1 孔×12m，船闸 1 孔×16m。

蕴藻浜西闸位于上海市嘉宝片，节制闸 3 孔×10m，船闸 1 孔×12m，设计上下游水位 4.05m、4.14m。

1.4.2 水库、堤防及圩区防洪工程

1. 大型水库

目前，太湖流域共有大中型水库 26 座，其中大型水库 8 座，中型水库 18 座，总库容为 15.85 亿 m³，防洪库容为 7.14 亿 m³。江苏省大中型水库共 10 座，总库容为 4.62 亿 m³，防洪库容为 2.30 亿 m³；浙江省 16 座，总库容为 11.23 亿 m³，防洪库容为 4.84 亿 m³。8 座大型水库均位于太湖流域上游的浙西山区苕溪水系和湖西宜溧山区南河水系，总库容为 11.37 亿 m³，其中 5 座位于浙西山区的苕溪水系，即青山、对河口、老石坎、赋石及合溪水库；3 座位于湖西宜溧山区的南河水系，即沙河、大溪和横山水库。

青山水库位于东苕溪临安县青山镇，集水面积为 603km²，占东苕溪瓶窑以上集水面积的 42.5%，总库容为 2.13 亿 m³，其中防洪库容为 1.01 亿 m³。水库按 100 年一遇设计，10000 年一遇校核，设计洪水位为 34.40m（吴淞高程，下同），校核洪水位为 36.87m，是一座以防洪为主，结合灌溉、发电等综合利用的大（2）型水库。青山水库是东苕溪流域骨干防洪控制性工程，承担东苕溪流域上游拦蓄洪水的重任，与其他防洪工程一起组成杭嘉湖平原尤其是浙江省城杭州的一道防洪屏障。

对河口水库集水面积为 148.7km²，总库容为 1.47 亿 m³，防洪库容为 0.46 亿 m³，是一座以防洪为主，结合供水、灌溉、发电等综合利用的大（2）型水利工程。水库直接保护坝址下游东苕溪导流港以西 40 万亩农田、50 万人口及德清县城武康镇、宣杭铁路、104 国道、09（浙江）省道和杭宁高速公路，间接保护导流港以东杭嘉湖平原 100 万亩农田和 250 万人口。

赋石水库集水面积为 331km²，总库容为 2.18 亿 m³，是一座以防洪为主，结合灌溉、供水、发电、养殖等综合利用的大（2）型水库。水库以防洪为主，防洪面积约 25 万亩，保护人口 30 万人，受益区包括安吉、长兴、湖州等地；灌溉以引水灌溉为主，灌溉总面积为 12 万亩。

老石坎水库集水面积为 258km²，总库容为 1.14 亿 m³，是一座以防洪为主，结合供水、灌溉、发电、养殖等综合利用的大（2）型水库。老石坎水库和赋石水库联合运用

（老石坎水库可通过鸭坑坞渠道分洪至赋石水库），可控制西苕溪上游 589km² 的 20 年一遇全部洪水，下游保护范围包括安吉县、长兴县、湖州城区约 25 万亩。

合溪水库集水面积为 235km²，总库容为 1.11 亿 m³，是一座以防洪、供水等综合利用的大（2）型水利工程。合溪水库直接保护区主要为水库以下合溪干流、合溪新港两岸和长兴港两岸平原地势低洼、易受水灾地区，分属长兴县雉城镇（县城）、小铺镇、洪桥镇、李家巷镇、虹星桥镇、夹浦镇等 6 个建制镇。2003 年年底保护区内总人口为 21.7 万人，农田为 15.65 万亩；间接保护区包括泗安塘两岸在内的整个长兴平原及太湖周边地势低洼、易受水灾地区。

沙河水库，位于溧阳市南部宜溧丘陵山区，为大（2）型水库，集水面积为148.5km²，总库容为 1.09 亿 m³，防洪库容为 0.61 亿 m³，兴利库容为 0.46 亿 m³，死库容为 0.13 亿 m³，年径流量约为 0.70 亿 m³。沙河水库有泄洪闸 1 座，设计流量为 100m³/s，上珠岗分洪闸 1 座，设计流量为 165m³/s；泄洪隧洞 1 座，最大泄洪流量为 30.0m³/s，输水涵洞 3 座，合计设计流量为 14m³/s。沙河水库为防洪、灌溉、旅游、供水、发电、养殖等全面发展的综合性水库。通过水库的拦洪、错峰，可有效减轻下游的洪涝灾害，同时延缓洪水通过的时间，为城镇防洪抢险赢得宝贵时间。受其保护的有下游戴埠镇、天目湖镇、溧城镇、平桥镇等乡镇约 20 万亩耕地、20 万人口。

大溪水库位于溧阳市城区西南，为大（2）型水库，集水面积为 90.0km²，总库容为1.13 亿 m³，兴利库容为 0.82 亿 m³，死库容为 0.11 亿 m³，多年平均库容为 0.29 亿 m³，年径流量约为 0.34 亿 m³。大溪水库有泄洪闸 1 座，设计流量为 168m³/s，灌溉涵洞 3 座，合计设计流量为 7.0m³/s。大溪水库以防洪、城镇供水、灌溉为主，结合水产养殖等综合性水库。通过水库的拦洪、错峰，可有效减轻下游的洪涝灾害，同时延缓洪水通过的时间，为城镇防洪抢险赢得宝贵时间。受其保护的有南渡、新昌、周城、天目湖等乡镇约 30万亩耕地、25 万人口。

横山水库集水面积为 154.8km²，总库容为 1.12 亿 m³，兴利水位为 35.00m，兴利库容为 0.55 亿 m³。溢洪道设计流量为 130m³/s；东、西输水涵洞 2 座，合计设计流量为10m³/s。横山水库除按照规范要求防洪外，还承担下游防洪任务。通过水库的拦洪、错峰，可有效减轻下游的洪涝灾害，同时延缓洪水通过的时间，为城镇防洪抢险赢得宝贵时间。受其保护的有下游西渚镇、鲸塘镇、芳庄镇、徐舍镇、宜丰镇、新街镇和宜城镇等乡镇约 30 万亩耕地、25 万人口。根据实际运行情况，横山水库在汛期下泄流量超过 130m³/s时对下游防汛将产生较大影响。

2. 江堤海塘

太湖流域已建江堤海塘 512.3km，分属江苏省、上海市和浙江省。

江苏省境内江堤海塘从镇江市丹阳复生圩起到苏沪交界的浏河口止，全长 207.2km，其中江堤约 138km（长江福山口以上），海塘约 69km。江堤海塘顶高 8.00～11.00m，1999 年汛前已完成主江堤达标建设。现有江堤海塘基本达到 50 年一遇洪潮水位加 11 级风浪的防御标准。

上海市大陆一线海塘 170.8km，其中沿长江口 104.4km，沿杭州湾 66.4km，现有海塘均已达到 100 年一遇高潮位加 11 级风浪以上的防御标准。

浙江省钱塘江北岸海塘西起杭州市闸口，向东经余杭、海宁、海盐，止于平湖金丝娘桥（与上海市金山的江南海塘相接），长 134.3km。海塘顶高 9.40～11.50m，已达到 100 年一遇高潮位加 11 级风浪以上的防御标准。

3. 圩区

太湖流域圩区主要分布在低洼平原区，保护面积为 1.70 万 km²，圩区率约为 46%。其中江苏省圩区保护面积为 5880km²，占区域面积的 30%；浙江省圩区保护面积为 6410km²，圩区率为 53%；上海市保护面积为 4740km²，保护率为 92%。

（1）江苏省。江苏省在太湖流域内的地区有湖西区、武澄锡虞区和阳澄淀泖区，除位于流域上游的湖西区有部分山区外，其余大部分都是平原地区。2014 年统计数据显示，江苏省太湖地区共有大小圩区 1647 个，其中千亩以上圩区共 984 个，千亩以下圩区 655 个，城市大包围 8 个。圩区总面积为 5880km²，其中千亩以上大圩区为 5140km²，占圩区总面积的 87.4%，千亩以下圩区为 189km²，占圩区总面积的 3.2%，已经建成或即将建成的苏州、无锡、常州、溧阳、金坛等城市大包围面积为 551km²，占圩区总面积的 9.4%。太湖地区圩区排涝站共计 4093 座，平均排涝模数为 1.66(m³/s)/km²，从平均排涝模数可以看出，苏南地区城镇一体化进程的加快，很多圩区已经从纯农业型圩区，开始向半工半农或工业型圩区过渡。其中镇江市有 30 个圩区，其圩区面积为 212km²，占圩区总面积的 3.6%，排涝模数最小，为 0.89(m³/s)/km²；常州市有 596 个圩区，其圩区面积为 1400km²，占圩区总面积的 23.8%，排涝模数为 1.55(m³/s)/km²；无锡市有 453 个圩区，其圩区面积为 1150km²，占圩区总面积的 19.6%，排涝模数为 1.80(m³/s)/km²；苏州市有 568 个圩区，其圩区面积为 3110km²，占圩区总面积的 53%，排涝模数为 1.71(m³/s)/km²。

2014 年江苏省太湖地区汇总的圩区总面积为 5880km²，比 1999 年增加了 709km²，主要是因为 1999 年大水灾害后各地越来越重视水利防洪保安工程的建设，将部分原来不设防的地区新增为圩区以及城市大包围。其中苏州市汇总的圩区面积为 3110km²，比 1999 年增加了 168km²；无锡市汇总的圩区面积为 1150km²，比 1999 年增加了 279km²；常州市汇总的圩区面积为 1400km²，比 1999 年增加了 260km²；镇江市圩区面积基本没有变化。平均排涝模数从 1999 年的 0.91(m³/s)/km² 提高到 2014 年的 1.66(m³/s)/km²，其中苏州市排涝动力增幅最大，常州次之，无锡第三，镇江最小。

（2）浙江省。浙江省在太湖流域内的地区有浙西区和杭嘉湖区，除浙西区有部分山区外，其他均为平原河网地区，地势低洼。截至 2009 年，杭嘉湖区共有圩区 2149 个，圩区面积为 4860km²。2010—2015 年，杭嘉湖地区共开展圩区整治项目 157 个，整治圩区面积为 1550km²，包括杭州市余杭区 106km²、嘉兴市 886km²、湖州市 558km²。1999 年杭嘉湖圩区的排涝模数为 0.75(m³/s)/km² 左右，目前为 1.2(m³/s)/km² 左右。2015 年杭嘉湖圩区面积比 1999 年增加了 1550km²，平均排涝模数从 1999 年的 0.75～0.85(m³/s)/km² 提高到 2015 年的 1.2(m³/s)/km²。

（3）上海市。上海市位于流域的下游入海口，地势低平，加之其经济比较发达，土地硬化率高，每年汛期和台风季，极易受到洪水的淹涝。上海市（除崇明岛）共有圩区 308 个，分布在宝山、嘉定、青浦、奉贤、金山、松江和闵行区，排涝总面积为 1290km²，（其中耕地面积为 537km²，河湖水面积为 101km²），总圩堤长度为 2345.6km，总排涝流量为 1960m³/s，总排涝动力为 90893kW，排涝模数为 1.52(m³/s)/km²。其中，纳入排涝达标计算的圩区有 286 个，排涝能力达 20 年一遇的圩区有 94 个，占计算总数的 32.9%；10～20 年一遇的圩区有 64 处，占计算总数的 22.4%；5～10 年一遇的圩区 63 处，占计算总数的 22.0%；5 年一遇以下的圩区有 65 处，占计算总数的 22.7%。与 1999 年相比，圩区面积增加 740km²，排涝模数由 1999 年的 1.0～1.2(m³/s)/km² 增加到目前的 1.52(m³/s)/km²。

1.4.3 重要城市的防洪工程

太湖流域是我国城市化程度最高的地区之一，有直辖市上海市、省会城市杭州市以及地级市苏州市、无锡市、常州市、镇江市、嘉兴市和湖州市等。城市是经济、文化和政治中心，人口密集，产业集中，是流域防洪的重点保护对象，对防洪保安要求高，一旦受灾，损失严重。1999 年大水之后，太湖周边的常州、无锡、苏州和嘉兴市由于地处太湖流域中间的低洼处，纷纷在城市市区建立大包围圈，力图拒洪水于门外。

1. 上海市城市防洪工程

上海市位于长江三角洲太湖流域的下游，黄浦江及苏州河横贯市区。上海市一线防汛工程包括海塘、黄浦江市区防汛墙、郊区江河堤岸、水闸，以及排涝泵站等。黄浦江市区防汛墙已按 1000 年一遇高潮位防御标准（1985 年批准）建成。通过并港建闸、整治水系、洪涝分治和合理调度等措施，全市初步形成了按 14 个水利分片（含长江口三岛）控制的综合治理格局。

经过多年建设，目前上海防汛已经基本构筑了四道防线。第一道防线是千里海塘，全市已建成沿海堤防 523.48km，基本达到抵御 100 年一遇高潮位加 11～12 级风浪的标准。其中，城市化地区 114.78km 达到 200 年一遇高潮位加 12 级风浪标准。第二道防线是千里江堤，511km 黄浦江堤防已形成封闭，其中中下游 294km 可防御原 1000 年一遇潮位（黄浦公园水位 5.87m），上游 217km 防御 50 年一遇洪水。第三道防线是区域除涝工程，上海市郊 14 个水利控制片泵排能力达到 1491m³/s，郊区平均除涝标准为 15 年一遇。第四道防线是城镇排水系统，城镇排水泵排能力达到 3068m³/s，已建成的 261 个排水系统基本达到 1 年一遇排水标准。

2. 杭州市城市防洪工程

杭州市位于杭嘉湖平原最南端，东南濒临钱塘江，西北靠近太湖水系的东苕溪，京杭运河贯穿杭州市中心。杭州市的防洪除涝工程主要有钱塘江及其支流堤塘、东苕溪西险大塘、排涝水闸、城区排水骨干河网等。钱塘江海塘和东苕溪西险大塘是杭州市的防洪屏障，中心城区段钱塘江北岸海塘堤顶高程已达 200 年一遇标准，钱塘江大桥至观音堂段部分堤段达 500 年一遇标准，其余堤段为 100 年一遇标准；城区钱塘江及京杭运河两岸已建有 32 座骨干排涝水闸；圣塘闸和古新河是西湖主要排洪通道。城区现状除涝标准已达 20 年一遇。东苕溪右岸堤防从余杭石门桥，经瓶窑、安溪到德清大闸，称为西险大塘，长 45km，位于杭州市以西，是保护杭州市免遭洪水侵袭的重要屏障。

3. 苏州市城市防洪工程

苏州市城市防洪按城市中心区（以平江、沧浪、金阊三个区为主）、苏州工业园区、苏州高新区、吴中区、相城区五个区域分别设防，分片排涝的工程格局设计。中心区的规划防洪标准为200年一遇，主要防洪工程有城市中心区大包围防洪枢纽工程、大中型水闸工程、联圩工程及沿长江江堤。

城市中心区防洪枢纽工程的主要口门包括裴家圩青龙桥、元和塘、东风新、仙人大港、大龙港、南庄、澹台湖、外塘河、娄江、上塘河、胥江等工程，水闸合计宽度195m，水泵合计抽水能力为265m³/s，周边还有26座小闸站，总的外排流量为296m³/s。其他大中型水闸有胥口节制闸、瓜泾口枢纽、大浦口枢纽等。

4. 无锡市城市防洪工程

无锡市城市防洪工程以苏南运河为界，分为运东、运西两部分。运东片（江南运河以东）控制圈中心城区136km²范围内防洪标准达到200年一遇，运西片城区达到50～200年一遇；城市排涝标准达到20年一遇。

运东片实行"大包围"防洪，主要包括八大水利枢纽、32km堤防和11座口门建筑物，受益面积为136km²。八大水利枢纽建筑物为江尖水利枢纽工程、仙蠡桥水利枢纽工程、利民桥水利枢纽工程、伯渎港水利枢纽工程、九里河水利枢纽工程、北兴塘水利枢纽工程、严埭港水利枢纽工程和寺头港节制闸工程，主要包括泵站7座，设计流量为415m³/s，其中直接向运河排水的有江尖枢纽、仙蠡桥枢纽、利民桥枢纽，总流量为195m³/s；水闸14座，合计宽度为271m。

运西片采用分散布防形式，即盛岸联圩、山北南圩、山北北圩和梅圩、马圩、胡埭圩、沙滩圩、大湾圩等8个圩子单独设防，通过疏通河道，加高加固圩堤、闸站等措施使各圩达到规划标准。其中，山北北圩、山北南圩和盛岸联圩达200年一遇防洪标准，马圩、梅圩达100年一遇防洪标准，滨湖区胡埭圩、沙滩圩、大湾圩达50年一遇防洪标准。对山洪进行治理，防洪标准达到50年一遇。

5. 常州市城市防洪工程

常州市防洪以治太工程为基础，以武澄锡西控制线防御西部来水，以江堤防御长江洪水，并在低洼地区修筑圩区自保。城市防洪大包围工程包含了运北片、潞横革新片、湖塘片和采菱东南片等4个片区。目前，运北片防洪大包围工程已建成投运，以京杭运河改线段作为区域行洪和排水的主要通道，中心城区建立大包围控制片，对运北片内河道排涝水位进行分级控制，大包围外依靠水闸自排和泵站抽排。

运北片大包围范围东至丁塘港、南至新大运河、西至凤凰河、北至沪宁高速，形成156.2km²的防洪包围圈。运北大包围外围节点工程主要包括大运河东枢纽、澡港河南枢纽、新闸等多个闸站工程，现有外排总流量为385m³/s，其中直接向运河排水的大运河东枢纽、串新河枢纽、南运河枢纽、采菱港枢纽等4站流量共计170m³/s；此外，湖塘片直接向运河排水的有大通河东、西两枢纽，泵站设计排涝总流量为50m³/s。

经多年建设，常州市区外围已初步形成防洪屏障，市区初步形成防洪工程体系，现状防洪能力为20～50年一遇。

6. 镇江市城市防洪工程

镇江市是太湖流域中暂时未建成城市大包围的地市之一。镇江市的主要防洪工程有江港洲堤、64条骨干河道、101座中小水库，谏壁水利枢纽、九曲河水利枢纽、赤山湖水利枢纽等重要水工程，城区主要有运粮河、古运河和虹桥港3条排洪干河。镇江城市防洪防御工程体系主要包括：古运河等10条河道、长江沿江堤防与防洪墙工程，市区9座排涝泵站、古运河及大运河沿江口门控制建筑物等。城市沿江堤防（不含城区防洪墙）历经数年加高加固，已基本达到50年一遇标准，设计水位为8.85m。镇江市沿江口门主要有谏壁闸、京口闸、丹徒闸、虹桥港闸等，合计宽度达85.4m，设计引水流量为750m³/s。

区域防洪标准总体从20年一遇向防御50年一遇过渡；通胜地区按20年一遇洪水标准设防；丹阳市区按50年一遇洪水标准设防；除涝标准10~20年一遇。

7. 嘉兴市城市防洪工程

嘉兴市位于杭嘉湖地区中部，城区属杭嘉湖平原的一部分，境内河道纵横、湖塘密布，水系东汇入黄浦江，南经杭嘉湖南排工程各闸排入钱塘江和杭州湾。由于多条区域主干河道交汇和连接嘉兴市区，境内汛期水位直接受上下游的影响，城市现有防洪工程体系以钱塘江、杭州湾北岸海塘为抵御市区南部洪潮的屏障，以流域骨干工程杭嘉湖南排为基础，形成城市防洪大包围。嘉兴城市大包围防洪工程包括防洪堤40.5km，闸站枢纽4座，节制闸45座，主要有穆湖溪泵站、三店塘泵站、平湖塘泵站、海盐塘泵站、杭州塘大闸、嘉善塘闸、长水塘闸等，设计排涝流量为204m³/s，控制市区最高水位不超过3.70m。现状防洪标准已达100年一遇，排涝标准为20年一遇。

8. 湖州市城市防洪工程

湖州市地处东西苕溪下游，是东西苕溪诸尾闾河道和杭嘉湖平原入湖河道的必经通道。每遇洪水，苕溪山洪直逼城区，下游受太湖洪水顶托，防洪形势严峻。湖州城市防洪依托太湖流域东西苕溪防洪工程，中心城区修筑圩区及相应的防洪排涝体系，形成封闭的包围圈以防御山区洪水。湖州中心城市已建一期防洪工程的保护面积为36.11km²，由城中区、凤凰区、仁皇山新区3个分区组成。共建成标准防洪堤37.2km，治理河道9.8km，水闸14座，泵站5座。城区部分地区的现状防洪标准达100年一遇，其他约20年一遇。

1.5 洪涝灾害

太湖流域是个周高中低的碟形洼地，又受到海潮顶托，导致流域排水困难，洪水出路不畅。流域西部、西南部为山丘区，地面高程在10.00m以上；沿长江、沿杭州湾都是地面高程为4.00~7.00m的平原；而流域中部是以太湖为中心，包括淀泖、青松、嘉北在内的低洼地区，高程大都在4.00m以下，最低处只有2.00m左右。全区江河湖海又互相贯通，在汛期上游山丘河道来水，极易向流域中部太湖汇集，但中部河湖的蓄泄能力有限，再加上太湖下游扇形分散排水河网的比降平缓，流速仅为0.1~0.3m/s，河道下游又受潮水顶托，所以排水不畅，一旦遇到流域性洪水，大量洪涝水囤蓄在流域中部低洼地区，壅积难消，易积涝成灾。

根据历史资料统计，自南宋以来的800多年间，流域发生了大小洪水合计180多次，平均每4~5年一次。中华人民共和国成立以前，太湖流域在1931年遭遇了比较大的洪水威胁。中华人民共和国成立以后，太湖流域主要受到4次大洪水的威胁，分别为1954年、1991年、1999年和2016年。同时，太湖流域由于地处我国东部沿海，也常常受到台风的袭击。对流域影响比较大的有 1962 年"艾美"台风、2004 年"蒲公英"台风、2005 年"麦莎"台风、2009 年"莫拉克"台风、2012 年"海葵"台风和 2013 年"菲特"台风，洪水和台风的详述见附录 4 和附录 7。

1.6 社会经济

太湖流域位于长江三角洲的核心地区，自然条件优越，物产丰富，交通便利，历史上一直是著名的富庶之地。改革开放后，流域内凭借良好的经济基础、强大的科技实力、高素质的人才队伍和日益完善的投资环境，社会经济取得了飞速的发展，是我国经济最发达、大中城市最密集的地区之一，地理和战略优势突出。

流域交通发达，沪宁、沪杭铁路贯穿全流域，京沪高铁以及沪宁、沪杭、宁杭城际铁路，沪宁、沪杭、沿江、苏嘉杭、沪苏浙皖、京沪等高速公路，构筑了一张铁路快速交通网络；流域紧靠长江"黄金水道"，京杭运河贯穿南北，沟通长江和钱塘江航运，苏申内港线、苏申外港线、长湖申线等重要航线构成了内联三省（直辖市）、外通长江和钱塘江的内河航运网络格局，通航里程达 1.6 万 km。上海港（含洋山港）、张家港、太仓港、乍浦港、常州港与长江深水航道形成面向国内外、分工专业、快速发达的集疏运体系。

流域内分布有特大城市上海，大中城市杭州、苏州、无锡、常州、嘉兴、湖州及迅速发展的众多小城市和建制镇，已形成等级齐全、群体结构日趋合理的城镇体系。在 2015 年公布的第十五届全国县域经济与县域基本竞争力百强县名单中，太湖流域内共有 13 个县（市）榜上有名。其中，前 10 中占据了 6 席，过了半数，无锡的江阴市和苏州的昆山市平分秋色，并列榜单第 1 位，苏州的张家港市、常熟市、太仓市、宜兴市分列第 2 位、第 3 位、第 4 位和第 6 位。此外，常州的溧阳市位于第 37 位，嘉兴的海宁市、桐乡市、平湖市和嘉善县分列第 29 位、第 55 位、第 72 位和第 98 位，湖州的长兴县和德清县分列第 65 位和第 96 位。

上海，简称"沪"或"申"，是我国的直辖市之一，除了崇明三岛外，均位于流域下游的浦东浦西区，是我国的经济、交通、科技、工业、金融、贸易、会展和航运中心。上海地处长江入海口，东与日本九州岛相望，南濒杭州湾，北、西与江苏、浙江两省相接。上海总面积为 6340km²，下辖 16 个区。截至 2015 年，上海 GDP 居中国城市第 1 位，亚洲城市第 2 位，仅次于日本东京。上海亦是全球著名的金融中心，世界上人口规模和面积最大的都会区之一。

苏州，古称"吴"，现简称"苏"，西抱太湖，北依长江，大部分位于流域阳澄淀泖区的腹地，是我国的历史文化名城和风景旅游城市，国家的高新技术产业基地。苏州下辖 6 个区、4 个县级市，全市面积为 8488km²，是我国首批 24 座国家历史文化名城之一，有着将近 2500 多年的历史底蕴，苏州园林是中国私家园林的代表，被联合国教科文组织列为世界文化遗产。

无锡，古称梁溪、金匮，北倚长江，南濒太湖，主要位于流域的武澄锡虞区，是我国优秀的旅游城市，风景名胜不胜枚举，有着"太湖明珠"的美誉。诗人郭沫若曾留有诗句赞美，"太湖佳绝处，毕竟在鼋头"，说的正是位于太湖最北端梅梁湖畔的鼋头渚。无锡下辖 5 个区、2 个县级市，全市面积为 4628km²，是中国民族工业和乡镇工业的摇篮，是苏南模式的发祥地。

常州，北倚长江，位于流域武澄锡虞区和湖西区，是我国著名的旅游文化名城，有中华恐龙园等主题公园和天目湖、太湖湾等自然风景区。常州下辖 5 个区、1 个县级市，全市总面积为 4385km²。

镇江，古称"润州"，除了句容和扬中市，其余均位于流域上游的湖西区，长江和京杭大运河在此交汇，素有"天下第一江山"之美称。镇江下辖 4 个区、3 个县级市，全市面积为 3843km²。

杭州，简称"杭"，浙江省省会，大部分位于流域的杭嘉湖区，京杭大运河和钱塘江交汇于此，依仗于两条重要航运的便利，以及自身发达的丝绸和粮食产业，历史上曾是我国重要的商业集散中心。杭州下辖 9 个区、2 个县和 2 个县级市，总面积为 16596km²，是我国重要的电子商务中心之一。杭州自秦朝设县治以来已有 2200 多年的历史，曾是吴越国和南宋的都城，是中国七大古都之一，因其风景秀丽，素有"人间天堂"的美誉。

嘉兴，位于流域杭嘉湖区的低洼地带，位于东海、太湖、钱塘江和京杭运河的交汇之处，水系发达，扼太湖南走廊之咽喉。嘉兴下辖 2 个区、2 个县和 3 个县级市，总面积为 3915km²。嘉兴不仅以秀丽的风光享有盛名，而且还因中国共产党第一次全国代表大会在这里胜利闭幕而备受世人瞩目，是中国共产党诞生地，成为我国近代史上重要的革命纪念地。

湖州，是环太湖地区唯一因湖而得名的城市。处在太湖南岸，东苕溪与西苕溪汇合处。湖州下辖 2 个区、3 个县，有着优美的自然景观和众多的历史人文景观。自古以来素有"丝绸之府，文化之邦"的美誉，有着"南太湖明珠"之称。

由于有利的地理位置和自然条件，太湖流域经济与科技实力较强，投资环境优越，有利于金融、保险、房地产、交通运输和通信业的发展，自然风光、历史古迹等旅游资源丰富，越来越多的外来人口涌入太湖流域，也因此撑起了流域内的经济建设。据统计，与 1999 年相比，太湖流域 2015 年底总人口从 3701 万人增加至 6351 万人，16 年间增加了 72%，占全国的比例从 2.9% 增长到了 4.6%，人口越来越集中；国内生产总值（GDP）从 8937 亿元左右增长到了 72396 亿元，增加了 7 倍，占全国的比重基本维持在 10% 左右；2015 年流域人均 GDP 为 11.2 万元，是全国人均 GDP 的 2.3 倍。其中，江苏的昆山、张家港、江阴和太仓市人均 GDP 更是达到了 15 万元以上。具体详见表 1.5 和表 1.6。

表 1.5　　　　　　　　　2015 年太湖流域内各区、市、县人口和 GDP 一览表

流域内主要城市		区、市、县	常住人口/万人	GDP/亿元	人均 GDP/元
上海市			2415	25123	103795
江苏	苏州	市区	549	7494	136556
		常熟市	151	2045	135431
		张家港市	125	2230	177987
		昆山市	165	3080	186582
		太仓市	71	1100	155159

流域内主要城市		区、市、县	常住人口/万人	GDP/亿元	人均GDP/元
江苏	无锡	市区	362	4352	120302
		江阴市	164	2881	176119
		宜兴市	125	1286	102652
	常州	市区	394	4634	115494
		溧阳市	76	738	97055
	镇江	市区	123	1574	128165
		丹阳市	98	1070	109276
浙江	杭州	市区	721	8722	121681
		临安市	59	468	80345
	嘉兴	市区	123	871	71051
		平湖市	68	484	70739
		海宁市	83	701	84855
		桐乡市	83	653	78798
		嘉善县	57	423	74161
		海盐县	44	383	86672
	湖州	市区	132	927	70533
		德清县	50	392	78479
		长兴县	65	462	70868
		安吉县	48	303	63926

表1.6　　　　　1999年和2015年太湖流域及全国主要社会经济发展指标

地　区	1999年		2015年	
	年末人口/亿人	国内生产总值/亿元	年末人口/亿人	国内生产总值/亿元
江苏省太湖地区	0.1539	3362	0.2416	31024
浙江省太湖地区	0.0849	1540	0.1230	11132
上海市	0.1313	4035	0.2346	24674
太湖流域	0.3701	8937	0.5992	66829
全国	12.7621	81911	13.7462	685506
流域占比/%	2.9	10.9	4.6	10.1

注　1. 1999年数据来自《1999年太湖流域洪水》。
　　2. 2015年数据来自镇江、常州、无锡、苏州、上海、嘉兴、湖州、杭州2016年统计年鉴。

改革开放以前，太湖流域同全国一样，处于工业化的萌芽阶段，流域内各地市的产业结构呈现"一、二、三"的发展特征；1978年后，以乡镇工业为主的工业化进程在太湖流域崛起，各地市的工业产值逐步上升，到了1998年，各地市的产业结构呈现"二、三、一"的发展特征；进入21世纪信息化时代以来，流域内许多地市纷纷设立高新技术产业区，吸引了微软、甲骨文等数以千计的高新技术产业的投资落户；城市化进程的加快、高素质人口的涌入，加速了各地市金融、保险、房地产、交通运输和通信业等第三产业的发展。2015 年，除嘉兴、湖州和无锡外，上海、常州、苏州和杭州已形成"三、二、一"的产业结构发展特征，太湖流域已经基本迈入以服务经济为主导的产业格局。太湖流域几个重要城市产业结构构成见表 1.7。

表 1.7　　　　　　　　　　太湖流域几个重要城市产业结构构成比例　　　　　　　　　　%

城市		无锡	常州	苏州	上海	嘉兴	湖州	杭州
城镇化率		75.4	70.0	74.9	87.6	60.9	59.2	75.3
2015 年	第一产业	1.62	2.78	1.49	0.44	3.95	5.88	2.87
	第二产业	49.28	47.71	48.57	31.81	52.61	48.99	38.89
	第三产业	49.11	49.51	49.94	67.76	43.44	45.13	58.24
1998 年	第一产业	1.11	2.47	2.78	2.30	11.89	16.64	2.48
	第二产业	55.24	60.88	58.06	52.20	47.47	56.18	48.45
	第三产业	43.65	36.65	39.16	45.50	40.64	27.18	49.06

注　资料来源于各省市 2016 年统计年鉴。

第2章 天气形势分析

梅雨天气是大气环流季节性调整的结果。太湖流域一般6月中旬入梅，7月上旬出梅，平均梅雨期25d左右。2016年为超强厄尔尼诺影响年，印度洋海温一致偏暖，导致副热带高压强度偏强、主体位置偏西，西南季风强盛、乌拉尔山阻塞高压持续存在，中高纬西高东低的环流配置是造成太湖流域梅雨异常的主要因素。

2.1 前期环流形势

2.1.1 海温背景分析

全球海温分布是影响大气环流的最主要的外强迫场，其中太平洋ENSO事件通过作用于赤道沃克环流影响我国降水和气温，而印度洋通过影响越赤道气流进而影响我国水汽输送。2016年6—7月全球大部海温偏暖，其中ENSO指数［图2.1（a）及图2.2］显示2016年的超强厄尔尼诺事件自2014年秋冬季开始，至2015年冬季发展至最强，2016年

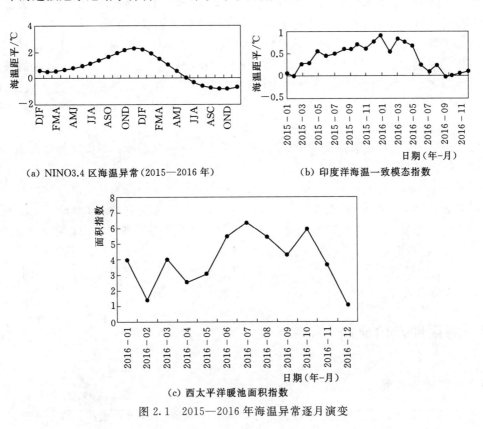

（a）NINO3.4区海温异常（2015—2016年）　　（b）印度洋海温一致模态指数

（c）西太平洋暖池面积指数

图2.1　2015—2016年海温异常逐月演变

春季结束，持续时间、强度均为历史最强。图 2.1 则显示印度洋海温持续两年异常偏暖、西太平洋暖池区暖海温面积 2016 年 1—8 月持续偏大，强度偏强，这样的海温配置有利于西太平洋副高持续偏强，并稳定偏西偏南。

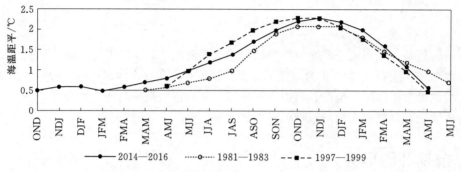

图 2.2　历史上三次超强厄尔尼诺事件 NINO3.4 区海温距平季节演变

2.1.2　环流特征

2016 年 6 月中旬乌拉尔山地区出现阻塞高压，我国东部地区位于阻塞高压的槽前冷平流中，华南降水偏多；旬末东北冷涡减弱，西太平洋副高北抬，南下冷平流与北抬副高西北暖湿气流相遇，静止锋停滞在长江一带，至此，从 6 月 19 日起，太湖流域进入梅雨期，其特点是：入梅晚，出梅晚，梅雨量多 7 成，梅雨期持续 31d，较常年偏多 6d，大部气温较常年偏低，这给工农业生产、交通运输、居民生活带来了很大影响。

大量的研究工作指出，梅雨开始及结束时间的迟早以及梅雨期间出现梅雨量的多寡，大气环流的表现都有一定异常形式的配置，同时，这种异常的大气环流与其前期的环流存在一定的联系。2016 年 1 月，北半球 500hPa 高度场上，中高纬环流表现为 3 波型分布，东亚大槽较常年明显加强，北美大槽接近常年，而欧洲槽则弱于常年。反映在距平场上，西北太平洋及东亚附近地区为负高度距平控制，乌拉尔山出现阻塞高压，西北太平洋副高较常年偏强偏南。这种环流形势分布导致 1 月我国中北部地区气温异常偏低，长江流域及以南降水偏多，太湖流域大部偏多 2~5 成。4 月，北半球 500hPa 高度场上，中高纬度呈 4 波型分布，西太平洋副高较常年偏强，东亚大槽深厚，中高纬欧亚一带为平直高压脊控制。距平场上，东亚大槽区域位势高度较常年偏低 4dagpm 以上，极区及中高纬其余地区主要为高度距平覆盖，西北太平洋副高较常年偏强，而我国气温持续偏高，我国淮河以南均降水偏多。5 月，环流形势发生逆转，东亚槽减弱，贝加尔湖一带为低压槽控制，从距平场上看，我国近海、日本海至鄂霍次克海一带高度场偏高，贝加尔湖以北高度场偏低 4dagpm 以上，我国中北部出现降温天气，全国大部降水偏多，太湖流域偏多 5 成。

2.2　梅雨期暴雨成因

2.2.1　形势场分析

从 2016 年 6 月 19 日至 7 月 19 日北半球 500hPa 平均高度场可以看出，欧亚中高纬为双阻型控制，乌拉尔山及鄂霍次克海为阻塞高压控制，我国西北地区为弱高压脊控制，而从我国华东地区至日本海区域为低槽区，西太平洋副高偏强偏西，850hPa 风场显示 30°N 以南太湖流域的上游方向维持一支低空西南急流，这支强的西南气流将孟加拉湾及南海的水汽源源不断地向下游方向输送。由于西太平洋副高稳定少动，中高纬阻高维持，雨带仅有小范围摆动，太湖流域始终处于强降水区，因此梅雨期间出现了多次暴雨及连续性强降水过程。

图 2.3 显示出 2016 年西北太平洋副高面积指数、强度指数、脊线位置及其西伸脊点的逐月变化情况。图 2.4 显示出印缅槽指数的逐月变化情况。从图中可以清楚地看到，2016 年全年，副高面积及强度指数与常年相比持续偏强，西伸脊点总体偏西，其中 4—7 月接近常年，印缅槽持续偏强。这样的高度场配置有利于印度洋暖湿气流沿西南风源源不断向北输送，与中高纬南下冷空气相遇，形成静止锋，在长江中下游及太湖流域形成阴雨天气。

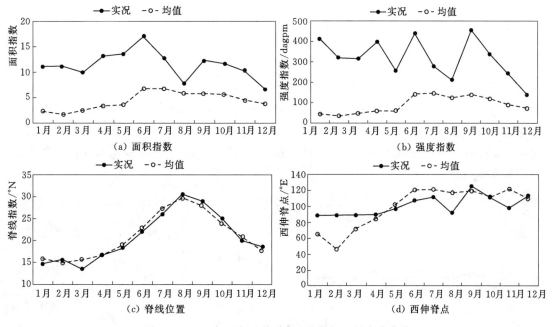

图 2.3　2016 年西太平洋副高环流特征逐月变化曲线

2.2.2　副高与梅雨的关系

西太平洋副高的强度、位置，特别是其南北位置与中国季风雨带密切相关。对于太湖流域来讲，各年梅雨量的多寡受诸多天气气候因素的制约，其中首先受制于西北太平洋副高北移的程度。图 2.5 是 2016 年 5—7 月西太平洋副高脊线逐日变化曲线，从图中可以看到，整个 5 月至 6 月中旬，副高脊线稳定控制 20°N 以南的南海海域，随着 6 月 4 候副高脊线北抬至 22°N 以北，太湖流域逐渐进入梅雨期。在 31d 的梅雨期里，副高脊线基本上在 22°N~25°N 范围内，7 月 2 候副高北抬至 30°N 以北，太湖流域出现一段晴热高温天气。之后，副高南落，太湖流域发生新一段的降水过程。分析副高的强度、面积指数以及西伸脊点资料可以清楚地看到：2016 年全年副高的强度及面积指数均较常年偏强，西伸

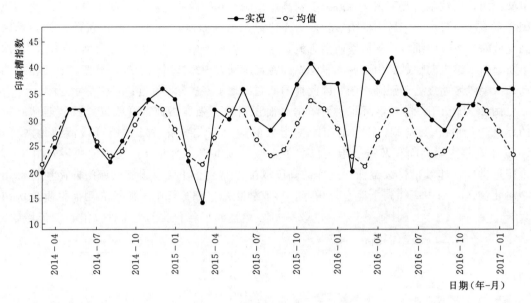

图 2.4　印缅槽指数逐月变化曲线

脊点偏西，脊线位置接近常年，造成了东亚副热带锋区持续偏强。太湖流域处于副高西南侧暖湿气流控制下，印缅槽前西南风带来了印度洋充沛的水汽，同时中高纬乌拉尔山地区阻高稳定维持，中纬度西风带不断有弱槽东传，持续不断的冷空气不断向南扩散，导致太湖流域暴雨频频。

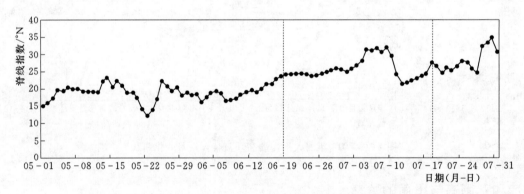

图 2.5　2016 年 5—7 月西太平洋副高脊线逐日变化曲线

2.2.3　强降水天气过程分析

2016 年太湖流域于 6 月 19 日入梅，7 月 20 日出梅，梅雨期为 31d。主要的降水时段出现在 6 月 19—28 日、6 月 30 日至 7 月 7 日，其中 7 月 1—4 日时段内的降水较为持续、降水也较强，这里主要分析讨论该时段内大尺度环流特征以及影响系统，随后再具体对每一个降水时段的影响过程进行描述与总结。

副高位置以及是否有西风槽将中高纬度的冷空气输送到长江中下游地区都是梅雨期集

中降水的关键条件。从500hPa高空图可以看到，中高纬地区主要呈两槽一脊型的纬向环流，巴尔喀什湖西侧和我国中东部为浅槽区，贝加尔湖为浅脊区。中纬度从6月30日至7月5日不断有弱的短波槽从脊前的西北气流中下滑，带来一次次的弱冷空气。低纬度地区，副高位于西太平洋，副高中心位于140°E附近，588dagpm稳定在杭州湾附近。孟加拉湾一带为一稳定低值区，这样的环流形势使得长江中下游地区盛行西南风（暖湿气流）与北方来的偏西气流（冷空气）之间，形成宽广的汇合区，有利于锋生并带来充沛的水汽，形成持续时间长、范围广的暴雨到大暴雨。从500hPa形势来看，该段时间的梅雨是较为典型的双阻型梅雨形势。

与大环流背景相对应的中低空环流显示，在江淮地区的东北—西南向的切变线及地面静止锋维持，切变线的南侧持续存在明显的低空急流（急流的北侧存在风速的辐合），两者的配合有利于水汽的辐合上升，为暴雨的发生提供了有利的动力条件。沿长江流域始终维持一条东北—西南向的强降雨带，并不断激发出中尺度雨团影响下游的太湖流域。7月4日随着副高增强、脊线北抬，低空急流及切变线北抬至黄淮地区，7月5日低空急流继续北抬，江淮雨带逐渐减弱。另外，在高层200hPa图上，长江中下游地区位于南压高压脊线附近的辐散场中。

1. 太湖流域梅雨期第一轮降水（6月19—28日）

6月19日8时西太平洋副高呈东西向带状，中心强度为592dagpm，120°E附近的副高脊线位于22°N附近。在850hPa、700hPa、500hPa各高度层都有西南急流沿588dagpm等值线流经我国西南地区，流向长江中下游地区，同时，西南急流与北方的槽后弱冷空气相遇，在低空形成切变并伴有低涡生成。分析8时的地面图及云图可见，静止锋从我国西南地区延伸至江南北部，贵州北部及安徽南部上空各有一个云顶白亮的对流云团在发展。以上天气形势预示着：长江流域及其包含的太湖流域开始进入梅雨期。

20日8时中纬度地区有小槽分裂南下，副高主体稳定，但西脊点略有东撤，使切变线的西侧南落、东侧北抬，有利于西南急流北抬，与槽后弱冷空气汇合于太湖流域上空，使水汽和能量在此持续汇聚，较强降水得以继续维持。8时地面图上，河套地区北部有冷锋南摆；红外云图上，安徽南部至浙北的对流云团依旧发展旺盛。

21日8时随着北支槽的东移，长江下游的500hPa高空转为槽后弱脊控制，副高的西脊点西伸、脊线北抬，使得副高边缘的急流和切变线继续北抬至江淮东部地区，在8时的地面图和云图上，江淮西部和东部的静止锋上空有两块对流云团发展旺盛，太湖流域受对流云团东移的影响，仍有较强降水。

22日8时副高主体稳定，位于贝湖的横槽南摆，华北东部、黄淮东部、江淮东部有短波槽东移，原本位于江淮东部的西南急流略有南落，正好流经太湖流域，冷暖气流交汇于此，红外云图的对应位置上能够看到两块发展旺盛的对流云团，受对流云团影响，流域出现了中到大雨，部分站点出现了暴雨。

23日8时东北冷涡引导冷空气从西路向南扩散，副高西脊点略有东退；随着前一天的短波槽东移入海，黄淮及江淮地区转为弱脊控制，副高北缘有所北抬，西南急流随之北抬流向华北。地面图上静止锋东侧北抬至华北东部、黄淮北部，强的对流云团也在华北上空发展。太湖流域处于副高边缘，当天午后出现了局地性阵雨，从云图上看其上空有一云顶白亮的孤立对流云团在发展。

24 日 8 时副高中心加强西伸，东北冷涡引导的高空槽在东移中略有北缩，槽底位于华北西部、黄淮北部地区，在中低层 700hPa 和 850hPa 的槽（切变线）位于江苏中南部上空，切变线南侧有急流配合，但急流偏西分量大、偏南分量小，且 20 时随着系统（槽）很快东移入海急流逐渐消失，因此降水不强，当天太湖流域只出现了中到大雨，流域南部的部分站点因位于副高边缘出现了暴雨，从云图上能够看到流域上空较为分散的、发展较弱的暖区降水云系。

25 日 8 时随着短波槽的东移，冷暖气流再次交汇于长江流域，表现在 850hPa 切变线位于长江流域南侧，其东段位于太湖流域南侧上空，位置偏南；该切变线系统在低层 850hPa 高度场上没有急流配合，仅 700hPa 高度场上急流存在，且位置偏南，以上系统给浙江中北部地区带来了强降水，给太湖流域带来了小到中雨，云图上能够看到雨带主要位于浙江中北部地区。

上述切变线系统东移并南压，在 26 日离开太湖流域，而此时流域西侧又有短波槽东移，在流域上空又建立起东西向分布的切变线，26 日 20 时急流位置较流域位置偏西，云图上能够看到强降雨云团位于流域西侧，当天流域出现了小到中雨，靠近急流位置的部分站点出现大雨。

27 日 8 时位于长江中上游的西风槽在东移过程中，中低层系统不断发展加强，逐渐建立起低涡，副高稳定维持使得中低层西南急流显著增强。急流配合流域上空的低涡切变线，以及地面的准静止锋，这些有利的条件给太湖流域带来了显著的降水，另外系统东移过程中产生一定的"列车效应"，增强了降水，沿急流轴方向长江流域均出现了暴雨以上的降水，部分站点出现了大暴雨。对应云图上能够看到低涡以及急流的位置有带状排列的对流云团生成。

28 日 8 时副高较前一日增强且略有北抬，中低层的低涡东移不断减弱，流域上空的切变线东移过程中略有南落，沿着 592dagpm 北上的低空偏南急流与沿着 588dagpm 东进的西南偏西急流汇聚在江淮及江南北部地区，急流的强烈辐合配合切变线系统为上述地区带来了暴雨以上的降水，受其影响，流域西侧部分站点出现暴雨，其他大部为中到大雨，对应云图上急流的汇聚区有发展旺盛的对流云带。至 28 日 20 时，低层系统东移消散，流域转为弱脊控制，而高空槽影响较弱，降水明显减弱，一轮降水结束。

　2. 太湖流域梅雨期第二轮降水（6 月 30 日至 7 月 7 日）

6 月末高原槽发展东移，南支槽明显加深，在低层体现为由西南向东北伸展（从云南一直延伸到江苏中部）的切变线。受此切变线的南缘影响，30 日流域北部有小雨。

7 月 1 日 8 时副高 592dagpm 的西脊点北抬至 25°N 附近，850hPa、700hPa、500hPa 所在的高度场均有西南暖湿气流沿 588dagpm 高度场外缘流向江淮及江南北部地区。这三支西南急流与渤海至黄淮的北支槽配合，在低空有多个低涡生成并沿切变线向东移动。在红外云图上有一串对流云团从西南一直延伸向东北。太湖流域处在对流云团的下游，将发生强降水天气。

7 月 2 日 8 时有利于太湖流域强降水维持的天气系统配置，稳定的副高使三支低空急流维持在江淮及江南北部地区，与短波槽后弱冷空气交汇，在太湖流域上空有低涡切变线生成，在红外云图上有云顶白亮的对流云团发展东移，强降水得以继续维持。

7月3日8时随着副高增强、脊线北抬，低空急流及切变线北抬至黄淮地区，7月4日8时低空急流继续北抬，江淮雨带逐日减弱。7月5日，梅雨主雨带位于流域西侧，流域受副高控制，出现了午后的局地性阵雨，降水较弱。6—7日副高进一步西伸增强，最西伸展到西南地区，副高控制整个长江流域及以南地区；天气系统（高空槽、切变线）均位于流域西北侧，高空槽在东移过程中，副高的边缘有对流云团发展，该对流云团在发展移动的过程中给流域的西北侧带来了短时强降水。

2.3 典型年梅雨环流形势比较

首先从出、入梅时间来看，1991年和1999年都是较常年入梅时间早、出梅时间晚，持续时间长，而2016年入梅时间晚，出梅时间晚，持续时间略长。其次比较副高，从这些年的6—7月500hPa环流形势来看，2016年的副高西伸位置最西，强度上最强，更接近1991年的副高形势，而1999年的副高相比则较弱、位置更偏东。从500hPa环流形势来看，中高纬度都是两槽两脊形势，东边的槽位于我国东北地区上空，西边的另一个槽位于巴湖以西，我国北方为弱脊控制，中低纬度孟加拉湾为低值区，整个形势均为北高南低，南方的水汽输送到太湖流域，配合北方脊前弱的冷空气，为持续强降水的发生提供了有利的背景场环境。从细节看，形势上略有差异，最为显著的是2016年东北地区的槽的振幅比其他两个年份大，从70°N延伸至30°N，贝湖附近的弱脊振幅也较大。第三是分析热带辐合系统，发现1991年和1999年梅雨期台风频数小。1991年梅雨期间，6月只有1个台风生成，且对我国无影响，7月虽有4个台风生成，但出现在梅雨期的台风只有1个。1999年台风频数少且多北上转向路径。2016年前半年没有台风生成，直到7月才有一个台风生成。因此，这三个洪水年的梅雨期内低纬度地区的低值系统（热带辐合系统）均不活跃。由此可见，太湖流域出现大洪水的年份梅雨期都有相似的环流形势：中高纬度的槽（我国东北地区附近）脊（我国北方）、南高北低的位势分布、低纬度孟加拉湾的低值区，以及热带系统均不活跃，梅雨期台风频数小。环流的差异体现在副高强度以及槽脊的强度上。

从海温背景和西太平洋副高来说，这些年份可以分为两类：一类是拉尼娜年，1954年和1999年，印度洋海温一致偏冷，北大西洋海温分布为南低北高，西太平洋副高偏弱，主体偏东；另一类是厄尔尼诺年，1991年和2016年，印度洋海温一致偏暖，北大西洋海温分布为南高北低，西太平洋副高偏强偏西。而这4年有两个共同点：①中高纬地区的环流是相似的，为西高东低的配置，东北冷涡不停生成和填塞，影响着西太平洋副高的北抬和南退，进而影响长江中下游的降水。②从850hPa风场来看，印度洋的暖湿气流沿着印缅槽前西南季风北传，与西太平洋副高西侧西南风相遇，形成自南向北的水汽通道，在长江中下游地区遭遇中高纬南下的冷空气，形成锋面对峙，给这一带带来频繁的强降水。

分析1954年、1991年、1999年和2016年的梅雨期特征有共性和特性，共性在于与常年相比，这4年都是出梅迟，梅雨持续时间长。不同点在于入梅时间和梅雨段数，其中前3年均入梅早，并出现二度梅现象，而2016年入梅偏晚，仅为一段梅雨期。首先就入梅早晚的问题来说，从这几年梅雨期 500hPa 高空环流图的配置来看，1954 年和 1999 年西太平洋副高均偏弱偏南偏东，588dagpm 位于海上，而 586dagpm 正压在长江中下游一带，印缅槽的 586dagpm 与此贯通，从而导致夏季风来临偏早，1954 年和 1999 年入梅偏早。而 1991 年梅雨前西太平洋副高已经偏西偏北，导致季节进程推进较快，入梅偏早。其次二度梅现象，1954 年和 1999 年主要是由于拉尼娜的影响，西太平洋副高主体偏弱偏南，中高纬极涡位于北太平洋，阿留申低压强盛，西风带槽脊东传时遇到阻碍，在我国东北地区时常激发冷涡，西太平洋副高受此影响在北进途中，再次被压制南退，以至于产生二度梅。1991 年第一段梅雨期西太平洋生成一个台风，于 6 月 17 日在台湾岛以东消亡，台风消亡之后，中高纬东北冷涡南压，西太平洋副高东退，梅雨中断，由于厄尔尼诺的影响，西太平洋副高继续加强发展，7 月初西伸推进至长江中下游，该区域进入了第二段梅雨期。而 2016 年梅雨期仅生成一个台风，西太平洋副高异常强盛且稳定，未出现二度梅现象。

综上所述，中高纬环流西高东低，东北冷涡不断生成和填塞是这 4 年梅雨量偏多的"共性"，而海温分布则体现了"个性"。这反映了这样一种事实：长江中下游地区的降水多寡并非全部由太平洋地区的 ENSO 现象决定，是多种因素的综合作用，全球海温分布态势对中高纬环流的配置产生主要作用，需要全面综合分析其相互作用。同时中小尺度的环流如台风、东北冷涡等会产生不可预知的作用，极有可能带来极端降水。

2.4 台风天气形势分析

2016 年影响太湖流域的台风主要有 3 个：第 14 号台风"莫兰蒂"、第 17 号台风"鲇鱼"以及第 22 号台风"海马"。

2.4.1 台风"莫兰蒂"

台风"莫兰蒂"于 9 月 10 日 14 时在菲律宾以东洋面生成，主要以西北移向为主，经过台湾以南海面，于 15 日凌晨以强台风登陆我国福建省厦门市翔安区，登陆后继续向西北移动，强度不断减弱，于 15 日 17 时减弱为热带低压，15 日下午前后向东北转向，途经江西、安徽、江苏三省，于 16 日傍晚入海。

"莫兰蒂"生成期，东亚环流形势为一槽一脊形势，我国中东部为一槽，副高脊线位置大致位于 25°N，呈纬向分布。台风位于副高主体的西南侧，受副高西南侧的东南风的引导，台风向西北偏西方向移动。当台风靠近我国大陆时，已位于副高西侧，引导气流偏北分量逐渐增大，引导台风向北运动，并逐渐转向西北。同时，北方的西风槽东移为台风的残留低压带来了向东的风向引导，路径因此逐渐转向东北。

9 月 14 日，"莫兰蒂"还未登陆福建沿海，其外围云系已经开始影响太湖流域，太湖流域的西部和北部开始出现强降水。15 日 8 时，我国东北地区有北支槽，长江上游（110°E）附近有小槽发展，并不断东移，台风倒槽位于福建、浙江和上海上空，在台风东侧（副高西侧），来自海上的东南风急流源源不断地将水汽输送到陆地上，最终造成了湖西区、武澄锡虞区和阳澄淀泖区出现暴雨。15 日 20 时，随着台风继续向西北方向移动，台风倒槽向西伸展，东风急流向西推进，强降水范围进一步扩大，倒槽附近普降大到暴雨，暴雨落区与台风倒槽东侧急流位置基本吻合。16日8时，随着长江上游的小槽逐渐东移，槽后弱冷空气（高层）与台风残留环流的偏东风急流（低层）相结合，形成了上层冷、下层暖的大气不稳定层结，造成江苏中部地区出现暴雨，太湖流域在雨带南缘，北部地区有明显降水。

受台风"莫兰蒂"的影响，太湖流域降水主要集中在9月13—16日。14日，受"莫兰蒂"外围云系的影响，湖西区、武澄锡虞区和太湖区降了大到暴雨。15日，台风登陆后向西北移动，全流域普降暴雨，局地大暴雨。16日，台风从太湖流域东移入海，雨势减弱。

2.4.2 台风"鲇鱼"

2016年9月23日上午8时，台风"鲇鱼"在西北太平洋洋面上生成后向西北偏西方向移动，强度逐步加强至超强台风，在靠近台湾东部海域时强度减弱为强台风，并于27日下午以强台风登陆台湾中北部沿海，而后西折进入台湾海峡，于28日早晨以台风级登陆福建沿海，登陆后台风继续保持西行但强度不断减弱，28日下午转向西北方向移动，夜间进入江西省并减弱为热带低压，29日5时停止编号。

从500hPa高度场可见，台风登陆前，中高纬度西风带较平直，但多短波槽活动，副高呈纬向型分布。台风生成后，副高逐渐增强并逐步西伸北抬，受副高南侧的偏东风引导气流的影响，台风向西偏北方向移动。当台风接近大陆时，副高断裂成海上高压与大陆高压。由于北方没有西风槽引导使台风转向东北方向移动，而海上副高稳定西伸，致使台风残余环流继续向西偏北方向移动。

9月27日，台风外围云带开始影响太湖流域，太湖流域出现阵性降水。28日早晨，台风登陆福建沿海之后，中高纬度东北地区为低槽（后倾槽），106°E附近有短波槽，副高断裂成东西段，东段副高控制太湖北部，倒槽槽线位于福建到江苏南部的上空，倒槽东侧为偏东风急流和东南急流。29日20时，随着台风西行，偏东风急流推动倒槽向内陆推进，急流强度逐渐减弱，浙江西北部、江苏南部以及安徽南部出现强降水。30日，"鲇鱼"的残余环流明显减弱，从广东到江苏南部仍存在弱切变线，太湖流域北部有中到大雨。

受台风"鲇鱼"的影响，太湖流域降水主要集中在9月28—29日。28日，太湖流域的湖西区与浙西区普降大到暴雨；29日，太湖流域的湖西区、武澄锡虞区、太湖区出现暴雨到大暴雨；30日，降水基本停止。

2.4.3 台风"海马"

2016年第22号台风"海马"于10月15日8时在菲律宾以东洋面生成，以西北偏西移动为主，登陆菲律宾以北后进入南海。21日12时40分前后以强台风（42m/s）登陆我国广东省汕尾市，登陆后继续向北行，强度不断减弱，23时减弱为热带低压，22日2时停止编号。

台风登陆前，中高纬度西风带较平直，但多短波槽活动，副高呈带状分布。受副高南侧偏东气流引导，台风向西运动，台风进入南海后靠近大陆时，西南地区多低槽活动，副高北界位于杭州湾附近，副高北侧存在弱切变线（700hPa），配合西南急流，太湖流域北部出现大到暴雨。

10 月 21 日 20 时，台风倒槽（850hPa 切变线）穿过太湖流域，且上游存在西风槽，受上述系统影响，太湖流域降中到大雨。22 日 8 时，副高略有东退，台风倒槽向北伸展到江苏南部，西南急流加强，切变线北侧东风转为北风，这意味着低层存在冷空气侵入。冷暖空气在太湖流域上空交汇，配合南侧急流触发不稳定能量释放以及充沛的水汽输送，太湖流域普降大到暴雨。

受台风"海马"的影响，太湖流域降水主要集中在 10 月 20—22 日。20 日，太湖流域湖西区、武澄锡虞区、阳澄淀泖区、浦东浦西区普降中到大雨；21 日，湖西区、武澄锡虞区、阳澄淀泖区、浦东浦西区普降大到暴雨；22 日，阳澄淀泖区、太湖区、浦东浦西区降暴雨到大暴雨；23 日降水基本停止。

2.5 本章小结

ENSO 事件对环流系统影响比较复杂，海温是影响长江中下游地区降水的重要系统。因此，需要综合分析全球海温异常分布，尤其是印度洋、太平洋海温异常引起的环流系统变化，以及大西洋、北极海冰对中高纬环流的影响。2016 年太湖流域梅雨降水异常的根源主要在于全球海温的异常分布，超强厄尔尼诺事件、印度洋海温一致偏暖及西太平洋暖池强度偏强等因素相互作用，形成了有利于降水偏多的环流配置。副高强度持续偏强，位置偏西，梅雨期内乌拉尔山阻高持续存在，中高纬度呈现西高东低的配置，而低纬印缅槽偏强，西南季风强盛，南北冷暖气流在长江中下游地区对峙，是导致太湖流域梅雨期长、梅雨量多的关键。

乌拉尔山地区的阻高、极涡分布是大气对海温分布的响应，决定了中高纬环流的分布，中高纬环流西高东低的配置及西太平洋副高的位置和强度对长江中下游一带的梅雨降水起决定作用。

第3章 雨水情发展过程

2016年，太湖流域年降水量和汛后降水量位列1951年以来首位，汛期降水量位列1951年以来第二位；梅雨量位列1954年以来第五位。全年降水空间分布总体呈西部大于东部。受降水影响，太湖流域发生春汛、梅汛和秋汛，梅雨期太湖最高水位达4.88m，为1954年有实测资料以来第二高水位，太湖流域发生了继1954年、1991年、1999年以来的又一次超标准洪水，地区河网水位全面超警，流域北部河网代表站普遍超保，部分站点水位屡创历史新高。本章主要介绍了2016年洪水的雨水情发展过程。

3.1 雨情

太湖流域面平均降水量由各水利分区（图3.1）雨量代表站算术平均值求得分区面雨量，再由分区面雨量面积加权求得，考虑太湖流域特大暴雨的区域分布规律和空间尺度，流域产流和汇流特征，水系的相对闭合性，流域工程现状和规划状况，传统分区习惯等因素，将太湖流域降水量统计分7个区，即湖西区、武澄锡虞区、阳澄淀泖区、太湖区、浙西区、杭嘉湖区、浦东浦西区。各分区降水量的代表站选择有：湖西区19个站、武澄锡虞区12个站、阳澄淀泖区13个站、太湖区8个站、浙西区23个站、杭嘉湖区17个站、浦东浦西区14个站，合计106个站。雨量代表站分布见图3.2和表3.1。

2016年，太湖流域降水量1855.2mm，较常年偏多52%，位列1951年以来第一位，其中，汛前（1—4月）降水量361.6mm，较常年同期偏多8%；汛期（5—9月）降水量1124.4mm，较常年同期偏多55%，位列1951年以来同期第二位；梅雨期（6月19日至7月19日）降水量426.8mm，较常年梅雨量偏多77%，位列1954年以来第五位；汛后（10—12月）降水量369.2mm，较常年同期偏多133%，位列1951年以来同期第一位。全年降水空间分布总体西部大于东部（见图3.3）。各水利分区降水量最大为湖西区2134.6mm，最小为浦东浦西区1549.8mm，其余分区降水量为1566.7～2096.7mm（见表3.2、图3.4）。与常年同期相比，各水利分区降水量均偏多，偏多幅度为34%～83%，其中湖西区偏多幅度最大（见表3.3）。单站累计降水量超过2000.0mm的站点有76个（有整编资料的站点共213个），最大点雨量为浙西区的尚儒站2650.0mm。

3.1.1 汛前降水（1—4月）

汛前，太湖流域雨日为66d，占总天数的55%，降水量为361.6mm。降水量空间分布总体南部大于北部（见图3.5）。各水利分区降水量最大为浙西区462.2mm，最小为阳澄淀泖区290.3mm，其余分区降水量为292.4～411.5mm（见表3.4和图3.6）。单站累计降水量超过500.0mm的站点有14个，最大点雨量为浙西区的坎岱站585.0mm。

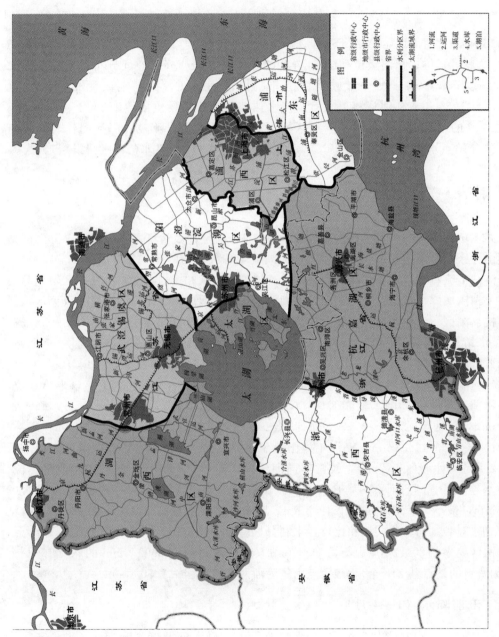

图3.1 太湖流域水利分区图

图 3.2 太湖流域雨量代表站分布图

表 3.1 各分区降水量统计代表站

分区	代 表 站
湖西区	茅东闸、南渡、东昌街、金坛、王母观、溧阳、沙河水库、成章、宜兴、湖汶、坊前、漕桥、谏壁闸、旧县、丹阳、小河新闸、九里铺、横山水库、官林
武澄锡虞区	无锡、常州、洛社、青阳、定波闸、长寿、陈墅、张家港闸、杨舍、十一圩港闸、甘露、望虞闸
阳澄淀泖区	浒浦闸、苏州、平望、常熟、白茆闸、湘城、直塘、七浦闸、陈墓、周巷、金泽、金家坝、浏河闸
太湖区	小梅口、夹浦、大浦口、望亭、吴溇、洞庭西山、胥口、直湖港闸
浙西区	市岭、临安、横畈、横湖、瓶窑、莫干山、埭溪、杭坡、老石坎水库、递铺、西苎、梅溪、湖州杭长桥、港口、大界牌、天平桥、槐花坎、诸道岗、长兴、德清、章里、银坑、南庄
杭嘉湖区	余杭、塘栖、临平、菱湖、新市、崇德、双林钱家田、南浔、乌镇、桐乡、硖石、欤城、嘉兴、平湖、青阳汇、嘉善、王江泾
浦东浦西区	夏字圩、青浦、沙港、青村、大团闸、杨思闸、黄渡、江湾、泗泾、练祁河闸、祝桥、五号沟闸、金山嘴、芦潮港

表 3.2 太湖流域及各水利分区不同时段降水量统计　　　　　　　　单位：mm

时段	流域平均	湖西区	武澄锡虞区	阳澄淀泖区	太湖区	杭嘉湖区	浙西区	浦东浦西区
全年	1855.2	2134.6	1917.9	1566.7	1872.2	1692.6	2096.7	1549.8
汛前	361.6	344.9	292.4	290.3	344.8	411.5	462.2	315.8
汛期	1124.4	1348.8	1181.5	900.4	1164.7	1004.3	1307.2	844.0
梅雨期	426.8	638.2	557.0	358.6	481.6	272.6	418.2	251.0
汛后	369.2	440.9	443.9	376.0	362.8	276.9	327.3	390.0

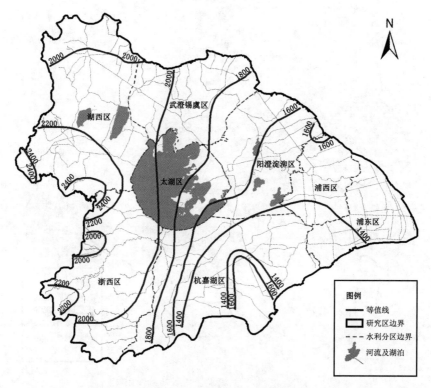

图 3.3　太湖流域年降水量等值线图（单位：mm）

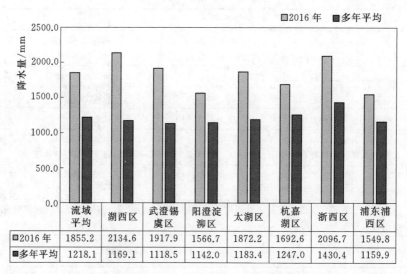

图 3.4　太湖流域 2016 年降水量与常年同期对比图

与常年同期相比，太湖流域降水量偏多 8%，各水利分区中，除阳澄淀泖区偏少 4%，其余各水利分区均偏多，偏多幅度为 1%～16%，其中浙西区偏多幅度最大（见表 3.5）。

汛前降水从时间分配上看，1 月和 4 月降水集中且偏多幅度较大，2 月和 3 月降水偏少。其中，1 月降水量为 89.7mm，占汛前降水量的 25%，较常年同期偏多 36%；2 月降

表 3.3　　　　　　　　　太湖流域及各水利分区不同时段降水量距平百分率统计　　　　　　　　　　％

时段	流域平均	湖西区	武澄锡虞区	阳澄淀泖区	太湖区	杭嘉湖区	浙西区	浦东浦西区
全年	52	83	71	37	58	36	47	34
汛前	8	11	4	—4	5	11	16	1
汛期	55	89	68	30	67	43	55	22
梅雨期	77	157	129	55	109	16	60	9
汛后	133	204	226	156	132	61	74	155

水量为 24.9mm，占汛前降水量的 7％，较常年偏少 67％；3 月降水量为 46.8mm，占汛前降水量的 13％，较常年偏少 54％；4 月降水量为 200.2mm，占汛前降水量的 55％，较常年偏多 122％，位列 1951 年以来同期第一位（见表 3.4、表 3.5 和图 3.7）。

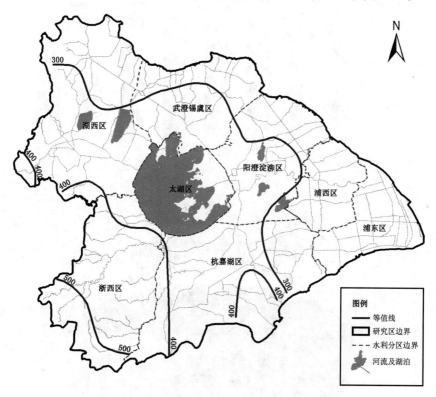

图 3.5　太湖流域汛前降水量等值线（单位：mm）

表 3.4　　　　　　　　　　　太湖流域及各水利分区汛前降水量统计　　　　　　　　　　单位：mm

时段	流域平均	湖西区	武澄锡虞区	阳澄淀泖区	太湖区	杭嘉湖区	浙西区	浦东浦西区
1 月	89.7	78.7	62.2	71.3	85.9	114.4	115.2	78.3
2 月	24.9	21.4	25.5	23.0	22.4	29.3	29.4	20.7
3 月	46.8	40.4	34.8	41.4	46.1	52.5	55.9	52.0
4 月	200.2	204.3	170.0	154.7	190.3	215.4	261.6	164.8
汛前	361.6	344.9	292.4	290.3	344.8	411.5	462.2	315.8

表 3.5   太湖流域及各水利分区汛前降水量距平百分率统计   %

时段	流域平均	湖西区	武澄锡虞区	阳澄淀泖区	太湖区	杭嘉湖区	浙西区	浦东浦西区
1 月	36	33	12	14	27	55	53	27
2 月	−67	−70	−60	−67	−70	−66	−68	−71
3 月	−54	−58	−59	−55	−54	−54	−55	−46
4 月	122	139	124	94	120	120	140	92
汛前	8	11	4	−4	5	11	16	1

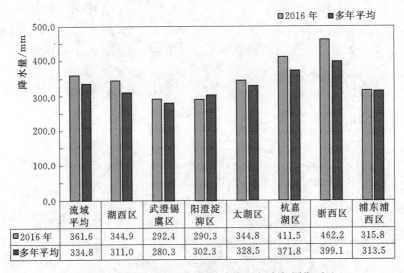

图 3.6   太湖流域 2016 年汛前降水量与常年同期对比

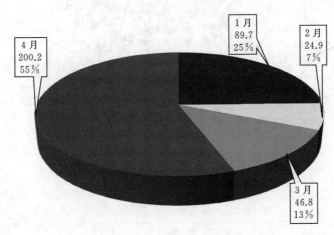

图 3.7   太湖流域汛前逐月降水量比例统计（单位：mm）

汛前逐月降水情况如下：

1 月，太湖流域雨日为 23d，降水量为 89.7mm，较常年同期偏多 36%。上旬和下旬降水分别偏多 52% 和 102%，中旬偏少 18%。降水空间分布总体南部大于北部（见图 3.8）。各水利分区中降水量最大的为浙西区 115.2mm，最小的为武澄锡虞区 62.2mm；

与常年同期相比，各水利分区降水量均偏多，偏多幅度为12%～55%，其中杭嘉湖区偏多幅度最大。最大点降水量为浙西区莫干山站160.3mm。

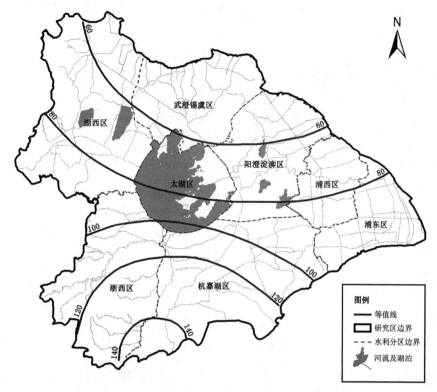

图 3.8　太湖流域1月降水量等值线（单位：mm）

2月，太湖流域雨日为9d，降水量为24.9mm，较常年同期偏少67%。上旬、中旬和下旬降水分别偏少91%、80%和43%。降水空间分布总体较为均匀（见图3.9）。各水利分区中降水量最大的为浙西区29.4mm，最小的为浦东浦西区20.7mm；与常年同期相比，各水利分区降水量均偏少，偏少幅度为60%～71%，其中浦东浦西区偏少幅度最大。最大点降水量为浙西区的长乐桥站128.1mm。

3月，太湖流域雨日为15d，降水量为46.8mm，较常年同期偏少54%。上旬降水偏多54%，中旬和下旬分别偏少97%和83%。降水主要集中在3月8日，单日降水量为31.0mm。降水空间分布总体南部略大于北部（见图3.10）。各水利分区中降水量最大的为浙西区55.9mm，最小的为武澄锡虞区34.8mm；与常年同期相比，各水利分区降水量均偏少，偏少幅度为46%～59%，其中武澄锡虞区偏少幅度最大。最大点降水量为浙西区的长乐桥站125.8mm。

4月，太湖流域雨日为19d，降水量为200.2mm，较常年同期偏多122%，位列1951年以来同期第一位。上旬、中旬和下旬降水分别偏多202%、135%和38%。降水空间分布总体南部大于北部（见图3.11）。各水利分区中降水量最大的为浙西区261.6mm，最小的为阳澄淀泖区154.7mm；与常年同期相比，各水利分区降水量均偏多，偏多幅度为92%～140%，其中浙西区偏多幅度最大。最大点降水量为浙西区的坎岱站371.0mm。

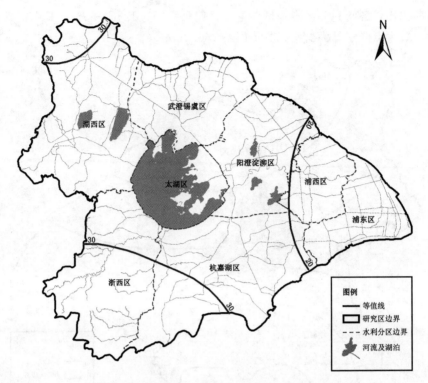

图 3.9　太湖流域 2 月降水量等值线（单位：mm）

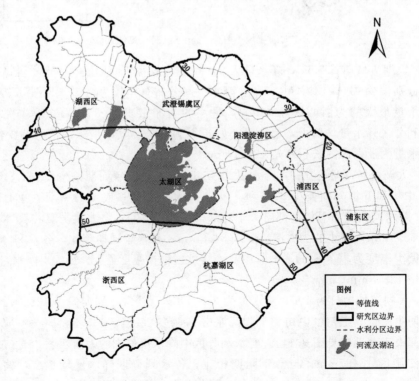

图 3.10　太湖流域 3 月降水量等值线（单位：mm）

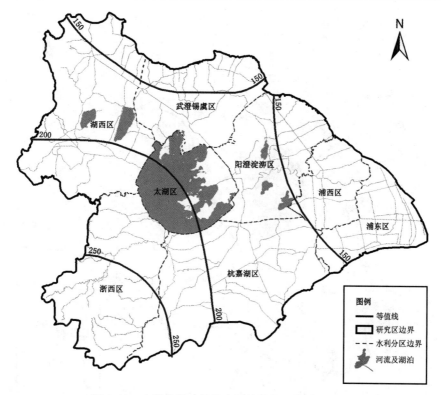

图 3.11 太湖流域 4 月降水量等值线（单位：mm）

3.1.2 汛期降水（5—9 月）

汛期，太湖流域雨日为 106d，占总天数的 69％，降水量为 1124.4mm，位列 1951 年以来同期第二位。降水空间分布西部大于东部（见图 3.12）。各水利分区中降水量最大为湖西区 1348.8mm，其次为浙西区 1307.2mm，最小为浦东浦西区 844.0mm，其余分区降水量为 900.4～1181.5mm（见表 3.6 和图 3.13）。单站累计降水量超过 1500.0mm 的站点有 14 个，最大点降水量为浙西区的尚儒站 1729.5mm。

表 3.6　　　　　　　　太湖流域及各水利分区汛期降水量统计　　　　　　单位：mm

时段	流域平均	湖西区	武澄锡虞区	阳澄淀泖区	太湖区	杭嘉湖区	浙西区	浦东浦西区
5 月	224.4	212.6	190.0	193.1	242.7	258.6	274.5	168.5
6 月	322.7	305.2	328.8	301.3	395.3	310.4	387.7	250.0
7 月	217.2	392.6	301.3	165.6	209.1	116.6	183.5	115.7
8 月	70.8	57.6	69.7	48.8	62.0	78.7	108.8	58.3
9 月	289.4	380.8	291.8	191.6	255.6	239.9	352.7	251.5
汛期	1124.4	1348.8	1181.5	900.4	1164.7	1004.3	1307.2	844.0
梅雨期	426.8	638.2	557.0	358.6	481.6	272.6	418.2	251.0

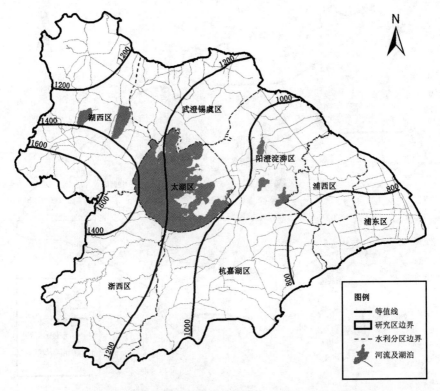

图 3.12 太湖流域汛期降水量等值线（单位：mm）

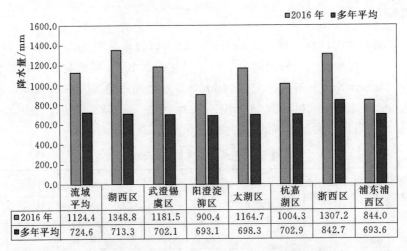

	流域平均	湖西区	武澄锡虞区	阳澄淀泖区	太湖区	杭嘉湖区	浙西区	浦东浦西区
2016 年	1124.4	1348.8	1181.5	900.4	1164.7	1004.3	1307.2	844.0
多年平均	724.6	713.3	702.1	693.1	698.3	702.9	842.7	693.6

图 3.13 太湖流域 2016 年汛期降水量与常年同期对比图

与常年同期相比，汛期降水量偏多 55％，各水利分区均偏多，偏多幅度为 22％～89％，其中湖西区偏多幅度最大（见表 3.7）。汛期降水从时间分配上看，5—7 月和 9 月降水集中且偏多幅度较大，8 月降水偏少。其中，5 月降水量为 224.4mm，占汛期降水量的 20％，较常年同期偏多 120％，位列 1951 年以来同期第二位，仅次于 1954 年；6 月降水量为 322.7mm，占汛期降水量的 29％，较常年偏多 59％，位列 1951 年以来同期第五位；7月降水量为217.2mm，占汛期降水量的19%，较常年偏多31%；8月降水量为70.8mm，占汛期降水量的6%，较常年偏少57%；9月降水量为289.4mm，占汛期降水量的26%，较常年偏多223%，位列1951年以来同期第二位，仅次于1962年（见表3.6、表3.7和图3.14）。

表3.7　　　　　　　　太湖流域及各水利分区汛期降水量距平百分率统计　　　　　　　　　　%

时段	流域平均	湖西区	武澄锡虞区	阳澄淀泖区	太湖区	杭嘉湖区	浙西区	浦东浦西区
5月	120	115	112	114	136	147	124	81
6月	59	54	66	54	103	53	72	31
7月	31	107	66	6	32	−19	0	−18
8月	−57	−61	−56	−70	−60	−49	−45	−66
9月	223	398	297	124	200	150	219	159
汛期	55	89	68	30	67	43	55	22
梅雨期	77	157	129	55	109	16	60	9

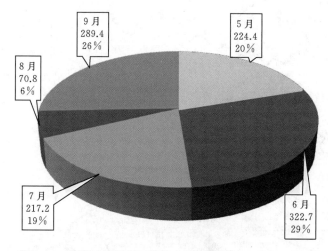

图3.14　太湖流域汛期逐月降水量比例统计（单位：mm）

汛期逐月降水情况如下：

5月，太湖流域雨日为22d，降水量为224.4mm，较常年同期偏多120%，位列1951年以来同期第二位。上旬、中旬和下旬降水分别偏多106%、38%和217%。降水空间分布总体南部大于北部（见图3.15）。各水利分区中降水量最大的为浙西区274.5mm，最小的为浦东浦西区168.5mm；与常年同期相比，各水利分区降水量均偏多，偏多幅度为81%~147%，其中杭嘉湖区偏多幅度最大。最大点降水量为浙西区徐家头站345.5mm。

6月，太湖流域雨日为26d，降水量为322.7mm，较常年同期偏多59%，位列1951年以来同期第五位。其中，上旬偏少20%，中旬和下旬分别偏多97%和72%。降水空间分布总体西部略大于东部（见图3.16）。各水利分区中降水量最大的为太湖区395.3mm，最小的为浦东浦西区250.0mm；与常年同期相比，各水利分区降水量均偏多，偏多幅度为31%~103%，其中太湖区偏多幅度最大。最大点降水量为浙西区大界牌站592.0mm。

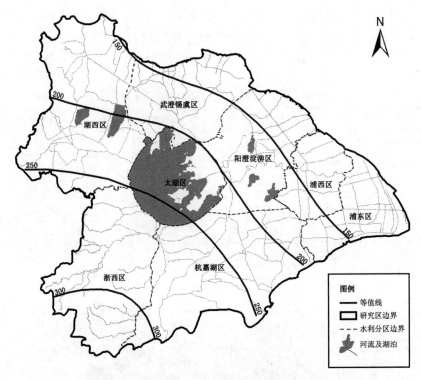

图 3.15　太湖流域 5 月降水量等值线（单位：mm）

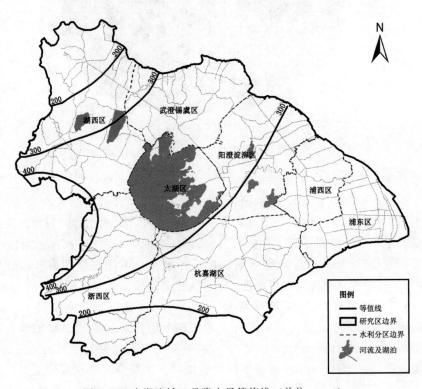

图 3.16　太湖流域 6 月降水量等值线（单位：mm）

7月，太湖流域雨日为24d，降水量为217.2mm，较常年同期偏多31%。其中，上旬和中旬分别偏多121%和10%，下旬偏少90%。降水空间分布总体西部大于东部（见图3.17）。各水利分区中降水量最大的为湖西区392.6mm，最小的为浦东浦西区115.7mm；与常年同期相比，各水利分区中浦东浦西区和杭嘉湖区分别偏少18%和19%，浙西区持平，其余各分区均偏多，偏多幅度为6%~107%，其中湖西区偏多幅度最大。最大点降水量为湖西区旧县站518.5mm。

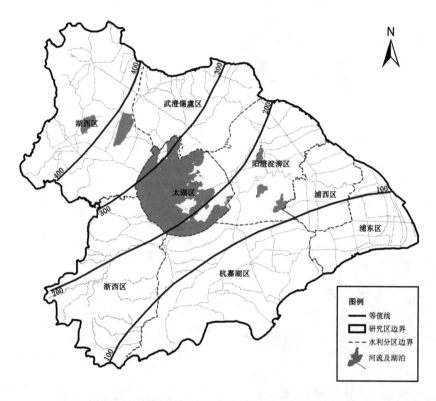

图3.17　太湖流域7月降水量等值线（单位：mm）

8月，太湖流域雨日为17d，降水量为70.8mm，较常年同期偏少57%。其中，上旬偏多4%，中旬和下旬分别偏少85%和86%。降水空间分布总体南部大于北部（见图3.18）。各水利分区中降水量最大的为浙西区108.8mm，最小的为阳澄淀泖区48.8mm；与常年同期相比，各水利分区降水均偏少，偏少幅度为45%~70%，其中阳澄淀泖区偏少幅度最大。最大点降水量为浙西区横畈站325.5mm。

9月，太湖流域雨日为17d，降水量为289.4mm，较常年同期偏多223%，位列1951年以来同期第二位。流域上旬偏少19%，中、下旬受第14号台风"莫兰蒂"、第17号台风"鲇鱼"的影响，降水量分别偏多达322%、429%。降水空间分布总体西部大于东部（见图3.19）。各水利分区中降水量最大的为湖西区380.8mm，最小的为阳澄淀泖区191.6mm；与常年同期相比，各水利分区降水均偏多，偏多幅度为124%~398%，其中湖西区偏多幅度最大。最大点降水量为浙西区银坑站574.5mm。

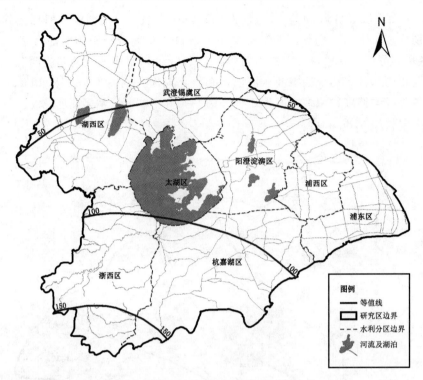

图 3.18 太湖流域 8 月降水量等值线（单位：mm）

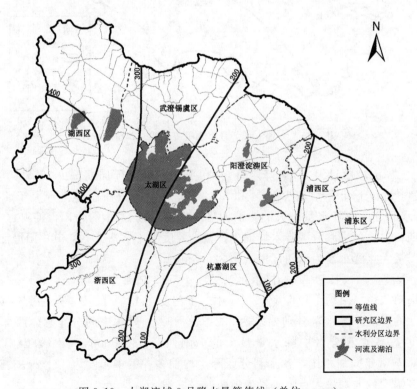

图 3.19 太湖流域 9 月降水量等值线（单位：mm）

3.1.3 梅雨期降水（6月19日至7月19日）

太湖流域6月19日入梅，较常年偏晚6d；7月20日出梅，较常年偏晚12d；梅雨期31d，较常年偏多6d。雨日30d，梅雨量为426.8mm，较常年梅雨量偏多77%，位列1954年以来第五位。降水空间分布总体北部大于南部。各水利分区中，湖西区最大，达638.2mm，其次为武澄锡虞区557.0mm，其余各分区梅雨量为251.0～481.6mm；各分区降水较常年梅雨量偏多9%～157%，其中湖西区、武澄锡虞区梅雨量为常年的2.3倍以上，太湖区为常年的2.1倍，而南部的杭嘉湖区、浦东浦西区仅是常年的1.2倍和1.1倍。单站降水量超过600.0mm的站点有44个，其中降水量超过700.0mm的站点有13个，最大点降水量为湖西区中田舍站，达795.0mm。流域及各水利分区梅雨期降水情况见表3.8，梅雨期太湖流域降水分布情况见图3.20和图3.21。

表3.8　　　　　　太湖流域及各水利分区梅雨期降水量及距平百分率统计

水利分区		流域平均	湖西区	武澄锡虞区	阳澄淀泖区	太湖区	杭嘉湖区	浙西区	浦东浦西区
降水量 /mm	2016年	426.8	638.2	557.0	358.6	481.6	272.6	418.2	251.0
	常年	241.6	248.0	242.8	231.3	230.6	236.0	261.5	230.6
距平/%		77	157	129	55	109	16	60	9
历史排位		5	2	3	9	5	19	6	18

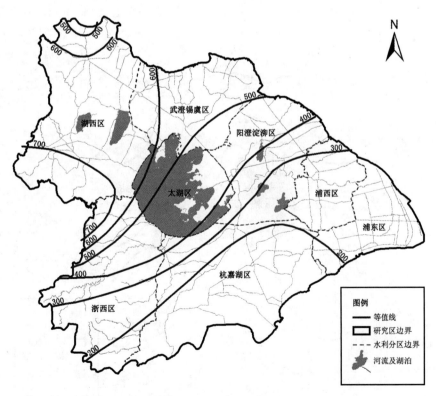

图3.20　太湖流域梅雨期降水量等值线（单位：mm）

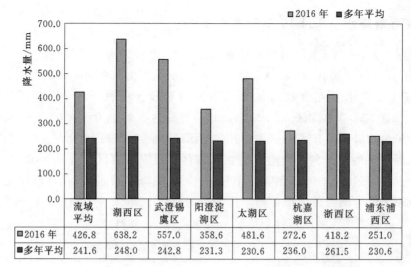

	流域平均	湖西区	武澄锡虞区	阳澄淀泖区	太湖区	杭嘉湖区	浙西区	浦东浦西区
2016 年	426.8	638.2	557.0	358.6	481.6	272.6	418.2	251.0
多年平均	241.6	248.0	242.8	231.3	230.6	236.0	261.5	230.6

图 3.21　太湖流域 2016 年梅雨期降水量与多年均值对比图

3.1.4　汛后降水（10—12 月）

汛后，太湖流域雨日为 56d，占总天数的 61％，降水量为 369.2mm，位列 1951 年以来同期第一位。降水空间分布北部大于南部（见图 3.22）。各水利分区中降水量最大为武澄锡虞区 443.9mm，其次为湖西区 440.9mm，最小为杭嘉湖区 276.9mm，其余分区降水

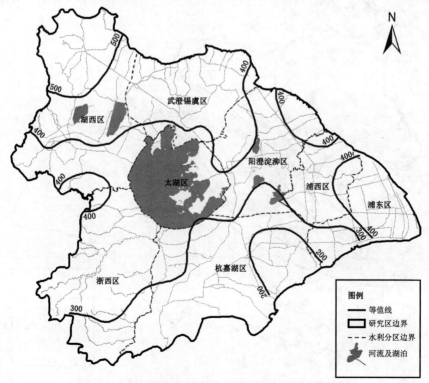

图 3.22　太湖流域汛后降水量等值线（单位：mm）

量为 327.3～390.0mm（见表 3.8 和图 3.23）。单站累计降水量超过 500.0mm 的站点有 17 个，最大点降水量为湖西区的谏壁闸站 579.7mm。

表 3.9　　　　　　　　　太湖流域及各水利分区汛后降水量统计　　　　　　　　单位：mm

时段	流域平均	湖西区	武澄锡虞区	阳澄淀泖区	太湖区	杭嘉湖区	浙西区	浦东浦西区
10 月	241.4	304.6	310.4	248.8	235.6	155.6	190.4	281.5
11 月	77.2	80.7	86.8	81.5	75.5	71.9	83.1	60.7
12 月	50.6	55.5	46.8	45.7	51.7	49.4	53.8	47.9
汛后	369.2	440.9	443.9	376.0	362.8	276.9	327.3	390.0

与常年同期相比，太湖流域降水量偏多 133％，各水利分区均较常年偏多，偏多幅度为 61％～226％，其中武澄锡虞区偏多幅度最大（见表 3.10）。从时间分配上看，汛后降水主要集中在 10 月且偏多幅度较大。其中，10 月降水量为 241.4mm，占汛后降水量的 65％，较常年同期偏多 309％，位列 1951 年以来同期第二位，仅次于 1983 年；11 月降水量 77.2mm，占汛后降水量的 21％，较常年偏多 35％；12 月降水量 50.6mm，占汛后降水量的 14％，较常年偏多 19％（见表 3.9、表 3.10 和图 3.24）。

表 3.10　　　　　　太湖流域及各水利分区汛后降水量距平百分率统计　　　　　　　　％

时段	流域平均	湖西区	武澄锡虞区	阳澄淀泖区	太湖区	杭嘉湖区	浙西区	浦东浦西区
10 月	309	475	509	363	290	149	155	411
11 月	35	46	68	51	37	19	28	11
12 月	19	52	40	17	26	0	10	11
汛后	133	204	226	156	132	61	74	155

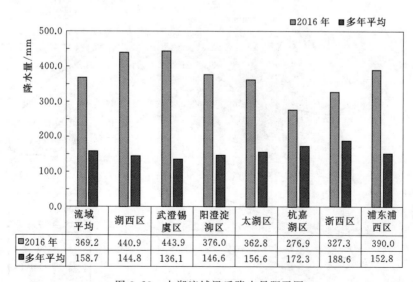

图 3.23　太湖流域汛后降水量距平图

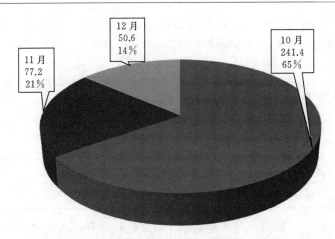

图 3.24 太湖流域汛后逐月降水量比例统计（单位：mm）

汛后逐月降水情况如下：

10 月，太湖流域雨日为 27d，降水量为 241.4mm，较常年同期偏多 309％，位列 1951 年以来同期第二位。上旬、中旬和下旬分别偏多 61％、229％ 和 752％。降水空间分布总体北部大于南部（见图 3.25）。各水利分区中降水量最大的为武澄锡虞区 310.4mm，其次为湖西区 304.6mm，最小的为杭嘉湖区 155.6mm；与常年同期相比，各水利分区降水量均偏多，偏多幅度为 149％～509％，其中武澄锡虞区偏多幅度最大。最大点降水量为浦东浦西区洋泾站 413.5mm。

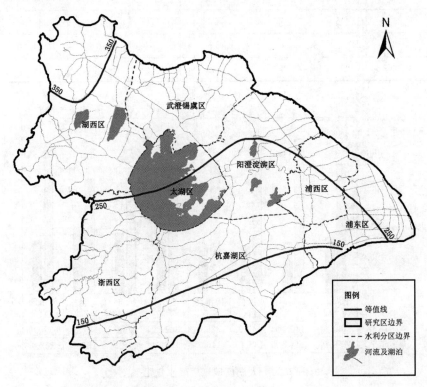

图 3.25 太湖流域 10 月降水量等值线（单位：mm）

11月，太湖流域雨日为19d，降水量为77.2mm，较常年同期偏多35%。其中，上旬和下旬分别偏多22%和106%，中旬偏少9%。降水空间分布总体西部大于东部（见图3.26）。各水利分区中降水量最大的为武澄锡虞区86.8mm，最小的为浦东浦西区60.7mm；与常年同期相比，各水利分区均偏多，偏多幅度为11%～68%，其中武澄锡虞区偏多幅度最大。最大点降水量为浙西区的董岭站138.0mm。

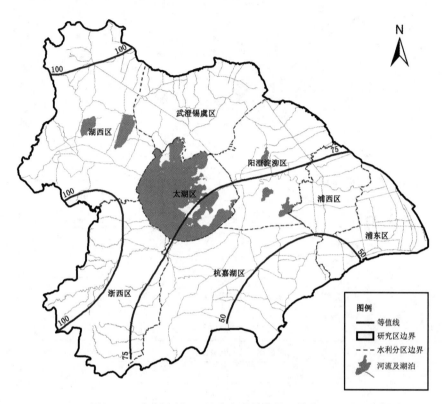

图3.26　太湖流域11月降水量等值线（单位：mm）

12月，太湖流域雨日为10d，降水量为50.6mm，较常年同期偏多19%。其中，上旬偏少91%，中旬和下旬分别偏多26%和128%。降水空间分布总体西部大于东部（见图3.27）。各水利分区中降水量最大的为湖西区55.5mm，最小的为阳澄淀泖区45.7mm；与常年同期相比，杭嘉湖区持平，其他各分区偏多10%～52%，其中湖西区偏多幅度最大。最大点降水量为浙西区的长乐桥站138.2mm。

3.1.5　主要降水过程

2016年太湖流域发生了7场明显的降水过程，分别是4月5—7日、6月19—28日、6月30日至7月7日、9月13—16日、9月27—30日、10月19—22日、10月25—27日，雨量分别为60.7mm、208.9mm、154.8mm、152.4mm、106.2mm、99.2mm和71.8mm，累计雨量达854.0mm，占全年降水量的46%。太湖流域及各水利分区过程降水量统计见表3.11。

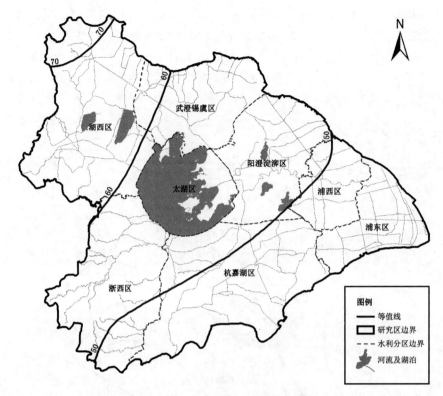

图 3.27 太湖流域 12 月降水量等值线（单位：mm）

表 3.11　　　　　　　　　　太湖流域及各水利分区过程降水量统计　　　　　　　　　单位：mm

场次	日期（月-日）	流域平均	湖西区	武澄锡虞区	阳澄淀泖区	太湖区	杭嘉湖区	浙西区	浦东浦西区
1	04－05	22.6	23.8	10.8	7.1	20.5	32.4	36.9	12.6
	04－06	36.4	42.0	31.8	39.2	38.6	30.4	36.3	37.1
	04－07	1.7	0	0	0.1	0.1	5.0	3.4	1.1
	小计	60.7	65.8	42.6	46.4	59.2	67.8	76.6	50.8
2	06－19	28.9	3.1	6.4	45.1	36.6	28.7	39.6	57.6
	06－20	28.2	14.6	2.5	15.7	49.0	39.8	56.7	14.4
	06－21	18.4	39.7	79.6	10.8	5.0	0.1	0	0.7
	06－22	19.9	28.5	16.0	25.9	46.1	6.7	15.1	12.2
	06－23	4.1	13.5	3.6	1.7	7.8	0.2	0.1	0
	06－24	25.9	25.6	19.3	11.9	15.6	40.1	34.0	18.9
	06－25	13.5	7.1	5.4	7.0	9.0	22.7	26.3	9.2
	06－26	11.1	17.6	18.6	10.4	8.7	7.2	7.5	7.3
	06－27	33.8	62.3	79.5	31.9	46.7	3.4	21.6	4.9
	06－28	25.1	28.8	26.3	28.9	43.7	12.8	25.8	19.9
	小计	208.9	240.8	257.2	189.3	268.2	161.7	226.7	145.1

场次	日期（月-日）	流域平均	湖西区	武澄锡虞区	阳澄淀泖区	太湖区	杭嘉湖区	浙西区	浦东浦西区
3	06-30	4.7	6.9	2.8	4.0	3.8	2.5	8.7	2.6
	07-01	46.0	112.1	80.7	53.3	59.7	1.4	10.4	8.3
	07-02	55.6	93.4	77.6	55.3	73.4	23.4	46.2	26.3
	07-03	14.5	38.4	20.2	4.3	10.2	3.0	14.7	1.0
	07-04	14.6	47.6	18.8	3.6	8.7	1.3	8.8	0.2
	07-05	7.2	1.2	1.8	1.3	3.0	16.9	12.1	8.6
	07-06	8.8	23.8	27.2	2.9	5.4	0.1	0.9	0.1
	07-07	3.4	6.6	1.5	3.3	3.2	0.7	4.7	2.6
	小计	154.8	330.0	230.6	128.0	167.4	49.3	106.5	49.7
4	09-13	17.9	1.1	0.9	14.1	13.1	40.3	25.8	20.5
	09-14	32.2	58.5	42.3	27.4	42.4	13.2	26.8	15.5
	09-15	88.6	89.2	79.4	69.3	75.6	88.5	97.8	111.7
	09-16	13.7	23.7	20.9	7.2	10.8	1.5	5.5	30.4
	小计	152.4	172.5	143.5	118.0	141.9	143.5	155.9	178.1
5	09-27	8.8	1.1	3.2	11.0	3.3	8.6	28.6	2.8
	09-28	36.8	48.5	17.8	5.9	25.8	31.9	93.2	5.8
	09-29	54.6	132.2	86.2	22.9	50.2	17.4	35.1	17.5
	09-30	6.0	11.5	25.9	1.9	1.8	0.4	2.7	0.2
	小计	106.2	193.3	133.1	41.7	81.1	58.3	159.6	26.3
6	10-19	7.7	6.1	5.6	7.6	13.5	6.4	13.0	3.1
	10-20	17.6	24.4	26.2	18.7	14.7	9.9	11.0	20.9
	10-21	26.6	28.7	44.3	26.9	18.5	19.6	12.2	43.4
	10-22	47.3	39.2	43.7	49.9	48.0	44.4	29.6	89.5
	小计	99.2	98.4	119.8	103.1	94.7	80.3	65.8	156.9
7	10-25	19.6	23.6	13.2	15.7	25.1	16.9	27.5	12.4
	10-26	43.9	62.2	73.6	67.8	52.7	9.6	17.3	49.9
	10-27	8.3	19.2	24.0	9.1	4.0	0.6	0.5	1.5
	小计	71.8	105.0	110.8	92.6	81.8	27.1	45.3	63.8
	合计	854.0	1205.8	1037.4	719.1	894.3	588.0	836.4	670.7

4月5—7日，太湖流域过程降水量为 60.7mm，最大日降水量为 36.4mm（4月6日）。降水空间分布为西部大于东部（见图 3.28）。各水利分区中降水量最大为浙西区 76.6mm，最小为武澄锡虞区 42.6mm，其余分区降水量为 46.4～67.8mm。最大点降水量为浙西区的南庄站 130.0mm。

6月19—28日，太湖流域过程降水量为 208.9mm，最大日降水量为 33.8mm（6月27日）。降水空间分布北部大于南部（见图 3.29）。各水利分区中降水量最大为太湖区 268.2mm，最小为浦东浦西区 145.1mm，其余分区降水量为 161.7～257.2mm。最大点降水量为浙西区的大界牌站 452.5mm。

6月30日至7月7日，太湖流域过程降水量为 154.8mm，最大日降水量为 55.6mm（7月2日）。降水空间分布北部大于南部（见图 3.30）。各水利分区中降水量最大为湖西

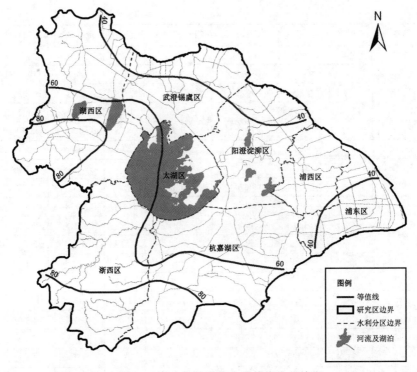

图 3.28 4月5—7日太湖流域降水量等值线（单位：mm）

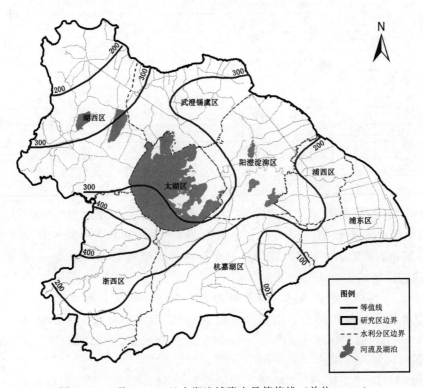

图 3.29 6月19—28日太湖流域降水量等值线（单位：mm）

区 330.0mm，最小为杭嘉湖区 49.3mm，其余分区降水量为 49.7～230.6mm。最大点降水量为湖西区的南渡站 457.5mm。

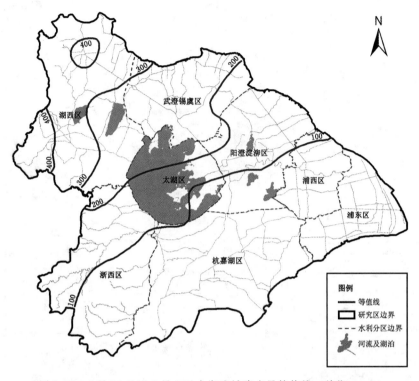

图 3.30　6 月 30 日至 7 月 7 日太湖流域降水量等值线（单位：mm）

9 月 15 日，第 14 号台风"莫兰蒂"正面登陆福建省厦门市翔安区，登陆时中心附近最大风力有 15 级（48m/s），是 1949 年以来登陆闽南地区最强的台风，在其外围云系影响下，9 月 13—16 日，太湖流域过程降水量为 152.4mm，最大日降水量为 88.6mm（9 月 15 日）。降水空间分布见图 3.31。各水利分区中降水量最大为浦东浦西区 178.1mm，最小为阳澄淀泖区 118.0mm，其余分区降水量为 141.9～172.5mm。最大点降水量为浦东浦西区的大治河东闸站 359.5mm。

9 月 28 日，第 17 号台风"鲇鱼"正面登陆福建省泉州市惠安县，登陆时中心附近最大风力有 12 级（33m/s），受其影响，9 月 27—30 日，太湖流域过程降水量为 106.2mm，最大日降水量为 54.6mm（9 月 29 日）。降水空间分布西部大于东部（见图 3.32）。各水利分区中降水量最大为湖西区 193.3mm，最小为浦东浦西区 26.3mm，其余分区降水量为 41.7～159.6mm。最大点降水量为浙西区的章里站 338.5mm。

10 月 21 日，第 22 号台风"海马"正面登陆广东省，在其外围云系及北方冷空气共同影响下，太湖流域普降大到暴雨，局地大暴雨，10 月 19—22 日，太湖流域过程降水量为 99.2mm，最大日降水量为 47.3mm（10 月 22 日）。降水空间分布东部大于西部（见图 3.33）。各水利分区中降水量最大的为浦东浦西区 156.9mm，最小为浙西区 65.8mm，其余分区降水量为 80.3～119.8mm。最大点降水量为浦东浦西区的芦潮港（三）站 255.5mm。

10 月 25—27 日，太湖流域过程降水量为 71.8mm，最大日降水量为 43.9mm（10 月

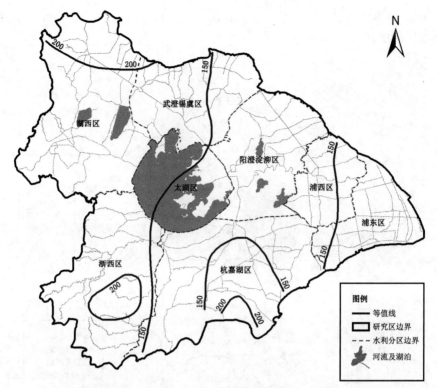

图 3.31 9 月 13—16 日太湖流域降水量等值线（单位：mm）

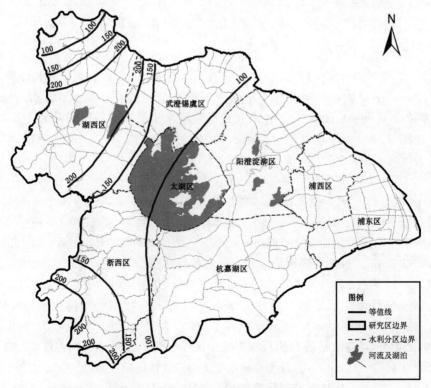

图 3.32 9 月 27—30 日太湖流域降水量等值线（单位：mm）

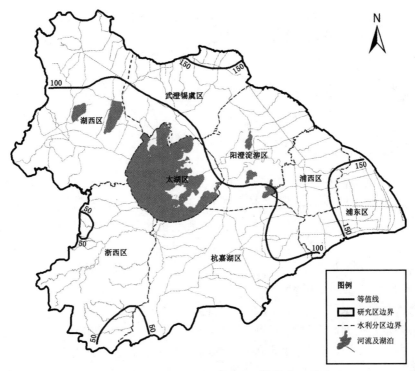

图 3.33　10 月 19—22 日太湖流域降水量等值线（单位：mm）

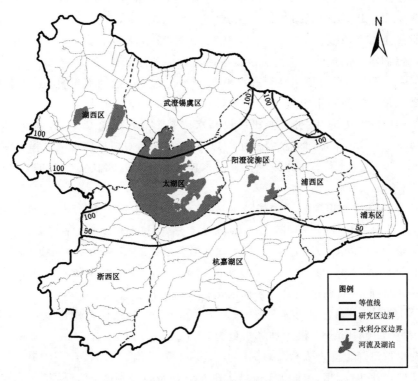

图 3.34　10 月 25—27 日太湖流域降水量等值线（单位：mm）

26 日）。降水空间分布北部大于南部（见图 3.34）。各水利分区中降水量最大为武澄锡虞区 110.8mm，最小为杭嘉湖区 27.1mm，其余分区降水量为 45.3～105.0mm。最大点降水量为湖西区的薛埠站 161.0mm。

3.2　水情

3.2.1　太湖水位的发展过程

2016 年，太湖年初水位 3.42m，年末水位 3.29m；年平均水位 3.58m，较常年偏高0.37m；年最低水位 3.06m（首次 3 月 7 日 19 时 35 分），未低于太湖旱限水位 2.80m；年最高水位 4.88m（首次 7 月 8 日 19 时 55 分），超警戒水位（3.80m）1.08m，超设计洪水位（4.65m）0.23m，较多年平均年最高水位偏高 1.02m，为 1954 年有实测资料以来第二高水位，仅比 1999 年历史最高水位低 0.09m；全年太湖水位超警 97d，超设计洪水位16d，水位 4.00m 以上天数达 48d。

受汛前 4 月强降水影响，太湖水位快速上涨，入汛时太湖水位 3.52m，位列 1954 年以来同期第一位，太湖高水位入汛；6 月 3 日 7 时 35 分太湖水位首次达到警戒水位并继续上涨，太湖发生 2016 年第 1 号洪水，至入梅前水位基本维持在警戒水位，6 月 19 日太湖高水位迎梅（3.77m）；入梅后太湖水位迅速上涨，6 月 23 日 7 时 20 分太湖水位首次达到4.00m 并继续上涨，7 月 2 日 14 时 20 分达到 4.50m 并继续上涨，流域发生大洪水，3 日15 时 05 分达到 4.65m，并持续上涨，流域发生超标准洪水，6 日 7 时 40 分太湖水位达到4.80m 并继续上涨，流域发生特大洪水，8 日 19 时 55 分达到年最高水位 4.88m 并维持了1h，之后缓慢回落。出梅后，太湖水位持续回落，至 8 月 5 日 21 时 30 分，回落至警戒水位以下，8 月 6 日有多个时段达到警戒水位 3.80m，之后稳定回落至警戒水位以下；汛末和汛后受台风带来的强降水影响，太湖水位再次上涨，分别于 10 月 2 日和 22 日两度超警，并于 10 月 29 日 8 时 40 分涨至汛后最高水位 4.14m，超警 0.34m，之后水位开始平稳回落，11 月 12 日，水位回落至警戒水位以下。2016 年太湖日均水位过程见图 3.35。

1—3 月，太湖流域降水总体偏少，太湖水位平稳下降，水位由年初的 3.42m 下降到4 月 1 日的 3.10m。

4 月 5—7 日，流域出现第一次强降水过程，过程降水量为 60.7mm。受强降水影响，太湖水位快速上涨，由 4 月 5 日的 3.11m 涨至 4 月 9 日的 3.29m，平均涨幅为 4.5cm/d，最大日均涨幅为 0.06m（4 月 7 日）。其后，流域降水持续偏多，水位继续上涨，5 月 1 日太湖水位上涨至 3.52m，位列 1954 年以来同期第一位，太湖高水位入汛。之后太湖水位分别于 6 月 3 日和 12 日两度超警，入梅前水位基本维持在警戒水位。

自 6 月 19 日起，太湖流域进入梅雨期。6 月 19—28 日流域再次出现强降水过程，流域过程降水量为 208.9mm，最大日降水量为 33.8mm（6 月 27 日）。由于降水强度大，历时长，太湖水位迅速上涨，入梅日（6 月 19 日）太湖水位为 3.77m，为 1954 年以来入梅日第二高水位，比 1991 年、1999 年流域大洪水入梅水位分别高 0.51m 和 0.77m，太湖高水位迎梅，6 月 23 日太湖水位首次突破 4.00m，29 日涨至 4.31m，超警 0.51m，10d 上

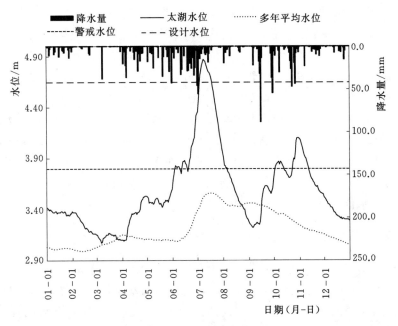

图 3.35　2016 年太湖日均水位过程线

涨了 0.54m，平均上涨 5.4cm/d，最大日均涨幅为 0.10m（6 月 28 日）。

6 月 30 日至 7 月 7 日出现第 3 次强降水过程，流域过程降水量为 154.8mm，太湖水位再次出现较大涨幅，太湖水位从 6 月 30 日的 4.34m 起涨，至 7 月 3 日，入梅后仅半个月时间，太湖水位达到设计洪水位（4.65m，15 时 05 分）并继续上涨，为继 1999 年大洪水后 16 年来第 1 次发生超标准洪水，6 日太湖水位达到 4.81m，太湖流域发生流域性特大洪水，随后太湖水位继续上涨，8 日 19 时 55 分涨至全年最高水位 4.88m，为 1954 年以来第 2 高水位（1954 年以来最高 4.97m，1999 年），本次降水过程，日均涨幅为 0.02～0.15m，7 月 3 日出现了年最大日均涨幅 0.15m。

随着雨势减弱及持续外排，太湖水位逐渐回落，出梅日（7 月 20 日）水位回落至 4.56m，较入梅日高 0.79m，为 1954 年以来出梅日第四高水位；出梅后，太湖水位持续回落，至 8 月 6 日，水位回落至警戒水位以下，期间，太湖水位最大日均降幅为 0.06m，而且 17d 中有 9d 日均降幅达到 0.06m。

9 月 13—16 日，受台风"莫兰蒂"外围云系影响，太湖流域出现第 4 次强降水过程，流域过程降水量达 152.4mm。由于降水强度大，太湖水位快速上涨，由 9 月 13 日的 3.25m 上涨至 17 日的 3.55m，4 天上涨了 0.30m，平均涨幅为 7.5cm/d，期间太湖水位最大日均涨幅为 0.15m（9 月 16 日）。

9 月 27—30 日，受台风"鲇鱼"影响，流域再次出现强降水过程，流域过程降水量为 106.2mm，太湖水位快速上涨，由 9 月 27 日的 3.55m 涨至 10 月 1 日的 3.77m，逼近警戒水位，期间平均涨幅为 5.5cm/d，最大日均涨幅为 0.11m（9 月 30 日）。

10 月 1 日，太湖流域第 5 次强降水过程结束，但太湖上游洪水继续汇入太湖，太湖水位持续上涨，并于 2 日超警，5 日 22 时 20 分达到该次降水过程的最高水位 3.88m，超警

0.08m，之后水位有所回落，至 13 日水位回落至警戒水位以下。

10 月 19—22 日，受台风"海马"外围云系及冷空气影响，太湖流域出现第 6 次强降水，流域过程降水量为 99.2mm，太湖水位快速上涨，水位年内第 3 次超警，由 10 月 19日的 3.71m 起涨，22 日超警，24 日涨至 3.90m，超警 0.10m，期间太湖水位平均涨幅为3.8cm/d，最大日均涨幅为 0.09m（10 月 23 日）。

10 月 25—27 日，太湖流域有较强降水，流域过程降水量为 71.8mm，太湖水位继续上涨，由 10 月 25 日的 3.91m 起涨，26 日 18 时 25 分达到 4.00m，29 日 8 时 40 分涨至汛后最高水位 4.14m，超警 0.34m，主要涨幅发生在 10 月 25—26 日，两天上涨 0.15m，最大日均涨幅为 0.10m（10 月 27 日）。降水结束后，太湖水位开始平稳回落，11 月 12 日，水位回落至警戒水位以下。

3.2.2 地区河网水位的发展过程

地区河网的水位变化趋势与太湖水位较为相似：入汛水位普遍偏高，入汛后至入梅前水位较平稳，基本维持在警戒水位；入梅后，地区河网水位快速上涨，水位全面超警，流域北部河网代表站普遍超保，并在梅雨期达到年最高水位，部分站点水位屡创历史新高；汛末和汛后受台风影响，水位再次快速上涨，流域南部河网代表站普遍在 9 月中旬至 10月下旬出现全年最高水位；之后河网水位平稳下降。地区河网代表站分布见图 3.36，各分区代表站 2016 年水位特征值见表 3.12。

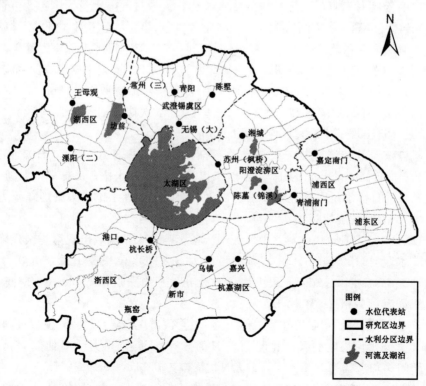

图 3.36　地区河网代表站分布图

表 3.12　　　　　　　　　　各分区代表站 2016 年水位特征值　　　　　　　　　　单位：m

水利分区	站名	最高水位	发生时间（月-日 时:分）	最低水位	发生时间（月-日 时:分）	最大日均涨幅	发生时间（月-日）
湖西区	王母观	6.55	07-05 11:10	3.17	03-06 12:00	1.22	09-30
	坊前	5.81	07-05 8:00	3.13	03-08 10:00	0.58	09-30
	溧阳（二）	6.29	07-05 7:00	3.14	03-27 18:00	1.26	09-30
	常州（三）	6.32	07-05 9:00	3.23	03-06 13:00	0.88	09-30
武澄锡虞区	无锡（大）	5.28	07-03 10:00	3.20	03-05 8:00	0.68	07-02
	青阳	5.34	07-03 7:25	3.25	03-05 9:00	0.70	09-30
	陈墅	4.98	07-03 9:00	3.21	03-05 5:00	0.61	07-02
阳澄淀泖区	苏州（枫桥）	4.82	07-02 10:00	2.99	03-05 3:00	0.51	07-02
	湘城	4.02	07-03 15:00	3.10	07-22 17:00	0.28	07-03
	陈墓	3.85	07-04 6:00	2.82	03-04 12:00	0.23	09-16
浙西区	瓶窑	7.75	09-29 13:00	3.00	03-29 13:00	3.23	09-29
	港口	6.69	09-30 5:45	3.05	03-07 10:00	1.94	09-29
	杭长桥	5.01	07-06 20:25	2.99	03-07 2:00	0.36	09-16
杭嘉湖区	嘉兴	3.93	10-22 23:00	2.69	03-05 16:00	0.54	09-16
	新市	4.14	06-25 22:05	2.89	03-03 14:00	0.51	09-16
	乌镇	4.03	06-25 14:45	2.91	03-05 9:00	0.47	09-16
浦东浦西区	青浦	3.45	10-23 8:45	2.35	03-05 9:35	0.39	09-16
	嘉定	3.28	10-22 23:25	2.42	07-18 22:05	0.46	09-16

1. 湖西区

湖西区梅雨期有一次较大洪水涨落过程，9 月中旬至 11 月上旬有 3 次相对较小的洪水过程。王母观、坊前、溧阳（二）、常州（三）4 个地区代表站均于 7 月 5 日出现全年最高水位，比太湖最高水位出现时间早 3d，其中王母观、坊前和溧阳（二）站分别突破历史纪录 0.43m、0.38m 和 0.29m。

汛前，湖西区水位相对比较平稳，4 月中下旬的持续降水导致入汛水位偏高。入梅后受持续降水影响，湖西区水位迅速上涨，王母观站水位 6 月 27 日 11 时开始超警戒水位（4.60m），7 月 2 日 0 时开始超保证水位（5.60m），16 时达到历史最高水位（6.12m，1991 年），并于 5 日 11 时 10 分达到全年最高水位 6.55m，超保 0.95m，超历史 0.43m，重现期约为 95 年一遇，主要涨幅发生在 6 月 21 日至 7 月 5 日，期间平均涨幅为 18.1cm/d，最大日均涨幅为 0.81m（7 月 2 日）；坊前站水位 6 月 22 日 8 时开始超警戒水位（4.00m），28 日 5 时开始超保证水位（4.50m），并于 7 月 3 日 6 时达到历史最高水位

（5.43m，1991 年），5 日 8 时达到全年最高水位 5.81m，超保 1.31m，超历史 0.38m，重现期约为 116 年一遇，主要涨幅发生在 6 月 21 日至 7 月 5 日，期间平均涨幅为 13.0cm/d，最大日均涨幅为 0.40m（7 月 3 日）；溧阳（二）站水位 6 月 23 日 17 时开始超警戒水位（4.50m），并于 7 月 2 日 17 时达到历史最高水位（6.00m，1991 年），5 日 7 时达到全年最高水位 6.29m，超历史 0.29m，重现期约为 90 年一遇，主要涨幅发生在 6 月 21 日至 7 月 5 日，期间平均涨幅为 17.0cm/d，最大日均涨幅为 0.73m（7 月 2 日）；常州（三）站水位 6 月 22 日 8 时开始超警戒水位（4.30m），7 月 1 日 16 时开始超保证水位（4.80m），5 日 9 时达到全年最高水位 6.32m，超保 1.52m，主要涨幅发生在 6 月 21 日至 7 月 4 日，期间平均涨幅为 16.7cm/d，最大日均涨幅为 0.83m（7 月 2 日）。9 月中旬，台风"莫兰蒂"带来的强降水使得代表站水位普遍超警，王母观、坊前、溧阳（二）、常州（三）站的最大日均涨幅分别达 0.68m、0.30m、0.46m、0.81m；汛末，受台风"鲇鱼"带来的强降水影响，河网代表站水位再次上涨，9 月 30 日，王母观、坊前、溧阳（二）、常州（三）站均出现全年最大日均涨幅，分别达 1.22m、0.58m、1.26m、0.88m，王母观和溧阳（二）站 10 月 1 日 0 时分别出现汛后最高水位 5.52m、5.28m，分别超警 0.92m、0.78m。

汛后，10 月下旬的强降水使得水位再次上涨，常州（三）站 10 月 27 日 12 时出现汛后最高水位 5.06m，超保 0.26m，坊前站也于 10 月 28 日 2 时出现汛后最高水位 4.80m，超保 0.30m；之后水位平稳回落。2016 年湖西区代表站日均水位过程见图 3.37。

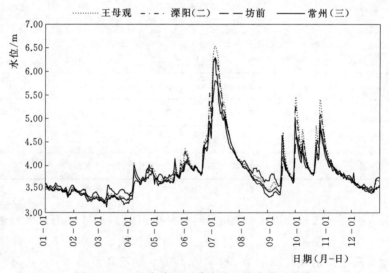

图 3.37　2016 年湖西区代表站日均水位过程线

2. 武澄锡虞区

武澄锡虞区全年有 4 场洪水过程，梅雨期洪水较大，后 3 场洪水陡涨陡落。无锡（大）、青阳、陈墅 3 个地区代表站均于 7 月 3 日出现全年最高水位，比太湖最高水位出现时间早 5d，其中无锡（大）和青阳站分别突破历史纪录 0.10m 和 0.02m。

汛前，武澄锡虞区水位相对比较平稳，4 月中下旬的持续降水导致入汛水位偏高。入梅后受持续降水影响，武澄锡虞区水位普遍上涨，无锡（大）站 6 月 22 日 6 时达到警戒水位（3.90m），6 月 28 日 7 时达到保证水位 4.53m，7 月 3 日 6 时开始超过历史最高水位

（5.18m，2015 年），7 月 3 日 10 时达到年最高水位 5.28m，超保 0.75m，超历史 0.10m，重现期约为 80 年一遇，主要涨幅发生在 6 月 27 日至 7 月 3 日，期间平均涨幅为 16.1cm/d，全年最大日均涨幅达 0.68m（7 月 2 日）；青阳站水位 6 月 22 日 6 时开始超警戒水位（4.00m），28 日 10 时开始超保证水位（4.85m），并于 7 月 3 日 7 时达到历史最高水位（5.32m，2015 年），7 时 25 分达到全年最高水位 5.34m，超保 0.49m，超历史 0.02m，重现期约为 80 年一遇，主要涨幅发生在 6 月 27 日至 7 月 3 日，期间平均涨幅为 16.9cm/d，最大日均涨幅为 0.68m（7 月 2 日）；陈墅站水位 6 月 22 日 7 时开始超警戒水位（3.90m），28 日 9 时开始超保证水位（4.50m），并于 7 月 3 日 9 时达到全年最高水位 4.98m，超保 0.48m，主要涨幅发生在 6 月 27 日至 7 月 3 日，期间平均涨幅为 16.1cm/d，全年最大日均涨幅达 0.61m（7 月 2 日）。9 月中旬，台风"莫兰蒂"带来的强降水使得水位再次上涨，代表站水位纷纷超警，无锡（大）、青阳、陈墅站的最大日均涨幅分别达 0.61m、0.64m、0.47m；汛末，受台风"鲇鱼"带来的强降水影响，水位再次迅速上涨，9 月 30 日，青阳站出现了全年最大日均涨幅 0.70m，无锡（大）和陈墅站最大日均涨幅达 0.62m 和 0.57m。

汛后，10 月下旬的强降水使得水位再次上涨，代表站均出现汛后最高水位，无锡（大）站水位 10 月 26 日 20 时涨至 4.77m，超保 0.24m，青阳站水位 10 月 26 日 21 时涨至 4.73m，超警 0.73m，陈墅站水位 10 月 27 日 17 时涨至 4.41m，超警 0.51m，逼近保证水位；之后水位平稳回落。2016 年武澄锡虞区代表站日均水位过程见图 3.38。

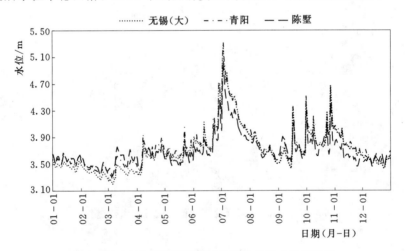

图 3.38　2016 年武澄锡虞区代表站日均水位过程线

3. 阳澄淀泖区

阳澄淀泖区全年有两场明显的洪水过程，分别在梅雨期和 10 月。苏州（枫桥）、湘城、陈墓 3 个地区代表站均于 7 月初出现全年最高水位，比太湖最高水位出现时间早 4～6d，其中苏州（枫桥）站突破历史纪录 0.22m。

汛前，阳澄淀泖区水位相对比较平稳，4 月中下旬的持续降水导致入汛水位偏高。入梅后受持续降水影响，阳澄淀泖区水位普遍上涨，苏州（枫桥）站水位 6 月 21 日 9 时开始持续超警戒水位（3.80m），6 月 22 日 12 时开始超保证水位（4.20m），7 月 2 日 7 时开始超历史最高水位（4.60m，1999年），10时达到全年最高水位4.82m，超保0.62m，超历史0.22m，约为50年一遇，主要涨幅发生在6月20日至7月2日，期间平均涨幅为7.1cm/d，全年最大日均涨幅为0.51m（7月2日）；湘城站水位7月2日10时开始超警戒水位（3.70m），3日9时达到保证水位（4.00m），15时达到全年最高水位4.02m，超保0.02m，主要涨幅发生在6月20日至7月3日，期间平均涨幅为5.4cm/d，全年最大日均涨幅为0.28m（7月3日）；陈墓站6月22日12时超警戒水位（3.60m），7月4日6时达到全年最高水位3.85m，超警0.25m，主要涨幅发生在6月20日至7月4日，期间平均涨幅3.5cm/d，最大日均涨幅为0.16m（7月3日）。9月中旬，台风"莫兰蒂"带来的强降水使得水位再次上涨，代表站水位纷纷超警，苏州（枫桥）和湘城站均于9月16日出现本次降水过程最大日均涨幅0.44m和0.14m，陈墓站也于9月16日出现全年最大日均涨幅0.23m；汛末，受台风"鲇鱼"带来的强降水影响，水位再次上涨，苏州（枫桥）站于9月30日0时再次超警。

汛后，10月下旬发生强降水，水位快速上涨，代表站均出现汛后最高水位，陈墓站水位10月23日15时涨至3.79m，超警0.19m，苏州（枫桥）站水位26日21时涨至4.38m，超保0.18m，湘城站水位27日14时涨至3.86m，超警0.16m；之后水位平稳回落。2016年阳澄淀泖区代表站日均水位过程见图3.39。

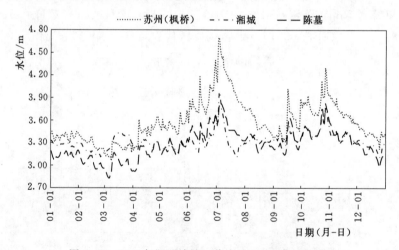

图3.39 2016年阳澄淀泖区代表站日均水位过程线

4. 浙西区

浙西区年内有4次明显的洪水过程，其中梅雨期和汛末分别有一次较大的洪水涨落过程，4月和10月下旬有两次相对较小的洪水过程。其中瓶窑站和港口站均于9月底出现全年最高水位，杭长桥站则是在7月初达到全年最高水位，但未突破历史纪录。代表站的梅雨期最高水位出现时间较为分散，但均早于太湖最高水位出现时间。

汛前，由于4月初的较强降水过程影响，浙西区整体水位上涨，入汛水位较高。入梅后，受强降水影响，浙西区水位快速上涨，瓶窑站于6月27日2时30分涨至梅雨期最高水位7.01m，最大日均涨幅为1.24m（6月26日）；西苕溪代表站港口站由6月20日1时的3.90m起涨，20日20时水位开始超警戒水位（5.60m），21日10时涨至梅雨期最高水位 6.41m，超警 0.81m，最大日均涨幅达 1.65m（6 月 21 日）；苕溪代表站杭长桥站于 6 月 28 日 9 时年内首次超过警戒水位（4.50m），22 时 35 分涨至 4.76m，超警 0.26m，之后水位维持在警戒水位附近，7 月 4 日 1 时开始超过保证水位（5.00m），6 日 20 时 25 分涨至年内最高水位 5.01m，超保 0.01m，主要涨幅发生在 6 月 20 日至 7 月 4 日，期间平均涨幅为 8.3cm/d，最大日均涨幅为 0.31m（7 月 3 日）。

9 月中旬，台风"莫兰蒂"带来的强降水使得代表站水位再次上涨，9 月 16 日杭长桥站出现全年最大日均涨幅 0.36m，瓶窑站和港口站最大日均涨幅达 2.74m 和 1.15m。汛末，受台风"鲇鱼"强降水影响，浙西区代表站水位快速上涨，瓶窑站 29 日 9 时开始超过警戒水位（7.50m），13 时出现年内最高水位 7.74m，超警 0.24m，主要涨幅发生在 9 月 27—29 日，平均涨幅为 126.7cm/d，发生全年最大日均涨幅 3.23m（9 月 29 日）；港口站 29 日 9 时水位开始超警，30 日 3 时开始超保证水位（6.60m），5 时 45 分涨至年内最高水位 6.69m，超保 0.09m，主要涨幅发生在 9 月 28—30 日，日均涨幅为 98.3cm，发生全年最大日均涨幅 1.94m（9 月 29 日）；杭长桥站涨幅较小，未超警戒水位。

汛后，由于 10 月下旬的台风降水，浙西区水位陡涨，但未超过警戒水位，之后水位平稳下降。2016 年浙西区代表站日均水位过程见图 3.40。

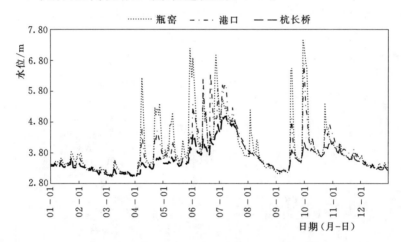

图 3.40　2016 年浙西区代表站日均水位过程线

5. 杭嘉湖区

杭嘉湖区主要洪水涨幅集中在梅雨期和 9—10 月下旬的台风降水期，代表站水位全年多次超警。其中乌镇站、新市站于 6 月下旬出现全年最高水位，嘉兴站则是在 10 月 22 日达到全年最高水位，但均未突破历史最高纪录。代表站的梅雨期最高水位均出现在 6 月 25 日，比太湖最高水位出现时间早 13d。

汛前，由于 4 月的强降水，杭嘉湖区水位快速上涨，嘉兴站和乌镇站水位均于 4 月 7 日年内首次超警戒（嘉兴警戒水位 3.30m；乌镇警戒水位 3.40m），24 日均再次超警。之后水位略有下降，但都维持在警戒水位左右，入汛水位偏高。

入汛后，水位不断上涨，嘉兴站和乌镇站水位维持在警戒水位左右，且均于 6 月 1 日和 12 日先后两度超保证水位（嘉兴站保证水位 3.70m，乌镇站保证水位 3.80m），最大日均涨幅分别达 0.31m 和 0.23m（6 月 12 日）；新市站于 5 月 29 日首次超警戒水位（3.70m），之后一直维持在警戒水位左右。入梅后，水位继续上涨，嘉兴站于 6 月 25 日 14 时达到梅雨期最高水位 3.85m，超保 0.15m，梅雨期最大日均涨幅达 0.25m（6 月 20 日）；乌镇站于 6 月 25 日 14 时 45 分达到全年最高水位 4.03m，超保 0.23m，主要涨幅发生在 6 月 20—26 日，平均涨幅为 6.4cm/d，梅雨期最大日均涨幅为 0.19m（6 月 21 日）；新市站于 6 月 25 日 22 时 5 分达到全年最高水位 4.14m，梅雨期最大日均涨幅 0.20m（6 月 21 日）。9 月中旬，台风"莫兰蒂"带来的强降水使得水位继续上涨，9 月 16 日，嘉兴站和乌镇站水位再次超保，新市站水位再次超警，并于 9 月 16 日发生全年最大日均涨幅，分别为 0.54m、0.47m 和 0.51m。汛末的"鲇鱼"台风带来的强降水，使得嘉兴站、乌镇站和新市站水位再次超警。

汛后，10 月下旬的台风"海马"带来的降水使得水位再次上涨，嘉兴站水位于 10 月 22 日 11 时开始超保，23 时达全年最高水位 3.93m，超保 0.23m，主要涨幅发生在 10 月 21—23 日，平均涨幅为 15.0cm/d，最大日均涨幅达 0.20m（10 月 22 日和 23 日）；乌镇站 10 月 23 日 13 时到汛后最高水位 3.99m，超保 0.19m，最大日均涨幅为 0.26m（10 月 23 日）；新市站水位于 10 月 21 日 20 时再次超警，23 日 10 时达汛后最高水位 4.07m，超警 0.37m，主要涨幅发生在 10 月 20—23 日，平均涨幅为 11.0cm/d，最大日均涨幅达 0.27m（10 月 23 日）。10 月 24 日起，3 个代表站水位平稳回落。2016 年杭嘉湖区代表站日均水位过程见图 3.41。

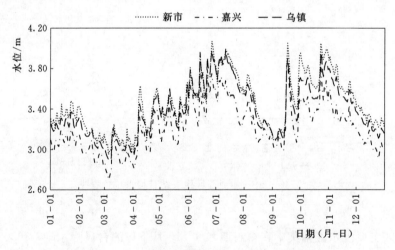

图 3.41　2016 年杭嘉湖区代表站日均水位过程线

6. 浦东浦西区

2016 年，浦东浦西区先后经受了多次台风外围影响和"9·15"特大暴雨、4 场局部大暴雨和 18 场暴雨等，造成黄浦江、杭州湾高潮位创近 10 年新高，长江口高潮位在近 10 年中属偏高。

浦东浦西区代表站青浦南门站和嘉定南门站的水位相对稳定，全年超警戒天数分别为 8d 和 2d，主要集中在汛后，汛期基本未超警。10 月 21—22 日，在北方强冷空气和台风"海马"外围云系的共同影响下，浦东浦西区普降暴雨，受此影响，青浦南门站 10 月 23

日出现全年最高水位 3.45m，超警戒水位（3.20m）0.25m，嘉定南门站 10 月 22 日达到全年最高水位 3.28m，超警戒水位（3.20m）0.08m。2016 年浦东浦西区代表站日均水位过程见图 3.42。

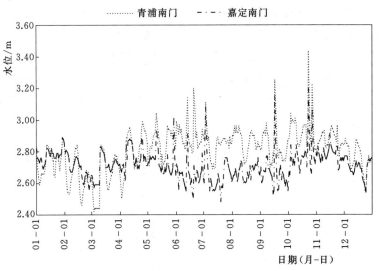

图 3.42 2016 年浦东浦西区代表站日均水位过程线

9 月 18 日，受天文大潮汛、冷空气和台风"马勒卡"外围云系的共同影响，黄浦江干流、上游及沿海各站潮位纷纷抬高，出现全年最高潮位，均超过警戒潮位。其中，黄浦江黄浦公园站最高潮位 4.88m，超警 0.33m，为 2006 年以来第一高值；河口吴淞站最高潮位 4.99m，超警 0.19m，为 2006 年以来第一高值；长江口高桥站最高潮位 4.93m，超警 0.03m，为 2006 年以来第三高值；杭州湾芦潮港站最高潮位 5.03m，超警 0.43m，为 2006 年以来第一高值。9 月 17—20 日，台风增水十分明显，图 3.43 为台风"马勒卡"影响期间黄浦公园、米市渡、吴淞口及芦潮港 4 站的潮位增水过程。从图中明显可见，黄浦江上游米市渡站受台风降水影响，增水最大，芦潮港站次之，黄浦公园与吴淞站台风增水也较明显；在台风影响期间，米市渡、芦潮港、黄浦公园及吴淞口 4 站的高潮位最高增水

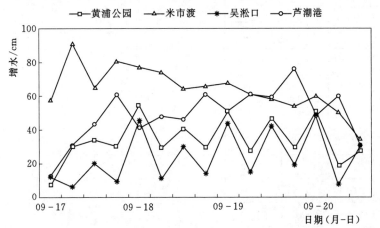

图 3.43 台风"马勒卡"影响期间黄浦江及沿海潮位增水过程

分别为 0.92m、0.76m、0.55m、0.50m。

3.2.3 水库水位的发展过程

水库水位的发展过程与河网水位的发展过程相似，入汛水位普遍偏高，水位上涨主要集中在梅雨期和 9 月下旬至 10 月的台风影响期间，8 座大型水库中除青山水库和对河口水库在 9 月 30 日达到全年最高水位以外，其他水库均在 7 月初达到全年最高水位，其中湖西区三大水库大溪、横山、沙河水库的最高水位均超历史最高纪录。太湖流域大型水库特征水位及超汛限水位（以下简称"超汛限"）情况统计见表 3.13。大型水库超历史最高水位情况见表 3.14。

表 3.13　　　　　　太湖流域大型水库特征水位及超汛限情况统计

水利分区	水库名称	时段（月-日）	汛限水位/m	设计洪水位/m	最高水位/m	发生时间（月-日 时:分）	超汛限幅度/m	超汛限总天数/d
湖西区	横山	01-01—05-31	35.00	38.75	35.59	07-03 6:25	1.59	54
		06-01—08-31	34.00					
		09-01—12-31	35.00					
	沙河	01-01—12-31	21.00	23.00	22.45	07-03 6:25	1.45	176
	大溪	01-01—06-30	14.89	16.40	15.72	07-05 11:15	1.83	15
		07-01—08-15	13.89					
		08-16—12-31	14.89					
浙西区	老石坎	01-01—07-15	115.13	122.29	116.24	07-04 11:00	1.11	21
		07-16—10-15	113.63					
		10-16—12-31	115.13					
	赋石	01-01—07-15	78.62	87.14	80.99	07-04 17:00	2.37	31
		07-16—10-15	77.62					
		10-16—12-31	78.62					
	对河口	01-01—07-15	47.50	55.18	48.74	09-30 11:00	2.74	41
		07-16—10-15	46.00					
		10-16—12-31	47.50					
	青山	01-01—12-31	23.16	32.56	27.45	09-30 11:00	4.29	237
	合溪	01-01—04-14	22.00	29.00	23.36	07-03 18:00	3.36	228
		04-15—07-15	20.00					
		07-16—10-15	21.00					
		10-16—12-31	22.00					

表 3.14 　　　　　　　　　　　大型水库超历史最高水位情况　　　　　　　　　　单位：m

水利分区	水库名称	历史最高水位	最高水位	发生时间（月-日 时:分）	超历史幅度
湖西区	大溪	14.72	15.72	07-05 11:15	1.00
	横山	35.43	35.59	07-03 6:25	0.16
	沙河	21.98	22.45	07-03 6:25	0.47

1. 横山水库

横山水库水位全年超汛限 54d，其中汛期超汛限 34d，水位上涨主要集中在梅雨期和 9 月下旬至 10 月，涨幅相对比较明显。全年最高水位出现在 7 月 3 日，突破历史纪录 0.16m。

横山水库 5 月 30 日前基本都在汛限水位以下运行，4 月下半月由于降水历时长，水位开始上升，4 月 21 日升至 34.99m，接近汛限水位（35.00m），水库溢洪道开始预泄水量。6 月 1 日至 7 月 6 日水位基本处于超汛限状态（34.00m），由于梅雨期持续性强降水，水位持续上涨，7 月 2 日 23 时开始超历史最高水位（35.43m），当天溢洪道泄洪流量已达到 130m³/s，7 月 3 日 6 时 25 分水位上升到全年最高水位 35.59m，超汛限 1.59m，超历史 0.16m，主汛期水库水位超汛限 34d。汛末和汛后受台风带来的强降水影响，水位上涨幅度较大，当 10 月 2 日 0 时水库水位超汛限（35.00m）时，横山水库溢洪道就开始泄洪，根据降水情况按照 80m³/s、50m³/s、30m³/s 等流量泄洪，将水位一直控制在汛限水位左右，10 月横山水库共超汛限 20d，10 月 27 日 18 时水位回落至汛限水位以下。横山水库水位过程线见图 3.44。

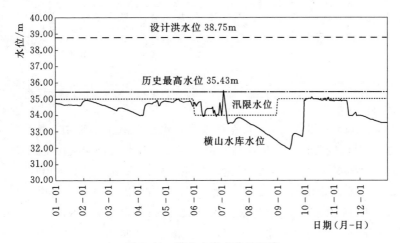

图 3.44 横山水库水位过程线

2. 沙河水库

沙河水库水位全年超汛限 176d，其中汛期超汛限 77d，水位上涨主要集中在梅雨期和 9 月下旬至 10 月，涨幅相对比较明显。全年最高水位出现在 7 月 3 日，突破历史纪录 0.47m。

沙河水库梅雨期前水位相对较平稳，持续略超汛限水位（21.00m）。进入梅雨期后，受强降水影响，水位出现2次明显上涨过程。6月28日，水位从5时45分的21.00m起涨，21时35分上涨至21.95m，超汛限0.95m，逼近历史最高水位（21.98m，1991年7月1日）；7月1日16时起，水位自21.23m再次起涨，2日14时平历史最高水位，3日6时25分涨至全年最高水位22.45m，超汛限1.45m，超历史0.47m，之后随着溢洪闸溢洪流量的加大，水位快速下降；7月5日，受降水影响，水库水位有小幅上涨；水位自6月20日开始超汛限水位，至7月20日共超汛限29d。汛末和汛后受台风带来的强降水影响，水位上涨幅度较大，并于9月29日19时超汛限，10月11日0时水位回落至汛限水位以下，超汛限天数达12d。根据防洪调度，沙河水库于5月27—29日、5月31日至6月4日、6月8—9日、6月14—15日、6月20日至7月9日、7月11—13日、9月29—30日开启溢洪闸溢洪1.070亿m³，另外，沙河水库通过其他涵闸共放水0.0138亿m³。汛末蓄水量较汛初增加0.0330亿m³。沙河水库水位过程线见图3.45。

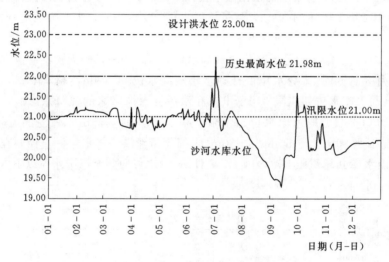

图3.45 沙河水库水位过程线

3. 大溪水库

大溪水库水位全年超汛限15d，均在梅雨期，水位上涨主要集中在梅雨期和9月下旬至10月，涨幅相对比较明显。全年最高水位出现在7月5日，突破历史纪录1.00m。

梅雨期前，大溪水库水位一直相对比较平稳。进入梅雨期，水位出现明显上涨过程。7月1日17时起，水库水位自14.24m起涨，2日13时25分开始超历史（14.72m，1991年7月1日），5日11时15分达全年最高水位15.72m，超汛限1.83m，超历史1.00m，5日后，水位缓慢下降，平均退水速率0.14m/d，15日23时25分退至汛限水位以下。汛末和汛后受台风带来的强降水影响，水位上涨幅度较大，但均未超汛限水位。大溪水库自7月1日开始超汛限水位，共超汛限15d。根据防洪调度，大溪水库于5月21—23日、5月29日至6月5日、6月23—26日、6月28日至7月16日、9月30日开启溢洪闸溢洪0.8260亿m³，另外，大溪水库通过涵闸共放水0.1010亿m³。汛末蓄水量较汛初增加0.0790亿m³。大溪水库水位过程线见图3.46。

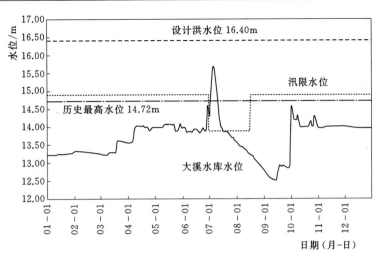

图 3.46　大溪水库水位过程线

4. 老石坎水库

老石坎水库水位全年超汛限 21d，水位上涨主要集中在梅雨期和 9 月下旬至 10 月，涨幅相对比较明显。全年最高水位出现在 7 月 4 日，未突破历史纪录。

汛前水位相对较平稳，有 2 次小的上涨，但均低于汛限水位。入汛后，由于持续降水，水位持续上涨，尤其是入梅后水位上涨明显，7 月 3 日 9 时水位为 115.14m，年内首次超过梅汛期汛限水位 (115.13m)，4 日 11 时涨至全年最高水位 116.24m，超汛限 1.11m，7 日 10 时降到汛限水位以下。汛末，受"鲇鱼"台风带来的强降水影响，水位再次上涨，9 月 29 日 9 时水库水位开始超台汛期汛限水位 (113.63m)，30 日 10 时涨至 115.36m，超汛限 1.73m，10 月 14 日 7 时降到汛限水位以下。汛后，10 月下旬的"海马"台风带来的强降水使得水库水位于 10 月 27 日 9 时再次超汛限水位，达 115.47m，12 时降到 113.53m，位于汛限水位以下，之后水位平稳回落。老石坎水库水位过程线见图 3.47。

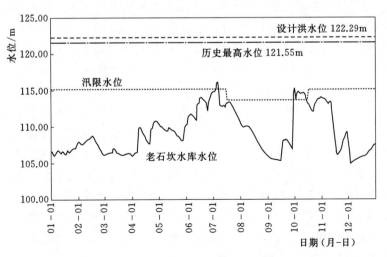

图 3.47　老石坎水库水位过程线

5. 赋石水库

赋石水库水位全年超汛限 31d，水位上涨主要集中在梅雨期和 9 月下旬，涨幅相对比较明显。全年最高水位出现在 7 月 4 日，未突破历史纪录。

汛前，1—2 月水位较高，维持在正常水位附近，之后略有回落，4 月的强降水使水位再次抬升，4 月 21 日 3 时超过梅汛期汛限水位（78.62m），之后水位维持在汛限水位附近，高水位入汛。入汛后，水位相对较平稳，有 2 次小的上涨，但涨幅不大。入梅后，由于持续降水，水位持续上涨，7 月 1 日 18 时水位为 78.63m，再次超过梅汛期汛限水位，4 日 17 时涨至全年最高水位 80.99m，超汛限 2.37m，7 日 23 时降到汛限水位以下。汛末，受 "鲇鱼" 台风带来的强降水影响，水位再次上涨，但最高水位未超汛限，之后水位平稳回落。赋石水库水位过程线见图 3.48。

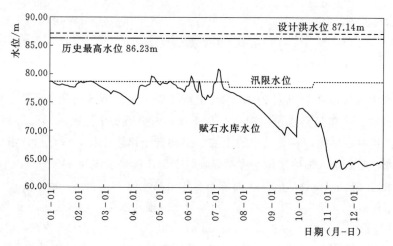

图 3.48　赋石水库水位过程线

6. 对河口水库

对河口水库水位全年超汛限 41d，水位上涨主要集中在 9 月下旬至 10 月，涨幅相对比较明显。全年最高水位出现在 9 月 30 日，未突破历史纪录。

汛前，年初水位较高，之后水位快速回落，4 月遭遇强降水，水位上涨，4 月 28 日 3 时涨至 47.22m，逼近梅汛期汛限水位（47.50m），入汛水位较高。入汛后，水位有所下降，6 月中旬的强降水造成水位持续上涨，6 月 12 日 16 时超过梅汛期汛限水位，13 日 5 时涨至 47.85m，超汛限 0.35m。入梅后水位出现 2 次小的上涨过程，但涨幅不大，且基本未超汛限水位。9 月中旬，台风 "莫兰蒂" 带来的强降水造成水位快速上涨，9 月 16 日 5 时开始超过台汛期汛限水位（46.00m），17 日 19 时涨至最高水位 47.30m，超汛限 1.30m，之后水位略有回落；受 9 月 28 日的 "鲇鱼" 台风带来的强降水影响，水位再次上涨，28 日 20 时开始超汛限水位，30 日 11 时涨至全年最高水位 48.74m，超汛限 2.74m。之后水位开始回落，10 月 19 日 19 时降到汛限水位以下。汛后，10 月下旬的 "海马" 台风带来的强降水使得水库水位再次上涨，10 月 27 日 11 时涨至 47.47m，之后水位逐渐回落。对河口水库水位过程线见图 3.49。

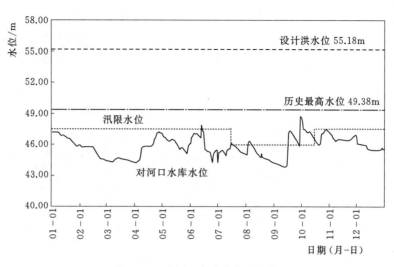

图 3.49　对河口水库水位过程线

7. 青山水库

青山水库水位全年超汛限 237d，水位上涨主要集中在 4—5 月和 9 月下旬至 10 月，涨幅相对比较明显。全年最高水位出现在 9 月 30 日，未突破历史纪录。

汛前，受 1 月中旬流域持续降水过程影响，青山水库水位出现年内第 1 次涨水过程，1 月 13 日 23 时开始超过汛限水位（23.16m），此后水位继续缓慢上涨，至 2 月 11 日 5 时涨至 24.46m，超汛限水位 1.30m，此后水位开始回落，26 日 17 时退至汛限水位以下；受 4 月上旬流域较强降水过程影响，水位再次上涨，4 月 4 日 0 时开始超汛限水位，7 日 17 时涨至 24.79m，超汛限 1.63m，此后水位逐渐回落。入汛后，受 5 月下旬流域较强降水过程影响，青山水库水位开始上涨，5 月 28 日 11 时开始超汛限水位，29 日 22 时涨至 25.53m，超汛限 2.37m，此后水位逐渐回落，6 月 8 日 4 时退至汛限水位以下，此后水库水位在汛限水位附近波动，入梅后的两次洪水上涨幅度都相对较小。直至 9 月底受台风"鲇鱼"带来的较强降水过程影响，水位再次上涨，9 月 28 日开始超汛限水位，30 日 11 时涨至全年最高水位 27.45m，超汛限 4.29m，此后水位逐渐回落，10 月 17 日 14 时退至汛限水位以下。10 月下旬的台风"海马"带来的强降水使水位有所上涨，但涨幅不大，此后水库水位维持在汛限水位附近。青山水库水位过程线见图 3.50。

8. 合溪水库

合溪水库水位全年超汛限 228d，水位上涨主要集中在梅雨期和 9 月下旬至 10 月，涨幅相对比较明显。全年最高水位出现在 7 月 3 日，未突破历史纪录。

年初水位较高，汛前水位在汛限水位（22.00m）附近波动，相对较平稳。入梅后水位出现 2 次明显上涨过程，6 月 20 日 5 时水位开始超过梅汛期汛限水位（20.00m），21 日 2 时涨至 21.84m，超汛限 1.84m，之后水位有所回落；6 月 27 日 22 时水位再次超过汛限水位，7 月 3 日 18 时涨至全年最高水位 23.36m，超汛限 3.36m，7 日 13 时降到汛限水位以下。汛末，受台风"鲇鱼"带来的强降水影响，水位再次上涨，9 月 29 日 4 时水库水位开始超台汛期汛限水位（21.00m），30 日 8 时涨至 22.35m，超汛限 1.35m。汛后，10 月

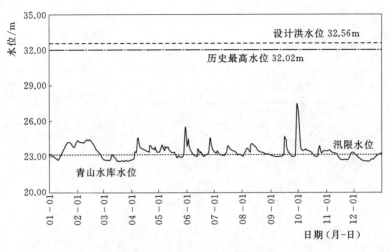

图 3.50 青山水库水位过程线

下旬的台风"海马"带来的强降水使得水库水位于 10 月 26 日 11 时超过汛限水位,27 日 13 时涨至 22.93m,超正常水位 0.93m,之后水位虽略有回落,但始终维持在正常水位附近。合溪水库水位过程线见图 3.51。

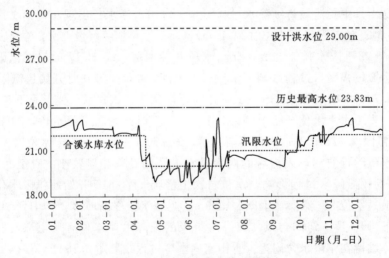

图 3.51 合溪水库水位过程线

3.3 本章小结

2016 年太湖流域发生流域性特大洪水,但与历史大洪水年 1954 年、1991 年、1999 年不同,2016 年春汛、梅汛、秋汛连发,降水历时长,流域面平均降水总量大,流域北部多站水位超历史纪录。从全年来看,主要有 7 场明显降水过程,分别是 4 月 5—7 日、6 月 19—28 日、6 月 30 日至 7 月 7 日、9 月 13—16 日、9 月 27—30 日、10 月 19—22 日、10 月 25—27 日,雨量分别为 60.7mm、208.9mm、154.8mm、152.4mm、106.2mm、

99.2mm 和 71.8mm，7 场降水过程累计历时 36d，但累计雨量达 854.0mm，占全年降水量的 46％。流域水位变化过程总体为入汛水位普遍偏高，至入梅前水位较平稳，基本维持在警戒水位；入梅后，水位快速上涨，并全面超警，太湖水位及流域北部河网代表站水位普遍超保，并在梅雨期达到全年最高水位，部分站点水位屡创历史新高；汛末和汛后受台风影响，太湖水位先后两次超警，流域南部河网代表站普遍在 9—10 月下旬出现全年最高水位；水库水位的发展过程与河网水位的发展过程相似，8 座大型水库中除青山水库和对河口水库在 9 月 30 日达到年最高水位以外，其他水库均在 7 月初达到全年最高水位，其中湖西区大溪、横山、沙河三大水库的最高水位均突破历史最高纪录。

第4章 暴雨洪水分析

4.1 暴雨洪水特点

与常年比较，太湖流域2016年暴雨洪水有以下几个特点。

(1) 前期降水多，入汛入梅水位高。太湖流域4月降水量为200.2mm，较常年同期偏多122%；5月降水量为224.4mm，较常年同期偏多120%。受降水持续偏多影响，太湖水位以1954年以来同期第一高水位（3.52m）入汛，以入梅日历史第二高水位（3.77m）入梅。

(2) 梅雨总量大，空间分布不均匀。太湖流域6月19日入梅，较常年偏晚6d；7月20日出梅，较常年偏晚12d；梅雨期31d，较常年偏多6d。流域梅雨量为426.8mm，较常年偏多77%。降水主要集中在流域北部的湖西区和武澄锡虞区以及太湖区，其中湖西区、武澄锡虞区梅雨量为常年的2.3倍以上，太湖区为常年的2.1倍，湖西区梅雨量是浦东浦西区的2.5倍以上。

(3) 太湖涨水历时长，超警超设计洪水位天数多。太湖水位从4月4日开始上涨，6月3日太湖水位达到3.80m，为2016年首次达到警戒水位，7月3日达到4.65m，太湖流域发生超标准洪水，7月8日涨至年最高水位4.88m，仅比1999年历史最高水位低0.09m，涨水期长达95d，比有纪录以来最长涨水期（1954年82d）还长13d。直至8月6日，太湖水位才稳定在3.80m以下，持续超警天数达48d，全年共超警97d，仅次于1954年大水，水位达到或超过设计洪水位16d，仅次于1999年大水。

(4) 河网水位超警范围广，多站超历史。太湖流域河网地区设有警戒水位的河道、闸坝、潮位站共有77个，设有保证水位的有71个，2016年汛期，流域共有73个站点水位（潮位）超警戒，占比达95%，其中33个站点超保证水位，占比达46%；15个站点超历史，其中王母观站、溧阳（二）站两站4次刷新历史纪录，王母观站超历史水位幅度最大，达0.43m。

(5) 太湖水位全年三度超警，为历史少见。9月中下旬，受台风"莫兰蒂""鲇鱼"的影响，太湖流域过程降水量分别达152.4mm和106.3mm，太湖水位快速上涨，10月2日年内第2次超警戒水位。受10月19—22日降水过程影响，太湖水位于10月22日年内第3次超警戒水位，最高达到4.14m。

4.2 暴雨分析

4.2.1 太湖流域及分区特征时段降水量分析

7个分区的逐日平均降水量采用分区代表站降水量算术平均法统计，太湖流域逐日平均降水量采用分区降水量面积加权法统计,太湖流域上游区包括湖西区、浙西区和太湖区,3 个分区面积占比分别为 45%、36% 和 19%。在逐日降水量统计基础上,统计太湖流域及各分区最大 1d、3d、7d、15d、30d、45d、60d、90d 降水量,结果见表 4.1。

表 4.1   太湖流域及分区时段极值降水量统计表

项目	太湖流域	湖西区	武澄锡虞区	阳澄淀泖区	太湖区	杭嘉湖区	浙西区	浦东浦西区	上游区
最大 1d 降水量/mm	88.6	132.2	86.2	69.3	75.6	88.5	97.8	111.7	89.6
起始日期 (月-日)	09-15	09-29	09-29	09-15	09-15	09-15	09-15	09-15	09-15
最大 3d 降水量/mm	138.7	243.9	178.5	112.9	143.3	141.9	156.9	157.6	163.2
起始日期 (月-日)	09-13	07-01	07-01	07-01	07-01	09-13	09-27	09-14	07-01
最大 7d 降水量/mm	180.2	341.9	287.2	184.6	238.2	148.2	181.2	216.1	245.8
起始日期 (月-日)	06-27	06-27	06-27	06-26	06-27	09-10	09-27	10-20	06-27
最大 15d 降水量/mm	330.3	536.1	451.0	307.0	415.8	240.5	306.9	225.7	415.3
起始日期 (月-日)	06-19	06-20	06-20	06-19	06-19	06-11	06-19	10-17	06-20
最大 30d 降水量/mm	446.0	637.9	556.1	406.9	522.7	395.9	442.9	301.5	531.2
起始日期 (月-日)	06-11	06-19	06-19	06-03	06-08	05-28	06-06	09-27	06-11
最大 45d 降水量/mm	584.7	731.2	653.3	546.9	701.4	499.8	623.0	482.8	672.9
起始日期 (月-日)	05-20	05-31	05-20	05-20	05-20	05-20	05-20	09-13	05-25
最大 60d 降水量/mm	680.3	843.0	770.9	598.6	769.0	580.3	731.1	533.0	788.2
起始日期 (月-日)	05-20	05-20	05-20	05-20	05-07	05-20	05-20	09-02	05-20
最大 90d 降水量/mm	845.0	988.2	889.1	742.8	950.6	784.4	963.0	601.1	969.0
起始日期 (月-日)	04-16	04-16	04-16	04-05	04-05	04-02	04-16	04-05	04-16

1. 各时段降水发生时间

最大 1d 降水除了湖西区和武澄锡虞区发生在 9 月 29 日以外,太湖流域与其他各水利分区及上游区均发生在 9 月 15 日;最大 3d 降水太湖流域、杭嘉湖区、浙西区和浦东浦西区均发生在 9 月,其他各水利分区及上游区均发生在 7 月 1—3 日;最大 7d 降水太湖流域、湖西区、武澄锡虞区、太湖区及上游区普遍发生在 6 月 27 日至 7 月 3 日；最大 15d 降水太湖流域、阳澄淀泖区、太湖区、浙西区均发生在 6 月 19 日至 7 月 3 日；最大 30d 降水太湖流域发生在 6 月 11 日至 7 月 10 日；最大 45d 降水太湖流域、武澄锡虞区、阳澄淀泖区、太湖区、杭嘉湖区、浙西区均发生在 5 月 20 日至 7 月 3 日；最大 60d 降水太湖流域、湖西区、武澄锡虞区、阳澄淀泖区、杭嘉湖区、浙西区及上游区均发生在 5 月 20 日至 7 月 18 日；最大 90d 降水太湖流域、湖西区、武澄锡虞区、浙西区及上游区均发生在 4 月 16 日至 7 月 14 日，阳澄淀泖区、太湖区、浦东浦西区均发生在 4 月 5 日至 7 月 3 日。

2. 各时段降水量

各水利分区中，最大 1d、3d、7d、15d、30d、45d、60d 和 90d 降水量均是湖西区最大，最大 15d、30d、45d、60d、90d 降水量均是浦东浦西区最小。

各水利分区中，最大 1d 降水量湖西区最大，达 132.2mm，其次为浦东浦西区的 111.7mm，最小为阳澄淀泖区，仅 69.3mm。最大 3d 降水量湖西区最大，达 243.9mm，其次为武澄锡虞区的 178.5mm，阳澄淀泖区最小，仅 112.9mm，其余各区为 142～158mm，流域平均降水量为 138.7mm。最大 7d 降水量湖西区最大，达 341.9mm，其次为武澄锡虞区的 287.2mm，杭嘉湖区最小，仅 148.2mm，其余各区为 181～238mm，流域平均降水量为 180.2mm。最大 15d 降水量湖西区最大，达 536.1mm，其次为武澄锡虞区的 451.0mm 和太湖区的 415.8mm，浦东浦西区最小，仅 225.7mm，其余各区为 241～307mm，流域平均降水量为 330.3mm。最大 30d 降水量湖西区最大，达 637.9mm，其次为武澄锡虞区的 556.1mm 和太湖区的 522.7mm，浦东浦西区最小，仅 301.5mm，其余各区为 396～443mm，流域平均降水量为 446.0mm。最大 45d 降水量湖西区最大，达 731.2mm，其次为太湖区的 701.4mm，浦东浦西区最小，仅 482.8mm。最大 60d 降水量湖西区最大，达 843.0mm，武澄锡虞区、太湖区和浙西区为 731～771mm，阳澄淀泖区和杭嘉湖区均不到 600.0mm，浦东浦西区最小，仅 533.0mm，流域平均降水量为 680.3mm。最大 90d 降水量湖西区最大，达 988.2mm，其次为浙西区的 963.0mm 和太湖区的 950.6mm，浦东浦西区最小，仅 601.1mm，其余各区为 743～889mm，流域平均降水量为 845.0mm。太湖流域最大 15d、30d、45d、60d、90d 降水量等值线见图 4.1～图 4.5。

3. 与历史实测最大值比较

全流域各时段降水量均未超历史实测最大值，最大 1d、3d 降水量均是 1962 年最大，最大 7d、15d、30d、45d、60d、90d 降水量均是 1999 年最大。上游区最大 15d、60d 降水量超历史实测最大值。湖西区最大 3d、7d、15d 降水量均超历史实测最大值，尤以 15d 降水量超历史实测最大值最明显。武澄锡虞区、阳澄淀泖区、太湖、杭嘉湖、浙西区、浦东浦西区各时段降水量均未超历史实测最大值。详见表 4.2。

4. 暴雨笼罩面积

从图 4.1～图 4.5 可见，降水量等值线分布较为均匀，说明降水强度不大，但是持续时间较长。汛期降水量超过多年平均同期降水量（725mm）的面积达 36960.1km²，占流域总面积的 99.6%，说明基本上全流域汛期降水量均超过流域多年平均值；超过 1000mm

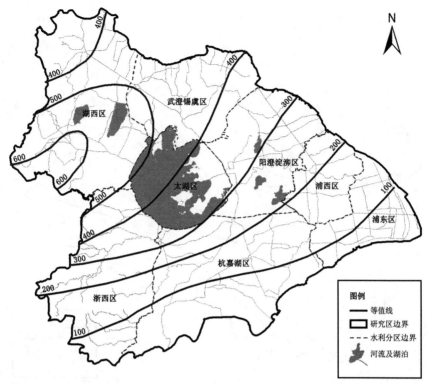

图 4.1　太湖流域最大 15d 降水量等值线（单位：mm）

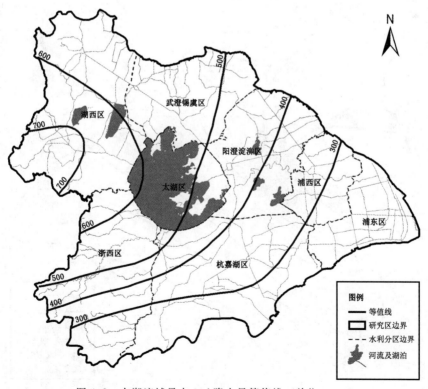

图 4.2　太湖流域最大 30d 降水量等值线（单位：mm）

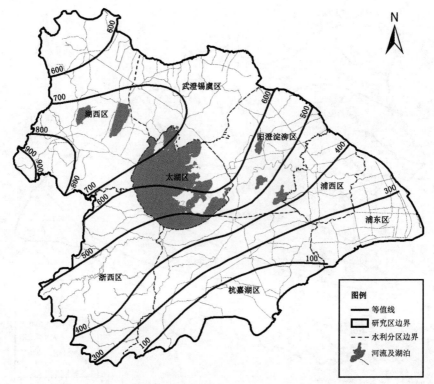

图 4.3 太湖流域最大 45d 降水量等值线（单位：mm）

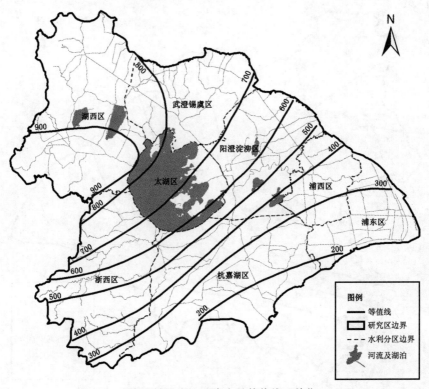

图 4.4 太湖流域最大 60d 降水量等值线（单位：mm）

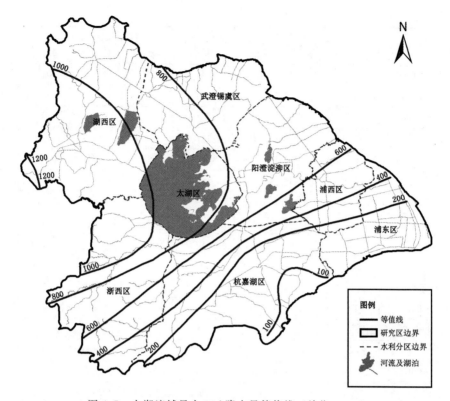

图 4.5　太湖流域最大 90d 降水量等值线（单位：mm）

表 4.2　　　　　　　　2016 年太湖流域及分区时段极值降水量与历史最大值比较

分区	内容	最大 1d 降水量	最大 3d 降水量	最大 7d 降水量	最大 15d 降水量	最大 30d 降水量	最大 45d 降水量	最大 60d 降水量	最大 90d 降水量
全流域	2016 年/mm	88.6	138.7	180.2	330.3	446.0	584.7	680.3	845.0
	历史排位	10	8	10	3	3	3	2	3
	重现期/a	7	8	6	19	19	32	32	27
	历史最大/mm	150.1	225.5	339.1	402.1	621.1	681.5	744.4	1044.1
	发生年份	1962	1962	1999	1999	1999	1999	1999	1999
湖西区	2016 年/mm	132.2	243.9	341.9	536.1	637.9	731.2	843.0	988.2
	历史排位	5	1	1	1	2	2	2	2
	重现期/a	17	57	92	281	132	101	118	68
	历史最大/mm	149.3	233.6	321.0	435.7	698.6	793.1	885.9	1049.1
	发生年份	2015	1957	1991	1991	1991	1991	1991	1991
武澄锡虞区	2016 年/mm	86.2	178.5	287.2	451.0	556.1	653.3	770.9	889.1
	历史排位	18	6	4	2	3	3	3	5
	重现期/a	3	9	23	74	55	51	60	32
	历史最大/mm	164.8	279.7	348.8	521.8	691.7	804.4	880.0	1044.2
	发生年份	1991	1962	1991	2015	2015	1991	1991	2011

分区	内容	最大 1d 降水量	最大 3d 降水量	最大 7d 降水量	最大 15d 降水量	最大 30d 降水量	最大 45d 降水量	最大 60d 降水量	最大 90d 降水量
阳澄淀泖区	2016 年/mm	69.3	112.9	184.6	307.0	406.9	546.9	598.6	742.8
	历史排位	30	21	14	8	8	4	6	7
	重现期/a	3	3	5	10	8	15	11	10
	历史最大/mm	186.1	280.0	331.6	392.6	595.4	649.6	731.8	992.6
	发生年份	1962	1962	1999	1999	1999	1999	1957	1999
太湖区	2016 年/mm	75.6	143.3	238.2	415.8	522.7	701.4	769.0	950.6
	历史排位	24	10	4	3	2	2	2	2
	重现期/a	3	5	11	46	33	71	53	49
	历史最大/mm	182.5	249.6	369.4	440.0	729.7	791.1	851.9	1156.6
	发生年份	1990	1962	1999	1999	1999	1999	1999	1999
杭嘉湖区	2016 年/mm	88.5	141.9	148.2	240.5	395.9	499.8	580.3	784.4
	历史排位	12	16	31	18	7	6	6	3
	重现期/a	4	5	2	4	8	9	9	13
	历史最大/mm	243.8	286.6	385.2	458.3	642.3	723.0	770.7	1065.0
	发生年份	1963	2013	1999	1999	1999	1999	1999	1999
浙西区	2016 年/mm	97.8	156.9	181.2	306.9	442.9	623.0	731.1	963.0
	历史排位	14	16	23	12	7	5	5	4
	重现期/a	4	5	3	6	7	12	13	15
	历史最大/mm	192.1	265.0	420.7	518.1	752.5	841.2	924.9	1249.8
	发生年份	1963	2013	1999	1999	1999	1999	1999	1999
浦东浦西区	2016 年/mm	111.7	157.6	216.1	225.7	301.5	482.8	533.0	601.1
	历史排位	8	10	5	19	26	5	10	18
	重现期/a	8	8	9	3	3	9	7	4
	历史最大/mm	166.8	207.7	416.1	465.1	700.0	779.4	844.3	1139.9
	发生年份	1963	2013	1999	1999	1999	1999	1999	1999
上游区	2016 年/mm	89.6	163.2	245.8	415.3	531.2	672.9	788.2	969.00
	历史排位	12	7	3	1	2	2	1	2
	重现期/a	6	11	18	73	38	49	59	54
	历史最大/mm	160.3	195.9	324.7	394.7	637.3	704.2	764.2	1057.4
	发生年份	1990	1957	1999	1999	1999	1999	1999	1999

的降水量笼罩面积达 22420.2km²，占流域总面积的 60.4%，其中湖西区最大，有 99.3% 的面积降水量超过 1000mm，浦东浦西区最小，没有超过 1000mm 降水量的面积；全流域超过 1200mm 的降水量笼罩面积达 12391.1km²，占流域总面积的 33.4%，其中湖西区最大，有 77.2% 的面积降水量超过 1200mm，浦东浦西区、阳澄淀泖区基本没有超过 1200mm 降水量的面积。梅雨期降水量超过多年平均降水量（242mm）的面积达

31728.2km²，占流域总面积的 85.5%；超过 500mm 的降水量笼罩面积主要集中在湖西区、武澄锡虞区、太湖区和浙西区，总面积达 12649.8km²，占流域总面积的 34.1%，其中湖西区最大，全区有 98.1% 的面积降水量超过 500mm，杭嘉湖区、浦东浦西区降水量没有超过 500mm 的；超过 600mm 的降水量笼罩面积主要集中在湖西区，达 5469.4km²。

最大 7d 降水量超过 200mm 的笼罩面积为 16276.9km²，占流域总面积的 43.9%；超过 400mm 的笼罩面积为 2893.2km²，占流域总面积的 7.8%。最大 15d 降水量超过 300mm 的笼罩面积为 19286.8km²，占流域总面积的 52.0%；超过 400mm 的笼罩面积为 13908.5km²，占流域总面积的 37.5%；超过 500mm 的笼罩面积为 6721.5km²，占流域总面积的 18.1%。最大 30d 降水量超过 400mm 的笼罩面积为 20483.9km²，占流域总面积的 55.2%；超过 500mm 的笼罩面积为 14521.3km²，占流域总面积的 39.1%；超过 600mm 的笼罩面积为 4772.3km²，占流域总面积的 12.9%；超过 700mm 的笼罩面积为 1194.4km²，占流域总面积的 3.2%。最大 45d 降水量超过 500mm 的笼罩面积为 23726.9km²，占流域总面积的 64.0%；超过 600mm 的笼罩面积为 17226.3km²，占流域总面积的 46.4%；超过 700mm 的笼罩面积为 8268.7km²，占流域总面积的 22.3%；超过 800mm 的笼罩面积为 2659.3km²，占流域总面积的 7.2%。最大 60d 降水量超过 600mm 的笼罩面积为 22243.7km²，占流域总面积的 60.0%；超过 700mm 的笼罩面积为 16432.7km²，占流域总面积的 44.3%；超过 800mm 的笼罩面积为 7181.8km²，占流域总面积的 19.4%；超过 900mm 的笼罩面积为 2413.3km²，占流域总面积的 6.5%。最大 90d 降水量超过 800mm 的笼罩面积为 20397.3km²，占流域总面积的 55.0%；超过 900mm 的笼罩面积为 11718.6km²，占流域总面积的 31.6%；超过 1000mm 的笼罩面积为 5755.6km²，占流域总面积的 15.5%；超过 1100mm 的笼罩面积为 2136.1km²，占流域总面积的 5.8%。不同时段的暴雨笼罩面积见表 4.3 和图 4.6。

表 4.3　　　　　　　　　　　　　暴 雨 笼 罩 面 积 表

时段	降水量等级 /mm	笼罩面积/km²							
		太湖流域	湖西区	武澄锡虞区	阳澄淀泖区	太湖区	杭嘉湖区	浙西区	浦东浦西区
汛期	>725	36960.1	7478.1	4028.5	4312.1	3158.2	7423.2	5952.3	4607.7
	>900	28747.8	7476.6	4010.6	2383.9	3156.1	5438.7	5924.7	357.2
	>1000	22420.2	7422.1	3959.6	1016.5	2919.3	1249.5	5853.2	0.0
	>1200	12391.1	5775.5	1246.2	0.2	1034.4	18.2	4316.6	0.0
梅雨期	>242	31728.2	7478.1	4028.5	4312.1	3158.2	4952.2	5296.9	2502.2
	>400	17852.1	7476.5	4028.5	1281.4	2371.6	162.2	2531.9	0.0
	>500	12649.8	7338.3	2832.3	9.3	963.8	0.0	1506.1	0.0
	>600	6613.9	5469.4	469.9	0.0	175.6	0.0	499.0	0.0
最大 7d	>200	16276.9	7478.1	4028.5	1885.6	1883.5	0.0	1001.2	0.0
	>300	10684.6	7298.3	2416.1	0.0	819.4	0.0	150.8	0.0
	>400	2893.2	2893.2	0.0	0.0	0.0	0.0	0.0	0.0

时段	降水量等级 /mm	笼罩面积/km²							
		太湖流域	湖西区	武澄锡虞区	阳澄淀泖区	太湖区	杭嘉湖区	浙西区	浦东浦西区
最大15d	>300	19286.8	7476.5	4028.5	2038.3	3028.3	226.7	2488.5	0.0
	>400	13908.5	7298.6	3328.6	0.0	1667.2	1.0	1613.1	0.0
	>500	6721.5	5315.2	579.5	0.0	243.2	0.0	583.6	0.0
最大30d	>400	20483.9	7473.8	4028.5	1975.7	3094.3	488.5	3423.1	0.0
	>500	14521.3	7160.1	3252.5	242.0	1836.8	10.5	2019.4	0.0
	>600	4772.3	3669.8	244.7	0.0	194.1	0.0	663.7	0.0
	>700	1194.4	1134.2	0.0	0.0	0.0	0.0	60.2	0.0
最大45d	>500	23726.9	7471.4	4009.7	3015.7	3158.2	1827.0	4244.8	0.1
	>600	17226.3	6413.4	3798.8	1305.1	2694.6	157.7	2856.7	0.0
	>700	8268.7	4258.0	676.5	59.9	1566.7	19.6	1688.0	0.0
	>800	2659.3	1742.1	0.0	0.0	211.1	0.0	706.1	0.0
最大60d	>600	22243.7	7455.5	3982.9	2143.0	3126.1	1095.8	4440.4	0.0
	>700	16432.7	6990.4	3626.7	358.8	2192.0	84.1	3180.7	0.0
	>800	7181.8	4293.6	408.9	0.0	856.4	0.8	1622.1	0.0
	>900	2413.3	1736.0	0.0	0.0	248.6	0.0	428.7	0.0
最大90d	>800	20397.3	7068.9	3756.0	1136.8	3034.1	633.0	4768.5	0.0
	>900	11718.6	5062.5	1201.2	36.9	1606.1	71.8	3740.1	0.0
	>1000	5755.6	2962.3	34.9	0.0	764.1	5.2	1989.1	0.0
	>1100	2136.1	1379.4	0.0	0.0	70.4	0.0	686.3	0.0

4.2.2　单站降水量统计和重现期分析

　　湖西区王母观站2016年最大1d、3d、7d、15d降水量均位列1951年设站以来第一位，重现期分别为54年、68年、63年、108年；坊前站最大15d降水量位列1971年设站以来历史第一位，重现期为48年；常州站最大15d降水量位列历史第二位，重现期为53年。

　　武澄锡虞区无锡站最大15d降水量位列1951年以来历史第一位，重现期为50年；青阳与陈墅站最大1d、3d降水量重现期在10年以下，最大7d、15d降水量重现期为11～23年。

　　阳澄淀泖区苏州（枫桥）、湘城站最大15d降水量重现期在20年左右，最大1d、3d、7d降水量重现期在10年以下；陈墓站最大1d、3d、7d、15d降水量重现期都在5年以下。

　　浙西区瓶窑站最大1d、3d、7d、15d降水量重现期均在5年以下；港口站最大1d、3d、7d降水量重现期为13～20年，最大15d降水量重现期为30年；杭长桥站最大1d、3d、7d、15d降水量重现期为9～15年；长兴站最大1d、3d、7d降水量重现期为4～10年，最大15d降水量重现期为25年。

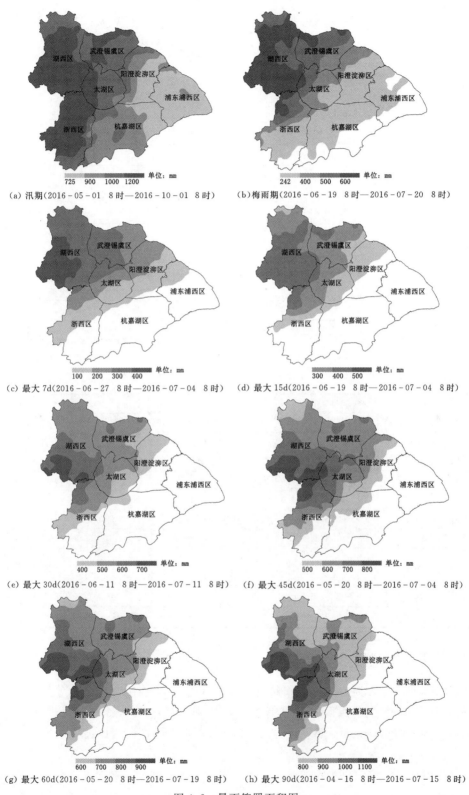

（a）汛期（2016－05－01　8时—2016－10－01　8时）

（b）梅雨期（2016－06－19　8时—2016－07－20　8时）

（c）最大 7d（2016－06－27　8时—2016－07－04　8时）

（d）最大 15d（2016－06－19　8时—2016－07－04　8时）

（e）最大 30d（2016－06－11　8时—2016－07－11　8时）

（f）最大 45d（2016－05－20　8时—2016－07－04　8时）

（g）最大 60d（2016－05－20　8时—2016－07－19　8时）

（h）最大 90d（2016－04－16　8时—2016－07－15　8时）

图 4.6　暴雨笼罩面积图

　　杭嘉湖区嘉兴站最大 1d、3d、7d、15d 降水量重现期均不超过 5 年，乌镇站最大 3d 降水量重现期为 10～20 年，最大 1d、7d、15d 降水量重现期均不超过 5 年。

　　浦东浦西区青浦南门站与徐家汇站最大 1d、3d、7d、15d 降水量重现期在 2～5 年；江湾站受台风"莫兰蒂"外围影响出现暴雨，最大 1d、3d 降水量重现期分别是 13 年、14 年。详见表 4.4。

表 4.4　　　　　　　　　　　　　单站时段极值降水量重现期统计表

站点	最大 1d 降水量				最大 3d 降水量				最大 7d 降水量				最大 15d 降水量			
	多年平均/mm	2016 年			多年平均/mm	2016 年			多年平均/mm	2016 年			多年平均/mm	2016 年		
		降水量/mm	排位	重现期/a		降水量/mm	排位	重现期/a		降水量/mm	排位	重现期/a		降水量/mm	排位	重现期/a
王母观	55.6	222.5	1	54	143.0	306.5	1	68	182.3	406.0	1	63	243.7	609.0	1	108
坊前	94.3	122.0	9	5	136.5	194.5	8	6	175.0	313.0	3	16	237.0	540.5	1	48
常州	89.1	158.0	4	20	130.4	224.5	5	18	168.6	335.5	5	27	234.3	532.0	2	53
无锡	87.7	97.8	18	4	128.1	194.0	9	9	163.4	318.0	4	34	226.0	467.4	1	50
青阳	97.1	89.0	28	2	140.1	183.6	12	6	175.8	305.4	4	17	237.8	455.6	3	23
陈墅	85.0	87.2	24	3	124.6	152.4	12	6	160.5	256.0	11	11	225.0	379.2	4	13
苏州（枫桥）	87.1	91.0	31	3	121.1	150.5	20	4	153.2	236.5	9	9	208.0	376.0	5	20
湘城	84.1	101.5	13	4	120.1	169.5	8	8	154.0	218.5	9	8	210.5	345.5	3	19
陈墓	84.5	64.0	39	1	115.6	106.5	27	2	154.3	166.0	16	4	206.7	256.0	15	4
瓶窑	94.2	113.0	14	4	133.0	147.5	18	3	177.3	165.5	29	2	244.0	250.0	27	2
港口	85.4	149.5	5	13	124.8	226.5	3	20	162.7	280.0	5	20	230.5	469.5	2	30
杭长桥	92.2	151.5	7	10	130.3	222.0	6	12	170.5	269.5	8	9	235.9	397.0	5	15
长兴	90.0	109.5	16	4	129.1	175.0	13	6	169.3	255.5	6	10	233.2	448.0	3	25
新市	82.7	69.0	36	2	116.4	109.0	29	3	153.3	116.0	42	2	213.6	185.5	37	2
嘉兴	91.6	90.5	23	2～5	126.8	155.5	17	2～5	169.5	162.5	27	2～5	223.2	228.5	29	2～5
乌镇	82.7	90.5	21	2～5	114.8	150.5	11	10～20	157.1	182.0	14	2～5	210.8	264.0	14	5
青浦南门	80.6	64.5	44	2	114.1	99.5	37	2	153.7		30	2	205.9	232.5	20	3
徐家汇	91.4	89.5	25	3	130.2	165.5	13	5	175.0	205.7	21	4	229.3	219.3	27	2
江湾	102.9	172.0	5	13	139.0	236.5	5	14	178.6	261.0	5	7	243.8	299.5	10	5

4.2.3　暴雨中心分析

　　2016 年短时段降水量不大，因此仅对最大 7d 以上长时段降水量进行分析。全流域最大 7d 降水主要集中在湖西区和武澄锡虞区，特别是湖西区，降水量超过 300mm，达 341.9mm，其余分区降水量大部分小于 200mm，暴雨中心在湖西区前宋水库站，降水量为 478.5mm。

　　全流域最大 15d 降水集中在湖西区、武澄锡虞区和太湖区，降水量均在 400mm 以上，特别是湖西区达 536.1mm，其余分区降水量约为 200～300mm，暴雨中心在湖西区中田舍站，降水量达 647.5mm。

全流域最大 30d 降水集中在湖西区、武澄锡虞区与太湖区，降水量均在 500mm 以上，特别是湖西区达 637.9mm，其余分区降水量为 300~450mm，暴雨中心在湖西区中田舍站，降水量达 771.0mm。

全流域最大 45d 降水集中在湖西区和太湖区，降水量均在 700mm 以上，其余分区降水量约为 500~650mm，暴雨中心在湖西区茅东闸站，降水量达 902.0mm。

全流域最大 60d 降水集中在湖西区、武澄锡虞区、太湖区与浙西区，降水量均在 700mm 以上，特别是湖西区达 843.0mm，其余分区降水量为 500~600mm，暴雨中心在湖西区杨省庄站，降水量为 1072.6mm。

全流域最大 90d 降水集中在湖西区、浙西区与太湖区，降水量均在 950mm 以上，其余分区降水量为 600~900mm，暴雨中心在湖西区杨省庄站，降水量达 1265.4mm。

4.3 洪水分析

4.3.1 高水位期间太湖流域水势分析

2016 年大水期间太湖流域水势变化趋势可从太湖流域入梅日、高水位期间及出梅日湖泊、河网水位站点水位水势图窥见一斑。

6 月 19 日太湖流域入梅，8 时太湖水位为 3.77m。从图 4.7 可看出，入梅初太湖流域水势总体由西向东递减，流域腹地水位为 3.30~3.80m，浙西区山区多在 4.00m 以上，浦东浦西区多在 3.00m 以下。2.80m 等水位线自阳澄淀泖区白茆塘附近沿南北走向至浦东浦西区金山嘴附近，浦东浦西区东部水位基本在 2.80m 以下；3.30m 等水位线自武澄锡虞区十一圩港附近经阳澄淀泖区湘城、陈墓至杭嘉湖区硖石附近；3.80m 等水位线自湖西区新孟河附近经洮湖（也称"长荡湖"）过长兴平原到浙西区杭长桥后沿东苕溪干流至拱宸桥附近。

6 月 28 日太湖水位首次达到并超过 4.20m 的高水位。从图 4.8 可看出，等水位线较 6 月 19 日间隔变小且高水位向下游推进明显。2.80m 等水位线已退至新浏河至金汇港一线，仅浦东片部分地区在 2.80m 以下；3.30m 等水位线自阳澄淀泖区徐六泾沿南北走向至杭嘉湖区南台头闸；3.80m 等水位线退至太湖东侧，自十一圩港至杭嘉湖区盐官上河闸；4.30m 等水位线自武澄锡虞区张家港闸附近经陈墅西绕太湖至杭嘉湖区拱宸桥，武澄锡虞区大部、湖西区、浙西区水位均在 4.30m 以上；4.80m 等水位线自湖西区镇江过丹阳经滆湖走港口、余杭一线，湖西区、浙西区山区水位基本在 4.80m 以上。4.30m 等水位线与 4.80m 等水位线距离间隔小，特别是长兴平原、湖西山区更为突出，说明上游水面坡降非常陡，大量洪水进入太湖。

7 月 3 日太湖水位涨至设计洪水位 4.65m 以上。从图 4.9 可看出，相较于 6 月 28 日，2.80m 等水位线已消失，各分区水位涨幅在 0.50m 左右，尤其湖西区、浙西区山区地带，水位涨幅达 1.00m 以上。湖西区和浙西区水位高、水位差大，大量洪水进入太湖，当日太湖水位较前日增长 0.15m，为梅雨期单日最大涨幅。

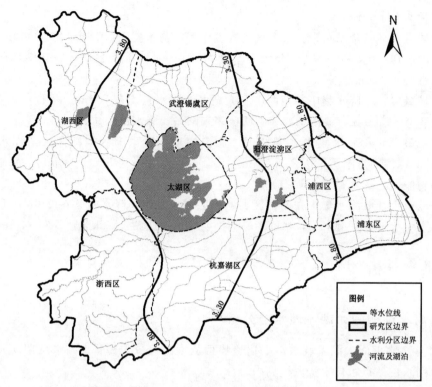

图 4.7　6 月 19 日太湖流域等水位线（单位：m）

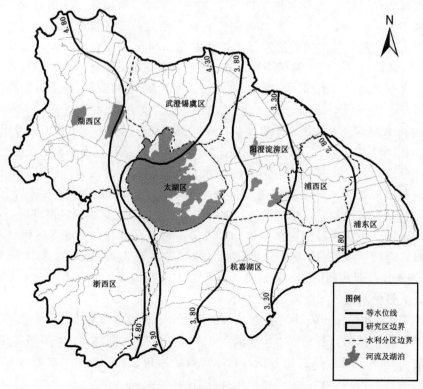

图 4.8　6 月 28 日太湖流域等水位线（单位：m）

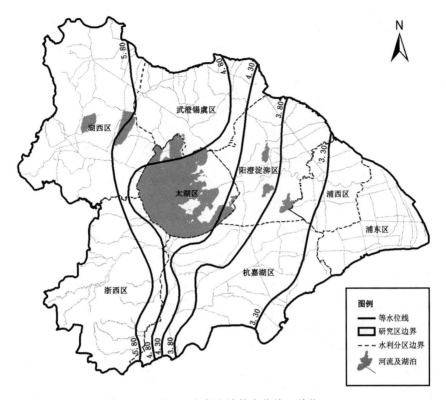

图 4.9　7月3日太湖流域等水位线（单位：m）

　　7月8日19时55分太湖水位涨至年最高水位，当日等水位线见图4.10。从图中可看出，4.80m等水位线移至太湖东侧，浙西区5.80m等水位线扩至长兴平原上游地区。与7月3日相比，杭嘉湖区腹地水位上涨0.05～0.15m，3.80m等水位线略往东偏移；湖西区大运河沿线附近水位普遍下降0.60～1.00m，武澄锡虞区下降0.20～0.60m，阳澄淀泖区下降0.30～0.50m，浦东浦西下降0.20～0.40m，下游等水位线密度加大，特别是4.80m、4.30m、3.80m三根等水位线间隔变小，说明水面坡降增大，流域加大排水有了客观条件。

　　7月20日太湖流域出梅，流域进入快速退水期。从图4.11可看出，5.80m等水位线消失，仅南河上游、东西苕溪上游水位在4.80m以上；平原河网地区水位较7月8日普遍下降0.50m左右；2.80m等水位线北段自阳澄淀泖区七浦塘沿东南走向至南端的浦东浦西区随塘河；3.30m等水位线自十一圩港过常熟、陈墓、嘉善、硖石至盐官附近；3.80m等水位线为张家港至拱宸桥一线，甘露、平望、新市在该等值线附近；4.30m等水位线南端在武澄锡虞区新沟河，北段在杭嘉湖区余杭塘，东绕太湖，洛社、无锡（大）、杭长桥、德清大桥等在该等值线附近。流域河网水位虽然降幅明显，但下游水位等值线密度大、水位落差大，依然是流域排洪的有利时机。

4.3.2　太湖洪水分析

1. 上游区降水与太湖水位涨幅的关系分析

太湖流域上游区包括湖西区、浙西区和太湖区，面积占比分别为45％、36％和19％。

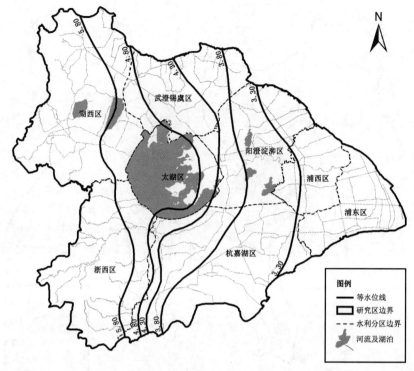

图 4.10　7 月 8 日太湖流域等水位线（单位：m）

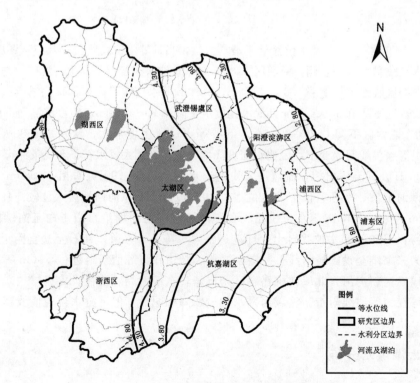

图 4.11　7 月 20 日太湖流域等水位线（单位：m）

注：图 4.7～图 4.11 中浦东浦西区水位已转换为镇江吴淞基面水位。

2016年上游区降水量为2070.9mm，其中汛前为386.6mm，汛期为1298.8mm，汛后为385.5mm，上游区降水量与太湖水位过程变化见图4.12～图4.14。汛前太湖水位有2次明显的抬升，分别受4月5—6日和4月19—26日2个时段降水影响；汛期太湖水位有4次明显抬升，分别由5月26日至6月3日、6月11—12日、6月19日至7月7日和9月13—16日4个时段降水引起；汛后太湖水位有2次明显的抬升，分别受9月27日至10月2日和10月19—27日2个时段降水影响。

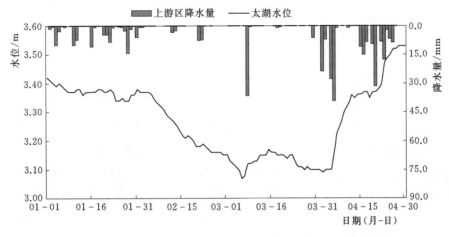

图4.12　汛前太湖流域上游区降水量与太湖水位过程对比图

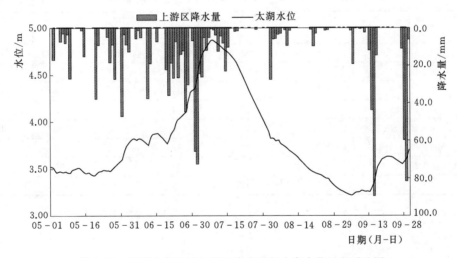

图4.13　汛期太湖流域上游区降水量与太湖水位过程对比图

结合2016年上游区降水时程分布和太湖水位变化情况，筛选出8个主要的集中降水时段以及相应的太湖水位上涨过程。时段降水量与水位涨幅关系见表4.5和图4.15。由表中可知，各时段除在梅雨期内连续降水量达455.2mm外，其他仅为55～175mm；各时段累计降水量为1293.5mm，占上游区年降水量的62%。太湖水位累计涨幅最大时段为梅雨期内6月19日至7月6日，上游区日均降水量为25.3mm，在8个降水时段中并不突出，但连续降水天数达18d，为其他时段的2～9倍，连绵不断的降水导致该段时间太湖日均涨

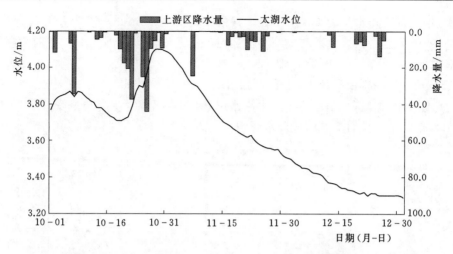

图 4.14　汛后太湖流域上游区降水量与太湖水位过程对比图

幅达 5.7cm，也为各时段中日均涨幅最大；日均涨幅第二位的时段为 9 月 13—16 日，受第 14 号台风"莫兰蒂"影响，上游区日均降水量达 40.2mm，最大日降水量为 89.6mm，当日水位涨幅 0.15m。因此，导致 2016 年太湖水位大幅上涨的最根本原因为梅雨期长时间连续降水，其次为台风引起的短历时大暴雨。上游区的洪水注入太湖，造成了太湖水位在降水结束后仍继续上涨。

表 4.5　　　　　　　2016 年太湖流域上游区主要时段降水量与水位涨幅

序号	降水时段 （月-日）	时段降水量 /mm	时段降水强度 /(mm/d)	水位影响时段 （月-日）	时段涨幅 /m	时段涨率 /(cm/d)
1	04-05—04-06	67.1	33.6	04-05—04-12	0.25	3.1
2	04-19—04-26	85.8	10.7	04-20—04-27	0.17	2.1
3	05-26—06-03	128.8	14.3	05-27—06-04	0.33	3.7
4	06-11—06-12	56.8	28.4	06-12—06-14	0.13	4.3
5	06-19—07-06	455.2	25.3	06-20—07-08	1.09	5.7
6	09-13—09-16	160.7	40.2	09-14—09-20	0.38	5.4
7	09-27—10-02	172.3	28.7	09-28—10-04	0.30	4.3
8	10-19—10-27	166.8	18.5	10-20—10-29	0.40	4.0

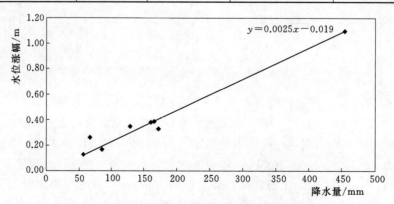

图 4.15　太湖流域上游区时段降水量与水位涨幅关系图

由图 4.15 可知，2016 年太湖流域上游区时段降水量与太湖水位涨幅响应关系基本上呈每 50mm 降水量涨 0.125m 的线性关系。

2. 太湖超警超设计洪水位分析

2016 年年初太湖水位为 3.42m，高于多年平均水位 0.39m，位列 1954 年以来同期第二位，仅次于 2003 年的 3.44m；年末水位为 3.29m，高于多年平均水位 0.24m，位列 1954 年以来同期第四位。太湖入汛水位为 3.52m，高于多年平均水位 0.41m，位列历史同期第一位；汛末水位为 3.71m，高于多年平均水位 0.33m，位列历史同期第八位。太湖入梅水位为 3.77m，高于多年平均入梅水位 0.71m，位列历史第二位，仅次于 1954 年 3.89m 的入梅水位；出梅水位为 4.56m，高于多年平均出梅水位 0.99m，位列历史第四位。详见表 4.6。

表 4.6　　　　　　　　　　　　2016 年太湖水位与常年比较

序号	时段	太湖水位 /m	历史排名	多年平均水位 /m	历 史 同 期	
					最高水位 /m	出现时间 （年-月-日）
1	年初	3.42	2	3.03	3.44	2003-01-01
	年末	3.29	4	3.05	3.45	2002-12-31
2	汛初	3.52	1	3.11	3.45	1991-05-01
	汛末	3.71	8	3.38	4.14	1962-09-30
3	入梅日	3.77	2	3.06	3.89	1954-06-01
	出梅日	4.56	4	3.57	4.76	1991-07-13

全年太湖水位共有 40d 达到或超过历史同期最高值，分别是 1 月 5—11 日、4 月 26 日至 5 月 6 日、10 月 29 日至 11 月 11 日、11 月 18—25 日，超历史最高水位幅度为 0～0.07m，详见图 4.16。

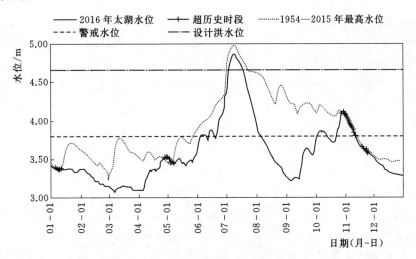

图 4.16　2016 年太湖水位与历史同期最高水位对比图

太湖水位汛前未出现超警水位，汛前最高水位为 3.54m（4 月 26 日 9 时 55 分首次出现）；汛期达到或超警天数为 63d，集中在 6 月 3 日至 8 月 6 日，其中仅 6 月 11 日、19 日未超警，超设计洪水位 16d，集中在 7 月 3—18 日，最大超警、超设计洪水位幅度分别为 1.08m 和 0.23m，年最高水位为 4.88m（7 月 8 日 19 时 55 分）发生在梅雨期，汛期有一半的超警天数和全部超设计洪水位天数均出现在梅雨期；汛后达到或超警天数为 34d，集中在 10 月 2—13 日和 10 月 22 日至 11 月 12 日，未出现超设计洪水位，汛后最高水位为 4.14m（10 月 29 日 8 时 40 分）。全年达到或超警天数为 97d，超设计洪水位天数 16d。2016 年太湖水位超警、超设计洪水位情况见表 4.7。

表 4.7　2016 年太湖水位超警、超设计洪水位情况表

时段	最高水位/m	出现时间（月-日）	超警天数/d	最大超警幅度/m	超设计洪水位天数/d	最大超设计洪水位幅度/m
汛前	3.54	04-26	0	—	0	—
汛期	4.88	07-08	63	1.08	16	0.23
梅雨期	4.88	07-08	30	1.08	16	0.23
汛后	4.14	10-29	34	0.34	0	—
全年	4.88	07-08	97	1.08	16	0.23

3. 太湖高水位原因分析

（1）降水时间长、总量大是太湖高水位的最根本原因。4 月太湖流域降水量为 200.2mm，是多年平均的 2.2 倍，为 1951 年以来同期第一位。紧接着，5 月又降水 224.4mm，为多年平均的 2.2 倍，位列 1951 年以来同期第二位，仅次于 1954 年。6 月降水量为 322.7mm，为多年平均的 1.6 倍，位列 1951 年以来同期第五位。梅雨期（6 月 19 日至 7 月 19 日）降水量为 426.8mm，是多年平均梅雨量的 1.8 倍，位列 1954 年以来第五位。直至 7 月中旬流域降水才逐渐停止。春汛、梅汛连发，降水总量大，过程间隔短，前一场集中降水引起的水位上涨尚未消退，后一场降水又接踵而至，4 月上旬至 7 月中旬，中雨以上降水平均间隔时间仅 3.7d，大雨以上降水平均间隔时间 7.4d，涨幅叠加导致太湖水位连续大涨小落。汛后降水主要集中在 9 月、10 月，降水量分别为 289.4mm 和 241.4mm，为多年平均的 3.2 倍和 4.1 倍，均位列 1951 年以来同期第二位，流域发生明显秋汛。不同于春汛、梅汛，秋汛的降水主要由台风"莫兰蒂""鲇鱼""海马"引起，水位也呈现明显的三涨三落过程，涨幅大，涨速快，退水时间长，但未形成 4.20m 以上的高水位。2016 年全年太湖流域降水量为 1855.2mm，为 1951 年以来第一位。

各时段暴雨中心多处于上游区。2016 年 4—7 月，降水最多的三个分区分别是上游的湖西区、浙西区和太湖区，大量洪水汇入太湖，特别是太湖区降水量达 1037.4mm，直接造成太湖水位上涨。9—10 月，降水量最多的 3 个分区依次为湖西区、武澄锡虞区和浙西区，上游汇水分区依然在列。图 4.17～图 4.19 为主要时段暴雨中心移动图，5 月 26 日至 6 月 3 日，太湖流域降水量为 118.3mm，除 5 月 29 日、30 日和 6 月 1 日降水量较小未在图上列入外，5 月 26 日、27 日降水中心分布在湖西区，5 月 28 日至 6 月 2 日移至浙西区，6 月 3 日在浦东浦西区，6 天中有 5 天在流域上游区，1 天在下游区；6 月 19 日至 7 月 6

日，太湖流域降水量达到 360.9mm，除 6 月 23 日、29 日、30 日降水量较小未在图上列入外，6 月 19—25 日除 21 日降水中心在武澄锡虞区外其余均在浙西区，基本在长兴平原至东苕溪上游山区之间摆动，6 月 26 日至 7 月 6 日除 7 月 5 日降水中心在浙西区外其余均在湖西区，基本在运河片至南河片间摆动，降水中心有一个明显的北移过程，15 天中有14 天在流域上游区，1 天在下游区；10 月 19—27 日，太湖流域降水量为 171.6mm，除10 月 23 日、24 日降水量较小未在图上列入外，10 月 19 日降水中心在太湖区，20 日移至湖西区，21 日、22 日在浦东浦西区沿海地区，25 日西移至浙西区长兴平原，26 日、27日北移至湖西区，7 天中有 5 天在流域上游区，2 天在下游区。

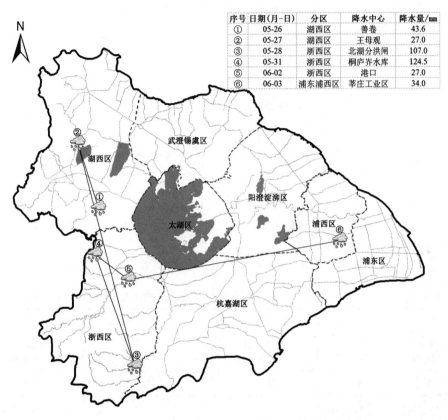

序号	日期(月-日)	分区	降水中心	降水量/mm
①	05-26	湖西区	善卷	43.6
②	05-27	湖西区	王母观	27.0
③	05-28	浙西区	北湖分洪闸	107.0
④	05-31	浙西区	桐庐芬水库	124.5
⑤	06-02	浙西区	港口	27.0
⑥	06-03	浦东浦西区	莘庄工业区	34.0

图 4.17　太湖流域 5 月 26 日至 6 月 3 日暴雨中心移动图

　　（2）太湖入汛入梅水位高，客观上极大地增加了高水位的概率。与降水空间分布相似的 1991 年大水相比，2016 年从入梅至最高水位期间，涨水历时 19d，较 1991 年少 39d，上游区降水量小近 260.0mm，但因入梅水位比 1991 年高 0.51m，最高水位仍然比 1991年高 0.09m。与 1999 年大水相比，2016 年从入梅至最高水位涨水历时少 12d，上游区降水量小近 190.0mm，但因入梅水位比 1999 年高 0.77m，最高水位仅比 1999 年低 0.09m。由此可知，三个大水年，从入梅至最高水位期间，虽然 2016 年涨水历时短，降水量小，但因入梅水位高，最高水位仍然达 4.88m，仅次于 1999 年。2016 年与 1991 年、1999 年水位和水量对比见表 4.8。

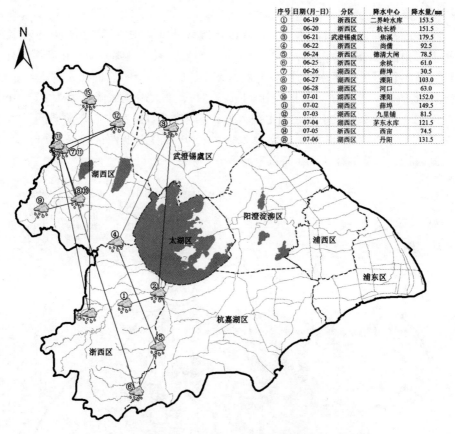

序号	日期(月-日)	分区	降水中心	降水量/mm
①	06-19	浙西区	二界岭水库	153.5
②	06-20	浙西区	杭长桥	151.5
③	06-21	武澄锡虞区	焦溪	179.5
④	06-22	浙西区	尚儒	92.5
⑤	06-24	浙西区	德清大闸	78.5
⑥	06-25	浙西区	余杭	61.0
⑦	06-26	湖西区	薛埠	30.5
⑧	06-27	湖西区	溧阳	103.0
⑨	06-28	湖西区	河口	63.0
⑩	07-01	湖西区	溧阳	152.0
⑪	07-02	湖西区	薛埠	149.5
⑫	07-03	湖西区	九里铺	81.5
⑬	07-04	湖西区	茅东水库	121.5
⑭	07-05	湖西区	西亭	74.5
⑮	07-06	湖西区	丹阳	131.5

图 4.18　太湖流域 6 月 19 日至 7 月 6 日暴雨中心移动图

表 4.8　　　　　　　　　　　2016 年与 1991 年、1999 年水位和水量对比表

大水年		入汛或入梅水位/m	至最高水位涨幅/m	期间上游区降水量/mm	期间入湖水量/亿 m³	平均每 100mm 降水带来的入湖水量/亿 m³
汛期	1991 年	3.45	1.34	765.5	44.98	5.876
	1999 年	3.05	1.92	759.3	47.92	6.311
	2016 年	3.52	1.36	804.5	54.79	6.810
梅雨期	1991 年	3.26	1.53	716.3	43.32	6.048
	1999 年	3.00	1.97	644.1	41.78	6.487
	2016 年	3.77	1.11	460.5	29.22	6.345

（3）区域排涝能力提高，大量洪涝水快速入湖，直接推高了太湖水位。与 1999 年相比，太湖流域圩区排涝流量增加超过 1 万 m³/s，特别是大运河沿线苏州、无锡、常州城市大包围建成后，排涝能力进一步提高，大量涝水入湖，直接推高了太湖水位。3个大水年相比，2016 年太湖流域上游地区最大 30d 降水量与 1991 年相同，仅为 1999年的 83%，但相应的入湖水量是 1991 年的 1.2 倍，是 1999 年的 1.1 倍。2016 年入汛至最高水位期间，环太湖入湖水量为 54.79 亿 m³，出湖水量为 40.60 亿 m³，净入湖水

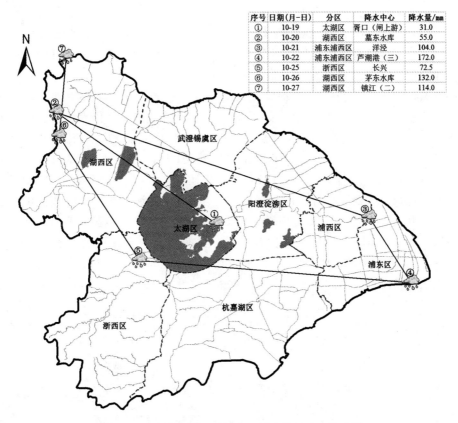

序号	日期(月-日)	分区	降水中心	降水量/mm
①	10-19	太湖区	胥口（闸上游）	31.0
②	10-20	湖西区	墓东水库	55.0
③	10-21	浦东浦西区	洋泾	104.0
④	10-22	浦东浦西区	芦潮港（三）	172.0
⑤	10-25	浙西区	长兴	72.5
⑥	10-26	湖西区	茅东水库	132.0
⑦	10-27	湖西区	镇江（二）	114.0

图 4.19　太湖流域 10 月 19—27 日暴雨中心移动图

量为 14.19 亿 m³，相当于抬升太湖水位 0.61m。3 个大水年入汛至最高水位期间，在上游区降水相近情况下，2016 年的入湖水量最大，且单位降水产生的入湖水量也最大，平均每 100mm 降水对应入湖水量 6.810 亿 m³，高于 1991 年的 5.876 亿 m³ 和 1999 年的 6.311 亿 m³。2016 年入梅至最高水位期间，环太湖入湖水量为 29.22 亿 m³，出湖水量为 14.91 亿 m³，净入湖水量为 14.31 亿 m³，相当于抬升太湖水位 0.61m。相较于 1991 年和 1999 年，2016 年入梅至最高水位期间因上游区降水量最小，入湖水量也最小，但平均每 100mm 降水对应入湖水量为 6.345 亿 m³，高于 1991 年的 6.048 亿 m³。详见表 4.8。

除了入汛后大量洪水入湖，2016 年汛前 4 月入湖水量也达 14.61 亿 m³，位列 1986 年以来历史同期第一位，出湖水量为 8.035 亿 m³，净入湖水量为 6.575 亿 m³，位列 1986 年以来同期第一位，相当于抬升太湖水位 0.28m，推高了太湖入汛水位。

（4）太湖流域洪水出路依然不足，是太湖水位居高不下的客观原因。太湖流域防洪规划确定的望虞河后续工程、太浦河后续工程、吴淞江工程等流域防洪骨干工程尚未建设，太湖洪水外排能力较 1999 年没有明显提高。4 月 4 日太湖水位起涨至 7 月 8 日太湖最高水位，太浦闸平均排水流量为 272m³/s，累计排水 22.30 亿 m³，仅完成调度目标的 55.5%，仅达到设计流量的 34.7%；望亭水利枢纽平均排水流量为 161m³/s，累计排水 13.20 亿 m³，仅完成调度目标的 50.6%，仅达到设计流量的 40.3%。2016 年制约望虞河、太浦河两河排水的主要因素有：①下游水位高，不利于两河排洪。受持续降水和苏南运河沿线城市排涝等影响，4 月以后流域下游河网水位居高不下，4—6 月太湖与下游望虞河、太浦河排洪通道代表站水位差很小，基本不具备大流量持续泄洪的条件，进入 7 月以后水位差增大，两河才能够持续大流量排水。由图 4.20 可知，从 4 月 16 日至 7 月 4 日，太湖与下游望虞河排洪通道代表站琳桥站平均水位差仅 0.09m，不利于通过望虞河排洪；7 月 4 日后，各分区降水渐止，琳桥站水位回落，太湖水位受上游汇水影响仍有较大涨幅，水位差拉大，至 7 月 7 日水位差达 0.26m，望虞河望亭水利枢纽日均排水流量连续 8d 达到 400m³/s 以上。从 4 月 1 日至 6 月 23 日，太湖与下游太浦河排洪通道代表站平望站平均水位差仅 0.10m，不利于通过太浦河排洪；6 月 23 日后，太湖与平望站水位差逐渐拉大，太浦河泄水量逐渐增大，至 7 月 7 日水位差达 0.65m，太浦河太浦闸日均下泄流量连续 4d 达到 900m³/s 以上。②流域与区域需实施错峰调度，一定程度上也影响两河排洪。当杭嘉湖地区遭遇强降雨，嘉兴、王江泾水位较高时，太浦闸需关闸或控制排水，实施错峰调度；4—7 月，太湖流域苏南地区遭遇区域性暴雨，苏南运河水位超过保证水位，3 次开启蠡河船闸排泄运河涝水，期间压减望亭水利枢纽泄量甚至关闭闸门，实施错峰调度。

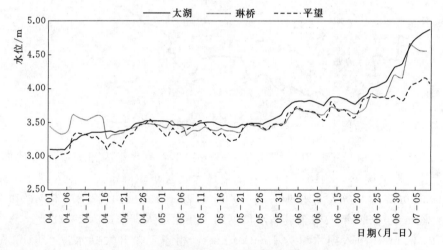

图 4.20　主要排洪河道代表站与太湖水位同期对比图

4. 太湖退水分析

受梅雨期强降水影响，太湖水位 7 月 8 日涨至年最高水位 4.88m。其后，随着连续降水终止，天气以晴热高温为主，两河持续外排，7 月 7—20 日均维持在 10000m³ 以上，太湖进入退水期，至 8 月 5 日降至警戒水位 3.80m，降幅为 1.08m，历时 28d；至 8 月 19 日降至防洪控制水位以下，降幅 1.39m，共历时 42d，平均降幅达到 3.3cm/d，其中单日最大降幅为 0.06m（首次为 7 月 21 日）。

受第 22 号台风"海马"和冷空气共同影响，太湖水位 10 月 29 日涨至汛后最高水位 4.14m，两河加大排水，至 11 月 12 日降至警戒水位以下，降幅为 0.36m，历时 14d；至 12 月 2 日降至防洪控制水位 3.50m，降幅为 0.64m，共历时 34d，平均降幅为 1.9cm/d，其中单日最大降幅为 0.04m（首次为 11 月 3 日）。太湖退水情况统计见表 4.9。

表 4.9　　　　　　　　　2016 年太湖主要退水阶段一览表

退水时段 （月-日）	历时 /d	时段降幅 /m	退水率 /(cm/d)	单日最大降幅 /m	首次发生时间 （月-日）
07-08—08-19	42	1.39	3.3	0.06	07-21
10-29—12-02	34	0.64	1.9	0.04	11-03

4.3.3　湖西区洪水分析

1. 湖西区降水量与代表站水位涨幅关系分析

湖西区河网代表站采用洮湖王母观站、滆湖坊前站、苏南运河常州（三）站和南溪河溧阳（二）站。由图 4.21 可知，汛前湖西区水位相对平稳，影响比较大的为 4 月 5—6 日的集中降水。由于此次降水，王母观站、坊前站、常州（三）站和溧阳（二）站水位均快速上涨。王母观站上涨时段为 4 月 5—7 日，累计涨幅为 0.69m，平均涨幅为 23.0cm/d；坊前站上涨时段为 4 月 6—9 日，累计涨幅为 0.38m，平均涨幅为 9.5cm/d；常州（三）站上涨时段为 4 月 5—7 日，累计涨幅为 0.55m，平均涨幅为 18.3cm/d；溧阳（二）站上涨时段为 4 月 5—7 日，累计涨幅为 0.64m，平均涨幅为 21.3cm/d。

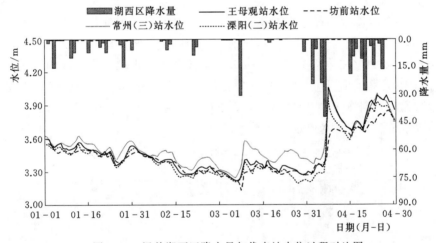

图 4.21　汛前湖西区降水量与代表站水位过程对比图

汛期，特别是进入梅雨期，由于持续性降水，湖西区湖泊、河道水位迅速上涨，多站频超历史最高水位。6 月 20 日至 7 月 4 日的持续降水导致湖西区全年最大的一次洪水涨落过程，洮湖王母观站 6 月 21 日至 7 月 5 日累计涨幅 2.71m，平均涨幅为 18.1cm/d，最大日均涨幅达 0.81m（7 月 2 日）；滆湖坊前站 6 月 21 日至 7 月 5 日累计涨幅 1.95m，平均涨幅为 13.0cm/d，最大日均涨幅达 0.40m（7 月 3 日）；苏南运河常州（三）站 6 月 21 日至 7 月 4 日累计涨幅 2.34m，平均涨幅为 16.7cm/d，最大日均涨幅达 0.83m（7 月 2 日）；南溪河溧阳（二）站 6 月 21 日至 7 月 5 日累计涨幅 2.50m，平均涨幅为 16.7cm/d，最大日均涨幅达 0.73m（7 月 2 日）。从降水历时和水位影响时段天数来看，基本雨停后水位滞后一天停止上涨，从湖西区来看，降水是水位上涨主因。汛期湖西区降水量与代表站水位过程见图 4.22。

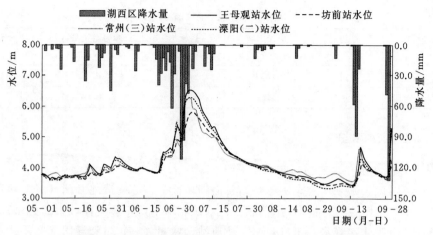

图 4.22　汛期湖西区降水量与代表站水位过程对比图

湖西区 4 个代表站全年最大日均涨幅均发生在汛末，与 9 月 29 日相比，9 月 30 日王母观站、坊前站、常州（三）站和溧阳（二）站日均水位分别上涨 1.22m、0.58m、0.88m、1.26m，均为全年最大日均涨幅，从对应的日降水量来看，9 月 29 日湖西区降水量在全年排位也是最大。

汛后 10 月湖西区降水与往年同期相比也处于较高水平，王母观站 10 月 21—27 日累计涨幅 1.57m，平均涨幅为 22.4cm/d；坊前站 10 月 21—28 日累计涨幅 0.94m，平均涨幅为 11.8cm/d；常州（三）站 10 月 20—27 日累计涨幅 1.13m，平均涨幅为 14.1cm/d，溧阳（二）站 10 月 21—28 日累计涨幅 1.28m，平均涨幅为 16.0cm/d。降水天数与水位上涨影响天数比较，湖泊性站点水位滞后 1d 左右，河道站点水位雨停后水位也上涨停止。汛后湖西区降水量与代表站水位过程见图 4.23。

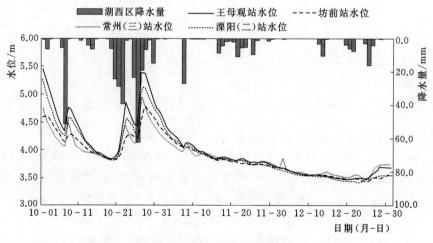

图 4.23　汛后湖西区降水量与代表站水位过程对比图

2016 年湖西区 5 个主要集中降水时段以及相应的代表站水位上涨过程见表 4.10。

由图 4.24 可知，在同一降水量条件下，湖西区代表站中王母观站水位涨幅最大，其次为溧阳（二）站，坊前站最小。在单日降水均值超 25mm、时段降水超 50mm 的情况下，王母观站、坊前站、常州（三）站、溧阳（二）站时段降水量与水位涨幅基本满足如下关系：降水量每增加 10mm，水位涨幅增加 0.03～0.04m。

表 4.10 2016 年湖西区主要时段降水量与代表站水位涨幅

序号	降水时段（月-日）	代表站	时段降水量/mm	时段降水强度/(mm/d)	水位影响时段（月-日）	时段涨幅/m	时段涨率/(cm/d)
1	04-05—04-06	王母观	65.8	32.9	04-05—04-07	0.69	23.0
		坊前			04-06—04-09	0.38	9.5
		常州（三）			04-05—04-07	0.55	18.3
		溧阳（二）			04-05—04-07	0.64	21.3
2	06-20—07-04	王母观	536.1	35.7	06-21—07-05	2.71	18.1
		坊前			06-21—07-05	1.95	13.0
		常州（三）			06-21—07-04	2.34	16.7
		溧阳（二）			06-21—07-05	2.50	16.7
3	09-14—09-16	王母观	171.4	57.1	09-14—09-17	1.20	30.0
		坊前			09-14—09-17	0.67	16.8
		常州（三）			09-14—09-16	1.12	37.3
		溧阳（二）			09-15—09-17	0.91	30.3
4	09-28—09-30	王母观	192.2	64.1	09-28—10-01	1.70	42.5
		坊前			09-29—10-01	0.98	32.7
		常州（三）			09-28—09-30	1.27	42.3
		溧阳（二）			09-29—10-01	1.57	52.3
5	10-20—10-27	王母观	198.9	24.9	10-21—10-27	1.57	22.4
		坊前			10-21—10-28	0.94	11.8
		常州（三）			10-20—10-27	1.13	14.1
		溧阳（二）			10-21—10-28	1.28	16.0

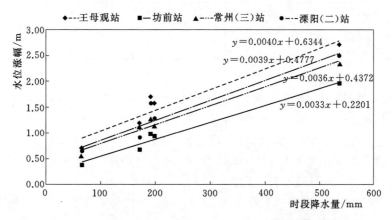

图 4.24 湖西区时段降水量与代表站水位涨幅关系图

2. 地区河网水位超警超保分析

湖西区王母观站、坊前和溧阳（二）站最高水位均超历史，常州（三）站最高水位历史排第二位；王母观站全年超警天数为 48d，汛期超警天数为 31d，梅雨期超警天数为 26d，汛后超警天数为 17d。常州（三）站全年超警天数为 54d，汛期超警天数为 38d，梅雨期超警天数为 29d，汛后超警天数为 16d。坊前站全年超警天数高达 90d，汛期超警天数为 58d，梅雨期超警天数为 29d，汛后超警天数为 32d。溧阳（二）站全年超警天数为 46d，汛期超警天数为 31d，梅雨期超警天数为 27d，汛后超警天数为 15d。常州（三）站超警幅度最高达 2.02m，最高超保 1.52m；王母观站最高超警为 1.95m，最高超保 0.95m；坊前站最高超警为 1.81m，最高超保 1.31m；溧阳（二）站最高超警达 1.79m。湖西区代表站超警超保幅度都相对比较高，而且各测站出现年最高水位时间相对接近。2016 年湖西区河网代表站超警超保超历史情况统计见表 4.11 和表 4.12。

表 4.11　　　　　　　**2016 年湖西区河网代表站超警超保情况统计表**

代表站	警戒水位 /m	保证水位 /m	最高水位 /m	出现时间（月-日）	历史排位	超警天数	最大超警幅度/m	超保天数	最大超保幅度/m
王母观	4.60	5.60	6.55	07-05	1	48	1.95	11	0.95
坊前	4.00	4.50	5.81	07-05	1	90	1.81	34	1.31
常州（三）	4.30	4.80	6.32	07-05	2	54	2.02	26	1.52
溧阳（二）	4.50	—	6.29	07-05	1	46	1.79	—	—

表 4.12　　　　　　　**2016 年湖西区河网代表站超历史情况统计表**

序号	站名	历史最高水位 /m	2016 年汛期最高水位/m	发生时间（月-日）	超历史 /m
1	河口	7.42	7.74	07-03	0.32
2	溧阳（二）	6.00	6.29	07-05	0.29
3	王母观	6.12	6.55	07-05	0.43
4	南渡	6.66	7.03	07-03	0.37
5	坊前	5.43	5.81	07-05	0.38
6	黄埝桥	5.14	5.20	07-03	0.06
7	金坛	6.54	6.65	07-05	0.11
8	宜兴（西）	5.30	5.54	07-05	0.24

3. 地区河网高水位原因分析

（1）降水量偏多。2016 年太湖流域湖西区最大 3d、7d、15d 降水量超历史最大值，其中最大 15d 降水量为 536.1mm（6 月 20 日至 7 月 4 日），大于历史最大值 435.7mm（1991 年），重现期约 281 年，最大 3d 重现期为 57 年、最大 7d 重现期为 92 年。此外，湖西区 2016 年最大 30d 降水量为 637.9mm（6 月 19 日至 7 月 18 日），居历史第二位，重现期约 132 年。从 5 月 26 日至 6 月 3 日、6 月 19 日至 7 月 6 日、10 月 19—27 日 3 场降水暴雨中心移动图可以看出，湖西区频频出现暴雨中心，特别是 6 月 19 日开始的强降水过程，暴雨中心出现最多的分区就是湖西区。

（2）前期水位高。湖西区代表站 2016 年入汛水位较高，加上进入梅雨期持续性强降水，苏南运河一线苏州市、无锡市、常州市及县级市等启动城市大包围工程，城市洪水外排至骨干河道，加剧了骨干河道的行洪压力，水位自然抬高。为减轻苏南运河下游行洪压力，7月2日12时40分钟楼闸关闸，7月5日9时常州（三）站出现年最高水位6.32m。

4. 地区河网退水分析

湖西区代表站水位在梅雨期持续降水接近尾声的7月5日开始退水，对于洮湖代表站王母观站水位来说，7月2—6日丹金溧漕河上的丹金闸关闸，下游壅水减少，行洪压力相对小一些，退水较快，但全年最大日均降幅出现在9月18日，为0.23m；滆湖代表站坊前站位于滆湖下游，高水位期间钟楼闸关闸，坊前站承担了一部分洪水的下泄压力，所以坊前站退水历时长达将近一个月之久，退水历时长，全年最大日均降幅0.12m（7月10日）；苏南运河常州（三）站上游建有钟楼闸，梅雨期高水位期间7月2日钟楼闸关闸，7月6日开闸几小时后又全关，直至7月8日才正常开闸，有助于常州（三）站退水，加之梅雨期后期持续多天降水停歇，常州（三）站退水迅速，但全年最大日均降幅出现在9月18日，为0.39m；南溪河代表站溧阳（二）站位于南溪河上游，主要承接溧阳山区来水，退水出路主要向太湖，所以溧阳（二）站退水快慢主要依赖于与下游宜兴（西）站的水位差，7月5日水位差最大，至7月22日左右水位基本持平，主要退水基本结束。2016年湖西区河网代表站主要退水阶段情况见表4.13。

表 4.13   2016 年湖西区河网代表站主要退水阶段一览表

代表站	退水时段 （月-日）	历时 /d	时段降幅 /m	退水率 /(cm/d)	年最大日均降幅 /m	发生时间 （月-日）
王母观	07-05—07-20	15	1.85	12.3	0.23	09-18
坊前	07-05—08-03	29	1.79	6.2	0.12	07-10
常州（三）	07-05—07-24	19	1.97	10.4	0.39	09-18
溧阳（二）	07-05—07-22	17	1.78	10.5	0.31	06-30

4.3.4 武澄锡虞区洪水分析

1. 武澄锡虞区降水量与代表站水位涨幅关系分析

武澄锡虞区河网代表站采用苏南运河无锡（大）站和青阳站、陈墅站。从图4.25～图4.27可以看出，武澄锡虞区面降水量与河道水位涨幅存在明显响应关系，一般降雨对水位的影响要滞后降水1～2d结束，这与流域汇流有关。汛前3月8日武澄锡虞区有明显降水，降水量为28.7mm，但前期长达半月没有发生降水，无锡（大）站水位单日涨幅就达0.17m；青阳站水位3月8—10日累计涨幅0.25m，平均涨幅8.3cm/d；陈墅站水位3月8—10日累计涨幅0.27m，平均涨幅9.0cm/d。相对来说，这场降水河道水位上涨幅度还是比较大的。

4月5—6日连续两天降水，降水量为42.6mm，但是由于前期有降水，所以代表站日均上涨幅度比3月8日要大一些，无锡（大）站4月5—7日累计涨幅0.47m，平均涨幅15.7cm/d，青阳站4月5—7日累计涨幅0.49m，平均涨幅16.3cm/d，陈墅站4月5—8日累计涨幅0.35m，平均涨幅8.8cm/d。

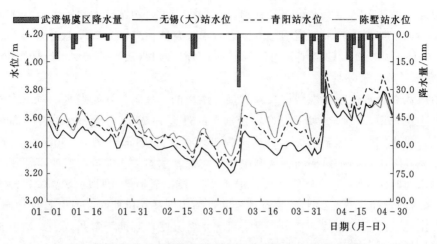

图 4.25　汛前武澄锡虞区降水量与代表站水位关系对比图

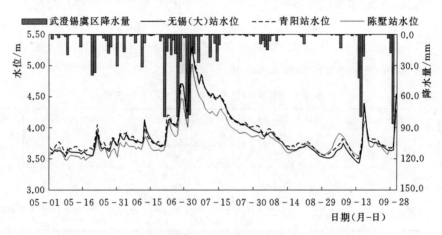

图 4.26　汛期武澄锡虞区降水量与代表站水位关系对比图

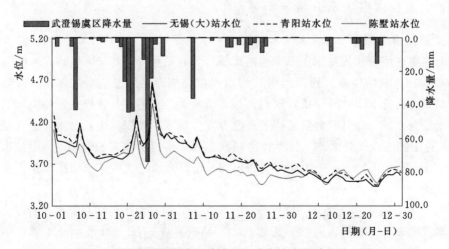

图 4.27　汛后武澄锡虞区降水量与代表站水位关系对比图

梅雨期持续性降水导致的一场较大洪水过程是武澄锡虞区的主要洪水过程，6月21日至7月2日12d的降水对无锡（大）站、青阳站、陈墅站3个代表站水位有较大影响，无锡（大）站6月21日至7月3日累计涨幅1.41m，平均涨幅10.8cm/d，最大日均涨幅为0.68m（7月2日）；青阳站6月21日至7月3日累计涨幅1.50m，平均涨幅11.5cm/d，最大日均涨幅为0.68m（7月2日）；陈墅站6月21日至7月3日累计涨幅1.36m，平均涨幅10.5cm/d，最大日均涨幅为0.61m（7月2日）。

汛后10月20—27日的时段降水也造成河网水位较大幅度上涨，无锡（大）站、青阳站、陈墅站水位上涨时段影响为7～8d，雨停则水位停止上涨。无锡（大）站10月20—27日累计上涨幅度0.85m，平均涨幅为10.6cm/d，最大日均涨幅为0.40m（10月26日）；青阳站10月20—27日累计涨幅为0.81m，平均涨幅为10.1cm/d，最大日均涨幅为0.37m（10月26日）；陈墅站10月21—27日累计涨幅0.60m，平均涨幅为8.6cm/d，最大日均涨幅为0.40m（10月27日）。

2016年武澄锡虞区7场主要集中降水时段以及相应的代表站水位上涨过程见表4.14。

表 4.14　　　　　　2016 年武澄锡虞区主要时段降水量与代表站水位涨幅

序号	降水时段 （月-日）	代表站	时段降水量 /mm	时段降水强度 /(mm/d)	水位影响时段 （月-日）	时段涨幅 /m	时段涨率 /(cm/d)
1	03-08	无锡（大）	28.7	28.7	03-08—03-09	0.22	11.0
		青阳			03-08—03-10	0.25	8.3
		陈墅			03-08—03-10	0.27	9.0
2	04-05—04-06	无锡（大）	42.6	21.3	04-05—04-07	0.47	15.7
		青阳			04-05—04-07	0.49	16.3
		陈墅			04-05—04-08	0.35	8.8
3	05-20—05-21	无锡（大）	76.4	38.2	05-20—05-22	0.33	11.0
		青阳			05-21	0.29	29.0
		陈墅			05-21—05-22	0.30	15.0
4	06-21—07-02	无锡（大）	409.5	34.1	06-21—07-03	1.41	10.8
		青阳			06-21—07-03	1.50	11.5
		陈墅			06-21—07-03	1.36	10.5
5	09-14—09-16	无锡（大）	142.6	47.5	09-14—09-16	0.84	28.0
		青阳			09-14—09-16	0.83	27.7
		陈墅			09-14—09-16	0.55	18.3
6	09-28—09-30	无锡（大）	129.9	43.3	09-28—09-30	0.79	26.3
		青阳			09-29—09-30	0.82	41.0
		陈墅			09-28—09-30	0.63	21.0
7	10-20—10-27	无锡（大）	225.4	28.2	10-20—10-27	0.85	10.6
		青阳			10-20—10-27	0.81	10.1
		陈墅			10-21—10-27	0.60	8.6

由图4.28可知，在同一降水量条件下，武澄锡虞区代表站中无锡（大）站、青阳站水位涨幅差别不大，陈墅站水位涨幅最小，与前两者差距为0.10～0.20m。在单日降水量均值超20mm的情况下，无锡（大）站、青阳站、陈墅站3站时段降水量与水位涨幅基本

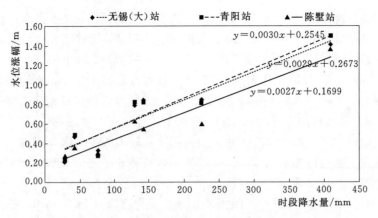

图 4.28　武澄锡虞区时段降水量与代表站水位涨幅关系图

满足如下关系：降水量每增加 10.0mm，水位涨幅增加 0.03m。

2. 地区河网水位超警超保分析

武澄锡虞区代表站无锡（大）站、青阳站两站最高水位均超历史，陈墅站年最高水位历史排位第三；武澄锡虞区代表站超警均发生在汛期、汛后。无锡（大）站全年超警天数为 87d，汛期超警天数为 58d，梅雨期超警天数为 29d，汛后超警天数为 29d。青阳站全年超警天数为 79d，汛期超警天数为 55d，梅雨期超警天数为 29d，汛后超警天数为 24d。陈墅站全年超警天数为 57d，汛期超警天数为 49d，梅雨期超警天数为 29d，汛后超警天数为 8d。无锡（大）站、青阳站、陈墅站全年超保天数分别为 17d、7d、7d。从以上可以看出苏南运河无锡段超警天数比较多，长达 3 个月之久，最高超警 1.38m；青阳站、陈墅站超警天数相对少一些，最高超警分别为 1.34m、1.08m，行洪压力集中在苏南运河上。2016年武澄锡虞区河网代表站超警超保超历史情况统计见表 4.15 和表 4.16。

表 4.15　　　　　　　　　2016 年武澄锡虞区河网代表站超警超保情况统计表

代表站	警戒水位 /m	保证水位 /m	最高水位 /m	出现时间 （月-日）	历史 排位	超警 天数/d	最大超警 幅度/m	超保 天数/d	最大超保 幅度/m
无锡（大）	3.90	4.53	5.28	07-03	1	87	1.38	17	0.75
青阳	4.00	4.85	5.34	07-03	1	79	1.34	7	0.49
陈墅	3.90	4.50	4.98	07-03	3	57	1.08	7	0.48

表 4.16　　　　　　　　　2016 年武澄锡虞区河网代表站超历史情况统计表

序号	站名	历史最高水位 /m	2016 年汛期最高水位 /m	发生时间 （月-日）	超历史 /m
1	无锡（大）	5.18	5.28	07-03	0.10
2	青阳	5.32	5.34	07-03	0.02
3	洛社	5.36	5.37	07-03	0.01
4	望亭（大）	4.83	5.04	07-02	0.21
5	琳桥	4.68	4.71	07-03	0.03
6	定波闸	5.20	5.24	07-03	0.04

3. 地区河网高水位原因分析

（1）降水量偏多。2016 年武澄锡虞区最大 1d、3d 降水量相对较小，最大 7d 降水量居历史第四位，重现期约 20 年；最大 15d 降水量为 451.0mm（6 月 20 日至 7 月 4 日），小于 2015 年的 521.8mm，居历史第二位，重现期超 50 年；最大 30d 降水量居历史第三位，重现期近 50 年。

（2）前期水位高。武澄锡虞区代表站 2016 年入汛水位较高，加上进入梅雨期持续性强降水，苏南运河一线苏州市、无锡市、常州市及县级市等启动城市大包围工程，城市洪水外排至骨干河道，加剧了骨干河道的行洪压力，水位自然抬高。

（3）地理地形因素和工程影响。武澄锡虞区地形相对平坦，西侧武澄锡低片西有湖西运河高片、东有武澄锡虞高片，南北两侧地形也较高，区域地形总体上形似"锅底"，同时区域北部长江属感潮河段，水位一天之内呈现两高两低的变化，尤其是汛期高潮位较高，地区洪涝水一般只靠沿江泵站抽排或在两个低潮时抢排入长江，外排洪水的能力受到了极大的限制。区域南部太湖水位在洪水期间不断抬高后，不仅影响地区洪涝水入湖，而且当望虞河分泄太湖洪水时，望虞河沿程水位升高，也大大削弱了望虞河排泄武澄锡虞区涝水的作用。

另外，受圩区排涝影响，无锡市运东片城市防洪大包围工程在主汛期启用，加速了包围圈外大运河无锡（大）站的水位上涨速率和幅度，6.2 节城市防洪工程做了相应的分析。

4. 地区河网退水分析

武澄锡虞区代表站 7 月 3 日开始退水，苏南运河无锡（大）站、锡澄运河青阳站、东青河与锡北运河连接的大塘河上的陈墅站退水历时均为 31d。梁溪河入太湖的控制口门犊山闸 7 月 3—5 日、7 月 7 日、7 月 22—31 日全开向太湖泄洪，也缓解了苏南运河无锡段的行洪压力；锡澄运河青阳站水位主要靠沿江自排、抽排退水。武澄锡虞区青阳站、陈墅站、无锡（大）站 3 个代表站全年最大日均降幅均发生在 10 月 28 日，分别为 0.36m、0.35m、0.33m，退水情况统计见表 4.17。

表 4.17　　　　　　　　2016 年武澄锡虞区代表站主要退水阶段一览表

代表站	退水时段 （月-日）	历时 /d	时段降幅 /m	退水率 /(cm/d)	年最大日均降幅 /m	发生时间 （月-日）
无锡（大）	07 - 04—08 - 03	31	1.31	4.2	0.33	10 - 28
青阳	07 - 04—08 - 03	31	1.30	4.2	0.36	10 - 28
陈墅	07 - 04—08 - 03	31	1.20	3.9	0.35	10 - 28

4.3.5 阳澄淀泖区洪水分析

1. 阳澄淀泖区降水量与代表站水位涨幅关系分析

汛前阳澄淀泖区有 2 个时段的降水量相对比较大，分别是 3 月 8 日与 4 月 5—6 日，对苏南运河苏州（枫桥）站水位上涨影响天数分别为 1d 和 2d，但是对于湘城站、陈墓站影响天数较多，这与湘城站位于阳澄湖及陈墓站位于澄湖、淀山湖等湖泊环绕的位置有关。3 月 8 日的降水导致苏州（枫桥）站日上涨 0.18m，湘城站、陈墓站分别上涨 0.16m、

0.29m。4 月 5—6 日降水致苏州（枫桥）站累计上涨 0.35m，湘城站、陈墓站累计上涨 0.10m、0.30m。河道站上涨较湖泊站或是湖泊周边站上涨快速。汛前阳澄淀泖区降水量与代表站水位过程见图 4.29。

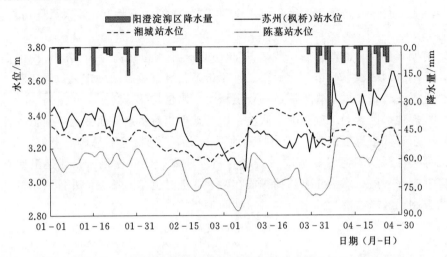

图 4.29　汛前阳澄淀泖区降水量与代表站水位关系对比图

汛期，6 月 19 日至 7 月 2 日持续 14d 有相对比较大的降水，对于苏州（枫桥）站、湘城站、陈墓站影响天数分别为 14d、14d、15d；累计涨幅分别为 0.96m、0.76m、0.52m。年最大日均涨幅苏州（枫桥）站为 0.51m（7 月 2 日），湘城站年最大日均涨幅为 0.28m（7 月 3 日），陈墓站年最大日均涨幅为 0.23m（9 月 16 日）。汛期阳澄淀泖区降水量与代表站水位过程见图 4.30。

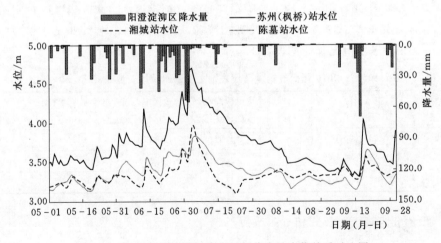

图 4.30　汛期阳澄淀泖区降水量与代表站水位关系对比图

汛后降水主要集中在 10 月，特别是 10 月 19—27 日，但由于中间有两天基本无雨，阳澄淀泖区代表站水位有所回落，导致这场降水过程河网代表站累计上涨幅度相对较小。汛后阳澄淀泖区降水量与代表站水位过程见图 4.31。

2016 年阳澄淀泖区 5 个主要集中降水时段以及相应的代表站水位上涨过程见表 4.18。

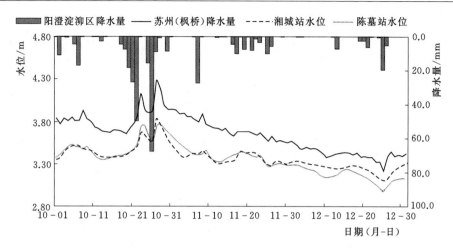

图 4.31 汛后阳澄淀泖区降水量与代表站水位关系对比图

表 4.18   2016 年阳澄淀泖区主要时段降水量与代表站水位涨幅

序号	降水时段 （月-日）	代表站	时段降水量 /mm	时段降水强度 /(mm/d)	水位影响时段 （月-日）	累计涨幅 /m	时段涨率 /(cm/d)
1	03-08	苏州（枫桥）	35.9	35.9	03-09	0.18	18.0
		湘城			03-08—03-12	0.16	3.2
		陈墓			03-08—03-11	0.29	7.3
2	04-05—04-06	苏州（枫桥）	46.3	23.2	04-06—04-07	0.35	17.5
		湘城			04-06—04-07	0.10	5.0
		陈墓			04-06—04-09	0.30	7.5
3	06-19—07-02	苏州（枫桥）	302.7	21.6	06-20—07-03	0.96	6.9
		湘城			06-20—07-03	0.76	5.4
		陈墓			06-20—07-04	0.52	3.5
4	09-13—09-16	苏州（枫桥）	117.9	29.5	09-14—09-16	0.66	22.0
		湘城			09-14—09-17	0.28	7.0
		陈墓			09-14—09-17	0.50	12.5
5	10-19—10-27	苏州（枫桥）	195.8	21.8	10-19—10-27	0.58	6.4
		湘城			10-19—10-27	0.43	4.8
		陈墓			10-19—10-27	0.35	3.9

    由图 4.32 可知，在同一降水量条件下，阳澄淀泖区代表站中苏州（枫桥）站水位涨幅最大，较湘城站涨幅大约 0.20m；相较于苏州（枫桥）站、湘城站两站，陈墓站涨势较平缓。在单日降水均值超 20mm 的情况下，苏州（枫桥）站、湘城站两站时段降水量与水位涨幅基本满足如下关系：降水量每增加 10mm，水位涨幅增加 0.025m 左右；陈墓站基本满足如下关系：降水量每增加 10mm，水位涨幅增加 0.008m。

    2. 地区河网水位超警超保分析

    阳澄淀泖区代表站苏州（枫桥）站最高水位超历史，湘城站、陈墓站年最高水位历史

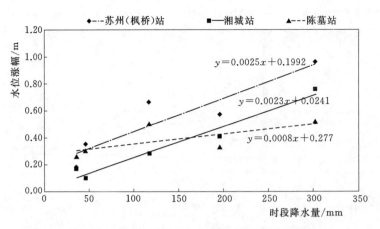

图 4.32　阳澄淀泖区时段降水与代表站水位涨幅关系图

排位第六位。苏州（枫桥）站、湘城站、陈墓站超警天数分别为 95d、11d、36d，苏州（枫桥）站超保天数为 23d，湘城站超保天数为 1d，陈墓站未超保。苏南运河苏州段全年超警天数比较多，超过 3 个月，汛期超警天数为 63d，梅雨期超警天数为 31d，汛后超警天数为 32d，湘城站、陈墓站超警天数较少，特别是湘城站。说明行洪压力集中在苏南运河上。2016 年阳澄淀泖区河网代表站超警超保超历史情况见表 4.19 和表 4.20。

表 4.19　　　　　　　　2016 年阳澄淀泖区河网代表站超警超保情况统计表

代表站	警戒水位 /m	保证水位 /m	最高水位 /m	出现时间 （月-日）	历史 排位	超警天数 /d	最大超警 幅度/m	超保天数 /d	最大超保 幅度/m
苏州（枫桥）	3.80	4.20	4.82	07-02	1	95	1.02	23	0.62
湘城	3.70	4.00	4.02	07-03	6	11	0.32	1	0.02
陈墓	3.60	4.00	3.85	07-04	6	36	0.25	0	—

表 4.20　　　　　　　　2016 年阳澄淀泖区河网代表站超历史情况统计表

序号	站名	历史最高水位 /m	2016 年汛期最高水位 /m	发生时间 （月-日）	超历史 /m
1	苏州（枫桥）	4.60	4.82	07-02	0.22

3. 地区河网高水位原因分析

2016 年阳澄淀泖区各历时降水量特征值表现均不突出。降水量相对其他水利分区较小，所以分区代表站水位相对涨幅不高［苏州（枫桥）站除外］。苏南运河苏州段代表站苏州（枫桥）站持续高水位，主要是因为阳澄淀泖区代表站 2016 年入汛水位较高，加上进入梅雨期持续性强降水，以及苏南运河一线苏州市、无锡市、常州市及县级市等启动城市大包围工程，运河沿线江苏段泵站排涝规模已达到 1049m³/s，圩区洪水外排至骨干河道，加剧了骨干河道的行洪压力，水位自然抬高。苏州处于苏南运河下游，一方面要承接上游洪水，另外下游又排水不畅，导致水位持续居高不下。

4. 地区河网退水分析

阳澄淀泖区代表站苏南运河苏州（枫桥）站退水历时较长，这与苏南运河承担大量的上游行洪水量有关，湘城站、陈墓站退水历时相对较短，这与涨幅相对不高也有关。阳澄淀泖区枫桥站、湘城站、陈墓站 3 站全年最大日均降幅分别为 0.17m（6 月 30 日）、0.10m（7 月 1 日）、0.11m（10 月 25 日），退水情况统计见表 4.21。

表 4.21　　　　　　　　　2016 年阳澄淀泖区代表站主要退水阶段一览表

代表站	退水时段 （月-日）	历时 /d	时段降幅 /m	退水率 /(cm/d)	年最大日均降幅 /m	发生时间 （月-日）
苏州（枫桥）	07-04—07-29	26	0.87	3.3	0.17	06-30
湘城	07-04—07-07	4	0.31	7.8	0.10	07-01
陈墓	07-05—07-12	8	0.25	3.1	0.11	10-25

4.3.6　杭嘉湖区洪水分析

1. 杭嘉湖区降水量与代表站水位涨幅关系分析

汛前杭嘉湖区有 2 个时段的降水相对比较大，分别是 4 月 5—6 日和 4 月 20—25 日。4 月 5 日前杭嘉湖区有过降水，水位小幅上涨，土壤较为湿润；4 月 5—6 日的降水导致嘉兴站、新市站、乌镇站 3 站分别上涨 0.39m、0.50m 和 0.42m。4 月 20—25 日的降水导致嘉兴站、新市站、乌镇站 3 站分别上涨 0.45m、0.51m 和 0.44m。汛前杭嘉湖区降水与代表站水位过程见图 4.33。

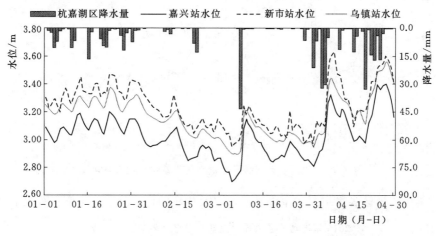

图 4.33　汛前杭嘉湖区降水量与代表站水位关系对比图

汛期流域南部的杭嘉湖区较流域北部分区降水小，单日强降水更为分散，结合降水与水位上涨情况，选取了 6 个时段降水与相应水位变化过程进行分析，其中以 9 月 13—15 日降水过程强度最大，水位上涨幅度也最大，嘉兴站、新市站、乌镇站分别累计上涨 0.85m、0.89m、0.80m。水位相对上涨幅度最大的为 9 月 27—29 日降水过程，57.9mm 的过程降水量导致嘉兴站、新市站、乌镇站分别累计上涨 0.43m、0.54m、0.43m。嘉兴站年最大日均涨幅为 0.54m，新市站年最大日均涨幅为 0.51m，乌镇站年最大日均涨幅为 0.47m，均发生在 9 月 16 日。汛期杭嘉湖区降水量与代表站水位过程见图 4.34。

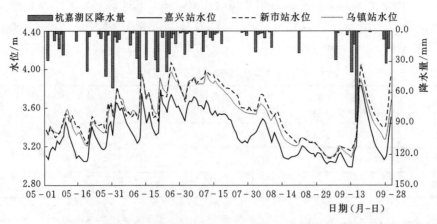

图 4.34　汛期杭嘉湖区降水量与代表站水位关系对比图

汛后降水主要集中在 10 月，特别是 10 月 20—22 日，该时段的降水使得嘉兴站、新市站、乌镇站 3 站均上涨 0.45m 左右。汛后杭嘉湖区降水量与代表站水位过程见图 4.35。

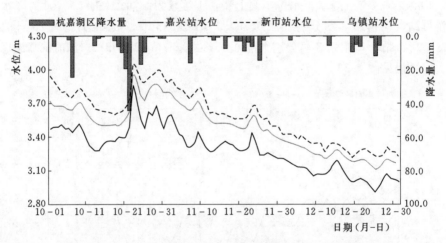

图 4.35　汛后杭嘉湖区降水量与代表站水位关系对比图

2016 年杭嘉湖区各个主要集中降水时段以及相应的代表站水位上涨过程见表 4.22。

表 4.22　　　　　　　　2016 年杭嘉湖区主要时段降水量与代表站水位涨幅

序号	降水时段（月-日）	代表站	时段降水量 /mm	时段降水强度 /(mm/d)	水位影响时段（月-日）	累计涨幅 /m	时段涨率 /(cm/d)
1	03 - 08	嘉兴	43.5	43.5	03 - 08—03 - 10	0.39	13.0
		新市			03 - 08—03 - 10	0.30	10.0
		乌镇			03 - 08—03 - 10	0.31	10.3
2	04 - 05—04 - 6	嘉兴	62.7	31.4	04 - 06—04 - 8	0.39	13.0
		新市			04 - 06—04 - 08	0.50	16.7
		乌镇			04 - 06—04 - 08	0.42	14.0

序号	降水时段 （月-日）	代表站	时段降水量 /mm	时段降水强度 /(mm/d)	水位影响时段 （月-日）	累计涨幅 /m	时段涨率 /(cm/d)
3	04-20—04-25	嘉兴	85.7	14.3	04-21—04-27	0.45	6.4
		新市			04-21—04-27	0.51	7.3
		乌镇			04-21—04-27	0.44	6.3
4	05-07—05-09	嘉兴	44.6	14.9	05-07—05-10	0.28	7.0
		新市			05-07—05-10	0.24	6.0
		乌镇			05-07—05-10	0.20	5.0
5	05-20—05-21	嘉兴	45.0	22.5	05-20—05-22	0.33	11.0
		新市			05-20—05-22	0.21	7.0
		乌镇			05-20—05-22	0.26	8.7
6	05-28—05-29	嘉兴	48.7	24.4	05-28—05-29	0.25	12.5
		新市			05-28—05-29	0.33	16.5
		乌镇			05-28—05-30	0.25	8.3
7	05-31—06-02	嘉兴	73.4	24.5	06-01—06-02	0.33	16.5
		新市			06-01—06-02	0.24	12.0
		乌镇			06-01—06-02	0.26	13.0
8	06-11—06-12	嘉兴	73.6	36.8	06-12—06-13	0.48	24.0
		新市			06-12—06-13	0.45	22.5
		乌镇			06-12—06-13	0.41	20.5
9	06-19—06-20	嘉兴	68.4	34.2	06-20—06-21	0.46	23.0
		新市			06-20—06-21	0.28	14.0
		乌镇			06-20—06-21	0.37	18.5
10	06-24—06-25	嘉兴	62.8	31.4	06-25—06-26	0.23	11.5
		新市			06-25—06-26	0.23	11.5
		乌镇			06-25—06-26	0.20	10.0
11	09-13—09-15	嘉兴	141.9	47.3	09-14—09-16	0.85	28.3
		新市			09-14—09-17	0.89	22.3
		乌镇			09-14—09-17	0.80	20.0
12	09-27—09-29	嘉兴	57.9	19.3	09-28—10-01	0.43	10.8
		新市			09-28—09-30	0.54	18.0
		乌镇			09-28—09-30	0.43	14.3
13	10-20—10-22	嘉兴	73.8	24.6	10-21—10-23	0.45	15.0
		新市			10-20—10-23	0.44	11.0
		乌镇			10-20—10-23	0.45	11.3

由图 4.36 可知，在同一降水量条件下，杭嘉湖区 3 个代表站水位涨幅相差不大，范围为 0.02~0.05m。杭嘉湖区降水量每增加 10.0mm，3 个代表站水位涨幅增加 0.05~0.06m。

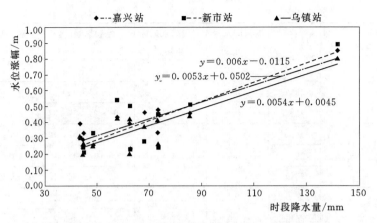

图 4.36　杭嘉湖区时段降水量与代表站水位涨幅关系图

2. 地区河网水位超警超保分析

杭嘉湖区代表站嘉兴站、乌镇站、新市站超警超保天数较多，其中嘉兴站、乌镇站超警天数占全年天数的 44％、48％，超保天数分别达到 22d 和 44d；杭嘉湖区地处下游平原，地区代表站警戒水位低，受上游来水和本地涝水等影响，大水年易出现长时间超警情况，2016 年乌镇站水位几乎一半的时间在警戒水位以上；2016 年嘉兴站、乌镇站最高水位均超保 0.23m，而新市站则超警 0.44m；2016 年杭嘉湖区代表站最高水位历史排位则相对靠后。2016 年杭嘉湖区河网代表站超警超保情况见表 4.23。

表 4.23　　　　　　　　**2016 年杭嘉湖区河网代表站超警超保情况统计表**

代表站	警戒水位/m	保证水位/m	最高水位/m	出现时间（月-日）	历史排位	超警天数/d	最大超警幅度/m	超保天数/d	最大超保幅度/m
嘉兴	3.30	3.70	3.93	10-22	20	160	0.63	22	0.23
乌镇	3.40	3.80	4.03	06-25	24	174	0.63	44	0.23
新市	3.70	4.30	4.14	06-25	29	95	0.44	0	—

3. 地区河网高水位原因分析

（1）降水量偏多。4 月以后，杭嘉湖区降水明显增多增强。据统计，杭嘉湖区 4—6 月降水量比常年同期偏多 93％；全年降水量偏多 36％。降水量偏多是河网高水位持续的一个重要原因。

（2）前期水位高。4—6 月杭嘉湖区降水量总体偏多，且阶段性降水特征分布明显，往往前期河网水位尚未完全回落，新的一轮降水又紧跟而来，从而使得河网水位居高不下，高水位持续时间长。

（3）客水流入多。东导流港和北排线的大量"客水"流入，导致杭嘉湖区水位上涨。据初步统计，5—9 月北排线流入杭嘉湖区 8.449 亿 m³；东导流港流入杭嘉湖区 18.70 亿 m³。虽然在"客水"流入的同时，杭嘉湖区通过南排工程和东排黄浦江等措施将大量"客水"排出本区域，但无疑"客水"流入加上持续阶段性降水等因素影响，使得杭嘉湖区河网水位出现持续高水位状态。

4. 地区河网退水分析

杭嘉湖区代表站 7 月中旬开始退水，8 月干旱少雨，直至 9 月中旬台风"莫兰蒂"影响前，嘉兴、新市和乌镇等地区代表站水位出现较长时间退水过程，但其中也存在受短时较强降水影响，水位回涨的情况；10 月中下旬开始，杭嘉湖区正式进入非汛期，降水减少明显，地区河网水位开始出现第二次长时间退水过程。杭嘉湖区退水主要靠南排入杭州湾和东排入黄浦江，排水均受涨落潮等因素影响。杭嘉湖区嘉兴站、新市站、乌镇站 3 个代表站全年最大日均降幅分别为 0.17m（6 月 14 日）、0.16m（5 月 31 日）、0.14m（6 月 14 日），退水情况统计见表 4.24。

表 4.24　　　　　　　　　2016 年杭嘉湖区代表站主要退水阶段一览表

代表站	退水时段 （月-日）	历时 /d	时段降幅 /m	退水率 /(cm/d)	年最大日均降幅 /m	发生时间 （月-日）
嘉兴	07-12—07-26	15	0.41	2.7	0.17	06-14
	10-24—11-07	15	0.52	3.5		
新市	07-12—07-25	14	0.33	2.4	0.16	05-31
	10-24—11-07	15	0.31	2.1		
乌镇	07-12—07-29	18	0.44	2.4	0.14	06-14
	10-24—11-07	15	0.33	2.2		
	11-24—12-01	8	0.22	2.8		

4.3.7　浙西区洪水分析

1. 浙西区降水量与代表站水位涨幅关系分析

浙西区多为山区，水位受降水影响，易出现陡涨陡落现象。汛前浙西区有 2 个时段的降水，代表站水位涨幅比较大。4 月 5—6 日的降水导致瓶窑站、杭长桥站、港口站 3 站分别上涨 2.78m、0.37m 和 1.19m，水位影响时段均为 4 月 6—8 日。4 月 19—23 日的降水使杭长桥站、港口站水位分别上涨 0.33m 和 1.04m，而瓶窑站主要受 4 月 19—20 日降水影响较大，两天上涨 1.73m，后续水位略有回落。汛前浙西区降水与代表站水位过程见图 4.37。

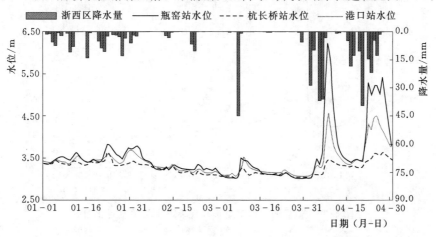

图 4.37　汛前浙西区降水量与代表站水位关系对比图

汛期主要有 6 个时段降水与相应水位变化过程，分别是 5 月 26—28 日、5 月 31 日至 6 月 2 日、6 月 11—12 日、6 月 19—28 日、9 月 13—15 日和 9 月 27—29 日。瓶窑站、港口站水位对短时强降水较为敏感，且一定程度上受上游水库蓄泄洪水影响，呈现了与杭长桥站不同的变化形态。5 月 26—28 日、5 月 31 日至 6 月 2 日两场降水期间有 2d 降水间隙期，港口站、杭长桥站两站出现了大涨小落再大涨的过程，但瓶窑站在第一场降水后陡涨，随后水位回落迅速。6 月 19—28 日期间有 2d 基本无雨，严格说来期间有 3 场次降水，瓶窑站、杭长桥站两站出现了大涨小落再大涨的过程，但港口站在第一场降水后陡涨，随后水位回落迅速，后续降水水位涨幅远不如第一场降水。汛期瓶窑站除 6 月 11—12 日水位涨幅次于港口外，其他时段涨幅在 3 个代表站中均最大，这是由瓶窑站所处的地理位置特点决定的。汛期浙西区降水与代表站水位过程见图 4.38。

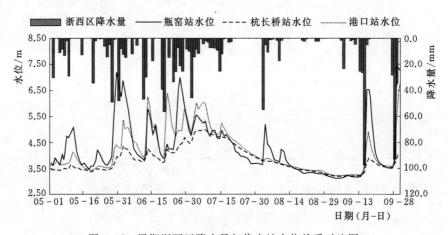

图 4.38　汛期浙西区降水量与代表站水位关系对比图

汛后降水主要集中在 10 月 19—22 日，该时段的降水使得瓶窑站、杭长桥站、港口站 3 站分别上涨 1.59m、0.32m、0.82m。汛后浙西区降水与代表站水位过程见图 4.39。

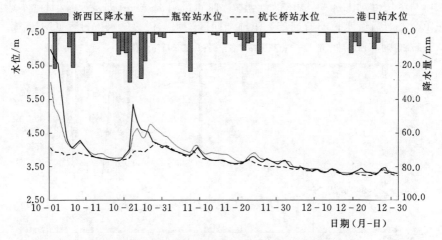

图 4.39　汛后浙西区降水量与代表站水位关系对比图

2016 年浙西区主要集中降水时段以及相应的代表站水位上涨过程见表 4.25。

表 4.25　　　　　　　　　　　2016 年浙西区主要时段降水量与代表站水位涨幅

序号	降水时段（月-日）	代表站	时段降水量/mm	时段降水强度/(mm/d)	水位影响时段（月-日）	累计涨幅/m	时段涨率/(cm/d)
1	03 - 08	瓶窑	45.0	45.0	03 - 08—03 - 09	0.49	24.5
		杭长桥			03 - 08—03 - 09	0.23	11.5
		港口			03 - 08—03 - 09	0.43	21.5
2	04 - 05—04 - 06	瓶窑	73.2	36.6	04 - 06—04 - 08	2.78	92.7
		杭长桥			04 - 06—04 - 08	0.37	12.3
		港口			04 - 06—04 - 08	1.19	39.7
3	04 - 19—04 - 20	瓶窑	50.4	25.2	04 - 21—04 - 22	1.73	86.5
4	04 - 19—04 - 23	杭长桥	87.3	17.5	04 - 21—04 - 24	0.33	8.3
		港口			04 - 21—04 - 24	1.04	26.0
5	05 - 26—05 - 28	瓶窑	69.8	23.3	05 - 26—05 - 30	3.47	69.4
		杭长桥			05 - 27—05 - 30	0.53	13.3
		港口			05 - 27—05 - 30	0.86	21.5
6	05 - 31—06 - 02	杭长桥	69.8	23.3	06 - 01—06 - 02	0.47	23.5
		港口			06 - 01—06 - 02	1.05	52.5
7	06 - 11—06 - 12	瓶窑	77.6	38.8	06 - 12—06 - 13	1.89	94.5
		杭长桥			06 - 12—06 - 13	0.50	25.0
		港口			06 - 12—06 - 13	2.15	107.5
8	06 - 19—06 - 27	瓶窑	201.0	22.3	06 - 20—06 - 27	2.96	37.0
9	06 - 19—06 - 28	杭长桥	226.8	22.7	06 - 20—06 - 29	0.99	9.0
10	06 - 19—06 - 20	港口	96.3	48.2	06 - 20—06 - 21	2.38	119.0
11	09 - 13—09 - 15	瓶窑	150.3	50.1	09 - 14—09 - 16	3.33	111.0
		杭长桥			09 - 14—09 - 17	0.67	16.8
		港口			09 - 14—09 - 17	1.53	38.3
12	09 - 27—09 - 29	瓶窑	156.9	52.3	09 - 27—09 - 29	3.80	126.7
		杭长桥			09 - 28—09 - 30	0.61	020.3
		港口			09 - 28—09 - 30	2.95	98.3
13	10 - 19—10 - 22	瓶窑	65.8	16.5	10 - 19—10 - 23	1.59	31.8
		杭长桥			10 - 20—10 - 23	0.32	8.0
		港口			10. - 20—10 - 24	0.82	16.4

由图 4.40 可知，在时段降水量 50mm 以上、日均降水不低于 15mm 的情况下，浙西区 3 个代表站时段降水与代表站水位涨幅关系呈现较大差异，这是由各站地理位置决定的。瓶窑站位于山区环绕的位置，同一量级降水条件下易出现陡涨陡落现象，因此涨幅最大；杭长桥站处于杭嘉湖平原附近，河网纵横，水位缓涨缓落，涨幅最小，与降水的响应关系也较为稳定；港口站介于两者之间。

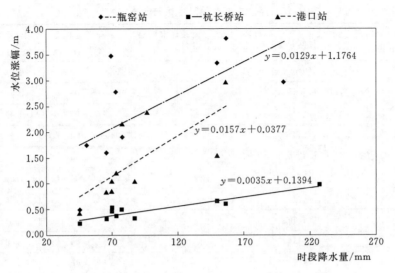

图 4.40 浙西区时段降水量与代表站水位涨幅关系图

2. 地区河网水位超警超保分析

浙西区代表站杭长桥站、港口站、瓶窑站超警天数分别为 23d、20d、1d，杭长桥站、港口站两站超保天数为 3d、1d，瓶窑站未超保；浙西区地处山区，涨水快退水也快，超警天数较少；2016 年杭长桥站、港口站最高水位分别超过保证水位 0.01m 和 0.09m，瓶窑站超警 0.24m；2016 年浙西区代表站最高水位历史排位则相对靠后（仅港口站进入前十，这跟港口站资料系列较短有关）。2016 年浙西区河网代表站超警超保情况统计见表 4.26。

表 **4.26** 2016 年浙西区河网代表站超警超保情况统计表

代表站	警戒水位 /m	保证水位 /m	最高水位 /m	出现时间 （月-日）	历史 排位	超警 天数/d	最大超警 幅度/m	超保 天数/d	最大超保 幅度/m
杭长桥	4.50	5.00	5.01	07-06	22	23	0.51	3	0.01
港口	5.60	6.60	6.69	09-30	7	20	1.09	1	0.09
瓶窑	7.50	8.50	7.74	09-29	28	1	0.24	0	—

3. 地区河网高水位原因分析

（1）降水量偏多。4 月以后，浙西区降水明显增多增强。据统计，4—6 月浙西区降水量比常年同期偏多 102%；全年降水量偏多 47%。降水量偏多是河网高水位持续的一个重要原因。

（2）前期水位高。4—6 月浙西区降水量总体偏多，且阶段性降水分布明显，导致前期河网水位尚未完全回落，新的一轮降水又紧跟而来；从而使得河网水位居高不下，高水位持续时间长。

（3）太湖水位高。2016 年，太湖流域降水量明显偏多，太湖水位偏高，导致浙西区洪水入湖相对不畅，从而使得浙西区河网水位抬高。从区域代表站全年平均水位来看，2016 年瓶窑站、杭长桥站均为 1955 年以来历年最高，港口站为 1997 年迁站以来最高。

4. 地区退水分析

浙西区代表站6月末7月初出现持续高水位，7月中旬太湖应急调度、8月进入干旱少雨期，直至9月中旬台风影响前，瓶窑、港口和杭长桥等地区代表站水位出现较长时间退水过程，但其中也存在受短时较强降水影响，水位回涨的情况（如8月初，瓶窑站）；10月初开始，浙西区降水减少明显，地区河网水位开始出现第二次长时间退水过程（其中受台风"海马"带来的较强降水影响，主要代表站出现短暂涨水过程）。浙西区瓶窑站、杭长桥站、港口站3个代表站全年最大日均降幅分别为1.02m（9月19日）、0.19m（6月5日）、0.73m（10月2日），退水情况统计见表4.27。

表 4.27　　　　　　　　　2016 年浙西区代表站主要退水阶段一览表

代表站	退水时段 （月-日）	历时 /d	时段降幅 /m	退水率 /(cm/d)	年最大日均 降幅/m	发生时间 （月-日）
瓶窑	09 - 30—10 - 06	7	3.18	45.4	1.02	09 - 19
杭长桥	07 - 08—07 - 20	13	0.54	4.2	0.19	06 - 05
港口	10 - 01—10 - 06	6	2.42	40.3	0.73	10 - 02

4.3.8　浦东浦西区洪水分析

1. 浦东浦西区降水量与代表站水位涨幅关系分析

浦东浦西区为感潮河网地区，河网水位涨落受潮汐影响较大。汛前3月8日的强降水对青浦南门站、嘉定南门站两站水位有较大影响。汛前浦东浦西区降水与代表站水位过程见图4.41。

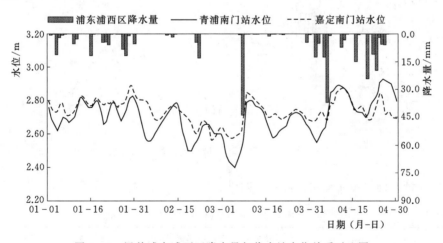

图 4.41　汛前浦东浦西区降水量与代表站水位关系对比图

汛期青浦南门站水位有4次明显抬升，分别对应6月11—12日、6月19—20日、7月1—2日和9月13—16日4个时段降水；嘉定南门站水位有3次明显抬升，分别对应6月11—12日、7月1—2日和9月13—16日3个时段降水。当降水量达50mm时，8～12h后，青浦南门站水位平均涨幅约为0.30m；10～15h后，嘉定南门站水位平均涨幅为0.25～0.30m。9月13—16日，受第14号超强台风"莫兰蒂"外围东风气流和北方弱冷空气的共同影响，浦东浦西区普降大暴雨，局部特大暴雨，两站水位涨幅为 0.45～0.50m。汛期浦东浦西区降水与代表站水位过程见图 4.42。

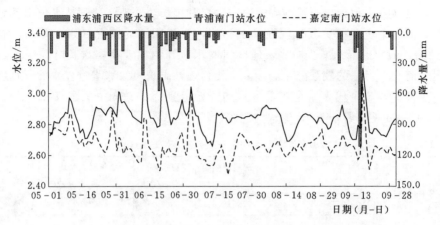

图 4.42　汛期浦东浦西区降水量与代表站水位关系对比图

汛后青浦南门站、嘉定南门站两站水位有 2 次明显抬升，分别对应 10 月 20—22 日和 10 月 25—26 日 2 个时段降水。汛后浦东浦西区降水量与代表站水位过程见图 4.43。

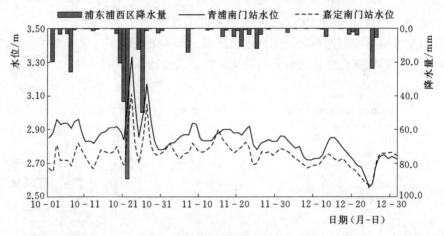

图 4.43　汛后浦东浦西区降水量与代表站水位关系对比图

2016 年浦东浦西区主要集中降水时段以及相应的代表站水位上涨过程见表 4.28。

表 4.28　　　　　　　2016 年浦东浦西区主要时段降水量与代表站水位涨幅

序号	时段 （月-日）	代表站	时段降水量 /mm	时段降水强度 /(mm/d)	水位影响时段 （月-日）	累计涨幅 /m	时段涨率 /(cm/d)
1	03 - 08	青浦南门	43.8	43.8	03 - 08—03 - 10	0.30	10.0
		嘉定南门			03 - 08—03 - 09	0.26	13.0
2	06 - 11 - 06 - 12	青浦南门	60.5	30.3	06 - 12	0.28	28.0
		嘉定南门			06 - 12	0.29	29.0
3	06 - 19 - 06 - 20	青浦南门	71.9	36.0	06 - 19—06 - 20	0.32	16.0

序号	时段 (月-日)	代表站	时段降水量 /mm	时段降水强度 /(mm/d)	水位影响时段 (月-日)	累计涨幅 /m	时段涨率 /(cm/d)
4	07-01—07-02	青浦南门	34.6	17.3	07-02—07-03	0.18	9.0
		嘉定南门			07-02—07-03	0.42	21.0
5	09-13—09-16	青浦南门	178.1	44.5	09-14—09-16	0.46	15.3
		嘉定南门			09-15—09-16	0.49	24.5
6	10-20—10-22	青浦南门	153.8	51.3	10-22—10-23	0.49	24.5
		嘉定南门			10-22—10-23	0.42	21.0
7	10-25—10-26	青浦南门	62.3	31.2	10-26—10-27	0.31	15.5
		嘉定南门			10-26—10-27	0.35	17.5

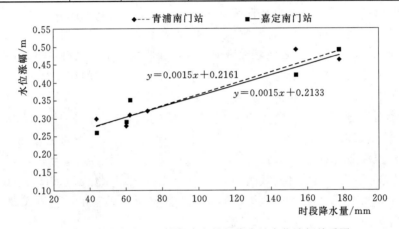

图 4.44 浦东浦西区时段降水量与代表站水位涨幅关系图

浦东浦西区时段降水与代表站涨幅关系见图 4.44，嘉定南门站、青浦南门站两站均为水利控制片内水位，其水位上升除了受降水影响之外，还受到水闸调度及潮汐变化的影响，与其他水利分区相比，青浦南门站、嘉定南门站水位对降水敏感度要低很多。由图 4.44 可看出，青浦南门站、嘉定南门站水位与本区的降水响应关系基本一致，降水量增加 100mm，水位上涨均在 0.15m 左右。

2. 地区河网水位超警超保分析

浦东浦西区受潮汐影响比较大，青浦南门站、嘉定南门站两站水位超警天数较少，分别为 8d、2d，未发生超保证水位。2016 年浦东浦西区河网代表站超警超保情况统计见表 4.29。

表 4.29 2016 年浦东浦西区河网代表站超警超保情况统计表

代表站	警戒水位 /m	保证水位 /m	最高水位 /m	出现时间 (月-日 时:分)	超警 天数/d	最大超警 幅度/m	超保 天数/d	最大超保 幅度/m
青浦南门	3.20	3.50	3.45	10-23 8:48	8	0.25	0	—
嘉定南门	3.20	3.87	3.28	10-22 23:30	2	0.08	0	—

3. 地区河网退水分析

浦东浦西区河网水位受潮汐影响较大，会出现先退后涨的现象，且代表站超警天数很少，最明显的退水阶段出现在汛后。10 月 21—22 日，受北方强冷空气和第 22 号台风"海马"外围云系共同影响，浦东浦西区普降暴雨，青浦南门站于 23 日出现全年最高水位 3.45m、嘉定南门站于 22 日出现全年最高水位 3.28m，台风过后 1～2d 即降至警戒水位以下。浦东浦西区青浦南门站、嘉定南门站两个代表站均于 10 月 24 日出现全年最大日均降幅 0.30m。

4.4 洪水定性

4.4.1 流域性洪水成因

太湖流域致灾降水主要有两种类型：一类是梅雨；另一类是台风雨。梅雨一般发生在 6 月、7 月间，此时副高西伸北跳，控制华南地区，整个东亚环流完成了从春到夏的调整，雨带同时北跳，华南汛期结束，江淮梅雨开始，印度洋季风暴发，副热带西风急流从印度北部跳到高原北部，冷暖空气在流域上空交汇，形成阴雨连绵。太湖流域梅雨通常情况下降水范围广（覆盖全流域）、总量大、持续时间长，常年入梅时间在 6 月 13 日，出梅日在 7 月 8 日，历时 25d，多年平均梅雨量为 241.6mm，约占年降水量的 20%，1951 年以来太湖流域最大梅雨量达 681.0mm（1999 年）；梅雨期太湖水位多年平均涨幅为 0.53m，最大涨幅高达 1.97m（1999 年），见表 4.30。台风雨一般发生在 7 月下旬至 9 月中旬，台风雨降水强度大，但范围较小，持续时间短，易造成严重的地区性洪灾，台风过程降雨最大的为 1962 年"艾美"台风，累计雨量达 262.1mm，期间太湖水位涨水历时达 12d，累计涨幅 0.75m，为历次台风之最，详见表 4.31。从上述情况可以看出，一般太湖流域流域性洪水都是由降雨历时长、总量大的梅雨造成。

表 4.30 梅雨期太湖水位涨幅最大前 10 位排名统计

序号	太湖水位涨幅/m	流域梅雨量/mm	年份	序号	太湖水位涨幅/m	流域梅雨量/mm	年份
1	1.97	681.0	1999	6	1.08	328.7	1995
2	1.53	512.6	1996	7	1.06	354.1	1975
3	1.50	645.0	1991	8	1.03	399.2	1957
4	1.20	349.2	1983	9	0.92	288.9	2011
5	1.11	412.0	2016	10	0.91	423.7	2015

表 4.31 台风期间太湖水位涨幅最大前 10 位排名统计

序号	涨幅/m	涨水历时/d	起始日期（月-日）	流域降水量/mm	台风名称
1	0.75	12	09 - 04	262.1	艾美（196214）
2	0.60	7	10 - 06	204.9	菲特（201323）
3	0.58	7	08 - 07	172.3	海葵（201211）

序号	涨幅 /m	涨水历时 /d	起始日期 （月-日）	流域降水量 /mm	台风名称
4	0.56	5	06-06	176.2	玛吉（199903）
5	0.52	9	08-17	141.6	塔莎（199309）
6	0.48	9	09-10	140.5	宝佩（197708）
7	0.45	9	06-21	157.1	飞燕（200102）
8	0.44	4	08-29	152.7	埃布尔（199015）
9	0.40	13	08-20	192.2	山姆（199908）
10	0.39	8	09-11	155.1	葛乐礼（196312）

4.4.2 定性标准

2005年10月27日水利部部长专题办公会上，为解决当时防汛工作中存在的流域性洪水定义不清、指标不明、洪水量级划分以及洪水重现期确定方法不合理等方面存在的实际问题，时任鄂竟平副部长要求国家防办和原水利部水文局共同组织专题研究。按照要求，太湖局开展了太湖流域洪水定义等有关问题的研究工作，重点分析研究了太湖流域暴雨洪水特性以及典型历史洪水，结合流域防洪规划成果，并考虑流域防洪重点，提出了太湖流域流域性洪水定义以及量化指标。研究成果在专家咨询和征求有关省市防汛及水文部门意见的基础上，于2007年4月24日通过国家防办和原水利部水文局组织的审查，并用于太湖流域防汛实际工作中。太湖流域洪水定义及量化指标具体见表4.32。

表4.32　　　　　　　　太湖流域流域性洪水定义及量化指标

流域性洪水定义	洪水量级指标	洪水量级	洪水量级标准
由覆盖全流域、历时长、总量大的降雨形成的，且太湖及地区河网水位普遍超警戒的洪水	太湖平均水位、流域最大30d降雨量两个指标，优先考虑太湖水位	特大洪水	太湖水位达到4.80m，或流域最大30d降水量重现期达到50年（515mm）
		大洪水	太湖水位达到4.50m，或流域最大30d降水量重现期达到20年（450mm）

4.4.3 2016年洪水定性

2016年太湖流域最大30d降水量为446.0mm，重现期为19年，降雨指标未达到流域性特大洪水50年一遇的标准；但太湖水位高达4.88m，已超过4.80m，符合流域特大洪水的水位标准；根据优先考虑太湖水位的原则，2016年太湖流域洪水符合流域性特大洪水标准。

4.5 与典型洪水年对比

近30年，太湖流域先后在1991年、1999年发生了流域性大洪水、流域性特大洪水。

2016 年太湖流域再次发生流域性特大洪水，下面从降水量、水位、水量 3 个方面与前两次流域性洪水进行对比分析。

4.5.1 降水量对比分析

从太湖流域全年降水量看，1991 年、1999 年、2016 年全年降水量分别为 1487.1mm、1616.1mm、1855.2mm，较多年平均降水量分别偏多 22.1%、32.7%、52.3%，分别位列历史第 6 位、第 4 位、第 1 位；汛期降水量分别为 989.5mm、1200.2mm、1124.4mm，较多年平均降水量分别偏多 36.6%、65.6%、55.2%，分别位列历史第 5 位、第 1 位、第 2 位；梅雨期降水量分别为 645.0mm、681.0mm、426.8mm，较多年平均降水量分别偏多 167.0%、181.9%、76.7%，分别位列历史第 2 位、第 1 位、第 5 位。典型洪水年份全年、汛期、梅雨期降水量均显著偏多，这是流域性大洪水的共同特点。2016 年受超强厄尔尼诺等影响，梅雨总量虽然较 1991 年、1999 年偏少，梅雨天数也比 1991 年、1999 年分别少 24d、12d，但全年降水量大于 1991 年和 1999 年，汛期降水量也仅次于 1999 年，比 1991 年多 134.9mm，另外，2016 年 6 月 19 日入梅，晚于 1991 年的 5 月 19 日和 1999 年的 6 月 7 日，7 月 20 日出梅，晚于 1991 年的 7 月 13 日，与 1999 年一致，梅雨期雨强较小，流域日平均降水量超过 50mm 的仅 1d，为 7 月 2 日的 55.6mm，1999 年梅雨期流域日平均降水量超过 50mm 的有 4d，最大日降水量为 6 月 27 日的 72.0mm，1991 年梅雨期流域日平均降水量超过 50mm 的有 3d，最大日降水量为 7 月 1 日的 60.7mm，2016 年与 1991 年、1999 年大水降水量对比见表 4.33、图 4.45～图 4.47，汛期降水分布见图 4.48～图 4.50。

表 4.33　　　　　2016 年与 1991 年、1999 年大水降水量对比表　　　　单位：mm

项目		湖西区	武澄锡虞区	阳澄淀泖区	太湖区	杭嘉湖区	浙西区	浦东浦西区	流域
全年	1991 年	1699.9	1713.8	1357.3	1343.5	1341.6	1516.8	1361.9	1487.1
	距平比/%	45.4	53.2	18.9	13.5	7.6	6.0	17.4	22.1
	位次	2	2	8	14	19	27	10	6
	1999 年	1397	1462.4	1502.3	1711.1	1664.1	1922.6	1679.1	1616.1
	距平比/%	19.5	30.7	31.5	44.6	33.4	34.4	44.8	32.7
	位次	8	4	3	2	3	3	1	4
	2016 年	2134.6	1917.9	1566.7	1872.2	1692.6	2096.7	1549.8	1855.2
	距平比/%	82.6	71.5	37.2	58.2	35.7	46.6	33.6	52.3
	位次	1	1	2	1	2	1	3	1
汛前	1991 年	438.4	446.9	353.9	361.6	414.8	439.3	362.5	408.7
	距平比/%	41.0	59.4	17.1	10.1	11.6	10.1	15.6	22.1
	位次	2	2	8	19	14	17	9	3
	1999 年	261	233.8	250.7	274.2	376.8	382.4	304.5	306.1
	距平比/%	−16.1	−16.6	−17.1	−16.5	1.3	−4.2	−2.9	−8.6
	位次	44	47	47	48	28	37	34	39
	2016 年	344.9	292.4	290.3	344.8	411.5	462.2	315.8	361.6
	距平比/%	10.9	4.3	−4.0	5.0	10.7	15.8	0.7	8.0
	位次	15	19	33	27	15	11	29	19

项目		湖西区	武澄锡虞区	阳澄淀泖区	太湖区	杭嘉湖区	浙西区	浦东浦西区	流域
汛期	1991年	1178.8	1184.4	918.2	903.7	832.2	985.9	896.6	989.5
	距平比/%	65.3	68.7	32.5	29.4	18.4	17.0	29.3	36.6
	位次	3	2	8	9	17	19	8	5
	1999年	986	1088.5	1149.7	1332	1201.1	1436.9	1299.6	1200.2
	距平比/%	38.2	55.0	65.9	90.7	70.9	70.5	87.4	65.6
	位次	7	5	1	1	2	1	1	1
	2016年	1348.8	1181.5	900.4	1164.7	1004.3	1307.2	844	1124.4
	距平比/%	89.1	68.3	29.9	66.8	42.9	55.1	21.7	55.2
	位次	1	3	10	2	5	3	12	2
汛后	1991年	82.8	82.4	85.2	78.2	94.7	91.7	102.9	88.9
	距平比/%	−42.8	−39.5	−41.9	−50.1	−45.0	−51.4	−32.7	−44.0
	位次	60	55	59	61	57	61	50	61
	1999年	150	140.1	101.8	104.9	86.2	103.2	75	109.8
	距平比/%	3.6	2.9	−30.6	−33.0	−50.0	−45.3	−50.9	−30.8
	位次	31	33	49	53	60	58	60	53
	2016年	440.9	443.9	376	362.8	276.9	327.3	390	369.2
	距平比/%	204.5	226.2	156.5	131.7	60.7	73.5	155.2	132.6
	位次	1	1	1	1	8	6	1	1
梅雨期	1991年	857.4	830.6	624	573	515.2	572.9	506.9	645.0
	距平比/%	245.7	242.1	169.8	148.5	118.3	119.1	119.8	167.0
	位次	1	1	2	2	4	4	3	2
	1999年	560.6	514.2	649.4	791.1	687.9	839.7	761.5	681.0
	距平比/%	126.0	111.8	180.8	243.1	191.5	221.1	230.2	181.9
	位次	4	4	1	1	1	1	1	1
	2016年	638.2	557	358.6	481.6	272.6	418.2	251	426.8
	距平比/%	157.3	129.4	55.0	108.8	15.5	59.9	8.8	76.7
	位次	2	3	9	5	19	6	18	5

从典型洪水降水空间分布看,1991年梅雨期主雨区主要集中在湖西区和武澄锡虞区,且湖西区更为集中;1999年梅雨期降水空间上则是和汛期一致,呈现南大北小的雨带分布;2016年梅雨期雨带呈现自西北向南递减的分布,与1991年相似,但太湖区降水比1991年大,具体见图4.51~图4.53。

从典型洪水降水时程分布看,2016年雨型较1991年、1999年有明显差异,2016年4—5月、9—10月降水显著偏多,全年有7个月的降水量均大于1991年和1999年,1991年降水主要集中在6—7月,1999年降水主要集中在6月和8月。具体见图4.54。

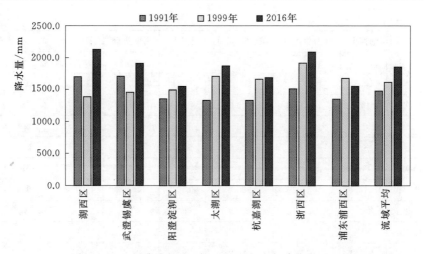

图 4.45 2016 年与 1991 年、1999 年全年降水量对比图

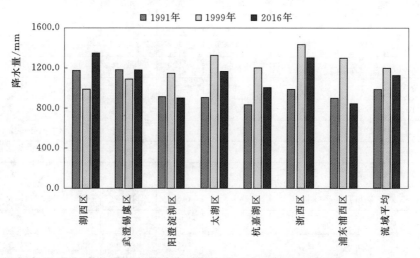

图 4.46 2016 年与 1991 年、1999 年汛期降水量对比图

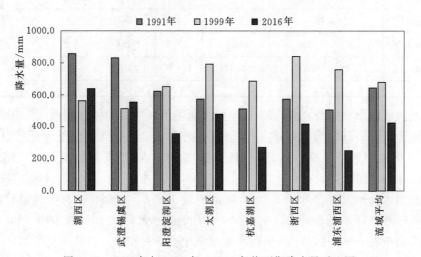

图 4.47 2016 年与 1991 年、1999 年梅雨期降水量对比图

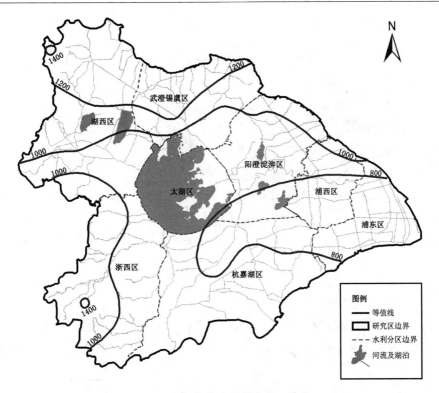

图 4.48 1991 年汛期降水量等值线（单位：mm）

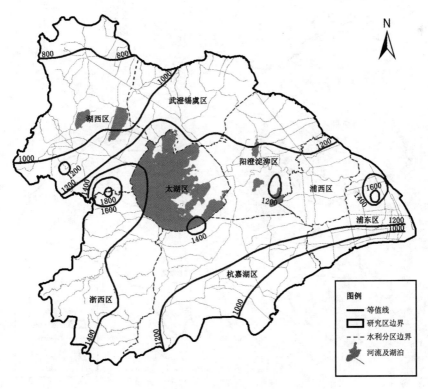

图 4.49 1999 年汛期降水量等值线（单位：mm）

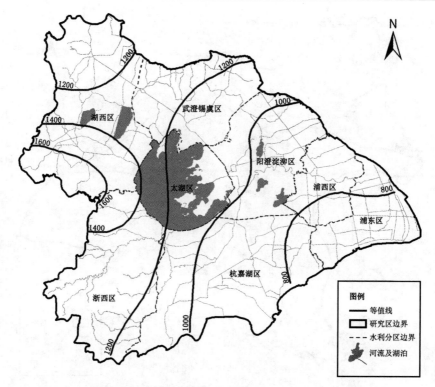

图 4.50 2016 年汛期降水量等值线（单位：mm）

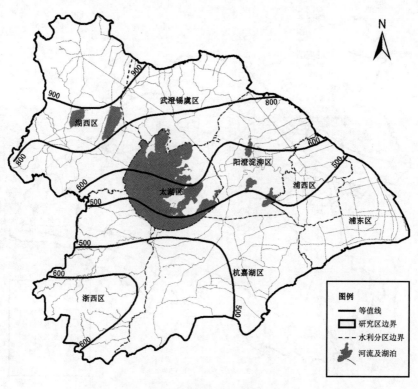

图 4.51 1991 年梅雨期降水量等值线（单位：mm）

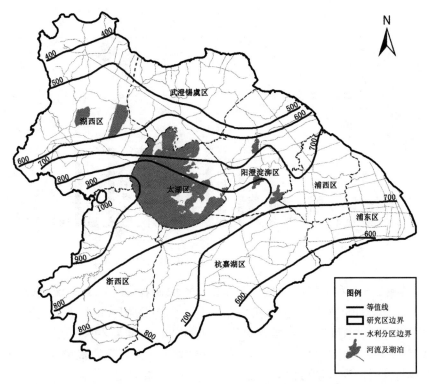

图 4.52　1999 年梅雨期降水量等值线（单位：mm）

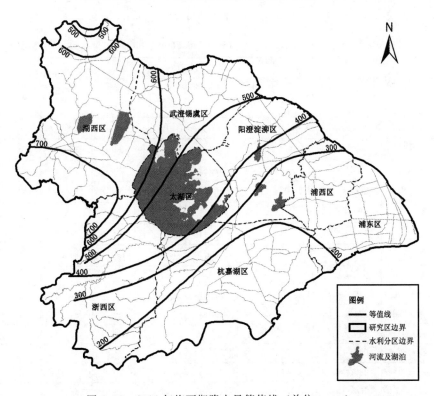

图 4.53　2016 年梅雨期降水量等值线（单位：mm）

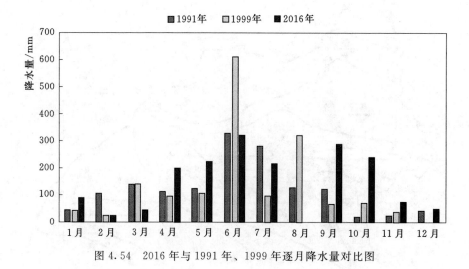

图 4.54 2016 年与 1991 年、1999 年逐月降水量对比图

从太湖流域及各水利分区降水量及其排位、重现期看，1999 年全流域最大 7d、15d、30d、60d、90d 降水量重现期均位列历史第一位，其中最大 30d 降水量重现期更是达到 250 年左右，而 1991 年和 2016 年重现期分别为 30 年、20 年左右。

从分区看，2016 年与 1991 年相似，降水主要集中在湖西区、武澄锡虞区，两区除最大 1d 外其他特征时段降水量均位列历史前列。1999 年雨区则与 2016 年、1991 年截然相反，降水集中于除湖西区、武澄锡虞区以外的其他分区，这些分区最大 7d、15d、30d、60d、90d 降水量基本位列历史第一位，重现期也多在 100 年以上，见表 4.34。

表 4.34 太湖流域及分区最大 1d、3d、7d、15d、30d、60d、90d 降水量及重现期统计表

分区	特征时段	1991 年			1999 年			2016 年		
		降水量/mm	排位	重现期/a	降水量/mm	排位	重现期/a	降水量/mm	排位	重现期/a
全流域	最大 1d	67.2	22	3	72.0	18	4	88.6	10	7
	最大 3d	138.2	9	7	152.9	4	11	138.7	8	8
	最大 7d	216.7	4	12	339.1	1	190	180.2	10	6
	最大 15d	283.8	6	9	402.1	1	68	330.3	3	19
	最大 30d	489.1	2	35	621.1	1	253	446.0	3	19
	最大 60d	678.8	3	32	744.4	1	67	680.3	2	32
	最大 90d	824.4	4	22	1044.1	1	194	845.0	3	27
湖西区	最大 1d	98.4	16	5	108.9	11	7	132.2	5	17
	最大 3d	217.5	3	28	149.1	16	5	243.9	1	57
	最大 7d	321.0	2	59	230.3	9	9	341.9	1	92
	最大 15d	435.7	2	55	292.9	8	6	536.1	1	281
	最大 30d	698.6	1	294	507.7	4	25	637.9	2	132
	最大 60d	885.9	1	189	603.9	8	10	843.0	2	118
	最大 90d	1049.1	1	118	864.3	6	23	988.2	2	68

分区	特征时段	1991年			1999年			2016年		
		降水量/mm	排位	重现期/a	降水量/mm	排位	重现期/a	降水量/mm	排位	重现期/a
武澄锡虞区	最大1d	164.8	1	35	111.8	9	7	86.2	18	3
	最大3d	261.4	2	61	142.4	16	4	178.5	6	9
	最大7d	348.8	1	74	233.6	8	9	287.2	4	23
	最大15d	438.8	3	61	311.4	10	8	451.0	2	74
	最大30d	680.9	2	304	451.6	8	14	556.1	3	55
	最大60d	880.0	1	196	641.8	6	16	770.9	3	60
	最大90d	1032.9	2	117	964.2	4	62	889.1	5	32
阳澄淀泖区	最大1d	86.7	17	4	105.7	12	7	69.3	30	3
	最大3d	168.2	8	10	164.9	10	9	112.9	21	3
	最大7d	229.0	6	10	331.6	1	68	184.6	14	5
	最大15d	293.1	10	8	392.6	1	34	307.0	8	10
	最大30d	516.1	2	33	595.4	1	96	406.9	8	8
	最大60d	655.4	3	20	698.1	2	31	598.6	6	11
	最大90d	786.1	4	15	992.6	1	98	742.8	7	10
太湖区	最大1d	68.9	32	3	88.1	15	4	75.6	24	3
	最大3d	139.3	11	5	208.5	3	22	143.3	10	5
	最大7d	211.9	7	7	369.4	1	115	238.2	4	11
	最大15d	256.7	11	5	440.0	1	65	415.8	3	46
	最大30d	459.4	4	15	729.7	1	458	522.7	2	33
	最大60d	593.5	5	10	851.9	1	125	769.0	2	53
	最大90d	727.7	8	8	1156.6	1	310	950.6	2	49
杭嘉湖区	最大1d	67.4	31	2	77.7	24	3	88.5	12	4
	最大3d	90.2	35	2	187.4	5	13	141.9	16	5
	最大7d	162.0	22	3	385.2	1	174	148.2	31	2
	最大15d	267.8	14	6	458.3	1	119	240.5	18	4
	最大30d	371.1	11	6	642.3	1	244	395.9	7	8
	最大60d	564.6	8	8	770.7	1	71	580.3	6	9
	最大90d	673.2	12	5	1065.0	1	182	784.4	3	13
浙西区	最大1d	67.4	38	2	85.7	23	3	97.8	14	4
	最大3d	112.8	35	2	182.5	8	8	156.9	16	5
	最大7d	181.6	22	3	420.7	1	147	181.2	23	3
	最大15d	225.4	32	2	518.1	1	88	306.9	12	6
	最大30d	388.5	17	4	752.5	1	197	442.9	7	7
	最大60d	618.1	11	5	924.9	1	66	731.1	5	13
	最大90d	769.2	14	4	1249.8	1	140	963.0	4	15

分区	特征时段	1991 年			1999 年			2016 年		
		降水量/mm	排位	重现期/a	降水量/mm	排位	重现期/a	降水量/mm	排位	重现期/a
浦东浦西区	最大 1d	124.6	6	12	104.7	11	6	111.7	8	8
	最大 3d	128.1	19	4	191.3	4	19	157.6	10	8
	最大 7d	217.6	4	9	416.1	1	437	216.1	5	9
	最大 15d	309.7	4	11	465.1	1	122	225.7	19	3
	最大 30d	431.6	3	14	700.0	1	548	301.5	25	3
	最大 60d	581.9	4	12	844.3	1	182	533.0	10	7
	最大 90d	709.0	4	10	1139.9	1	478	601.1	18	4

4.5.2 水位对比分析

（1）太湖水位。从大水年份各阶段太湖水位特征值统计表（见表 4.35）及水位过程线图（见图 4.55）可以看出，受 2015 年冬季降水偏多影响，2016 年年初太湖水位为 3.42m，比 1991 年同期高 0.39m，比 1999 年同期高 0.50m。

表 4.35 大水年份各阶段太湖水位特征值统计表

	年　份	1991	1999	2016
水位/m	1 月 1 日	3.03	2.92	3.42
	4 月 1 日	3.39	2.99	3.10
	5 月 1 日	3.45	3.05	3.52
	9 月 30 日	3.43	3.51	3.71
	12 月 31 日	2.80	2.93	3.29
	入梅日	3.26	3.00	3.77
	出梅日	4.76	4.69	4.56
最高水位/m		4.79	4.97	4.88
发生时间（月-日）		07-16	07-08	07-08
超警天数/d		70	85	97
超设计洪水位天数/d		15	21	16
洪峰涨水时段（月-日）		05-19—07-16（58d）	06-06—07-08（32d）	04-04—07-08（95d）
水位涨幅/m		1.53	1.99	1.77
最大日均涨幅/m		0.13	0.19	0.15
发生时间（月-日）		06-16	06-30	07-03（首次）
最大日均降幅/m		0.05	0.06	0.06
发生时间（月-日）		07-25（首次）	07-27	07-23（首次）

由于 2 月、3 月降水持续偏少，加上太浦河、望虞河汛前全力预泄，至 4 月 1 日太湖水位降至 3.10m，比 1991 年同期低 0.29m，比 1999 年同期高 0.11m。

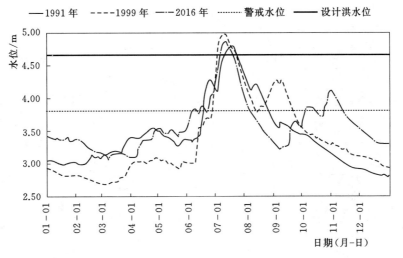

图 4.55　1991 年、1999 年、2016 年太湖水位过程对比图

由于 4 月降水持续偏多，虽然排水力度未减，太湖水位仍然迅速上涨，至 5 月 1 日已达 3.52m，以历史最高水位入汛，比 1991 年同期高 0.07m，比 1999 年同期高 0.47m。

入梅日水位为 3.77m，位列 1954 年以来入梅日第二高水位，比 1991 年入梅日水位 3.26m高 0.51m，比 1999 年入梅日水位 3.00m 高 0.77m。1991 年、1999 年、2016 年 3 个大水年份最高水位均发生在 7 月上中旬的梅雨期，受梅雨期强降水影响，入梅后太湖水位迅速上涨，至最高水位时间分别为 58d、31d、19d，平均每天上涨 2.6cm、6.4cm、5.8cm。

2016 年受台风"海马"等影响，太湖水位分别于 10 月上旬、下旬再次超警；1999 年受 8 月降水增多影响，太湖水位于 8 月中旬再度超警。两个大水年份均呈现较为明显的双峰水位过程线。

从太湖超警超设计洪水位天数看，超警天数 1991 年最少，2016 年最多，超设计洪水位天数 1991 年最少，1999 年最多。

从日均涨幅、降幅看，太湖水位 1999 年日均涨幅最大，达 0.19m，这与降水强度也是对应的，1991 年日均涨幅最小，为 0.13m，2016 年最大日均涨幅为 0.15m，最大日均降幅 1999 年、2016 年均为 0.06m，但 1999 年仅出现 1d，而 2016 年出现 9d，这与工程排水能力明显增加和各省市团结治水密切相关，1991 年太湖水位最大日均降幅为 0.05m。

（2）湖西区。从大水年份各阶段湖西区代表站水位及超警超保天数统计情况（见表4.36）及水位过程线图（见图 4.56～图 4.58）可以看出，受 2015 年冬季降水偏多影响，2016 年年初湖西区的王母观站、坊前站、常州（三）站 3 站水位为 3 个大水年份中最高。

4 月 1 日 3 站水位与 1999 年同期基本持平，但明显低于 1991 年。由于 4 月降水持续偏多，至 5 月 1 日湖西区 3 站基本与 1991 年同期持平，显著高于 1999 年。

受 2016 年梅雨期强降水影响，入梅后湖西区水位迅速上涨，王母观站、坊前站两站水位刷新历史纪录，常州（三）站水位为 3 个大水年中最高。

2016 年汛后受台风"海马"等影响，湖西区 3 站水位于 10 月下旬再度超警，1999 年受 8 月后期降水增多影响，湖西区 3 站于 8 月下旬再度超警。两个大水年份均呈现较为明显的多峰过程。

表 4.36　　　　　　　　大水年份各阶段湖西区水位特征值统计表

站　　名		王母观			坊前			常州（三）		
年份		1991	1999	2016	1991	1999	2016	1991	1999	2016
水位 /m	1 月 1 日	3.19	3.14	3.57	3.15	3.11	3.57	3.22	3.14	3.60
	4 月 1 日	3.94	3.25	3.27	3.68	3.20	3.29	3.72	3.32	3.41
	5 月 1 日	3.80	3.35	3.80	3.67	3.29	3.74	3.70	3.52	3.76
	9 月 30 日	3.82	3.72	5.36	3.68	3.70	4.34	3.77	3.88	4.98
	12 月 31 日	2.90	3.10	3.67	2.90	3.14	3.58	2.90	3.13	3.73
	入梅日	3.47	3.34	3.84	3.44	3.25	3.85	3.57	3.62	3.83
	出梅日	6.10	4.73	4.66	5.43	4.73	4.67	5.39	4.54	4.45
最高水位/m		6.12	5.78	6.55	5.44	5.28	5.81	5.52	5.48	6.32
发生时间（月-日）		07-12	07-01	07-05	07-07	07-01	07-05	07-02	06-28	07-05
超警天数/d		47	35	48	71	97	90	57	61	54
超保天数/d		21	5	11	42	37	34	26	12	26
最大日均涨幅/m		0.82	0.74	1.22	0.57	0.43	0.58	0.73	0.92	0.88
发生时间（月-日）		07-02	06-28	09-30	07-02	06-28	09-30	07-02	06-28	09-30
最大日均降幅/m		0.16	0.13	0.23	0.10	0.08	0.12	0.33	0.21	0.39
发生时间（月-日）		06-22	07-05	09-18	07-23	09-12	07-10	08-09	06-29	09-18

注　表中 2016 年超警、超保天数按瞬时水位统计，1991 年、1999 年按日均水位统计，下同。

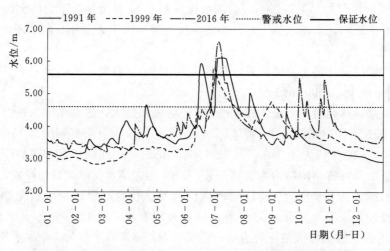

图 4.56　1991 年、1999 年、2016 年王母观站水位过程对比图

　　从超警超保天数看，王母观站超警天数 2016 年最多，其次是 1991 年，1999 年最少；超保天数 1991 年最多，其次是 2016 年，1999 年最少。坊前站超警天数 1999 年最多，其次是 2016 年，1991 年最少；超保天数 1991 年最多，其次是 1999 年，2016 年最少。常州（三）站超警天数 1999 年最多，其次是 1991 年，2016 年最少；超保天数 1991 年、2016 年均为 26d，1999 年仅 12d。

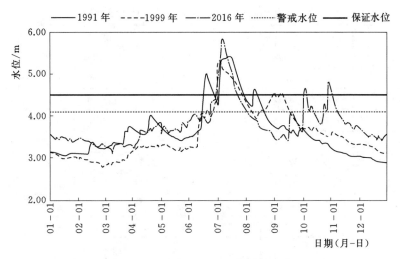

图 4.57 1991年、1999年、2016年坊前站水位过程对比图

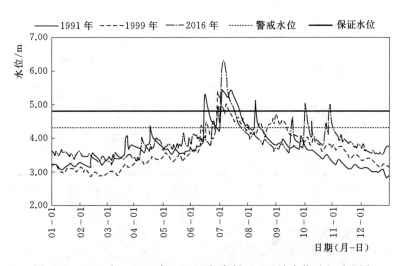

图 4.58 1991年、1999年、2016年常州（三）站水位过程对比图

从日均涨幅、降幅看，王母观站、坊前站均是 2016 年最大，1999 年最小，王母观站 2016 年最大日均涨幅达 1.22m，其次是 1991 年的 0.82m，1999 年为 0.74m，王母观站 2016 年最大日均降幅为 0.23m，大于 1991 年的 0.16m 和 1999 年的 0.13m；坊前站 2016 年最大日均涨幅为 0.58m，比 1991 年高 0.01m，1999 年为 0.43m，坊前站 2016 年最大日均降幅为 0.12m，大于 1991 年的 0.10m 和 1999 年的 0.08m。常州（三）站最大日均涨幅为 1999 年，达 0.92m，其次是 2016 年的 0.88m，1991 年最小，为 0.73m；最大日均降幅 2016 年最大，达 0.39m，其次为 1991 年的 0.33m，1999 年最小，为 0.21m。

（3）武澄锡虞区。从大水年份各阶段武澄锡虞区水位及超警超保天数统计情况（见表 4.37）及水位过程线图（见图 4.59～图 4.61）可以看出，受 2015 年冬季降水偏多影响，2016 年年初武澄锡虞区青阳站、陈墅站、无锡（大）站 3 站水位为 3 个大水年份中最高。

— **147** —

表 4.37 大水年份各阶段武澄锡虞区水位特征值统计表

站　名	青　阳			陈　墅			无　锡（大）		
年份	1991	1999	2016	1991	1999	2016	1991	1999	2016
水位 /m 　1月1日	3.09	2.98	3.64	2.93	2.95	3.56	3.02	2.95	3.55
4月1日	3.39	3.11	3.48	3.20	3.01	3.48	3.33	3.09	3.38
5月1日	3.43	3.20	3.69	3.21	3.12	3.49	3.36	3.13	3.62
9月30日	3.47	3.54	4.50	3.33	3.43	4.22	3.43	3.51	4.42
12月31日	2.80	2.98	3.65	2.87	2.94	3.60	2.79	2.98	3.60
入梅日	3.32	3.11	3.70	3.13	3.02	3.50	3.24	3.05	3.71
出梅日	4.76	4.25	4.16	4.39	3.99	3.92	4.70	4.27	4.18
最高水位/m	5.07	4.78	5.34	5.39	4.50	4.98	4.88	4.77	5.28
发生时间（月-日）	07-02	07-01	07-03	07-02	07-01	07-03	07-02	07-01	07-03
超警天数/d	60	58	79	31	43	57	65	70	87
超保天数/d	4	0	7	6	0	7	18	5	17
最大日均涨幅/m	0.71	0.55	0.70	1.16	0.59	0.61	0.58	0.46	0.68
发生时间（月-日）	07-02	06-28	09-30	07-02	06-28	07-02	07-02	06-10	07-02
最大日均降幅/m	0.29	0.25	0.36	0.41	0.18	0.35	0.14	0.21	0.33
发生时间（月-日）	08-09	06-12	10-28	06-18	07-02	10-28	08-09	06-12	10-28

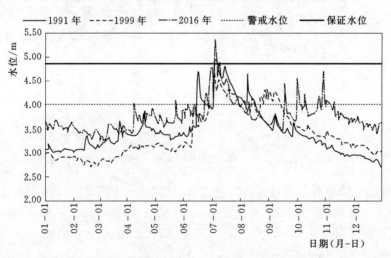

图 4.59　1991 年、1999 年、2016 年青阳站水位过程对比图

4月1日，青阳站、无锡（大）站两站水位与1991年同期基本持平，但明显高于1999年，陈墅站为同期3个大水年份中最高。受4月降水持续偏多及梅雨期强降水影响，武澄锡虞区水位迅速上涨，青阳站、无锡（大）站两站水位刷新历史纪录。

2016年汛后受台风"海马"等影响，武澄锡虞区于9月中旬至10月下旬又多次出现超警，1999年受8月后期降水增多影响，于8月下旬再度超警，两个大水年份均呈现较为明显的多峰过程。

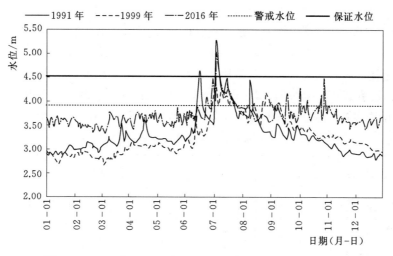

图 4.60　1991 年、1999 年、2016 年陈墅站水位过程对比图

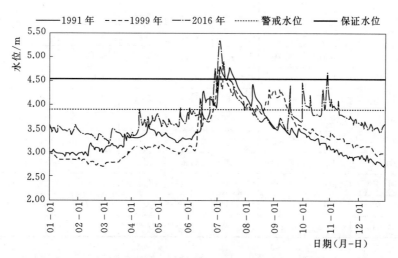

图 4.61　1991 年、1999 年、2016 年无锡（大）站水位过程对比图

从超警超保天数看，3 个代表站总体上 2016 年超警天数最多，超保天数 2016 年与 1991 年基本一致，1999 年相对少些。青阳站 2016 年超警天数达 79d，1991 年、1999 年相差不大，分别为 60d 和 58d，青阳站 2016 年超保天数为 7d，1991 年为 4d，1999 年水位未超保证；陈墅站 2016 年超警天数达 57d，其次是 1999 年的 43d，1991 年最少，为 31d，陈墅站 2016 年超保天数与 1991 年接近，分别为 7d 和 6d，1999 年水位未超保；无锡（大）站 2016 年超警天数达 87d，其次为 1999 年的 70d，1991 年最少，为 65d，无锡（大）站 2016 年超保天数与 1991 年接近，分别为 17d 和 18d，1999 年最少，仅 5d。

从日均涨幅、降幅看，青阳站日均涨幅 2016 年与 1991 年基本一致，分别为 0.70m 和 0.71m，1999 年最小，为 0.55m；日均降幅 2016 年最大，为 0.36m，1991 年和 1999 年分别为 0.29m 和 0.25m。陈墅站日均涨幅 1991 年最大，达 1.16m，1999 年和 2016 年接近，分别为 0.59m 和 0.61m；日均降幅也是 1991 年最大，为 0.41m，其次是 2016 年的

— 149 —

0.35m，1999 年最小，为 0.18m。无锡（大）站日均涨幅 2016 年最大，为 0.68m，其次是 1991 年的 0.58m，1999 年最小，为 0.46m；日均降幅 2016 年最大，为 0.33m，其次是 1999 年的 0.21m，1991 年最小，为 0.14m。

（4）阳澄淀泖区。从大水年份各阶段阳澄淀泖区水位及超警超保天数统计情况（见表 4.38）及水位过程线图（见图 4.62～图 4.64）可以看出，受 2015 年冬季降水偏多影响，2016 年年初阳澄淀泖区陈墓站、湘城站、苏州（枫桥）站 3 站水位为 3 个大水年份中最高。

表 4.38　　　　　　大水年份各阶段阳澄淀泖区水位特征值统计表

站　　名		陈　墓			湘　城			苏州（枫桥）		
年份		1991	1999	2016	1991	1999	2016	1991	1999	2016
水位/m	1 月 1 日	2.80	2.76	3.18	2.84	2.90	3.34	2.93	2.93	3.45
	4 月 1 日	3.03	2.97	2.93	3.06	3.03	3.25	3.16	3.06	3.22
	5 月 1 日	2.91	2.91	3.15	2.97	3.00	3.19	3.12	3.06	3.50
	9 月 30 日	3.15	3.18	3.34	3.19	3.29	3.36	3.25	3.39	3.90
	12 月 31 日	2.64	2.78	3.13	2.75	2.92	3.32	2.73	2.93	3.41
	入梅日	2.80	2.87	3.30	2.92	2.95	3.22	3.02	2.99	3.71
	出梅日	3.64	3.70	3.45	3.86	3.72	3.17	4.22	4.04	3.97
最高水位/m		3.77	4.24	3.85	4.20	4.28	4.02	4.29	4.60	4.82
发生时间（月－日）		07－06	07－01	07－04	07－05	07－01	07－03	07－05	07－01	07－02
超警天数/d		21	40	36	25	33	11	42	54	95
超保天数/d		0	8	0	7	9	1	12	14	23
最大日均涨幅/m		0.23	0.22	0.23	0.35	0.21	0.28	0.34	0.33	0.51
发生时间（月－日）		02－13	06－10	09－16	07－02	06－10	07－03	07－02	06－10	07－02
最大日均降幅/m		0.10	0.08	0.11	0.08	0.07	0.10	0.06	0.07	0.17
发生时间（月－日）		06－23	06－15	10－25	07－10	07－04	07－06	07－25	07－03	06－30

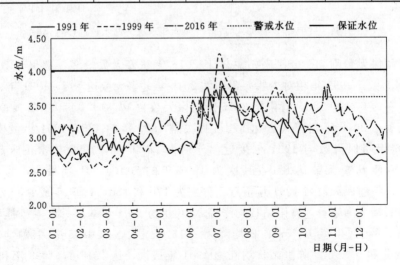

图 4.62　1991 年、1999 年、2016 年陈墓站水位过程对比图

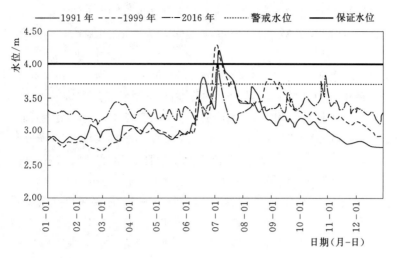

图 4.63 1991 年、1999 年、2016 年湘城站水位过程对比图

图 4.64 1991 年、1999 年、2016 年苏州（枫桥）站水位过程对比图

至 4 月 1 日阳澄淀泖区陈墓站、苏州（枫桥）站两站水位基本与 1991 年、1999 年同期持平，由于 4 月降水持续偏多，至 5 月 1 日 3 站水位明显高于 1991 年、1999 年同期。

受 2016 年梅雨期强降水影响，入梅后大运河水位迅速上涨，苏州（枫桥）站水位刷新历史纪录。

2016 年汛后受台风"海马"等影响，阳澄淀泖区水位于 2016 年 9 月中旬与 10 月下旬再度超警；1999 年受 8 月后期降水增多影响，阳澄淀泖区水位于 8 月下旬再度超警，两个大水年份均呈现较为明显的多峰过程。

从超警超保天数看，湘城站超警天数 1999 年最多，为 33d，其次是 1991 年的 25d，2016 年最少，仅 11d；湘城站超保天数 1991 年、1999 年相差不大，分别为 7d 和 9d，2016 年最少，仅 1d。陈墓站超警天数也是 1999 年最多，为 40d，其次是 2016 年的 36d，1991 年最少，为 21d；陈墓站超保天数 1999 年为 8d，1991 年和 2016 年水位均未超保。

苏州（枫桥）站超警天数 2016 年最多，达 95d，其次是 1999 年的 54d，1991 年最少，为 42d；苏州（枫桥）站超保天数也是 2016 年最多，为 23d，1991 年和 1999 年基本一致，分别为 12d 和 14d。

从日均涨幅、降幅看，湘城站日均涨幅 1991 年最大，为 0.35m，其次是 2016 年的 0.28m，1999 年最小，为 0.21m；最大日均降幅 3 个大水年基本接近，为 0.07～0.10m。陈墓站无论是最大日均涨幅还是最大日均降幅，3 个大水年均相近，最大日均涨幅为 0.22～0.23m，最大日均降幅为 0.08～0.11m。苏州（枫桥）站日均涨幅和降幅均是 2016 年最大，分别达 0.51m 和 0.17m，1991 年和 1999 年基本接近，最大日均涨幅为 0.33～0.34m，最大日均降幅为 0.06～0.07m。

（5）杭嘉湖区。从大水年份各阶段杭嘉湖区水位及超警超保天数统计情况（见表 4.39）及水位过程线图（见图 4.65～图 4.67）可以看出，受 2015 年冬季降水偏多影响，2016 年年初杭嘉湖区嘉兴站、乌镇站、新市站 3 站水位为 3 个大水年份中最高。

表 4.39　　　　　　　　大水年份各阶段杭嘉湖区水位特征值统计表

站　　名		嘉　　兴			乌　　镇			新　　市		
年份		1991	1999	2016	1991	1999	2016	1991	1999	2016
水位 /m	1月1日	2.80	2.56	3.09	2.94	2.60	3.26	3.05	2.73	3.30
	4月1日	2.99	2.80	2.85	3.17	2.91	2.99	3.34	3.09	3.00
	5月1日	2.82	2.76	3.13	3.05	2.82	3.36	3.24	2.95	3.40
	9月30日	3.01	2.92	3.47	3.16	3.02	3.72	3.27	3.17	3.92
	12月31日	2.53	2.54	3.01	2.65	2.62	3.18	2.75	2.73	3.25
	入梅日	2.68	2.62	3.26	2.86	2.65	3.54	3.00	2.77	3.61
	出梅日	3.53	3.51	3.46	3.84	3.78	3.77	4.01	3.89	3.82
最高水位/m		3.81	4.34	3.93	4.18	4.75	4.03	4.42	5.18	4.14
发生时间（月-日）		06-16	07-01	10-22	07-07	07-01	06-25	07-07	07-01	06-25
超警天数/d		41	71	160	55	96	174	46	84	95
超保天数/d		10	13	22	24	26	44	3	14	0
最大日均涨幅/m		0.35	0.50	0.54	0.30	0.44	0.47	0.35	0.54	0.51
发生时间（月-日）		09-06	06-25	09-16	06-14	06-25	09-16	07-06	06-26	09-16
最大日均降幅/m		0.12	0.15	0.17	0.11	0.14	0.14	0.11	0.15	0.16
发生时间（月-日）		06-23	08-18	10-25	06-23	06-21	06-14	07-11	06-21	05-31

4 月 1 日杭嘉湖区 3 个代表站水位与 1999 年同期基本持平，但低于 1991 年，由于 4 月降水持续偏多，至 5 月 1 日 3 个代表站水位显著高于 1991 年、1999 年同期。虽然 1999 年入汛水位明显低于 1991 年和 2016 年，但由于 1999 年遭遇了强度罕见的流域南部型降水，因此杭嘉湖区 3 个代表站最高水位要显著高于 1991 年和 2016 年，偏高幅度为 0.50～1.00m。

2016 年汛后受台风"海马"等影响，杭嘉湖区水位于 9 月中旬至 10 月下旬又多次出现超警；1999 年受 8 月后期降水增多影响，杭嘉湖区水位于 8 月下旬再度超警。两个大水年份均呈现较为明显的多峰过程。

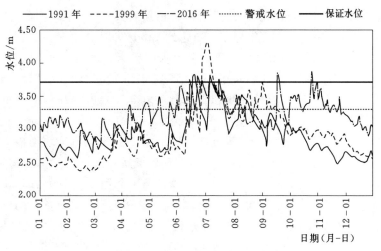

图 4.65　1991 年、1999 年、2016 年嘉兴站水位过程对比图

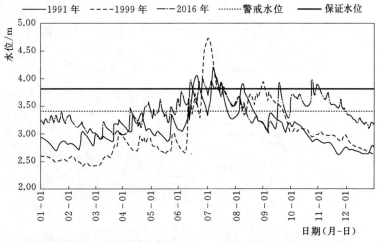

图 4.66　1991 年、1999 年、2016 年乌镇站水位过程对比图

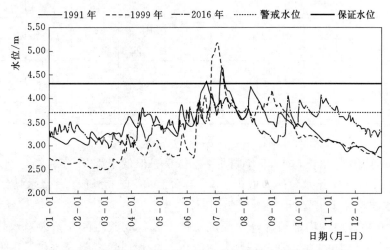

图 4.67　1991 年、1999 年、2016 年新市站水位过程对比图

从超警超保天数看，杭嘉湖区3站除新市站超保天数外，均为2016年最多，1991年最少。嘉兴站、乌镇站两站2016年超警天数达到160d和174d之多，分别是1999年特大洪水超警天数的2.3倍和1.8倍，是1991年大水超警天数的3.9倍和3.2倍；嘉兴站、乌镇站两站2016年超保天数达到22d和44d，1991年和1999年两站超保天数接近，分别为10～13d和22～24d。新市站2016年超警天数为95d，1999年为84d，1991年最少，为46d；新市站超保天数1999年最多，为14d，其次是1991年的3d，2016年未发生超保水位。

从日均涨幅、降幅看，嘉兴站、乌镇站、新市站3个代表站日均涨幅、降幅2016年与1999年接近，1991年相对较小。2016年与1999年嘉兴站、新市站两站最大日均涨幅为0.50～0.54m，乌镇站为0.44～0.47m，1991年3个代表站最大日均涨幅为0.30～0.35m；3个大水年3个代表站最大日均降幅为0.11～0.17m，2016年和1999年略大些。

（6）浙西区。从大水年份各阶段浙西区水位及超警超保天数统计情况（见表4.40）及水位过程线图（见图4.68～图4.70）可以看出，受2015年冬季降水偏多影响，2016年年初浙西区杭长桥站、港口站、瓶窑站3站水位为3个大水年份中最高。

表4.40　　　　　　　　　　大水年份各阶段浙西区水位特征值统计表

站　名		杭　长　桥			港　口			瓶　窑		
年份		1991	1999	2016	1991	1999	2016	1991	1999	2016
水位 /m	1月1日	3.06	2.87	3.37	—	2.91	3.44	3.20	2.82	3.38
	4月1日	3.37	3.01	3.05	—	3.11	3.10	3.62	3.79	3.06
	5月1日	3.41	2.98	3.47	—	3.05	3.64	3.44	3.53	3.68
	9月30日	3.37	3.43	4.13	—	3.50	6.53	3.37	3.34	7.21
	12月31日	2.78	2.87	3.25	—	2.91	3.31	2.82	2.80	3.32
	入梅日	3.18	2.99	3.70	—	3.05	3.95	3.22	2.99	3.93
	出梅日	4.76	4.76	4.45	—	5.03	4.64	4.85	5.57	4.40
最高水位/m		5.32	5.60	5.01	—	7.52	6.69	8.10	9.19	7.75
发生时间（月-日）		07-06	07-01	07-06	—	07-01	09-30	07-06	07-01	09-29
超警天数/d		26	27	23	—	11	20	2	12	1
超保天数/d		4	15	3	—	7	1	0	3	0
最大日均涨幅/m		0.66	0.62	0.36	—	1.37	1.94	2.38	2.94	3.23
发生时间（月-日）		06-14	06-26	09-16	—	06-17	09-29	06-14	06-25	09-29
最大日均降幅/m		0.23	0.18	0.19	—	0.75	0.73	0.93	0.94	1.02
发生时间（月-日）		06-18	07-21	06-05	—	06-19	10-02	07-11	06-21	09-19

注　港口站1997年建站，故1991年无数据。

4月1日杭长桥站水位与1999年同期基本持平，但低于1991年；港口站水位与1999年同期基本持平，瓶窑站水位明显低于1991年和1999年。由于4月降水持续偏多，至5月1日3站水位均高于1991年、1999年同期。

由于2016年梅雨期南部地区降水强度总体不大，故浙西区3站最高水位总体不高，明显低于1991年和1999年，尤其是瓶窑站最高水位比1999年最高水位低1.44m。

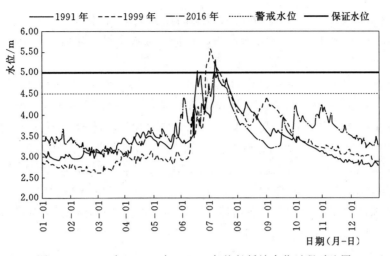

图 4.68　1991 年、1999 年、2016 年杭长桥站水位过程对比图

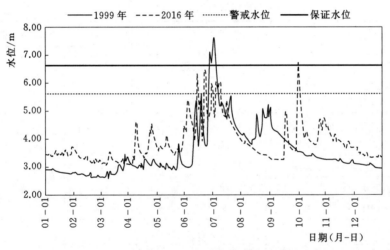

图 4.69　1999 年、2016 年港口站水位过程对比图

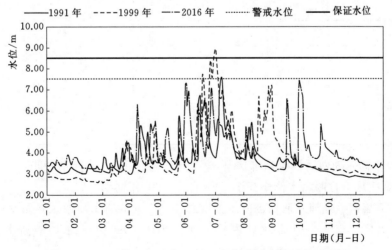

图 4.70　1991 年、1999 年、2016 年瓶窑站水位过程对比图

从超警超保天数看，杭长桥站及东苕溪的瓶窑站超警超保天数均是 1999 年最多，2016 年最少，其中瓶窑站 2016 年和 1991 年水位均未超保；西苕溪的港口站超警天数 2016 年多于 1999 年，但超保天数 1999 年多于 2016 年。

从日均涨幅、降幅看，杭长桥站日均涨幅 1991 年与 1999 年接近，分别为 0.66m 和 0.62m，2016 年最小，仅为 0.36m；杭长桥站日均降幅 1991 年最大，为 0.23m，2016 年与 1999 年接近，分别为 0.19m 和 0.18m。港口站最大日均涨幅 2016 年，达 1.94m，比 1999 年多 0.57m；港口站最大日均降幅 2016 年与 1999 年接近，分别为 0.73m 和 0.75m。瓶窑站最大日均涨幅 2016 年最大，达 3.23m，比 1999 年多 0.29m，比 1991 年多 0.85m；瓶窑站最大日均降幅 3 个大水年接近，为 0.93～1.02m，2016 年略大些。

（7）浦东浦西区。从大水年份各阶段浦东浦西区水位及超警超保天数统计情况（见表 4.41）及水位过程线图（见图 4.71 和图 4.72）可以看出，受 2015 年冬季降水偏多影响，2016 年年初浦东浦西区嘉定南门站、青浦南门站两站水位为 3 个大水年份中最高。

表 4.41　　　　　　　　　大水年份各阶段浦东浦西区水位特征值统计表

站　　名		嘉 定 南 门			青 浦 南 门		
年份		1991	1999	2016	1991	1999	2016
水位 /m	1 月 1 日	2.56	2.80	2.80	2.52	2.47	2.76
	4 月 1 日	2.65	2.68	2.68	2.66	2.71	2.58
	5 月 1 日	2.56	2.73	2.73	2.58	2.63	2.75
	9 月 30 日	2.83	2.50	2.50	2.80	2.82	2.79
	12 月 31 日	2.38	2.56	2.56	2.25	2.41	2.82
	入梅日	2.54	2.60	2.60	2.50	2.55	2.83
	出梅日	2.83	2.75	2.75	2.99	2.91	2.73
最高水位/m		3.53	3.87	3.28	3.34	3.77	3.45
发生时间（月-日）		08-08	07-01	10-22	06-16	07-01	10-23
超警天数/d		2	10	2	9	19	8
超保天数/d		—	—	—	—	7	—
最大日均涨幅/m		0.57	0.35	0.46	0.54	0.39	0.39
发生时间（月-日）		07-02	06-30	09-16	09-06	06-10	09-16
最大日均降幅/m		0.33	0.27	0.30	0.20	0.25	0.30
发生时间（月-日）		08-09	06-12	10-24	06-18	06-13	10-24

4 月 1 日，浦东浦西区代表站水位基本与 1991 年、1999 年同期持平，由于 4 月降水持续偏多，至 5 月 1 日两站水位略高于 1991 年、1999 年同期。

由于 2016 年梅雨期浦东浦西区降水强度总体不大，故浦东浦西区两站水位总体不高，超警超保天数不多，与 1991 年大水基本一致，小于 1999 年大水，最高水位也远低于 1999 年。

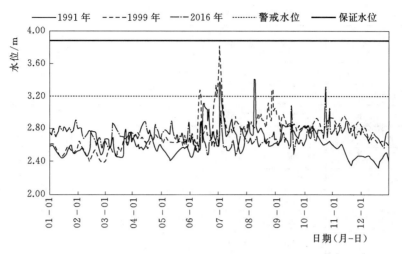

图 4.71 1991 年、1999 年、2016 年嘉定南门站水位过程对比图

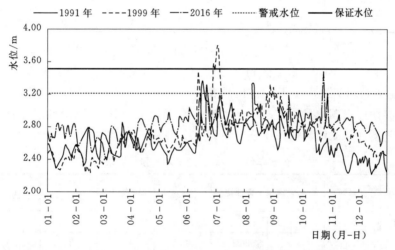

图 4.72 1991 年、1999 年、2016 年青浦南门站日高潮位过程对比图

4.5.3 水量对比分析

（1）环湖水量。为清楚掌握环太湖进出水量情况，自 1972 年以来太湖局一直组织环太湖巡测工作，1986 年以前只在汛期开展巡测工作，1986 年以后开展了全年的水文巡测工作，多年来参加巡测工作的环湖各地市轮流牵头进行资料集中会审。

从表 4.42 可以看出，全年环湖入湖水量 2016 年高达 159.9 亿 m³，远大于 1991 年的 95.98 亿 m³ 和 1999 年的 108.2 亿 m³，2016 年汛期入湖水量也较 1991 年、1999 年分别偏多 28.03 亿 m³、10.88 亿 m³。从入湖分区看，大水年份无论是全年还是汛期，湖西区、浙西区、杭嘉湖区入湖水量均占总入湖水量的 95%以上，入湖水量与区域降水量有良好的对应关系，北部雨型的 1991 年、2016 年以湖西区入湖为主，南部雨型的 1999 年则以浙西区和杭嘉湖区入湖为主。

157

表 4.42　　　　　　　　　　大水年份全年环太湖入湖水量统计表　　　　　　　　单位：亿 m³

项目		浙西区	杭嘉湖区	太浦河	阳澄淀泖区	望虞河	武澄锡虞区	湖西区	环太湖
全年	1991 年	25.33	9.859	0	0.5271	0.2262	3.528	56.51	95.98
	比例/%	26.4	10.3	0.0	0.5	0.2	3.7	58.9	100.0
	1999 年	46.11	15.97	0.0288	0.7964	0.2247	2.628	42.47	108.2
	比例/%	42.6	14.8	0.0	0.7	0.2	2.4	39.3	100.0
	2016 年	44.87	4.337	0	2.834	1.445	0.4404	105.9	159.9
	比例/%	28.1	2.7	0.0	1.8	0.9	0.3	66.2	100.0
汛期	1991 年	17.36	4.966	0	0.2820	0.1944	2.294	34.40	59.50
	比例/%	29.2	8.3	0.0	0.5	0.3	3.9	57.8	100
	1999 年	38.91	9.861	0.0288	0.2064	0.2247	1.338	26.09	76.65
	比例/%	50.8	12.9	0.0	0.3	0.3	1.7	34.0	100.0
	2016 年	30.15	2.164	0	1.335	0.4673	0.2969	53.12	87.53
	比例/%	34.5	2.5	0.0	1.5	0.5	0.3	60.7	100.0

从表 4.43 可以看出，全年环湖出湖水量 2016 年高达 167.3 亿 m³，大于 1991 年的 124.4 亿 m³ 和 1999 年的 148.1 亿 m³，2016 年汛期出湖水量较 1991 年偏多 14.75 亿 m³，较 1999 年偏少 11.46 亿 m³。从出湖区域看，无论是全年还是汛期，望虞河、太浦河两河工程及阳澄淀泖区出湖水量均占总出湖水量的 60% 以上，其中 1999 年、2016 年更是占到 78% 以上，望虞河、太浦河两河工程也占到 60% 以上。

表 4.43　　　　　　　　　　大水年份全年环太湖出湖水量统计表　　　　　　　　单位：亿 m³

项目		浙西区	杭嘉湖区	太浦河	阳澄淀泖区	望虞河	武澄锡虞区	湖西区	环太湖
全年	1991 年	10.57	16.45	35.99	37.54	6.139	14.93	2.759	124.4
	比例/%	8.5	13.2	28.9	30.2	4.9	12.0	2.2	100.0
	1999 年	9.713	15.81	60.77	27.69	27.75	4.298	2.081	148.1
	比例/%	6.6	10.7	41.0	18.7	18.7	2.9	1.4	100.0
	2016 年	8.163	13.86	68.03	34.91	34.47	7.330	0.5063	167.3
	比例/%	4.9	8.3	40.7	20.9	20.6	4.4	0.3	100.0
汛期	1991 年	7.032	9.006	20.19	23.73	4.476	10.73	2.120	77.29
	比例/%	9.1	11.7	26.1	30.7	5.8	13.9	2.7	100.0
	1999 年	3.695	8.285	40.85	19.41	26.25	3.312	1.693	103.5
	比例/%	3.6	8.0	39.5	18.8	25.4	3.2	1.6	100.0
	2016 年	4.360	5.218	41.11	15.13	22.22	3.683	0.3154	92.04
	比例/%	4.7	5.7	44.7	16.4	24.1	4.0	0.3	100.0

注　1. 表中 1991 年、1999 年太浦河监测断面为平望断面，2016 年太浦河监测断面为太浦闸水文站。
　　2. 1991 年太浦闸断面全年和汛期出湖水量均为 11.92 亿 m³，1999 年太浦闸断面全年和汛期出湖水量分别为 28.73 亿 m³ 和 28.40 亿 m³。

（2）流域外排水量。从表4.44、图4.73可以看出，太湖流域3个重要外排通道中，北部江苏沿江口门、东部黄浦江外排能力总体大于南部沿杭州湾口门，2016年全年外排水量较1999年偏多110.3亿 m³，除杭州湾外排水量2016年与1999年基本一致外，北排长江、东出黄浦江水量均是2016年大于1999年。从汛期外排水量看，2016年比1999年少17.68亿 m³，但比1991年多36.41亿 m³。外排通道中入杭州湾水量变化最显著，杭嘉湖南排工程在1991年大水后逐步完善，并在1999年、2016年发挥了巨大防洪效益，但是北排长江、东排黄浦江仍是流域外排最主要的出路，水量占总外排水量的80%以上。

表 4.44　　　　　　　　　　大水年份流域外排水量统计表　　　　　　　　单位：亿 m³

项目	全　　年			汛　　期		
	1991 年	1999 年	2016 年	1991 年	1999 年	2016 年
入长江	109.6	108.5	137.2	82.65	101.0	89.09
入杭州湾	20.52	36.14	37.89	14.96	35.07	26.66
黄浦江泄量	—	149.8	229.6	70.50	86.13	88.77
总量	—	294.4	404.7	168.1	222.2	204.5

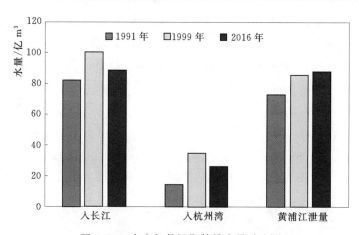

图 4.73　大水年份汛期外排水量对比图

4.6　本章小结

（1）2016年流域各特征时段降水量均位列历史前十，其中最大15d、30d、45d、60d和90d降水量位列历史前三；各水利分区中湖西区最大3d、7d、15d降水量均超历史实测最大值，尤以最大15d降水量超历史最明显；其他水利分区各时段降水量均未超历史实测最大值。

（2）太湖水位汛前未出现超警，汛期达到或超警天数为63d，超设计洪水位天数为16d，汛后达到或超警天数达34d，全年达到或超警天数为97d，超设计洪水位天数为16d。2016年上游区时段降水量与太湖水位涨幅响应关系基本符合每50mm降水量水位上涨0.125m的线性关系。分析认为造成2016年太湖高水位的原因有4个：①降水时间长、总量大是太湖高水位的最根本原因；②入汛、入梅水位高，直接增加了太湖发生高水位的概率；③区域排涝能力提高，大量洪水快速入湖，直接推高了太湖水位；④太湖流域洪水出路依然不足，是太湖水位居高不下的客观原因。

（3）从太湖流域及各水利分区最大 1d、3d、7d、15d、30d、60d、90d 降水量及其排位、重现期看，1999 年全流域最大 7d 到最大 90d 降水量重现期均位列历史第一位，而 1991 年和 2016 年重现期为 20～30 年。

（4）1991 年、1999 年、2016 年 3 个大水年份最高水位均发生在 7 月上中旬的梅雨期，分别为 4.79m、4.97m 和 4.88m。从太湖水位超警超设计洪水位天数看，超警天数 1991 年最少，2016 年最多，超设计洪水位天数 1991 年最少，1999 年最多。湖西区和武澄锡虞区代表站最高水位 2016 年和 1991 年要高于 1999 年，其他分区河网代表站最高水位多以 1999 年最高。

（5）全年环湖入湖水量 2016 年远大于 1991 年和 1999 年，2016 年汛期入湖水量也较 1991 年、1999 年偏多。从入湖分区看，大水年份湖西区、浙西区、杭嘉湖区入湖水量占总入湖水量的 95％以上，入湖水量与区域降水量有良好的对应关系，北部雨型的 1991 年、2016 年以湖西区入湖为主，南部雨型的 1999 年则以浙西区和杭嘉湖区入湖为主。全年环湖出湖水量 2016 年大于 1991 年和 1999 年，2016 年汛期出湖水量较 1991 年偏多，较 1999 年偏少。从出湖区域看，望虞河、太浦河两河工程及阳澄淀泖区出湖水量占总出湖水量的 60％以上，1999 年、2016 年更是占 78％以上，其中望虞河、太浦河两河工程也占到 60％以上。

第 5 章　洪水组成分析

1991 年太湖流域大水后，治太工程全面建设，至 1999 年基本完成。为此，本章主要对 2016 年太湖流域洪水组成进行分析，并与 1999 年大水进行比较。太湖流域 2016 年梅雨量少于 1999 年，太湖、河网、水库调蓄总量占产水量的比重与 1999 年相比有所减少，排水量占产水量的比重显著增加，太湖调蓄比重、入长江泄量比重、入杭州湾水量比重均有所增加，黄浦江泄量比重下降。说明太湖调蓄作用和北排长江、南排杭州湾的能力比 1999 年有所提升。

5.1　流域洪水组成分析

流域洪水组成分析涉及流域产水量、调蓄量及流域进出水量。由于太湖流域属平原感潮河网地区，河道互相联通，受暴雨中心和外江潮汐等影响，流向往复不定，流域出口没有流量控制断面，而流域降水资料较丰富，因此，2016 年太湖流域产水量是由实测降水运用太湖流域产汇流模型模拟计算，间接推求得到。流域进出水量是通过巡测线的监测资料统计得到。

5.1.1　流域产水量计算

根据太湖流域产流特点，将流域下垫面划分为水面、水田、旱地（包括非耕地）、建设用地 4 种土地利用类型建立产流模型，针对不同下垫面类型，采用不同产流计算方法。太湖流域产水量是根据太湖流域产流模型对 4 种土地利用类型分别进行计算得到。

2016 年梅雨期 6 月 19 日至 7 月 19 日共 31d，梅雨量为 426.8mm，折合水量为 157.5 亿 m^3，根据太湖流域产流模型计算结果，全流域产水量为 118.5 亿 m^3，径流系数为 0.75；汛期 5 月 1 日至 9 月 30 日共 153d，降水量为 1124.4mm，折合水量为 414.8 亿 m^3，全流域产水量为 220.7 亿 m^3，径流系数为 0.53。产水量计算成果见表 5.1。

表 5.1　　　　　　　　　　太湖流域 2016 年产水量计算成果表

分 区 名	产水量/亿 m^3	
	梅雨期（6 月 19 日至 7 月 19 日）	汛期（5 月 1 日至 9 月 30 日）
湖西区	41.68	73.47
武澄锡虞区	18.49	28.13
阳澄淀泖区	14.48	24.56
太湖区	10.58	20.54
杭嘉湖区	11.07	32.92
浙西区	12.71	28.45
浦东浦西区	9.46	12.60
全流域	118.5	220.7

2016 年太湖流域不同时段各个分区产水量差异较为明显。梅雨期、汛期湖西区产水量分别为 41.68 亿 m³、73.47 亿 m³，明显大于其他各分区，浦东浦西区产水量最小，梅雨期、汛期产水量分别为 9.460 亿 m³、12.60 亿 m³。

5.1.2　流域蓄水量计算

太湖流域蓄水量包括太湖蓄水量、圩外河网蓄水量、水库蓄水量，山丘区和圩内河道不参加调蓄。河网湖泊蓄变量通过各分区时段始末水位变化乘以该分区圩外河网水面面积求得，水库蓄水量由时段始末蓄水量之差求得。

梅雨期，太湖流域（太湖、河网和 8 座大型水库）蓄水量增加 25.93 亿 m³。其中，河网增加 7.090 亿 m³，太湖增加 18.67 亿 m³，水库增加 0.1683 亿 m³，分别占总蓄变量的 27％、72％、1％，太湖蓄变量占比最大。汛期，太湖流域（太湖、河网和 8 座大型水库）蓄水量增加 18.18 亿 m³。其中，河网增加 11.67 亿 m³，太湖增加 5.939 亿 m³，水库增加 0.5706 亿 m³，分别占总蓄变量的 64％、33％、3％，河网蓄变量占比最大。太湖流域不同时段蓄变量统计见图 5.1。

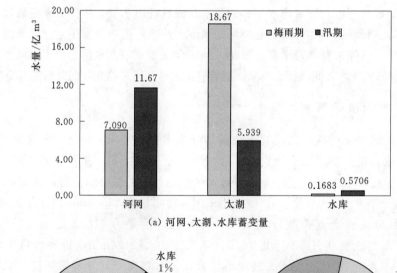

(a) 河网、太湖、水库蓄变量

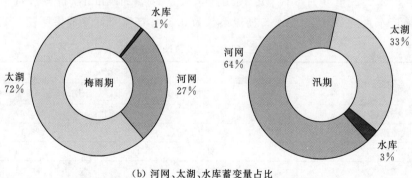

(b) 河网、太湖、水库蓄变量占比

图 5.1　太湖流域不同时段蓄变量统计

1. 太湖调蓄量

梅雨期，太湖蓄水量增加 18.67 亿 m³；汛期，太湖蓄水量增加 5.939 亿 m³。说明梅雨期是降水较为集中时段，太湖流域调蓄主要靠太湖。太湖蓄变量统计见表5.2和表5.3。

2. 河网调蓄量

梅雨期，河网蓄水量增加7.090亿 m^3；汛期，河网蓄水量增加11.67亿 m^3。由此可见，河网调蓄作用在汛期较明显。河网蓄变量统计见表5.2和表5.3。

3. 大型水库蓄水量

梅雨期，水库蓄水量增加0.1683亿 m^3；汛期，水库蓄水量增加0.5706亿 m^3。由此可见，水库调蓄作用在梅雨期、汛期较长时段内不明显，水库由于库容有限，它的作用主要体现在对短历时强降水的调峰作用。水库蓄变量统计见表5.4和表5.5。

表 5.2　　　　　　　　　　　梅雨期太湖流域蓄变量统计

分 区		代 表 站	圩外面积/km²	期初水位/m	期末水位/m	水位差/m	蓄变量/亿 m³
河网	运河片	常州	30.7	3.83	4.45	0.62	0.1903
	洮滆片	金坛、坊前、溧阳（二）、宜兴、王母观	398.5	3.76	4.58	0.82	3.268
	武澄锡虞区	青阳、洛社、无锡（大）、陈墅、甘露	190.1	3.63	4.13	0.50	0.9505
	阳澄区	常熟、湘城、昆山	259.3	3.16	3.17	0.01	0.0259
	淀泖区	苏州、昆山、陈墓、平望、瓜泾口	350.8	3.40	3.61	0.21	0.7367
	杭嘉湖区	嘉兴、软城、南浔、乌镇、新市、崇德、王江泾	452.3	3.40	3.60	0.20	0.9046
	浙西区	长兴、德清、横塘村、杭长桥	144.9	3.56	4.26	0.70	1.014
	小计		1826.6				7.090
太湖	太湖区	太湖	2338.1	3.77	4.56	0.79	18.47
	滨湖区	西山、望亭、苏州	33.7	3.76	4.36	0.60	0.2022
	小计		2371.8				18.67
合 计			4198.4				25.76

表 5.3　　　　　　　　　　　汛期太湖流域蓄变量统计

分 区		代 表 站	圩外面积/km²	期初水位/m	期末水位/m	水位差/m	蓄变量/亿 m³
河网	运河片	常州	30.7	3.76	4.66	0.90	0.2763
	洮滆片	金坛、坊前、溧阳（二）、宜兴、王母观	398.5	3.67	4.97	1.30	5.181
	武澄锡虞区	青阳、洛社、无锡（大）、陈墅、甘露	190.1	3.56	4.08	0.52	0.9885
	阳澄区	常熟、湘城、昆山	259.3	3.17	3.34	0.17	0.4408
	淀泖区	苏州、昆山、陈墓、平望、瓜泾口	350.8	3.24	3.49	0.25	0.8770
	杭嘉湖区	嘉兴、软城、南浔、乌镇、新市、崇德、王江泾	452.3	3.28	3.64	0.36	1.628
	浙西区	长兴、德清、横塘村、杭长桥	144.9	3.29	4.86	1.57	2.275
	小计		1826.6				11.67
太湖	太湖区	太湖	2338.1	3.52	3.77	0.25	5.845
	滨湖区	西山、望亭、苏州	33.7	3.50	3.78	0.28	0.0944
	小计		2371.8				5.939
合 计			4198.4				17.61

表 5.4　　　　　　　　　梅雨期太湖流域大型水库蓄变量统计　　　　　　　单位：亿 m³

水库名	所在省市	总库容	期末蓄水量	期初蓄水量	蓄变量
横山水库	江苏无锡	1.120	0.5201	0.5587	−0.0386
沙河水库	江苏常州	1.086	0.6140	0.5680	0.0460
大溪水库	江苏常州	1.020	0.4682	0.4658	0.0024
青山水库	浙江杭州	2.130	0.3923	0.3493	0.0430
对河口水库	浙江湖州	1.469	0.5495	0.5260	0.0235
老石坎水库	浙江湖州	1.150	0.4455	0.4738	−0.0283
赋石水库	浙江湖州	2.182	0.8385	0.7630	0.0755
合溪水库	浙江湖州	1.116	0.3282	0.2834	0.0448
合　计		11.27	4.156	3.988	0.1683

表 5.5　　　　　　　　　汛期太湖流域大型水库蓄变量统计　　　　　　　　单位：亿 m³

水库名	所在省市	总库容	期末蓄水量	期初蓄水量	蓄变量
横山水库	江苏无锡	1.120	0.5923	0.5909	0.0014
沙河水库	江苏常州	1.086	0.6190	0.5859	0.0331
大溪水库	江苏常州	1.020	0.5660	0.4870	0.0790
青山水库	浙江杭州	2.130	0.7319	0.3794	0.3525
对河口水库	浙江湖州	1.469	0.7012	0.6070	0.0942
老石坎水库	浙江湖州	1.150	0.5155	0.3273	0.1882
赋石水库	浙江湖州	2.182	0.6465	0.9443	−0.2978
合溪水库	浙江湖州	1.116	0.3832	0.2632	0.1200
合　计		11.27	4.756	4.185	0.5706

5.1.3　流域外排水量统计

1. 沿长江江苏段水量统计

梅雨期沿江排水量为 41.80 亿 m³，引水量为 0.3748 亿 m³，基本以排水为主，净排水量为 41.42 亿 m³。汛期沿江排水量为 89.09 亿 m³，引水量为 24.63 亿 m³，排水量大于引水量，净排水量为 64.46 亿 m³，引排比约为 1∶4（详见表 5.6 和图 5.2）。

表 5.6　　　　　　　　不同分区沿长江口门引排水量统计　　　　　　　　单位：亿 m³

分　区	站名	梅　雨　期		汛　期	
		引水量	排水量	引水量	排水量
湖西区	谏壁闸	0	0	0.9702	0.1132
	谏壁抽水站	0	2.879	1.600	3.061
	抽水站引河	0.2140	0	2.599	0
	九曲河闸	0.0187	2.504	3.177	3.067
	小河新闸	0.0179	0.8209	1.791	1.132
	魏村闸	0.0027	1.307	1.783	1.727
	孟城闸	0.0029	0.1548	0.1277	0.1973
	剩银闸	0.0027	0.2126	0.3989	0.3064
	小计	0.2589	7.878	12.45	9.604

分 区	站名	梅 雨 期		汛 期	
		引水量	排水量	引水量	排水量
武澄锡虞区	澡港闸	0	1.148	1.231	1.543
	定波闸	0	0.6081	0.3369	1.638
	白屈港抽水站	0	2.588	1.019	3.393
	新夏港泵站	0	1.199	0	1.597
	无锡小闸	0	3.835	0.6866	8.028
	张家港闸	0	1.428	0.0460	2.896
	十一圩港闸	0	0.8462	0.0071	1.764
	苏州小闸	0.0373	0.6635	1.553	2.246
	小计	0.0373	12.32	4.878	23.10
常熟水利枢纽		0	9.794	1.707	28.51
阳澄淀泖区	浒浦闸	0	1.119	0.2631	3.114
	白茆闸	0	1.734	0.3404	4.510
	七浦闸	0	0.5538	0.3232	1.330
	杨林闸	0	1.061	0.1536	1.865
	浏河闸	0	4.118	0.8951	10.58
	苏州小闸	0.0786	3.229	3.626	6.470
	小计	0.0786	11.81	5.602	27.87
合 计		0.3748	41.80	24.63	89.09

（1）引水量分析。梅雨期沿长江口门引水量仅 0.3748 亿 m^3，主要集中在湖西区，为 0.2589 亿 m^3。

汛期沿江江苏段引水量为 24.63 亿 m^3，各分区中湖西区引水量最多，为 12.45 亿 m^3，占沿长江口门引水总量的 50%；常熟水利枢纽引水量仅为 1.707 亿 m^3，占引水总量的 7%。沿长江不同时段各分区引水量比例统计见图 5.3。

（2）排水量分析。梅雨期沿长江口门排水量为 41.80 亿 m^3，各分区排水量武澄锡虞区最大，为 12.32 亿 m^3，占总排水量的 30%；其次是阳澄淀泖区，排水量为 11.81 亿 m^3，占总排水量的 28%；湖西区最小，排水量为 7.878 亿 m^3，占总排水量的 19%；望虞河常熟水利枢纽排水量为 9.794 亿 m^3，占总排水量的 23%。

汛期沿长江口门排水量为 89.09 亿 m^3，其中望虞河常熟水利枢纽排水量最大，达 28.51 亿 m^3，占总排水量的 32%；其次是阳澄淀泖区，排水量为 27.87 亿 m^3，占总排水量的 31%；湖西区最小，排水量仅 9.604 亿 m^3，占总排水量的 11%，也是唯一一个引水量大于排水量的区域。沿长江不同时段各分区排水量比例统计见图 5.4。

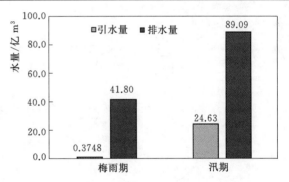

图 5.2 沿长江江苏段不同时段引排水量统计

（3）净排水量分析。梅雨期沿长江口门基本以排水为主，净排水量为 41.42 亿 m³（详见表 5.7）。

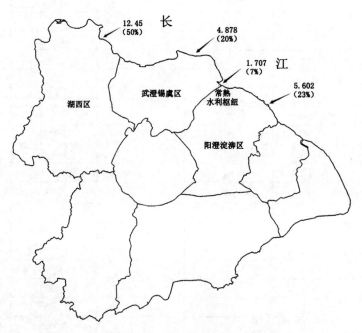

图 5.3　汛期沿长江不同分区引水量统计（单位：亿 m³）

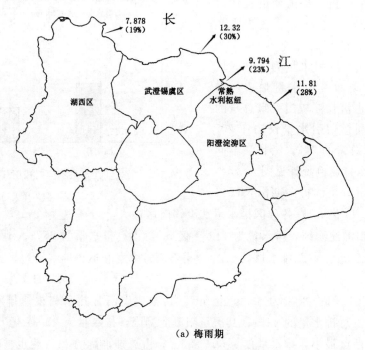

（a）梅雨期

图 5.4（一）　梅雨期、汛期沿长江不同分区排水量统计（单位：亿 m³）

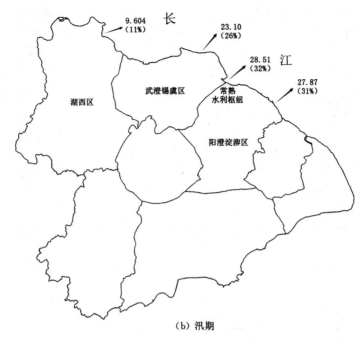

（b）汛期

图5.4（二） 梅雨期、汛期沿长江不同分区排水量统计（单位：亿 m³）

表5.7　　　　　　　　　梅雨期沿长江不同分区净排水量统计　　　　　单位：亿 m³

梅雨期	引水量	排水量	净排水量
湖西区	0.2589	7.878	7.619
武澄锡虞区	0.0373	12.32	12.28
常熟水利枢纽	0	9.794	9.794
阳澄淀泖区	0.0786	11.81	11.73
合计	0.3748	41.80	41.42

汛期净排水量为64.46亿 m³，引排比约为1:4。除湖西区引水量略大于排水量，其余各分区均以排水为主，武澄锡虞区、常熟水利枢纽、阳澄淀泖区净排水量分别为18.22亿 m³、26.80亿 m³、22.27亿 m³，引排比分别为1:5、1:17、1:5（详见表5.8）。

表5.8　　　　　　　　　汛期沿长江不同分区净排水量统计　　　　　单位：亿 m³

汛期	引水量	排水量	净排水量	引排比
湖西区	12.45	9.604	−2.846	1:1
武澄锡虞区	4.878	23.10	18.22	1:5
常熟水利枢纽	1.707	28.51	26.80	1:17
阳澄淀泖区	5.602	27.87	22.27	1:5
合计	24.63	89.09	64.46	1:4

2. 沿杭州湾南排水量统计

太湖流域沿钱塘江进出口门有嘉兴段的南排工程和杭州段的三堡等闸站，南排工程包括独山闸、南台头闸、长山闸和盐官枢纽。梅雨期向南排入钱塘江杭州湾的水量为 10.92 亿 m³，以嘉兴段南排工程为主，排水量达 9.892 亿 m³，占南排总排水量的 91%。梅雨期杭州段南排口门有少量引水，引水量为 0.3125 亿 m³。各口门排水量长山闸最多，为 3.674 亿 m³，占南排总排水量的 34%；其次为南台头闸，排水量为 3.019 亿 m³，占总排水量的 28%。

汛期南排排水量为 26.66 亿 m³，其中嘉兴段南排水量达 24.22 亿 m³，占南排总排水量的 91%。汛期杭州段南排口门有少量引水，引水量为 3.106 亿 m³。各口门排水量长山闸最多，为 10.32 亿 m³，占南排总排水量的 39%；其次为南台头闸，排水量为 7.912 亿 m³，占总排水量的 30%。沿杭州湾南排水量统计情况见表 5.9，沿杭州湾各闸不同时段排水量统计见图 5.5。

表 5.9　　　　　　　　　　　　　沿杭州湾南排水量统计　　　　　　　　　　　　单位：亿 m³

时段	嘉兴段排水量						杭州段		合计排水量
	独山闸	南台头闸	长山闸	盐官下河闸	盐官上河闸	小计	排水量	引水量	
梅雨期	0.7833	3.019	3.674	2.416	0	9.892	1.024	0.3125	10.92
汛期	1.503	7.912	10.32	4.474	0.0035	24.22	2.444	3.106	26.66

3. 上海段外排水量统计

沿长江上海段梅雨期排水量为 3.100 亿 m³，汛期排水量为 11.12 亿 m³；沿杭州湾上海段梅雨期排水量为 3.72 亿 m³，汛期排水量为 14.98 亿 m³。

4. 黄浦江松浦大桥泄量统计

黄浦江松浦大桥梅雨期净泄量为 25.77 亿 m³，汛期净泄量为 88.77 亿 m³。汛期最大

图 5.5（一）　沿杭州湾各闸不同时段排水量统计（单位：亿 m³）

（b）汛期

图 5.5（二） 沿杭州湾各闸不同时段排水量统计（单位：亿 m^3）

日平均流量为 1550m^3/s（6 月 13 日），比 1991 年的 1400m^3/s 大 150m^3/s，比 1999 年的 1920m^3/s 小 370m^3/s。受 10 月下旬台风"海马"影响，黄浦江松浦大桥 10 月 24 日出现全年最大日平均流量为 1849m^3/s。

5.1.4 水量平衡分析

水量平衡要素主要有入境水量、本地产水量（降雨形成的径流量）、出境水量、河湖库调蓄量。区域水量平衡量计算公式为

$$W_{不平衡量} = W_{入境水量} + W_{本地产水量} - W_{出境水量} - W_{河湖库调蓄量}$$

水量平衡分析计算时段为梅雨期（6 月 19 日至 7 月 19 日）和汛期（5 月 1 日至 9 月 30 日）。

梅雨期流域产水量和引水量分别为 118.5 亿 m^3 和 0.6873 亿 m^3，调蓄增量和外排水量分别为 25.93 亿 m^3 和 85.31 亿 m^3，平衡差绝对值为 8.000 亿 m^3，相对误差为 6.7%。

汛期流域产水量和引水量分别为 220.7 亿 m^3 和 27.74 亿 m^3，调蓄量和外排水量分别为 18.18 亿 m^3 和 230.6 亿 m^3。平衡差为 -0.400 亿 m^3，相对误差为 -0.2%。流域水量平衡分析见表 5.10，洪水运动见图 5.6。

根据水量平衡原理分析计算不平衡量和相对误差是检验准确性的一种手段，各平衡要素的估算方法和取值决定平衡结果误差的大小。梅雨期和汛期流域平衡结果比较好，相对误差均在 7% 以内，特别是汛期水量平衡差仅为 -0.2%，说明太湖流域各地进行的水文测验和调查估算的资料均达到一定精度，采用的计算方法以及计算时使用的参数是合理的。造成流域水量不平衡的原因主要有以下几点。

表 5.10　　　　　　　　　　　流域水量平衡分析表　　　　　　　　　　单位：亿 m³

项　目			梅雨期	汛期
流域产水量			118.5	220.7
流域调蓄量	太湖		18.67	5.939
	河网		7.090	11.67
	水库		0.1683	0.5706
	小计		25.93	18.18
流域引水量	沿长江	江苏	0.3748	24.63
		上海	0	0
	沿杭州湾	浙江	0.3125	3.106
	小计		0.6873	27.74
流域外排水量	沿长江	江苏	41.80	89.09
		上海	3.100	11.12
	沿杭州湾	上海	3.720	14.98
		浙江	10.92	26.66
	松浦大桥泄量		25.77	88.77
	小计		85.31	230.6
入项			119.2	248.4
出项			111.2	248.8
平衡差绝对值			8.000	−0.400
相对误差			6.7%	−0.2%

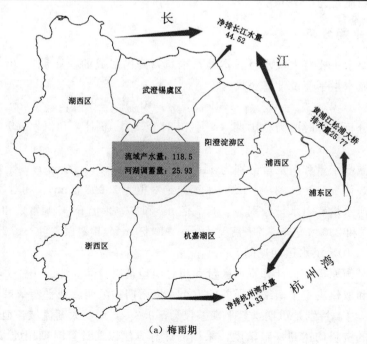

(a) 梅雨期

图 5.6（一）　太湖流域洪水运动示意图（单位：亿 m³）

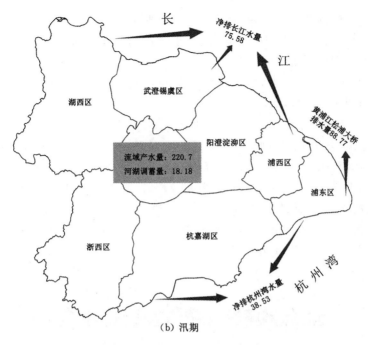

图 5.6（二） 太湖流域洪水运动示意图（单位：亿 m^3）

1. 流域径流量

在水量平衡各项计算要素中，太湖流域径流总量所占的比重最大，是影响水量平衡的关键因子。由于该数据是利用太湖流域产流模型计算得到的，存在一定的计算误差。

2. 调蓄量

河网调蓄量是采用不同分区代表站水位算术平均值作为区域平均水位，其代表性对水量平衡计算有一定的影响；另外，此次主要统计了大型水库的调蓄量，并未统计流域各地市的中小型水库，尽管该部分量很小，但也会产生一定影响。

3. 黄浦江入江水量

由于黄浦江吴淞口未建水文站，此次黄浦江入江水量以松浦大桥断面净泄量代替，未考虑黄浦江松浦大桥以下两岸的汇流，所以统计的水量偏小。

4. 口门流量监测

沿长江江苏段主要口门，采用"一潮推流法"建立引排水推流公式，不同地市采用的是不同年份的测次进行综合定线，加上估算方法本身的误差，可能会造成引排水量统计的误差，建议尽量根据近期资料进行重新率定，以提高水量数据的准确性。另外，浦东浦西区沿江沿海口门采用设计流量计算排水量，并未设有专门水文站，计算排水量时未考虑水闸与实际河道过水能力不匹配等因素，均会给水量平衡计算带来一定误差。

5.1.5 洪水运动格局

2016 年梅雨期太湖流域产水量为 118.5 亿 m^3，其中 3/4 左右外排入江入海，1/4 左右调蓄在流域内水域中。调蓄量中又以太湖调蓄为主，占总调蓄量的 72%。外排水量中，北排长江最多，达 44.90 亿 m^3（含上海），占外排水量的一半以上，达 53%；其次是东出黄浦江，占外排水量的 30%。2016 年梅雨期，太湖流域蓄泄比约 1∶3，以泄为主；但入梅后的涨水期，流域蓄水量为 41.57 亿 m³，外排水量为 55.35 亿 m³，蓄泄比约 3∶4，流域调蓄发挥了很重要的作用。

1999 年大水是太湖流域 20 世纪有记录以来发生的最大一次洪水，2016 年洪水运动与其相比，主要有以下几个特点。

1. 调蓄量占产水量比重减少，排水量占产水量比重增加

2016 年梅雨期，太湖、河网、水库调蓄总量为 25.93 亿 m³，占产水量的 22%；太湖流域净外排长江、杭州湾以及东出黄浦江（不含浦东浦西区通过黄浦江排出的水量，下同）的总排水量为 84.62 亿 m³，占产水量的 71%。1999 年梅雨期，调蓄量为 63.20 亿 m³，占产水量的 33%；总排水量为 107.9 亿 m³，占产水量的 56%。与 1999 年相比，2016 年调蓄量占产水量的比重有所减少，总排水量所占产水量的比重有所增加，由于 2016 年强降雨主要集中在流域北部，沿江工程发挥了重要作用。详见图 5.7 和表 5.11。

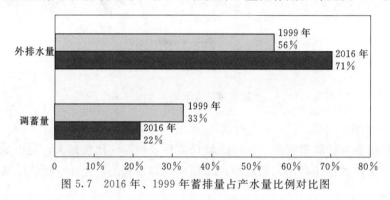

图 5.7　2016 年、1999 年蓄排量占产水量比例对比图

表 5.11　　　　　　　　2016 年与 1999 年大水流域调蓄及外排水量对比　　　　　单位：亿 m³

年份	梅雨期 /d	产水量	调蓄量		流域净外排水量			
			流域	其中太湖	沿长江	沿杭州湾	黄浦江	小计
2016	31	118.5	25.93	18.67	44.52	14.33	25.77	84.62
1999	43	192.2	63.20	40.32	54.33	16.45	37.10	107.9

2. 太湖调蓄作用明显

2016 年梅雨期，太湖调蓄量占调蓄总量的 72%；1999 年梅雨期，太湖调蓄量占调蓄总量的 64%。与 1999 年相比，2016 年太湖调蓄比重增加，太湖调蓄作用明显。详见图 5.8。

3. 沿长江外排水量比重略有增加

2016 年梅雨期，沿长江净排水量为 44.52 亿 m³，占流域总净排水量的 53%；1999 年梅雨期沿长江净排水量为 54.33 亿 m³，占流域总净排水量的 50%。与 1999 年相比，2016 年净排水量占总净排水量的比重略有增加。

4. 沿杭州湾排水量比重略有增加

由于 2016 年独山闸建成投入运用，沿杭州湾净排水量为 14.33 亿 m³，占总净排水量的 17%，1999 年梅雨期沿杭州湾净排水量为 16.45 亿 m³，占总净排水量的 15%。由此可见，2016 年南排排水虽较 1999 年略偏小，但占流域总排水量的比重略有增加。

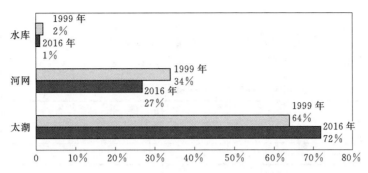

图 5.8 2016 年、1999 年太湖调蓄量占总调蓄量比例对比图

5. 黄浦江泄量比重略有下降

2016 年梅雨期黄浦江净泄量为 25.77 亿 m³，占总排水量的 30%；1999 年梅雨期黄浦江净泄量为 37.10 亿 m³，占总排水量的 35%。与 1999 年相比，2016 年所占总排水量的比重有所下降。详见图 5.9。

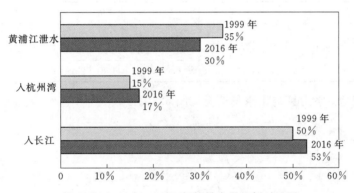

图 5.9 2016 年、1999 年外排水量比例对比图

5.2 区域洪水运动分析

5.2.1 江苏省太湖地区

1. 湖西区

太湖流域湖西区入境水量较小，为 0.2894 亿 m³，本地产水量为 41.68 亿 m³，出境水量为 36.07 亿 m³，河湖库调蓄量为 3.468 亿 m³，不平衡量为 2.431 亿 m³，以入境为主（见表 5.12）。

表 5.12　　　　　　　2016 年梅雨期湖西区水量平衡计算表　　　　　单位：亿 m³

入境水量			产水量	出境水量				河湖库调蓄量	平衡差
环太湖	引长江	小计		环太湖	锡澄线	排长江	小计		
0.0305	0.2589	0.2894	41.68	24.59	3.605	7.878	36.07	3.468	2.431

2. 武澄锡虞区

武澄锡虞区入境水量为 4.022 亿 m^3，本地产水量为 18.49 亿 m^3，出境水量为 17.95 亿 m^3，河湖调蓄量为 0.9505 亿 m^3，不平衡量为 3.612 亿 m^3，以入境为主（见表 5.13）。

表 5.13　　　　　　　　2016 年梅雨期武澄锡虞区水量平衡计算表　　　　　　　　单位：亿 m^3

入 境 水 量				产水量	出 境 水 量				河湖调蓄量	平衡差
环太湖	锡澄线	引长江	小计		环太湖	入苏州	排长江	小计		
0.3796	3.605	0.0373	4.022	18.49	0.1896	5.440	12.32	17.95	0.9505	3.612

3. 阳澄淀泖区

阳澄淀泖区总入境水量为 34.79 亿 m^3，本地产水量为 14.48 亿 m^3，出境水量为 43.66 亿 m^3、河湖调蓄量为 0.7626 亿 m^3、不平衡水量为 4.847 亿 m^3，以入境为主（见表 5.14）。

表 5.14　　　　　　　　2016 年梅雨期阳澄淀泖区水量平衡计算表　　　　　　　　单位：亿 m^3

入 境 水 量						产水量	出 境 水 量						河湖调蓄量	平衡差
环太湖	望亭枢纽	太浦河	无锡入苏州	引长江	小计		环太湖	苏沪边界	排长江	常熟枢纽	浦南线	小计		
3.078	8.440	17.75	5.440	0.0786	34.79	14.48	0.2630	17.33	11.81	9.794	4.465	43.66	0.7626	4.847

江苏省太湖地区各分区进出水量情况见图 5.10。

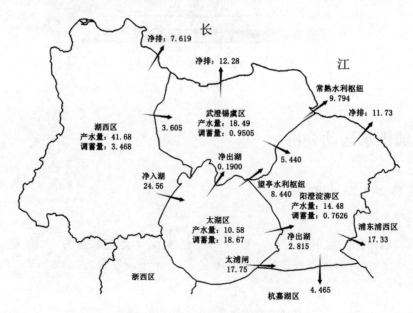

图 5.10　梅雨期江苏省太湖地区分区进出水量运动示意图（单位：亿 m^3）

5.2.2　浙江省太湖地区

浙江省太湖地区包括杭嘉湖区和浙西区，其中杭嘉湖区为平原区，浙西区除长兴少量平原外，大部分为山丘区。

1. 杭嘉湖区

梅雨期杭嘉湖区产水量为 11.07 亿 m³，太浦河南排入杭嘉湖区和东导流入杭嘉湖区水量分别为 4.828 亿 m³ 和 3.616 亿 m³，区域调蓄量、南排净排水量、净入湖水量和东排入黄浦江水量分别为 0.9046 亿 m³、10.61 亿 m³、0.1137 亿 m³ 和 6.396 亿 m³，不平衡量为 1.492 亿 m³，以入境为主（见表 5.15）。

表 5.15　　　　　　　2016 年梅雨期杭嘉湖区水量平衡计算表　　　　单位：亿 m³

入 境 水 量					产水量	出 境 水 量				河湖调蓄量	平衡差
太浦河南岸	环太湖	东导流	钱塘江引水	小计		入杭州湾	环太湖	入上海	小计		
4.828	0.2308	3.616	0.3125	8.987	11.07	10.92	0.3445	6.396	17.66	0.9046	1.492

2. 浙西山区

梅雨期浙西区产水量为 12.71 亿 m³，调蓄量、导流港出流和净入湖水量分别为 1.173 亿 m³、3.616 亿 m³ 和 13.57 亿 m³，不平衡量为 5.652 亿 m³，以出境为主，（见表 5.16）。

表 5.16　　　　　　　2016 年梅雨期浙西区水量平衡计算表　　　　单位：亿 m³

入境水量		产水量	出 境 水 量			河湖库调蓄量	平衡差
环太湖	小计		入杭嘉湖	环太湖	小计		
0.6215	0.6215	12.71	3.616	14.19	17.81	1.173	−5.652

浙江省太湖地区洪水运动见图 5.11。

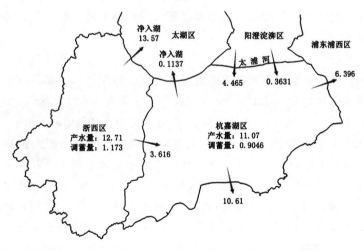

图 5.11　梅雨期浙江省太湖地区洪水运动示意图（单位：亿 m³）

5.2.3　上海市太湖地区

1. 产流计算

2016 年上海市于 6 月 19 日入梅，7 月 20 日出梅，雨日 31d，梅雨期全市平均雨量达 271.0mm。

梅雨期，上海市本地降水产生了约 12.81 亿 m^3 地表径流量，其中大陆片（浦东浦西区）平均雨深 251mm，产生 9.460 亿 m^3 地表径流量，崇明三岛平均雨深 362mm，产生了 3.350 亿 m^3 地表径流量。2016 年梅雨期上海市太湖地区水量平衡计算见表 5.17。

表 5.17　　　　　　　　　2016 年梅雨期上海市太湖地区水量平衡计算表

入境水量			产水量	出境水量			河湖调蓄量	平衡差
苏沪边界	浙沪边界	小计		沿江沿杭州湾	黄浦江	小计		
17.33	6.396	23.73	9.460	6.820	25.77	32.59	0.5500	0.0500

2. 各区域径流走向

上海市大陆片平均降水量为 251mm，径流量约 9.460 亿 m^3。其中：

（1）嘉宝北片平均降水量为 294mm，径流量为 1.470 亿 m^3。大部分水量通过沿江水闸乘低潮自排入海，其中通过墅沟水闸外排的水量为 0.2800 亿 m^3。少部分水量通过浏河入长江，或通过苏州河蕴藻浜汇入黄浦江。根据实测流量统计，江苏上游来水通过吴淞江赵屯断面的水量约为 1.680 亿 m^3。

（2）蕴南片平均降水量为 210mm，径流量为 0.2399 亿 m^3。主要通过沿黄浦江、苏州河、蕴藻浜水闸乘低潮外排，分析蕴藻浜东闸（内）水位过程表明，该地区排水较通畅。

（3）淀北、淀南片平均降水量为 256mm，径流量为 0.7000 亿 m^3。主要通过沿黄浦江水闸排涝，部分由沿苏州河水闸、淀浦河水闸排涝。因这两个水利片面积较小，且紧邻黄浦江，所以排水较通畅。

（4）浦东片平均降水量为 244mm，径流量为 3.359 亿 m^3。通过沿江沿海水闸排水，由于受上游洪水影响较小，且排涝口门众多，排水较通畅。经统计计算，浦东片梅雨期排水量为 2.260 亿 m^3。

（5）浦南片平均降水量为 250mm，径流量为 1.360 亿 m^3。该控制片因受杭嘉湖及平湖地区洪水影响，排水通道又不畅，主要通过大泖港、园泄泾入黄浦江。经计算，梅雨期杭嘉湖及平湖地区来水量为 6.396 亿 m^3，龙泉港排水量为 1.500 亿 m^3。

（6）太南、太北、商塌片（含淀山湖）平均降水量为 277mm，径流量为 0.5299 亿 m^3。该区域主要是通过拦路港、太浦河、大蒸港由斜塘、园泄泾汇入黄浦江。该区域受上游洪水影响，排水不通畅。经计算，梅雨期经拦路港的客水量为 2.820 亿 m^3。

（7）青松片平均降水量为 272mm，径流量为 1.801 亿 m^3。该控制片降水量大，面积大，地势低洼，排涝口门少，主要通过黄浦江上游干流及斜塘、淀浦河水闸排水，因受洪水影响及天文大潮顶托，外河潮（水）位高，排水不畅，梅雨期经淀浦河下泄的客水量仅为 0.2531 亿 m^3。

梅雨期，上海市大陆片径流量约为 9.460 亿 m^3，据河闸部门统计，总计约有 6.820 亿 m^3 水量通过全市水闸的合理调度乘低潮排出。

3. 水量平衡分析

上海市承泄的太湖洪水及杭嘉湖区涝水主要由黄浦江三大支流、苏州河、淀浦河、蕴藻浜等汇入黄浦江入海。梅雨期，通过苏沪边界净入上海市（包括太浦河）客水量为

17.33 亿 m³，通过浙沪边界净入上海市客水量为 6.396 亿 m³；本地径流量为 9.460 亿 m³，通过沿长江、杭州湾水闸口门外排水量为 6.820 亿 m³，调蓄量增加 0.5500 亿 m³，最终黄浦江入长江水量约为 25.77 亿 m³，平衡差为 0.0500 亿 m³，见表 5.17。2016 年梅雨期上海大陆片水量平衡示意图见图 5.12。

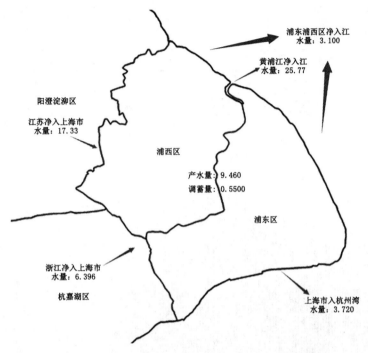

图 5.12　2016 年梅雨期上海市太湖地区洪水运动示意图（单位：亿 m³）

4. 与 1999 年梅雨对比分析

2016 年梅雨期间，上海承泄上游行洪量为 23.73 亿 m³，比 1999 年梅雨期的 30.00 亿 m³ 减少了 21%，且大陆片产生的本地径流量为 9.460 亿 m³，仅为 1999 年梅雨期径流量的三成，但由于 2016 年梅雨期比 1999 年梅雨期短 12d，2016 年上海与江苏、浙江的边界梅雨期平均行洪流量为 886m³/s，大于 1999 年梅雨期的平均行洪流量 807m³/s。

5.3　主要河道洪水运动分析

本节主要分析太湖流域主要行洪河道望虞河、太浦河、大运河（苏南运河）、东苕溪和黄浦江的洪水运动。

5.3.1　望虞河

1. 排水量

梅雨期和汛期常熟水利枢纽排水量分别为 9.794 亿 m³ 和 28.51 亿 m³，日均排水量分别为 0.3159 亿 m³ 和 0.1863 亿 m³；梅雨期和汛期望亭水利枢纽排水量分别为 8.440 亿 m³ 和 22.22 亿 m³，日均排水量分别为 0.2722 亿 m³ 和 0.1452 亿 m³，详见表 5.18。望虞河汛期排水量过程见图 5.13 和图 5.14。

表 5.18　　　　　　　　　　　望虞河排水量统计表　　　　　　　　单位：亿 m³

河名	计算时段	泄水量	日均泄水量	最大日泄水量	出现时间（月-日）
常熟水利枢纽	梅雨期	9.794	0.3159	0.4510	06-29
	汛期	28.51	0.1863	0.4510	06-29
望亭水利枢纽	梅雨期	8.440	0.2722	0.3845	07-11
	汛期	22.22	0.1452	0.3845	07-11

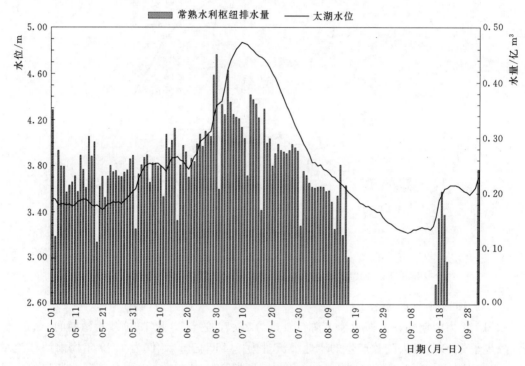

图 5.13　汛期常熟水利枢纽泄水过程线

2. 沿线进出水量分析

望虞河干流自长江口至太湖沿程水量监测依次有常熟水利枢纽闸内、张桥、望亭立交闸下 3 个控制断面。望虞河自长江口至太湖沿程西岸支流入流水量及水质监测断面主要有张家港（大义桥断面）、锡北运河（新师桥断面）、九里河（鸟嘴渡断面）、伯渎港（大坊桥断面）2016 年梅雨期对福山塘、蠡河船闸等开展了应急监测。望虞河自长江口至太湖沿程东岸口门分流情况监测断面主要有灵岩港（灵岩闸）、寺泾港（寺泾港闸）、冶长泾港（冶长泾闸）、永昌泾港（永昌泾闸）西塘河（新琳桥），2016 年梅雨期对谢桥以下的王市船闸、龙墩闸、福圩闸、谢桥船闸、新泾套闸等开展了应急监测。主要监测断面分布见图 5.15。

望虞河两岸支流仅在梅雨期进行了监测，为此，本书仅对梅雨期望虞河水量平衡进行分析，根据监测资料统计，梅雨期望虞河望亭水利枢纽至张桥段西岸入流水量为 0.9058 亿 m³，

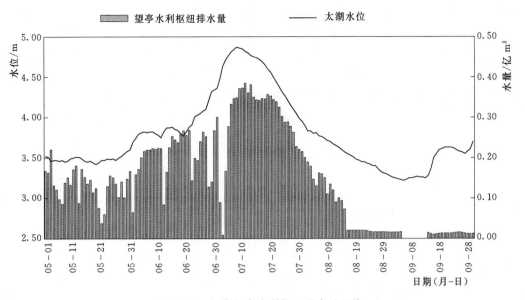

图 5.14 汛期望亭水利枢纽泄水过程线

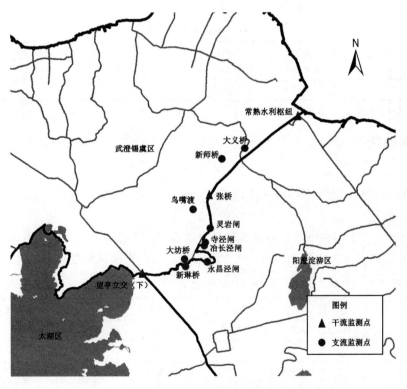

图 5.15 望虞河干支流及两岸支流监测断面位置图

主要包括蠡河船闸、伯渎港、九里河，东岸出流量为 0.7851 亿 m³，主要包括新琳桥、永昌泾、冶长泾、寺泾港、灵岩荡，上游望亭水利枢纽泄水量为 8.440 亿 m³，下游张桥断面泄水量为 9.082 亿 m³，该河段水量平衡差为 −0.5213 亿 m³；梅雨期望虞河张桥至常熟水利枢纽段西岸入流水量为 0.9763 亿 m³，主要包括锡北运河、张家港、福山塘，东岸出流量为 0.4433 亿 m³，主要包括谢桥以下的王市船闸、龙墩闸、福圩闸、谢桥船闸、新泾套闸，上游张桥断面泄水量为 9.082 亿 m³，下游常熟水利枢纽泄水量为 9.794 亿 m³，该河段水量平衡差为 −0.1790 亿 m³。无论望虞河上段还是下段，其平衡差主要是东西岸口门监测不全及测验误差造成。梅雨期望虞河洪水水量组成见图 5.16 和表 5.19。

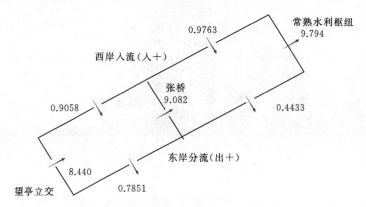

图 5.16 梅雨期望虞河洪水水量组成图（单位：亿 m³）

表 5.19　　　　　　　　　望虞河沿程泄量统计表　　　　　　　　单位：亿 m³

计算时段	望亭立交	张桥以上西岸来水	张桥以上东岸分流	张桥	张桥以下西岸来水	张桥以下东岸分流	常熟水利枢纽
梅雨期	8.440	0.9058	0.7851	9.082	0.9763	0.4433	9.794

注　望虞河西岸以入流为＋，望虞河东岸以出流为＋。

5.3.2　太浦河

太浦河除京杭运河南、北岸及南岸芦墟以西尚有 9 个口门未实施控制外，其北岸支流口门（除京杭运河）、南岸芦墟以东支流口门已全部控制，监测断面分布见图 5.17。

1. 泄水量

梅雨期和汛期太浦河排泄太湖洪水总量分别为 17.75 亿 m³ 和 41.11 亿 m³，日均泄水量分别为 0.5726 亿 m³ 和 0.2687 亿 m³。详见表 5.20。太浦河汛期排水量过程见图 5.18。

表 5.20　　　　　　　　　太浦河泄量统计表　　　　　　　　单位：亿 m³

河名	计算时段	泄水量	日均泄水量	最大日泄水量	出现时间（月-日）
太浦河	梅雨期	17.75	0.5726	0.8165	07 - 08
	汛期	41.11	0.2687	0.8165	07 - 08

2. 沿线进出水量分析

根据监测资料统计，梅雨期太浦河太浦闸至平望段水量组成：上游太浦闸泄水量为 17.75 亿 m³，下游平望断面东泄水量为 12.86 亿 m³，南岸出太浦河水量为 4.940 亿 m³，入太浦河水量为 0.1183 亿 m³，太浦河北岸入太浦河水量为 0.0960 亿 m³，平衡差为 0.164 亿 m³。太浦河平望至金泽段水量组成：上游平望断面东泄水量为 12.86 亿 m³，下

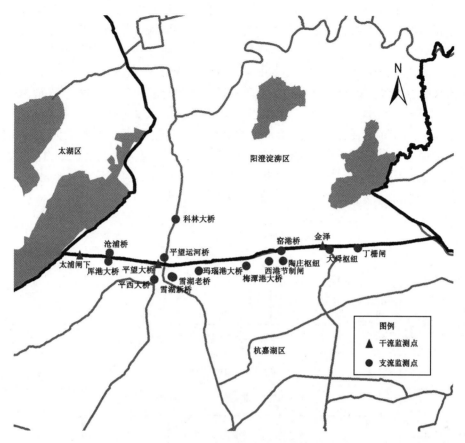

图 5.17 太浦河干流及两岸支流监测断面位置图

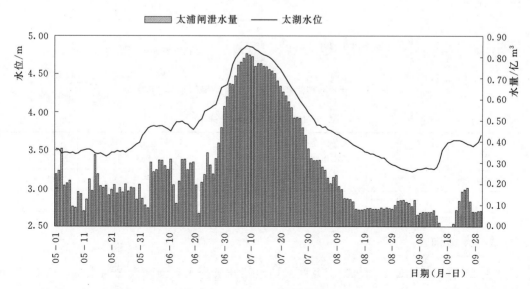

图 5.18 汛期太浦河泄水过程线

游金泽断面东泄水量为 12.69 亿 m³，南岸入太浦河水量为 2.099 亿 m³，出太浦河水量为 2.105 亿 m³，北岸出太浦河水量为 0.7928 亿 m³，入太浦河水量为 0.5057 亿 m³，平衡差为－0.1231亿 m³。

汛期太浦河太浦闸至平望段水量组成：上游太浦闸泄水量为 41.11 亿 m³，下游平望断面东泄水量为 37.05 亿 m³，南岸出太浦河水量为 9.728 亿 m³，入太浦河水量为 1.702 亿 m³，太浦河北岸入太浦河水量为 1.240 亿 m³，出太浦河水量为 0.0382 亿 m³，平衡差为－2.764 亿 m³。太浦河平望至金泽段水量组成：上游平望断面东泄水量为 37.05 亿 m³，下游金泽断面东泄水量约为 41.77 亿 m³，南岸入太浦河水量为 6.552 亿 m³，出太浦河水量为 6.772 亿 m³，北岸入太浦河水量为 5.308 亿 m³，出太浦河水量为 1.863 亿 m³，平衡差为－1.495 亿 m³。太浦河洪水水量组成见图 5.19 和表 5.21。

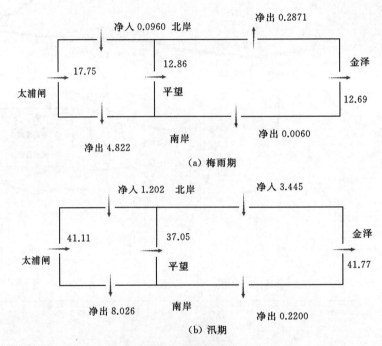

图 5.19　太浦河洪水水量组成图（单位：亿 m³）

表 5.21　　　　　　　　　　　　　　太浦河沿程泄量统计表　　　　　　　　　　单位：亿 m³

计算时段	太浦闸	太浦闸至平望段两岸地区净流出	平望	平望至金泽段两岸地区净汇入	金泽
梅雨期	17.75	4.726	12.86	－0.2931	12.69
汛期	41.11	6.824	37.05	3.225	41.77

5.3.3　大运河

6 月 26 日，沿江谏壁抽水站、九曲河抽水站开机排水，预降大运河水位，至 6 月 30 日，共排水约 0.9046 亿 m³。7 月 1 日强降水使大运河丹阳站水位快速上涨，自 1 日 8 时 10 分起涨（4.51m），18 时开始超警戒水位（5.60m），7 月 5 日 10 时达到洪峰水位

6.97m（历史排序第八位，重现期为 10 年），至 9 日 10 时退至警戒水位以下，总超警历时 184h。

梅雨期大运河九里断面来水量受降水影响显著，出现 2 次明显涨落过程，最大流量为 382m³/s，出现于 7 月 3 日，梅雨期总计入境水量约 3.629 亿 m³。大运河横林断面流量较稳定，最大流量为 150m³/s，出现于 7 月 3 日，梅雨期总计下泄水量约 2.513 亿 m³。通常情况下，常州市大运河洪水一部分沿武宜运河、采菱港等河道南排，另一部分沿运河东排。梅雨期间，钟楼闸于 7 月 2—9 日间关闸挡水，关闸期间，运河上游来水多沿武宜运河排入滆湖，造成滆湖水位居高不下，钟楼闸开闸后，由于洪水位南高北低，造成滆湖蓄积洪涝水自南向北排入运河，形成了少见的倒流现象。

根据大运河上下游实测资料显示（监测断面位置见图 5.20），大运河无锡段超历史最高水位都出现在 7 月 3 日，该天大运河横林大桥断面入大运河无锡段流量为 220m³/s，五牧河五牧铁路桥出大运河无锡段流量为 36.6m³/s，直湖港志公桥入大运河无锡段流量为 42.4m³/s，锡溧漕河花渡桥入大运河无锡段流量为 49.1m³/s，洋溪河-双河锡钢桥入大运河无锡段流量为 5.79m³/s，锡澄运河黄石大桥出大运河无锡段流量为 110m³/s，大运河五七大桥出大运河无锡段流量为 173m³/s。7 月 3 日合计入大运河无锡段总流量为 317m³/s，折合水量为 0.2739 亿 m³，7 月 3 日出大运河无锡段总流量为 320m³/s，折合水量为 0.2765 亿 m³，进出水量基本平衡。大运河无锡段进出流量情况见图 5.21。

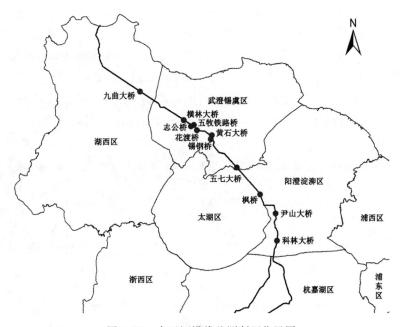

图 5.20 大运河沿线监测断面位置图

入梅后，大运河枫桥断面受降水影响，出现 3 次明显涨水过程，苏州（枫桥）站水位 7 月 2 日出现超历史最高水位，最大流量为 229m³/s，尹山大桥断面最大流量为 212m³/s。大运河苏州段来水断面五七大桥，途经枫桥断面，由尹山大桥断面以北经斜港入淀泖区，科林大桥以南运河洪水沿运河南排，由于太湖泄洪致太浦河水位高于运河水位，科林大桥

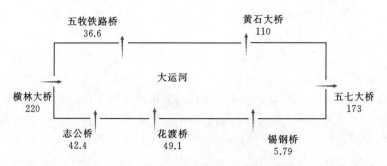

图 5.21　7 月 3 日大运河无锡段进出流量示意图（单位：m³/s）

断面出现长时间负流量，因此大运河洪水经尹山大桥断面后与科林大桥断面北排水汇合经吴淞江入淀泖区。7 月 9 日，由于瓜泾口枢纽开闸，尹山大桥断面出现负流。

5.3.4　东苕溪

根据东苕溪沿线应急监测资料，分析东苕溪河道洪水运动。东苕溪分两段，分别为东苕溪杭州段和东苕溪湖州段，目前东岸已全线建闸控制，共布设 13 处单一流量站。杭州段上游有瓶窑水文站，东苕溪东岸有余杭闸、化湾闸、安溪闸、上牵埠船闸控制东苕溪进出杭嘉湖平原水量。湖州段导流港东岸有德清大闸、洛舍闸、鲇鱼口闸、菁山闸、吴沈门闸、新吴沈门闸、湖州船闸、城南闸及城西闸，控制东导流进出杭嘉湖平原水量，干流上德清大闸下游不远处建有德清大桥水文站，东导流出口有城西大桥水文站。

梅雨期东苕溪瓶窑站至德清大桥段洪水组成：瓶窑站下泄水量为 2.545 亿 m³，德清大桥断面下泄水量为 2.148 亿 m³，杭州段入杭嘉湖平原水量为 0.0303 亿 m³，德清大闸入杭嘉湖平原水量为 0.7866 亿 m³。德清大桥至城西大桥段洪水组成：德清大桥断面下泄水量为 2.148 亿 m³，城西大桥断面下泄水量为 0.6658 亿 m³，湖州段（除德清大闸外）入杭嘉湖平原水量为 2.799 亿 m³，详见表 5.22 和表 5.23，东苕溪洪水水量组成情况见图 5.22（a）。

汛期东苕溪瓶窑站至德清大桥段洪水组成：瓶窑站下泄水量为 9.996 亿 m³，德清大

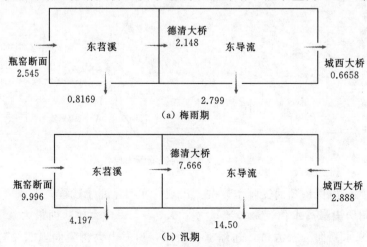

图 5.22　东苕溪洪水水量组成示意图（单位：亿 m³）

桥断面下泄水量为 7.666 亿 m³，杭州段入杭嘉湖平原水量为 0.1712 亿 m³，德清大闸入杭嘉湖平原水量为 4.026 亿 m³。德清大桥至城西大桥段洪水组成：德清大桥断面下泄水量为 7.666 亿 m³，城西大桥断面下泄水量为 −2.888 亿 m³，湖州段（除德清大闸外）入杭嘉湖平原水量为 14.50 亿 m³，见表 5.22 和表 5.23，东苕溪洪水水量组成情况见图 5.22（b）。

表 5.22　　　　　　　　　　2016 年东苕溪杭州段引排水量统计表　　　　　　　单位：亿 m³

时段	余杭闸	化湾闸	安溪闸	上牵埠船闸	合计
梅雨期	0.0303	—	—	—	0.0303
汛期	0.1712	—	—	—	0.1712

表 5.23　　　　　　　　　　2016 年东苕溪湖州段引排水量统计表　　　　　　　单位：亿 m³

时段	德清大闸	洛舍大闸	鲇鱼口闸	菁山闸	吴沈门闸	新吴沈门闸	湖州船闸	湖州城南闸	湖州城西闸	合计
梅雨期	0.7866	0.6080	0.7784	0.1190	0.2945	0.1065	0.8781	0.0081	0.0065	3.586
汛期	4.026	1.951	1.582	0.1408	0.3294	4.181	6.074	−0.0809	0.3216	18.52

注　东苕溪流入杭嘉湖平原为正流量（顺流），反之为负流量（逆流）。

5.3.5　黄浦江

黄浦江上游松浦大桥水文站 1999 年梅雨期平均净泄流量为 976m³/s（合净泄水量为 37.10 亿 m³），2016 年梅雨期（6 月 19 日至 7 月 19 日）平均净泄流量为 962m³/s（合净泄水量为 25.77 亿 m³）。黄浦江上游主要有园泄泾、斜塘、大泖港三条支流。

园泄泾主要承泄浙江省杭嘉湖平原来水。1999 年梅雨期，通过园泄泾三角渡断面净泄水量为 13.03 亿 m³，平均净泄流量为 343m³/s；2016 年梅雨期通过园泄泾三角渡断面净泄水量为 5.74 亿 m³，平均净泄流量为 214m³/s。

斜塘上接太浦河和拦路港。1999 年梅雨期，通过斜塘夏字圩断面的净泄水量为 15.24 亿 m³，平均流量为 401m³/s；2016 年梅雨期，通过斜塘夏字圩断面的净泄水量为 14.60 亿 m³，平均流量为 545m³/s。

大泖港主要承泄浙江省平湖地区及上海市金山区来水。1999 年梅雨期，通过泖港大桥断面的净泄水量为 5.230 亿 m³，平均净泄流量为 138m³/s；2016 年梅雨期，通过泖港大桥断面的净泄水量为 2.280 亿 m³，平均净泄流量为 85.1m³/s。

黄浦江上游三支洪水组成见图 5.23。

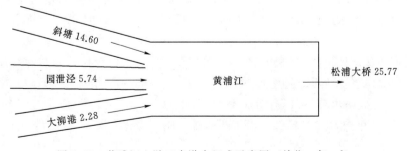

图 5.23　黄浦江上游三支洪水组成示意图（单位：亿 m³）

表 5.24 梅雨期黄浦江支流泄水量及分配对比表

年份	内 容	斜塘	园泄泾	大泖港	区间损失	松浦大桥
1999	净泄水量/亿 m³	15.24	13.03	5.230	3.600	37.10
	比例/%	41	35	14	10	
	平均净泄流量/(m³/s)	401	343	138		976
2016	净泄水量/亿 m³	14.60	5.740	2.280	3.150	25.77
	比例/%	57	22	9	12	
	平均净泄流量/(m³/s)	545	214	85.1		962

由表 5.24 可以看出，2016 年梅雨期斜塘支流的平均净泄流量为 545m³/s，比 1999 年梅雨期平均流量 401m³/s 增加 36%，而松浦大桥 2016 年梅雨期平均净泄流量为 962m³/s 与 1999 年梅雨期平均净泄流量 976m³/s 基本相当。

2016 年梅雨期，黄浦江上游三支流仍然是江浙来水的主要行洪通道，承泄上游来水占总行洪量的 92%，但是三支流下泄流量比例相比 1999 年发生较大变化，江苏来水斜塘支流的下泄比例高达 57%，远远高于 1999 年梅雨期的泄水量比例 41%，浙江来水园泄泾和大泖港下泄比例从 1999 年的 49% 减少到 31%，这与 2016 年暴雨中心位于流域北部有关。

5.4 本章小结

梅雨期太湖流域产水量和引水量分别为 118.5 亿 m³ 和 0.6873 亿 m³，调蓄增量和外排水量分别为 25.93 亿 m³ 和 85.31 亿 m³，平衡差绝对值为 8.000 亿 m³，相对误差为 6.7%。汛期流域产流量和引水量分别为 220.7 亿 m³ 和 27.74 亿 m³，调蓄增量和外排水量分别为 18.18 亿 m³ 和 230.6 亿 m³。平衡差为 −0.4000 亿 m³，相对误差为 −0.2%。

2016 年梅雨期太湖流域调蓄量为 25.93 亿 m³，占产水量的 22%；北排长江、南排杭州湾、东出黄浦江的总净排水量占产水量的 71%。调蓄量中，太湖调蓄量为 18.67 亿 m³，占总调蓄量的 72%。流域总净排水量中，沿长江、沿杭州湾、黄浦江分别占比 53%、17%、30%。由此可知，2016 年梅雨期形成的产水量，在流域河湖调蓄的水量与流域外排水量之比即蓄泄比为 1:3，以泄为主；但入梅后的涨水期，流域蓄水量为 41.57 亿 m³，外排水量为 55.36 亿 m³，蓄泄比约为 3:4，流域蓄水发挥了很重要的作用。

与 1999 年大水相比，调蓄量占产水量的比重减少，排水量占产水量的比重显著增加，梅雨期调蓄量占产水量的比重由 1999 年的 33% 减少至 2016 年的 22%，排水量占产水量的比重由 1999 年的 56% 增加至 2016 年的 71%，流域排水能力有明显提高。另外，太湖调蓄量占总调蓄量的比例由 1999 年的 64% 增加至 2016 年的 72%，太湖调蓄作用日益凸显。沿长江净排水量占流域总排水量的比重由 1999 年的 50% 增加至 2016 年的 53%；入杭州湾水量比重由 1999 年的 15% 增加至 2016 年的 17%；黄浦江泄量比重由 1999 年的 35% 下降至 2016 年的 30%，沿江、沿杭州湾排水能力均有所提高。

第6章 水利工程运用分析

中华人民共和国成立 60 多年来，太湖流域开展了大规模的防洪工程建设，1991 年太湖流域大水之后，国务院决定进一步治理太湖，开始了历史上空前的太湖水利建设高潮。初步建成了太浦河、望虞河等骨干工程，形成了"北排长江、南排杭州湾、东出黄浦江"的防洪工程体系，1999 年太湖流域大水之后，各市开展了圩区整治和城市防洪工程建设，这些水利工程均在历次洪水期间发挥了重要作用，保障了广大人民群众的生命财产安全，大大减轻了国民经济损失，促进了区域经济的发展。本章针对 2016 年太湖洪水，从流域的角度分析骨干工程的减灾效益，从区域的角度分析城市防洪工程、圩区和水库等主要防洪工程所发挥的作用。本章水量均采用整编数据，其他为报汛数据。

6.1 流域骨干工程

6.1.1 洪水调度方案

多年来，太湖流域洪水调度方案随着水利工程建设的进展逐步制订和完善。1987 年，根据中央防汛总指挥部办公室《关于太湖流域渡汛问题的建议》（〔87〕中汛办字第 8 号）以及当时太湖防洪工程建设的实际情况，太湖局第一次提出了《1987 年太湖渡汛调度意见》，经中央防汛总指挥部办公室批复（〔87〕中汛办字第 21 号）后执行。考虑到当时太浦河只有上段初通，中、下段仅靠两岸分汊河道向河网排水，规定只有当太湖水位达到 4.65m，且雨情、水情于防汛不利时，才能开启太浦闸，通过太浦河向下游排水。同时，为了尽量保持已有的排水通道，要求东太湖诸口门以及江南运河苏州至平望段东岸各口门要保持敞开。

1991 年大水太湖最高水位超过了 1954 年，达到了 4.79m，防洪形势严峻，1991 年汛后治太骨干工程开工建设，至 1992 年汛前太湖流域骨干工程太浦河和望虞河已挖通。根据治太骨干工程建设情况，太湖局组织制定并经国家防总印发了《1992 年太湖流域洪水调度方案》（国汛〔1992〕15 号），主要明确了太浦河、望虞河等重要水利工程的调度、太湖水位超过 4.65m 时的非常措施，以及防洪工程的调度权限。1993—1998 年，流域治太工程相继建设，根据太湖骨干防洪工程的建设进展情况，太湖局每年相应地修订流域洪水调度方案，征求江苏、浙江、上海两省一市的意见，报请国家防总批准后执行。

1998 年汛后，治太骨干工程基本建成，太湖局根据流域工情，结合历年防汛调度的实践，编制了《太湖流域洪水调度方案》，并由国家防总印发执行（国汛〔1999〕8 号），该方案在防御 1999 年流域性特大洪水中发挥了重要作用。此后，由于太湖流域防洪骨干工程变动不大，流域调度一直都执行该方案。

随着流域治理的不断推进，经济社会的快速发展和水利工程调度理念的逐步升华，1999 年《太湖流域洪水调度方案》难以适应新形势下的流域调度工作，为解决太湖流域防洪减灾能力不高、水资源承载能力不足和水污染严重等突出问题，太湖局于 2011 年制定了《太湖流域洪水与水量调度方案》，并得到国家防总的批复（国汛〔2011〕17 号），该方案是统筹流域和区域、洪水和水量、汛期和非汛期、水量与水质的流域综合调度方案，成为指导流域洪水和水资源调度的指南。另外，在 2016 年超标准洪水发生前，太湖局组织编制了《太湖流域 2016 年超标准洪水应对方案》，在征求江苏、浙江、上海两省一市的基础上，报国家防总，并得到了国家防总的批复（国汛〔2016〕13 号）。太湖流域 2016 年暴雨洪水根据《太湖流域洪水与水量调度方案》和《太湖流域 2016 年超标准洪水应对方案》进行调度。

1. 太湖洪水调度水位

根据《太湖流域洪水与水量调度方案》，太湖防洪调度控制水位如下：

（1）4 月 1 日至 6 月 15 日，防洪控制水位为 3.10m。

（2）6 月 16 日至 7 月 20 日，防洪控制水位按 3.10～3.50m 直线递增。

（3）7 月 21 日至次年 3 月 15 日，防洪控制水位为 3.50m。

（4）3 月 16—31 日，防洪控制水位按 3.50～3.10m 直线递减。

2. 标准内洪水调度方案

当太湖水位高于防洪控制水位且低于 4.65m 时，按下列情形执行：

（1）太浦河工程。当太湖水位不超过 3.50m 时，太浦闸泄水按平望水位不超过 3.30m 控制；当太湖水位不超过 3.80m 时，太浦闸泄水按平望水位不超过 3.45m 控制；当太湖水位不超过 4.20m 时，太浦闸泄水按平望水位不超过 3.60m 控制；当太湖水位不超过 4.40m 时，太浦闸泄水按平望水位不超过 3.75m 控制；当太湖水位不超过 4.65m 时，太浦闸泄水按平望水位不超过 3.90m 控制。当预报太浦闸下游地区遭受地区性大暴雨袭击或预报米市渡水位超过 3.70m（佘山吴淞基面）时，太浦闸可提前适当减少泄量。

（2）望虞河工程。

1）望亭水利枢纽。当太湖水位不超过 4.20m 时，望亭水利枢纽泄水按琳桥水位不超过 4.15m 控制；当太湖水位不超过 4.40m 时，望亭水利枢纽泄水按琳桥水位不超过 4.30m 控制；当太湖水位不超过 4.65m 时，望亭水利枢纽泄水按琳桥水位不超过 4.40m 控制。当预报望虞河下游地区遭受风暴潮或地区性大暴雨袭击时，望亭水利枢纽提前适当减少泄量。

2）常熟水利枢纽。当太湖水位高于防洪控制水位时，望虞河常熟水利枢纽泄水；当太湖水位超过 3.80m，并预测流域有持续强降水时开泵排水。

3）望虞河两岸水利工程。望亭水利枢纽泄水期间，当湘城水位不超过 3.70m 时，望虞河东岸口门保持行水通畅；当湘城水位超过 3.70m 时，望虞河东岸口门可以控制运用。

蠡河、伯渎港、九里河和裴家圩枢纽在望亭水利枢纽泄水期间不得向望虞河排水。

（3）环太湖口门。环太湖各敞开口门应保持行水通畅。当太湖水位不超过 4.10m 时，东太湖沿岸各闸及月城河节制闸、胥口节制闸开闸泄水；超过 4.10m 后，可以控制运用。当太湖水位不超过 4.20m 时，犊山口节制闸开闸泄水；超过 4.20m 后，可以控制运用。

（4）沿长江、杭州湾口门。沿长江、杭州湾各水利工程要根据太湖及地区水情适时引排，保持合理的河网水位；在太浦闸和望亭水利枢纽泄洪期间要全力泄水，并服从流域性防洪调度。

（5）其他工程。

1）当陈墓水位达到 3.95m 时，昆山千灯浦闸开闸泄水。同时，开启淀浦河闸和蕰藻浜闸泄水，并控制青浦水位和嘉定水位分别不超过 3.30m（佘山吴淞基面）和 3.40m（佘山吴淞基面）。

2）太湖流域行洪通道和泄水口门应保证泄水通畅，当航运和泄水发生矛盾时，航运应服从泄水。

为了避免枢纽闸门频繁启闭，在不影响防洪的条件下，控制站水位以每日 8 时水位为准，紧急情况下可根据实时水位进行调度。各主要调度站控制水位允许变幅为 0.05m。水位除特殊注明外均为镇江吴淞基面水位；佘山吴淞基面与镇江吴淞基面高程换算关系为：佘山吴淞基面高程＋0.264m＝镇江吴淞基面高程。

3. 超标准洪水调度

2016 年 7 月 7 日，国家防总批复同意太湖防总上报的《太湖流域 2016 年超标准洪水应对方案》，方案规定如下：

（1）当太湖水位超过 4.65m 时。调度望虞河、太浦河、东太湖超标准行洪通道泄洪，东苕溪导流东岸口门分泄太湖洪水，统筹流域泄洪与区域排涝关系，采用太湖、区域水位分级调度，区域控制水位不超过地区保证（或安全）水位，采取流域内农业圩区限排、城镇圩区减排等措施。

1）沿长江（含常熟水利枢纽）、沿杭州湾各闸（泵）全力排水，各船闸（套闸）在确保工程安全的条件下全力泄洪。

2）农业圩区限制排涝，城镇圩区减排。

3）望虞河望亭水利枢纽全力泄水，若琳桥水位超过 4.50m，可适当控制下泄流量。望亭水利枢纽泄水期间，保持望虞河东岸谢桥以下（谢桥至长江）口门行水通畅，若湘城水位超过 4.00m，望虞河东岸口门可关闭。望虞河西岸福山船闸参与分泄望虞河洪水。

4）太浦河太浦闸全力泄水，若平望水位超过 4.10m，可适当控制下泄流量。太浦闸泄水期间，太浦河两岸口门开闸泄水，若陈墓水位超过 4.00m，北岸口门可关闭；若嘉兴水位超过 4.00m，南岸芦墟以东口门可关闭。

5）开启瓜泾口水利枢纽泄洪，若陈墓水位超过 4.00m，可适当控制下泄流量。

6）开启东苕溪导流东岸口门分洪，若预见期内有强降水或菱湖水位超过 4.20m，可适当控制下泄流量。

7）黄浦江两岸水闸视水情开闸纳潮。

8）江苏丹金闸向北开闸排水，否则关闸，尽量减少湖西区入湖水量。加大阳澄淀泖区外排力度，江苏昆山千灯浦闸、上海淀浦闸、蕰藻浜闸开闸泄水；若青浦水位超过 3.50m（佘山吴淞基面），淀浦闸可适当控制泄水流量；若嘉定水位超过 3.60m（佘山吴淞基面），蕰藻浜闸可适当控制泄水流量。

（2）当太湖水位超过 4.80m 时。调度望虞河、太浦河全力排泄太湖洪水；进一步加大东太湖超标准行洪通道、东苕溪导流东岸口门分泄洪水力度。

1）望虞河望亭水利枢纽全力泄水，按琳桥不超过历史最高水位（4.68m）控制。望虞河东岸谢桥以下口门泄水按照湘城水位不超过 4.10m 控制。望虞河西岸福山船闸参与分泄望虞河洪水。

2）太浦闸全力泄水，按平望不超过历史最高水位（4.33m）控制。太浦闸泄水期间，太浦河两岸口门开闸泄水仍按照陈墓、嘉兴水位不超过 4.00m 控制。

3）开启瓜泾口水利枢纽泄洪，控制站陈墓水位抬高至 4.10m。

其他措施同上，当太湖水位超过 5.00m 时，另行提出调度措施。

6.1.2　工程运行效果分析

1. 太浦河

（1）工程运行情况。4 月起，太湖流域降水持续偏多。受持续降水影响，太湖水位快速上涨，由 4 月 1 日的 3.09m 涨至 5 月 1 日的 3.51m，为加快太湖水位下降速度，自 4 月 17 日起，太浦闸持续大流量排水，5 月 2—28 日太湖水位基本控制在防洪控制线以下，期间太浦闸超常规运行，有 21d 平望水位高于控制水位。

入梅后受持续降水影响，太湖水位持续走高，7 月 3 日达到 4.65m，太湖流域发生超标准洪水，7 月 6 日，太湖水位涨至 4.80m，太湖发生流域性特大洪水，为尽快排泄太湖洪水，减缓太湖水位上涨，太浦闸持续大流量泄洪，6 月 30 日至 7 月 24 日，日均排水流量不低于 600m³/s，平均排水流量达 821m³/s，7 月 4—19 日，太浦闸持续超设计流量运行（784m³/s），最大日均排水流量达 945m³/s，超过 1999 年最大日平均流量 746m³/s。

出梅后，太湖水位下降较快，有 13d 时间太湖水位降幅达到 0.05m，至 8 月 2 日太湖水位已降至 3.85m，但下游杭嘉湖区受 8 月 2 日起降水影响，水位持续走高，多站水位超警，平望水位 8 月 4 日 8 时达 3.67m，超调度方案规定的控制水位 0.22m，加之受黄浦江大潮汛的影响，平望潮位不断抬高，考虑到太湖水位稳定下降，为此太浦闸逐步压减流量，8 月 16—29 日太浦闸流量基本控制在 100m³/s 左右，为排泄区域涝水提供了有利条件。

9 月 13 日起，受"莫兰蒂"外围东风气流与北方弱冷空气的共同影响，太湖流域出现一次降水过程，受连续降水和前期大潮的影响，在南排工程排水、太浦闸流量已压减至 80m³/s 的情况下，嘉兴水位 9 月 13—16 日仍然上涨了 0.84m，且平望水位持续走高，9 月 16 日 8 时达到 3.66m，超调度方案规定的控制水位 0.36m，太浦闸闸下水位高于闸上水位，太浦闸出现倒流，太浦闸于 16 日关闸。9 月 17 日起，全流域基本无雨，再加上太浦闸关闸平望水位回落较快，杭嘉湖区水位稳步下降，9 月 20 日太浦闸恢复泄洪，22 日起按 200m³/s 控制，而后考虑到"鲇鱼"台风可能给流域带来风雨影响，太浦闸 26 日压减流量，以减小下游地区防洪压力。

受台风暴雨影响，太湖水位持续上涨，10 月 2 日达到警戒水位，太浦闸逐步加大流量排泄太湖洪水，10 月 9 日起按 200m³/s 控制，10 月 13 日太湖水位降到警戒水位以下，太浦闸流量压减至 80m³/s 左右；据气象部门预测，受台风"海马"外围和北方冷空气共同影响，10 月 20 日起流域会有持续降水过程，考虑到太湖水位在 3.70m 左右，仍然处于较高水平，为此太浦闸加大泄量预降水位；考虑到嘉兴水位上涨过快，10 月 20—23 日上涨了 0.47m，于是太浦闸又压减流量至 100m³/s，以减轻下游防洪压力，加之南排工程全力排水，地区河网水位快速下降。10 月 27 日，太湖水位再度超过 4.00m，太浦闸再次逐步加大泄量，11 月 4 日起按 400m³/s 控制运行，11 月 12 日太湖水位降至警戒水位以下。期间，平望均超调度方案规定的控制值。平望控制水位与太浦闸排水量过程见图6.1，汛期太浦闸运行情况见附录2。

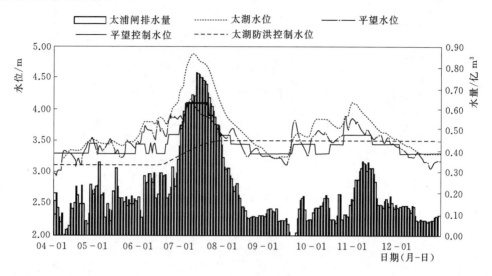

图 6.1 平望控制水位与太浦闸排水量对应图

（2）工程运行效益。太湖水位自4月4日上涨，至7月8日达到最高，期间太浦闸泄水23.11亿 m³，相当于降低太湖水位0.99m。

汛期，太浦闸累计泄水41.11亿 m³，相当于降低太湖水位1.76m。其中，梅雨期（6月19日至7月19日），太浦闸累计泄水17.75亿 m³，相当于降低太湖水位0.76m，远大于1999年梅雨期排水量7.251亿 m³。

5月1日入汛后至7月8日太湖发生最高水位，期间太浦闸共排泄太湖洪水19.63亿 m³，远超过1999年同期太浦闸排水量3.268亿 m³，相当于降低太湖水位0.84m，平均1.2cm/d；运行69d中超常规调度（平望水位在控制线以上）运行55d，为减缓太湖水位上涨起到了重要的作用。

7月3—18日太湖发生超标准洪水期间，太浦闸共排泄太湖洪水12.14亿 m³，相当于降低太湖水位0.52m，平均3.2cm/d，太浦河南岸浙江段口门分流1.138亿 m³，相当于降低太湖水位0.05m。

7月4—19日，太浦闸持续超设计流量运行，最大日均排水流量达945m³/s（7月8日），超过1999年最大日平均流量（746m³/s）。6月30至7月24日，太浦闸大流量泄洪，日均排水流量均不低于600m³/s，平均排水流量达821m³/s，相当于降低太湖水位3.0cm/d，对减缓太湖水位上涨和缩短太湖高水位的持续时间起了重要作用。

太湖主要退水期（7月9日至8月18日，8月19日降到3.50m以下）太浦闸累计泄水17.98亿 m³，相当于降低太湖水位0.77m，平均1.9cm/d。

汛后太湖主要涨退水时段（10月19日至12月2日），太浦闸累计泄水8.664亿 m³，相当于降低太湖水位0.37m。

汛期和汛后太浦闸排水量情况见图6.2～图6.5，在有无太浦闸工程的条件下，太湖水位对比情况见图6.6和图6.7。

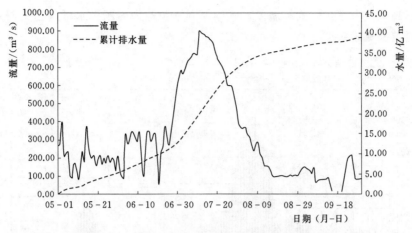

图 6.2　汛期太浦闸流量过程及累计排水量过程线

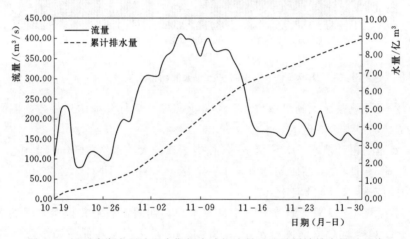

图 6.3　汛后太湖主要涨退水期间太浦闸流量过程及累计排水量过程线

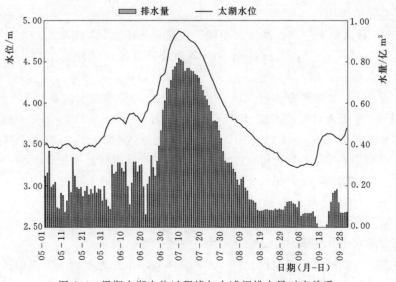

图 6.4　汛期太湖水位过程线与太浦闸排水量对应关系

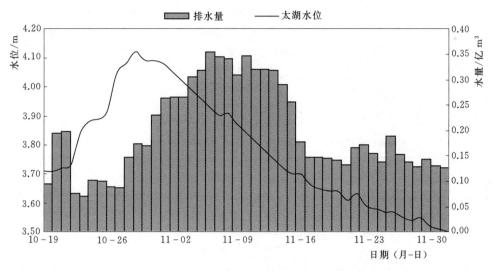

图 6.5　汛后主要涨退水期间太湖水位过程线与太浦闸排水量对应关系

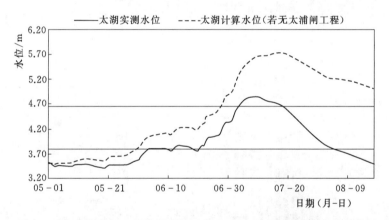

图 6.6　有无太浦闸工程太湖水位过程对比图（汛期主要涨退水过程）

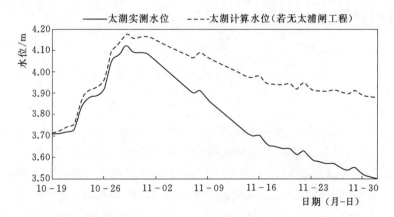

图 6.7　有无太浦闸工程太湖水位过程对比图（汛后主要涨退水过程）

汛情紧张期间，受运河高水位、下游潮位顶托等的影响，平望水位持续居高不下，王江泾、嘉兴水位受强降水影响上涨较快，为兼顾区域防洪安全，太浦闸多次调减泄水流量甚至关闭，并承接地区涝水，为下游涝水外排创造条件，对降低杭嘉湖区和淀泖区水位效果明显，如 9 月 17—20 日，在流域基本无雨，导流各闸无东泄水量和太浦闸不泄洪的情况下，杭嘉湖区水位下降率平均为 9.3cm/d，淀泖区水位下降率平均为 3.5cm/d。

汛期、汛后太浦闸泄量与太湖水位及太浦河两岸区域水位过程见图 6.8 和图 6.9。

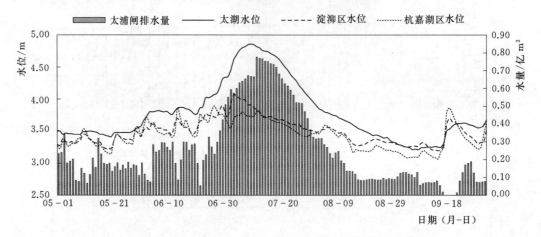

图 6.8　汛期太浦闸排水量与太浦河两岸区域水位过程线

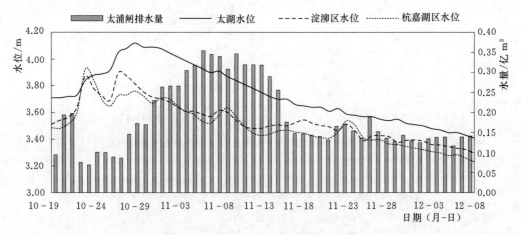

图 6.9　汛后太浦闸排水量与太浦河两岸区域水位过程线

2. 望虞河

（1）工程运行情况。2016 年大水期间，苏南运河出现超历史洪水位，运河洪水 3 次通过蠡河船闸经望虞河外排，区域涝水与流域洪水争抢出路，导致望虞河作为太湖洪水外排主要通道的功能受到一定影响，4 月 4 日至 7 月 8 日太湖涨水期，望亭水利枢纽排水13.20 亿 m³，望虞河承泄太湖洪水比例仅占常熟水利枢纽总排水量的 63.7%。

4 月 26 日，太湖水位涨至 3.52m，位列 1954 年以来同期第一位，太湖防总调度启用望虞河常熟水利枢纽泵站全力排水，较调度方案规定的运用条件提前 38d（调度方案规定常熟水利枢纽泵站开泵条件为太湖水位达到 3.80m)。受 7 月 1 日武澄锡虞区强降水影响，琳桥水位一天内上升 0.31m，水位超过调度方案规定的控制水位，望亭水利枢纽闸下水位持续上涨，达到或超过闸上水位，望亭水利枢纽排洪能力受限。

出梅后太湖水位下降较快，至 8 月 4 日降至警戒水位 3.80m，常熟水利枢纽关泵，调整为节制闸全力排水，望亭水利枢纽排水流量逐步压减，至 8 月 15 日关闸。

汛后，受台风暴雨影响，10 月 2 日太湖水位再次超警，为降低太湖水位上涨速度，10 月 3 日起又启用望亭水利枢纽排水，流量控制在 200m³/s 左右，10 月 13 日太湖水位降到警戒水位以下，望亭调减流量，按 50m³/s 控制排水；据气象部门预测，受台风"海马"外围和北方冷空气共同影响，10 月 20 日起流域将有持续降水过程，考虑到太湖水位在 3.70m 左右，仍然处于较高水平，望亭水利枢纽加大泄量预降太湖水位，按 150m³/s 控制，常熟水利枢纽节制闸全力排水。虽两河都在排水，但太湖水位仍持续走高，至 10 月 25 日达到 3.89m，接近 4.00m，望亭水利枢纽进一步加大流量至 300m³/s，同时 10 月 26 日开启常熟水利枢纽泵站排水，至 11 月 12 日，太湖水位降至 3.80m 以下，常熟水利枢纽改为节制闸全力排水，11 月 15 日起逐步压减望亭水利枢纽流量，至 12 月 2 日太湖水位降至 3.50m，12 月 5 日望亭水利枢纽关闸。琳桥控制水位与望亭水利枢纽排水量过程见图 6.10，汛期望亭水利枢纽运行情况见附录 3。

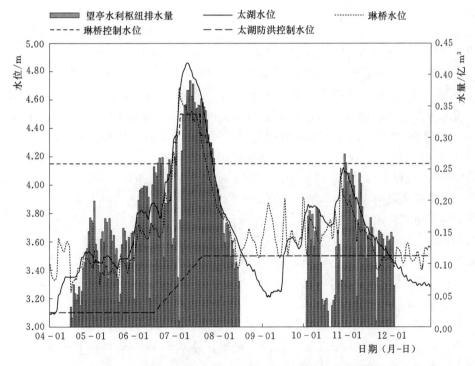

图 6.10 琳桥控制水位与望亭水利枢纽排水量对应图

（2）工程运行效益。汛前，太湖防总逐步调度加大望亭水利枢纽排水力度至全力排水。5 月 1 日至 6 月 30 日，望亭水利枢纽全力排水，但望亭水利枢纽平均流量（196m³/s）仅为设计流量（400m³/s）的 49%。

汛期,望虞河共排泄洪涝水 28.51 亿 m³,其中排太湖洪水 22.22 亿 m³,占望虞河总排水量的 78%,相当于降低太湖水位 0.95m,平均 0.6cm/d;排地区涝水 6.293 亿 m³,占望虞河总排水量的 22%,相当于降低武澄锡虞区平均水位 2.2cm/d。

梅雨期(6 月 19 日至 7 月 19 日),望虞河共排泄洪涝水 9.794 亿 m³,其中排太湖洪水 8.440 亿 m³,占望虞河总排水量的 86%,相当于降低太湖水位 0.36m,平均 1.2cm/d;排地区涝水 1.354 亿 m³,占望虞河总排水量的 14%,相当于降低武澄锡虞区平均水位 2.3cm/d。

超标准洪水期间(7 月 3—18 日)望虞河共排泄洪涝水 5.213 亿 m³,其中排太湖洪水 5.077 亿 m³,占望虞河总排水量的 97%,相当于降低太湖水位 0.22m,平均 1.4cm/d,望虞河西岸福山船闸及东岸谢桥以下口门分流 0.5529 亿 m³,为望亭水利枢纽持续大流量排泄太湖洪水创造条件。

太湖主要退水期(7 月 9 日至 8 月 18 日,8 月 19 日降到 3.50m 以下)望虞河通过望亭水利枢纽排太湖洪水 9.497 亿 m³,相当于降低太湖水位 0.41m,平均 1.0cm/d。

汛后太湖水位主要涨退水时段(10 月 19 日至 12 月 2 日),望虞河共排泄洪涝水 11.17 亿 m³,其中排太湖洪水 7.392 亿 m³,占望虞河总排水量的 66%,相当于降低太湖水位 0.32m,平均 0.7cm/d;排武澄锡虞区涝水 3.778 亿 m³,占望虞河总排水量的 34%,相当于降低武澄锡虞区平均水位 4.4cm/d。

望虞河两岸口门的运用对降低地区河网水位效益十分显著。6 月 22 日,无锡(大)站水位迅速上涨并接近保证水位(4.53m),江苏省经请示太湖防总同意后开启蠡河船闸,通过望虞河分泄苏南运河涝水,其中 6 月 22 日入望虞河流量为 24.6m³/s,无锡(大)站水位由 6 月 22 日 15 时的 4.52m 迅速下降至 6 月 23 日 6 时的 4.15m 并稳定至 9 时。6 月 28 日,无锡(大)站水位再次超过保证水位,江苏省第二次开启蠡河船闸通过望虞河分泄苏南运河涝水,6 月 28 日入望虞河流量为 38.9m³/s,无锡(大)站水位由 28 日 16 时的 4.93m 下降至 29 日 8 时 4.69m,后期持续下降。7 月 1 日,江苏省第三次开启蠡河船闸分泄苏南运河洪水,7 月 3—4 日,通过蠡河船闸入望虞河累计流量为 93.2m³/s,无锡(大)站水位由 3 日 10 时的 5.28m 降至 5 日 3 时的 4.67m,平均下降 30.5cm/d。蠡河船闸的运用对降低大运河水位的效益十分显著,但同时会影响望虞河排太湖洪水,洪水调度时需统筹兼顾流域防洪和区域排涝,并以流域防洪为主(望虞河规划功能定位)。

汛期和汛后望亭水利枢纽流量情况见图 6.11 和图 6.12,有无望亭水利枢纽的条件下,太湖水位对比情况见图 6.13,汛期、汛后望亭水利枢纽排水量与太湖水位及望虞河西岸区域水位过程见图 6.14 和图 6.15,2016 年望虞河东西岸进出流量情况见表 6.1 和表 6.2。

3. 南排工程

(1)工程运行情况。4 月太湖流域春汛期间,浙西区和杭嘉湖区遭遇强降水,南排工程长山闸、盐官泵站和独山闸开启闸泵排水,累计排水 1.796 亿 m³。其中长山闸 4 月 7 日开闸后,每日趁潮排水至 7 月 29 日。

5 月开始,太湖流域降水明显增多,南排工程适时启用排水。5 月 28 日,太湖流域普降大到暴雨,浙西区、杭嘉湖区河网水位快速上涨,瓶窑站两天内水位涨幅达 2.00m 以上。为了缓解杭嘉湖区防洪压力,在长山闸排水基础上,5 月 28 日开始,南台头闸、盐官泵站相继启用。5 月 31 日,流域再次遭遇强降水,横塘村站、梅溪站、港口站等站一天水

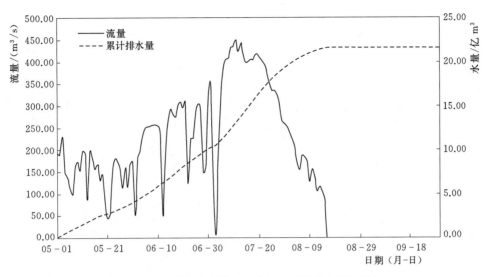

图 6.11　汛期望亭水利枢纽流量及累计排水量过程线

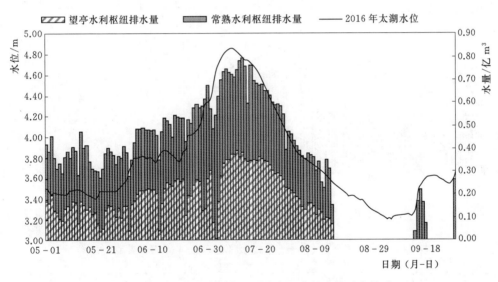

图 6.12　汛期太湖水位过程线与望虞河水量对应关系

位涨幅达 1.00m 以上，瓶窑站水位在 5 月 31 日短暂下降后又于 6 月 1 日开始回涨，由于两场降水仅隔 3d，河网水位持续偏高，6 月 1 日，独山闸开闸泄水，南排工程日排水量达到 3000 万 m³ 左右。6 月 9 日盐官泵站和独山闸停止运行，长山闸和南台头闸继续排水。

6 月 11 日，浙江省宣布入梅，太湖流域再次普降大到暴雨，杭嘉湖区河网水位一天涨幅达 0.40m 左右，浙西区河网水位普遍上涨 1.00m 以上。6 月 12 日，根据气象部门预测，太湖流域将进入短暂的少雨期，为控制流域南部河网水位，抓住降水间歇期排泄洪水，太湖防总与浙江省防指协商一致，于当天下午再次开启独山闸，同时盐官枢纽闸泵联合排水。至此，南排工程除盐官上河闸，其余工程均已开闸，全力抢泄洪水。

6 月 19 日，太湖流域宣布入梅，流域遭遇连续强降水，太湖水位持续快速上涨，地区

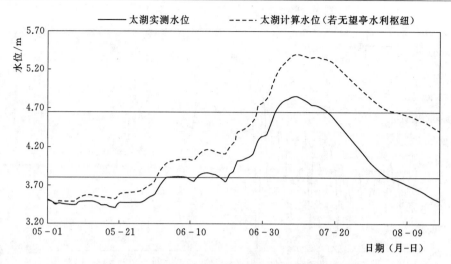

图 6.13　有无望亭水利枢纽太湖水位过程对比图

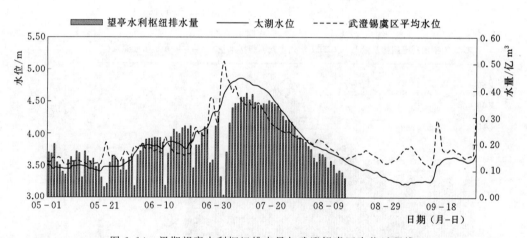

图 6.14　汛期望亭水利枢纽排水量与武澄锡虞区水位过程线

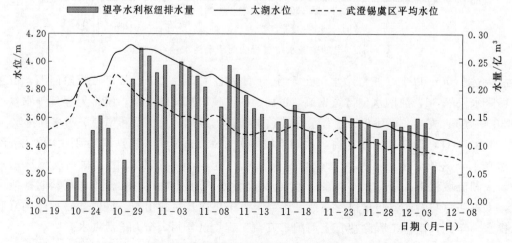

图 6.15　汛后望亭水利枢纽排水量与武澄锡虞区水位过程线

表 6.1　　　　　　　　　　　　**2016 年望虞河东岸应急监测资料表**　　　　　　　　单位：m³/s

日期（月-日）	王市船闸	龙墩闸	福圩闸	谢桥船闸	新泾套闸	灵岩闸	寺泾闸	冶长泾闸	永昌泾闸	新琳桥
06-19						0	0	44.9	16.5	0
06-21						1.98	0	43.3	20.6	63.0
06-22						1.32	0	51.6	24.4	0
06-23						5.58	0	59.5	28.0	0
06-24						0	0	0	21.8	0
06-25						0	0	5.91	20.4	0
06-26						4.24	0	12.1	26.8	0
06-27						3.47	0	0	20.7	0
06-28						0	0	4.15	28.3	0
06-29						0	0	0	33.8	0
06-30						0	0	0	30.9	0
07-01						0	0	0	30.1	0
07-02						0	0	0	34.1	0
07-03						0	0	0	32.0	0
07-04						0	0	0	35.5	0
07-05						0	0	0	31.8	0
07-06						0	0	0	37.8	0
07-07	0	0	0	0	0	0	0	0	34.9	0
07-08	17.6	0	0	0	4.52	0	0	0	32.50	0
07-09	17.9	−3.19	0	14.2	4.47	0	0	0	36.6	0
07-10	18.3	−2.29	0	5.94	6.56	0	0	0	0	0
07-11	17.6	−3.41	0	9.33	7.59	0	0	0	0	0
07-12	21.1	−2.29	0	6.33	9.53	0	0	0	0	0
07-13	7.99	−1.30	−1.10	−2.71	1.55	0	0	9.95	0	0
07-14	13.1	−1.57	0	9.57	6.44	0	0	0	0	0
07-15	28.0	2.32	0	10.3	14.0	0	0	12.7	0	0
07-16	27.3	0	0	17.2	12.4	0	0	7.44	0	0
07-17	18.4	0	0	23.4	4.42	0	0	0	0	0
07-18	36.9	0	0	30.6	18.6	0	0	0	0	0
07-19	37.3	0	3.97	29.3	16.9	0	0	0	0	0
07-20	29.0	0	0	22.6	14.0	0	0	0	0	0
07-21	29.9	0	3.21	21.3	13.9	0	0	29.6	0	0
07-22	3.95	0	0	0	0	0	0	23.7	0	0
07-23	0	0	0	0	−3.41	0	0	7.47	0	0

续表

日期（月-日）	王市船闸	龙墩闸	福圩闸	谢桥船闸	新泾套闸	灵岩闸	寺泾闸	冶长泾闸	永昌泾闸	新琳桥
07-24	3.15	0	0	−4.01	1.18	0	0	9.22	0	54.1
07-25	12.9	0	0	0	8.52	0	0	11.4	0	0
07-26	20.7	0	0	0	9.99	6.98	6.66	9.70	0	37.7
07-27	23.8	0	0	0	14.6	8.83	7.00	25.5	0	0
07-28	0	0	0	0	0	9.23	5.74	0	0	0
07-29	0	0	0	0	0	14.4	6.68	10.6	13.2	0
07-30	0	0	0	0	0	10.4	1.41	11.8	9.92	0
07-31	0	0	0	0	0	0	5.82	12.4	8.78	0
08-01	0	0	0	0	0	0	8.64	18.1	10.4	0
08-02	0	0	0	0	0	9.97	6.65	6.49	13.4	0
08-03	0	0	0	0	0	8.71	6.23	13.4	11.8	0
08-04	0	0	0	0	0	11.3	5.64	14.4	11.10	0
入望虞河	0	−14.1	−1.10	−6.72	−3.41	0	0	0	0	0
出望虞河	385	2.32	7.18	200	169	96.4	60.5	455	656	155

注 入望虞河为负，出望虞河为正。

表6.2　　　　　　　**2016年望虞河西岸流量应急监测资料表**　　　　单位：m³/s

日期（月-日）	福山船闸	大义桥	新师桥	鸟嘴渡	大坊桥	蠡河船闸
06-19		46.80	37.60	43.50	−15.40	
06-21		36.5	32.6	34.0	−9.70	
06-22		79.2	46.7	86.6	11.2	24.6
06-23		51.8	48.0	54.7	0	
06-24		19.3	9.79	40.1	−12.8	
06-25		−25.3	12.2	14.6	−16.9	
06-26		−24.3	9.41	0	−20.6	
06-27		0	14.6	25.6	−20.3	
06-28		54.4	48.0	99.6	23.2	38.9
06-29		48.6	46.8	101	4.80	
06-30		28.7	17.8	56.5	−22.7	
07-01		−33.0	−25.0	52.8	−28.1	
07-02		72.6	53.4	137	23.7	
07-03		99.4	69.9	148	29.0	62.0
07-04		72.8	56.0	95.9	0	31.2
07-05		48.0	44.4	71.4	−23.4	
07-06		24.4	41.5	41.7	−25.1	
07-07	0	18.0	27.2	55.2	−29.3	

日期（月-日）	福山船闸	大义桥	新师桥	鸟嘴渡	大坊桥	蠡河船闸
07－08	1.13	－13.8	－5.92	49.1	－33.3	
07－09	－8.01	－35.1	－19.5	33.1	－40.3	
07－10	－10.5	－38.8	0	25.2	－34.0	
07－11	－17.3	－39.7	－3.38	16.2	－37.2	
07－12	－25.8	－26.7	6.70	34.7	－32.6	
07－13	－14.3	24.8	22.2	20.9	－33.2	
07－14	－25.6	－13.4	10.9	0	－38.4	
07－15	－24.8	31.7	26.8	40.3	－37.3	
07－16	－26.0	36.4	27.0	42.3	－34.9	
07－17	－18.1	36.4	24.2	31.0	－31.7	
07－18	－45.1	34.6	23.4	28.5	－30.7	
07－19	－25.7	32.7	19.7	18.1	－26.4	
07－20	－31.6	11.5	18.7	13.1	－32.2	
07－21	－33.6	35.1	23.8	0	－32.4	
07－22	－3.87	35.4	21.8	13.0	－23.6	
07－23	0	34.1	16.8	5.66	－26.8	
07－24	－6.22	－13.8	－4.26	23.6	－18.1	
07－25	－20.7	－3.7	8.73	14.2	－20.8	
07－26	－25.6	15.2	12.3	22.0	－19.5	
07－27	－27.6	－3.02	0	9.13	－24.2	
07－28	0	34.5	20.6	36.9	－20.3	
07－29	0	13.1	11.4	34.3	－19.8	
07－30	0	35.0	29.0	7.57	－15.8	
07－31	0	39.5	33.3	36.9	－15.5	
08－01	0	45.9	32.6	48.7	－13.2	
08－02	0	42.0	28.0	51.4	－11.2	
08－03	0	44.2	31.6	52.7	－12.5	
08－04	0	41.0	31.5	53.6	0	
入望虞河	1.13	1300	1100	1920	91.9	157
出望虞河	390	271	58.1	0	940	0

注 入望虞河为正，出望虞河为负。

河网水位普遍超警、超保，7月3日，太湖水位达到4.65m，7月6日，太湖水位涨至4.80m，太湖防总下发《关于做好超标准洪水调度工作的紧急通知》，要求沿杭州湾闸泵全力排水；8日，太湖出现2016年以来最高水位4.87m（整编水位为4.88m），仅比1999年历史最高水位低0.10m。7月16日，杭嘉湖区东部平原水位普遍回落至警戒水位上下，独山闸关闸，6月21日至7月15日，南排工程日排水量持续保持在3000万 m³ 以上，最大日排水量达到3716万 m³（6月26日）。7月27日，太湖水位回落至4.20m以下，且以每天0.05～0.06m的速度回落，太湖防总停止超标准调度措施，盐官枢纽、长山闸和南台头闸相继停止运行。7月30日至9月中旬，期间视太湖及河网水位情况，适时开闸泄水。

9月中下旬，台风"莫兰蒂"登陆福建省，恰逢天文大潮，给太湖流域带来严重风雨影响，太湖水位单日涨幅最大值达0.18m，横塘村、瓶窑等站一天涨幅达2.00～3.00m，气象部门预测，9月仍将有台风影响太湖流域，为此，9月14日开始，南排工程再次陆续开闸排水，以降低地区水位，为太浦河泄水创造条件。10月下旬，受台风"海马"影响，流域普降大到暴雨，太湖及流域南部河网水位快速上涨，期间太湖水位涨至4.12m，因此，10月22日，南排工程短暂关闭后又全部开闸排水。

（2）工程运行效益。梅雨期南排工程持续大流量排水，累计排水量达9.892亿 m³，日均排水量为3190万 m³。杭嘉湖区河网水位主要上涨期为6月19—25日，期间，南排工程各闸排水2.193亿 m³，根据模型计算，可降低杭嘉湖平原河网平均水位0.08m。有无南排工程条件下杭嘉湖区水位涨幅对比情况见图6.16。

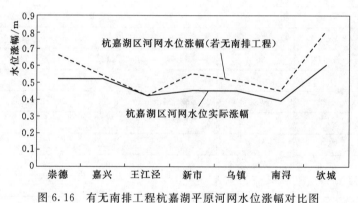

图 6.16 有无南排工程杭嘉湖平原河网水位涨幅对比图

4. 江苏省沿江工程

（1）工程运行情况。江苏省沿江大小水闸近50个。入汛初期，太湖流域遭遇多场降水，但流域北部以小到中雨为主，沿江各闸视水情开闸排水。

5月20日，流域北部普降大雨，地区水位普遍暴涨，为降低河网水位，江苏省沿江各主要闸门陆续开闸排水，其中阳澄淀泖区除杨林闸外均开闸，日排水量达2000万 m³ 以上。6月12日，太湖水位年内第二次超警，流域北部武澄锡虞区和阳澄淀泖区平均水位单日涨幅近0.20m，江苏省沿江涵闸加大排水流量，抢排太湖洪水及内河涝水，武澄锡虞区和阳澄淀泖区日排水量分别达1300万 m³ 和3400万 m³ 以上。

入梅后，太湖流域进入降水多发期，由于降水主要集中在流域西北部地区，太湖及湖西区水位迅速上涨，太湖水位单日涨幅达0.14m，湖西区平均水位单日涨幅超0.30m，6月22日开始，湖西区沿江涵闸除谏壁闸外全部打开排水，武澄锡虞区日排水量加大至5000万 m³ 以上，江苏沿江口门日排水量达1.380亿 m³。受连续降水影响，流域水位仍持续上涨，6月26日，湖西区启用泵站抽排。28日，苏州市杨林闸改造后首次开闸排水，阳澄淀泖区其他涵闸也加大排水力度，武澄锡虞区和阳澄淀泖区日排水量均超过5000万

m³，江苏沿江口门日排水量达 1.876 亿 m³。随着梅雨期降水的持续，太湖及流域北部河网水位以近年来罕见的速度快速而稳定上涨，尤其处于暴雨中心的湖西区和武澄锡虞区，多站出现历史最高水位。7 月 3 日，太湖水位超过设计洪水位，6 日，太湖水位达到 4.80m，太湖防总下发《关于做好超标准洪水调度工作的紧急通知》，督促江苏沿江闸泵全力排水，并要求在确保工程安全的前提下，开启沿江船闸、套闸参与排水。梅雨期，沿江口门日均排水量达 1.348 亿 m³。太湖发生超标准洪水期间（7 月 3—18 日），沿江口门日排水量均在 1.000 亿 m³ 以上，日均排水量达 1.448 亿 m³，最大日排水量达 2.958 亿 m³（7 月 3 日）。

出梅后，随着降水减少，太湖及周边河网水位逐渐回落至正常范围内，江苏省逐步减小沿江排水力度，至 8 月中旬开始，沿江以引水为主。9 月中旬，受台风"莫兰蒂"影响，流域北部遭遇短历时强降水，河网水位暴涨，武澄锡虞区平均水位单日涨幅达 0.54m，9 月 14 日，沿江再次开闸排水；下旬，受台风"鲇鱼"影响，河网水位再次暴涨，王母观站、溧阳（二）站等站单日涨幅均超过 1.00m，为此，9 月 28 日，江苏沿江各闸再次调整为以排水为主；10 月下旬，台风"海马"影响太湖流域，湖西区平均水位单日涨幅近 0.40m，太湖水位在汛后罕见地涨至 4.12m，为降低流域北部河网水位，为排泄太湖洪水创造有利条件，10 月 20 日开始，沿江各闸开闸排水，随着太湖及北部河网水位逐渐下降，沿江排水力度逐步减小。

（2）工程运行效益。

1）湖西区。湖西区沿江主要口门包括谏壁闸、谏壁抽水站、九曲河闸、九曲河闸抽水站、小河新闸、魏村闸、魏村抽水站。湖西区汛情主要集中在梅雨期，入梅后湖西区 6 月 22 日开始全力排水，工程运行效益主要体现在全力排水之后。梅雨期，湖西区沿江各口门累计排水 7.878 亿 m³，相当于降低湖西区平均水位 5.9cm/d；最大日排水量达 8166 万 m³（7 月 3 日），相当于降低湖西区平均水位 0.19m。梅雨期湖西区河网平均水位与沿江排水量对比情况见图 6.17。

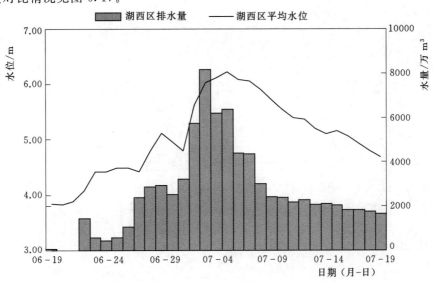

图 6.17　梅雨期湖西区河网平均水位与沿江排水量对比图

2）武澄锡虞区。武澄锡虞区沿江主要口门包括澡港、定波闸、白屈港、新夏港、张家港和十一圩港闸等。汛期武澄锡虞区沿江排水主要集中在5月21日至8月12日，期间沿江总排水量为18.95亿 m³，相当于降低武澄锡虞区平均水位11.9cm/d；梅雨期武澄锡虞区沿江总排水量为12.32亿 m³，相当于降低武澄锡虞区平均水位20.9cm/d；台风"莫兰蒂"和"鲇鱼"影响期间，武澄锡虞区总排水量为3.129亿 m³（9月14—17日、9月28日至10月3日），相当于降低武澄锡虞区平均水位16.5cm/d；汛后台风"海马"影响期间（10月21—31日），沿江总排水量为3.824亿 m³，相当于降低武澄锡虞区平均水位20.1cm/d。武澄锡虞区最大日排水量为9199万 m³（7月3日），相当于降低武澄锡虞区平均水位0.48m。汛期和汛后武澄锡虞区河网平均水位与沿江排水量对比情况见图6.18和图6.19。

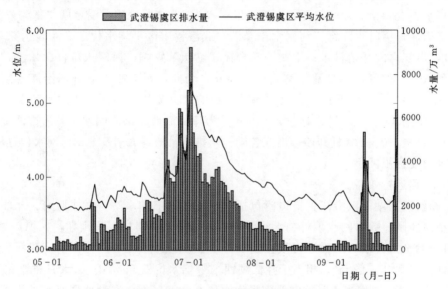

图6.18　汛期武澄锡虞区河网平均水位与沿江排水量对比图

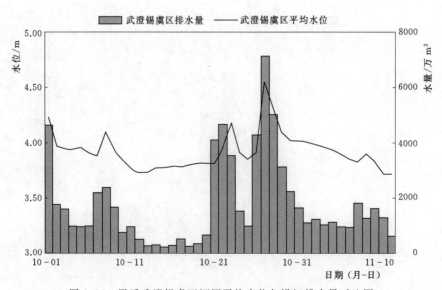

图6.19　汛后武澄锡虞区河网平均水位与沿江排水量对比图

3）阳澄淀泖区。阳澄淀泖区沿江主要口门包括浒浦闸、白茆闸、七浦闸、杨林闸和浏河闸。汛期阳澄淀泖区沿江共排水 27.87 亿 m³，相当于降低阳澄淀泖区平均水位 3.0cm/d；梅雨期沿江总排水量为 11.81 亿 m³，相当于降低阳澄淀泖区平均水位 6.2cm/d；受台风"莫兰蒂"和"鲇鱼"影响期间，沿江总排水量为 2.398 亿 m³（9 月 14—18 日、9 月 28—30 日），相当于降低阳澄淀泖区平均水位 4.9cm/d；汛后受台风"海马"影响期间（10 月 20 日至 11 月 2 日），沿江总排水量为 5.506 亿 m³，相当于降低阳澄淀泖区平均水位 6.4cm/d。阳澄淀泖区最大日排水量为 7998 万 m³（7 月 3 日），相当于降低阳澄淀泖区平均水位 0.13m。汛期和汛后阳澄淀泖区平均水位与沿江排水量对比情况见图 6.20 和图 6.21。

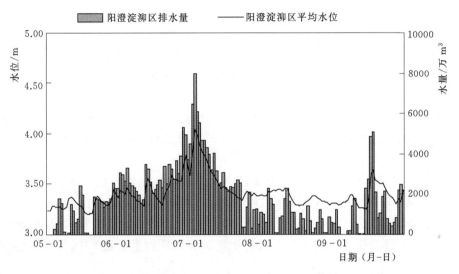

图 6.20　汛期阳澄淀泖区河网平均水位与沿江排水量对比图

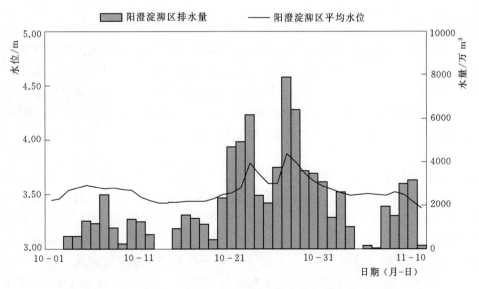

图 6.21　汛后阳澄淀泖区河网平均水位与沿江排水量对比图

5. 东导流

(1) 工程运行情况。入汛后，德清大闸一直开闸运行，日均流量控制在 $10\sim65\mathrm{m^3/s}$，至 5 月 30 日关闸；6 月 6—12 日开闸运行，日均流量控制在 $50\sim80\mathrm{m^3/s}$；6 月 13—16 日关闸；6 月 17—20 日开闸运行，日均流量控制在 $20\sim45\mathrm{m^3/s}$；6 月 21 日至 7 月 7 日关闸。7 月 8 日太湖达到最高水位 4.88m，按照国家防总批复的《太湖流域 2016 年超标准洪水应对方案》，东导流各闸开闸分泄太湖洪水，直至 9 月 30 日德清大闸才停止运行，期间，分泄洪水 2.833 亿 $\mathrm{m^3}$。

洛舍闸一直开闸运行，日均流量控制在 $7\sim14\mathrm{m^3/s}$，至 5 月 30 日关闸；6 月 17—20 日开闸运行，日均流量控制在 $9\sim15\mathrm{m^3/s}$；6 月 21 日至 7 月 7 日关闸。7 月 8 日起开闸分泄太湖洪水，直至 9 月 30 日关闸。7 月 8 日至 9 月 29 日，洛舍闸分泄洪水 1.667 亿 $\mathrm{m^3}$。

鲇鱼口闸一直开闸运行，日均流量控制在 $4\sim16\mathrm{m^3/s}$，至 5 月 30 日关闸；6 月 17—20 日开闸运行，日均流量控制在 $8\sim12\mathrm{m^3/s}$；6 月 21 日至 7 月 7 日关闸。7 月 8 日起开闸分泄太湖洪水，7 月 21 日停止运行，日均流量控制在 $65\sim85\mathrm{m^3/s}$，分泄洪水 0.7888 亿 $\mathrm{m^3}$；7 月 27 日起再次开闸运行，直至年底。

菁山闸 5 月断断续续运行，共运行 22d，但日均流量不大，最大流量仅 $1.69\mathrm{m^3/s}$；6 月开闸运行仅 4d，最大流量为 $2.53\mathrm{m^3/s}$；7 月 8 日起开闸分泄太湖洪水，7 月 21 日停止运行，期间分泄洪水 0.1205 亿 $\mathrm{m^3}$。

吴沈门闸于 7 月 8—20 日开闸分泄太湖洪水，日均流量控制在 $20\sim30\mathrm{m^3/s}$，期间共分泄洪水 0.3064 亿 $\mathrm{m^3}$；9 月中下旬至 11 月中旬，吴沈门闸再次开闸运行。

新吴沈门闸一直开闸运行，日均流量控制在 $3.5\sim66\mathrm{m^3/s}$，至 5 月 30 日关闸；6 月仅运行了 6d；7 月 27 日再次开闸运行，直至年底，最大日均流量达 $251\mathrm{m^3/s}$，发生在 9 月 30 日。

湖州船闸一直开闸运行，日均流量控制在 $10\sim45\mathrm{m^3/s}$，至 5 月 30 日关闸；6 月 6—25 日再次开闸运行，日均流量控制在 $30\sim260\mathrm{m^3/s}$；7 月 20 日再次开闸运行，直至年底，最大日均流量达 $289\mathrm{m^3/s}$，发生在 7 月 21 日。

(2) 工程运行效益。汛期东导流各闸总排水量为 18.52 亿 $\mathrm{m^3}$；梅雨期东导流各闸总排水量为 3.586 亿 $\mathrm{m^3}$；超标准洪水期间东导流各闸总排水量为 2.318 亿 $\mathrm{m^3}$，相当于降低太湖水位 0.10m；受台风"莫兰蒂"影响期间（9 月 14—16 日），东导流各闸总排水量为 0.5891 亿 $\mathrm{m^3}$；受台风"鲇鱼"影响期间（9 月 27—29 日），东导流各闸总排水量为 0.8461 亿 $\mathrm{m^3}$。汛后受台风"海马"影响期间（10 月 21—31 日），东导流各闸总排水量为 2.090 亿 $\mathrm{m^3}$。

受 4 月降水影响，德清大闸上站水位出现上涨，至 4 月 7 日水位达到 4.00m，累计涨幅近 1.00m，此后德清大闸加大泄流，水位逐渐回落，至 4 月 16 日回落幅度达 0.74m。

5 月 29 日，东导流各闸依次关闭，德清大闸上站水位迅速上涨，至 30 日 8 时水位上涨至 5.66m，24h 累计涨幅 1.65m；杭长桥站水位逐步上涨，至 6 月 2 日 5 时水位上涨至 4.42m，近 3d 水位累计涨幅 0.79m；杭嘉湖东部平原菱湖站水位先出现一定上涨后开始逐步回落，近 30h 累计回落 0.22m；新市站水位先出现一定上涨后开始逐步回落，近 40h 累计回落 0.41m。

6月6—12日，湖州船闸、德清大闸上站等开启期间，德清大闸上和杭长桥等站水位先回落后保持基本稳定，同时杭嘉湖东部平原水位（菱湖、新市和南浔等站）总体保持平稳。6月17日各闸开启，德清大闸上站水位回落近0.60m，杭长桥站水位回落近0.30m，杭嘉湖东部平原水位基本保持平稳。6月20日东导流各闸相继关闭，德清大闸上站出现水位上涨，最大涨幅近2.00m；杭长桥站水位最大涨幅超过1.00m；杭嘉湖东部平原菱湖和新市等站有0.20～0.35m的涨幅；6月25日湖州船闸关闭，杭嘉湖东部平原南浔站水位逐渐回落近0.20m。应急调度期间（实际统计时间为7月8—27日），随着导流各闸的开启，德清大闸上站水位逐步回落，累计回落幅度超过1.00m；杭长桥水位累计回落1.20m以上；杭嘉湖东部平原菱湖站、新市站和南浔站等站水位开始出现0.15～0.20m的上涨，之后水位缓慢回落，至应急调度结束，回落幅度约0.40m。

东导流各闸调度对东苕溪下游水位影响明显，对杭嘉湖东部平原水位也产生了较大影响，使得杭嘉湖东部平原地区河网水位长期处于较高水位。但同时对减轻太湖防洪压力，降低太湖水位也起到了较明显的作用。初步估算：应急调度期间（7月8—18日），东导流各闸分流苕溪洪水，减少洪水入太湖水量2.331亿 m^3，相当于降低太湖水位约0.10m。

7月8日东导流各闸开启，第二天（7月9日8时）杭长桥流量为0，此后出现逆流（其中7月15日上午至15时30分出现顺流），7月21日8时出现应急期间（统计时间：7月8—27日）最大逆流流量为221m^3/s。

东导流各闸开闸分洪，产生了较明显的效益。主要体现在两个方面：一是各闸开启期间苕溪向杭嘉湖东部平原分流了大量洪水，但由于杭嘉湖南排工程等全力排水，使得杭嘉湖东部平原河网水位总体平稳，虽然长期处于较高水位，但特大洪水之年并没有出现水位长时间超保情况；二是通过东导流向杭嘉湖东部平原分流，使得苕溪入太湖水量明显减少，同时太湖洪水倒流通过东导流向杭嘉湖东部平原分流，大大减轻了太湖的防洪压力，减少了太湖高水位的持续时间。

6. 其他超标准调度措施运行效益

7月7日，国家防总批复《太湖流域2016年超标准洪水应对方案》后，太湖防总及两省一市防指迅速贯彻落实，连夜进行部署，实施超标准洪水调度措施，及时开启有关工程，持续大流量排洪。7月8日开始，东太湖的瓜泾口枢纽，望虞河西岸的福山船闸，东岸的谢桥船闸、福圩闸、龙墩闸、王市船闸、新泾套闸，上海的蕰藻浜西闸、淀浦河西闸，黄浦江沿岸的叶榭塘水闸、大治河西闸、杨思水闸、金汇港北闸等开闸运行，直接或间接分泄太湖洪水。超标准洪水调度期间各工程运行时间见表6.3。

表6.3 超标准洪水调度时间段

序号	名 称	开始时间（月-日）	结束时间（月-日）
1	东太湖口门分洪	07-08	07-27
2	蕰藻浜西闸、淀浦河西闸分洪	07-08	07-18
3	望虞河两岸分洪	07-08	07-27
4	黄浦江沿岸分洪	07-08	07-18

7月8—27日，瓜泾口枢纽最大日分洪水量为1192万 m^3（7月10日），累计分洪水量为

1.731 亿 m³，相当于降低太湖水位 0.07m。瓜泾口分洪与否太湖水位过程对比见图 6.22。

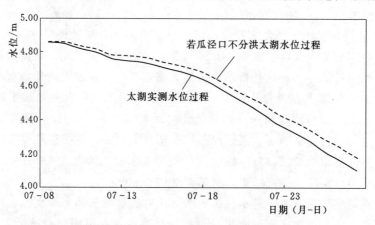

图 6.22　瓜泾口分洪与否太湖水位过程对比图

蕴藻浜西闸、淀浦河西闸累计泄洪量分别为 0.5407 亿 m³、0.2531 亿 m³，最大日泄洪量分别为 0.0603 亿 m³（7 月 9 日）和 0.0292 亿 m³（7 月 10 日）；黄浦江和太浦河上海段两岸口门 7 月 8 日开闸纳潮，至 7 月 18 日累计纳潮量 1.010 亿 m³，缓解了太浦河的排水压力，为顺利排泄太湖洪水创造了条件。

6.2　城市防洪工程

6.2.1　常州

1. 工程运行情况

2016 年，常州市运北片防洪大包围应急联合调度共运行 5 次，据统计，大包围沿线排涝工程排水量达 1.484 亿 m³。详见表 6.4。

表 6.4　　　　　　　　2016 年常州运北片防洪大包围沿线主要泵站工程排水量　　　　　单位：万 m³

泵站	第 1 次应急调度	第 2 次应急调度	第 3 次应急调度	第 4 次应急调度	第 5 次应急调度	小计
澡港河南枢纽	4678	343	543	154	677	6395
横塘河北枢纽	918	70	138	47	123	1296
北塘河枢纽	1053	77	190	27	35	1382
老澡港河枢纽	175	10	0	0	0	185
永汇河枢纽	175	0	0	0	0	175
横峰沟枢纽	5	0	0	0	0	5
大运河东枢纽	410	73	208	50	154	895
采菱港枢纽	307	22	44	12	25	410
丁横河枢纽	144	23	41	12	11	231
串新河枢纽	343	75	82	17	41	558

泵 站	第1次应急调度	第2次应急调度	第3次应急调度	第4次应急调度	第5次应急调度	小计
南运河枢纽	584	35	105	16	60	800
柴支浜东站	56	11	19		9	95
雕庄站	106	15	58		72	251
横峰沟站	25	3	4		6	38
同心河站	120	15	65		35	235
通济河站	334	46	88		87	555
海石口泵站	179	36	62		50	327
龙游河南站	434	36	118		122	710
沈家浜站	13	1	6		2	22
串心浜站	11	1	3		3	18
施蒋村站	8	1	3		2	14
大钱村站	14	2	5		3	24
夏雷站	38	6	15		8	67
梅港排涝西站	110	5	17		14	146
总计	10240	906	2149		1539	14834

2. 工程运行效果

运北片防洪大包围运行期间，包围圈内产生的涝水有50%以上通过澡港河南枢纽、横塘河北枢纽及北塘河枢纽等骨干工程北排入长江，一定程度上加大了骨干北排河道沿线的防洪压力；其余30%～40%的涝水南排入太湖或东排至运河下游。另外，大包围第2、第3、第4次运行中，尚有北排的潜力可以挖掘。沿线各骨干枢纽工程中，澡港河南枢纽承担了30%～50%的排涝任务，横塘河北枢纽和北塘河枢纽承担了10%～20%的排涝任务，串新河枢纽和南运河枢纽承担了约10%的排涝任务，大运河东枢纽在大包围后4次运行中承担了约10%的排涝任务。

常州运北片防洪大包围圈内水位代表站为常州（三堡街）站；包围圈外水位代表站为常州（三）站。梅雨期间常州包围圈内、外水位代表站水情特点见表6.5，包围圈内、外水位代表站水位和雨量过程对照见图6.23。梅雨期，大运河常州（三）站（钟楼闸闸上游）最高水位达6.32m，仅次于2015年最高水位（6.43m）；9月大运河常州（三）站最高水位为5.25m，列历史同期第一位；10月大运河常州（三）站最高水位为5.09m，列历史同期第一位，但在运北片防洪包围圈的运行下，梅雨期内，包围圈内运河平均水位为4.27m，较包围圈外平均水位低0.68m；期间，包围圈外大运河常州（三）站（钟楼闸闸上游）水位超警（4.30m）和超保（4.80m）的时长分别为668h、417h，而包围圈内老运河常州（三堡街）站最高水位为4.84m，基本达到了《常州市城市防洪规划修编报告》中将运北片内排涝最高水位控制在4.80m的要求，确保了运北片安全度汛，包围圈内未出现明显险情灾情，达到了运北片防洪大包围启用的预期效果。

表 6.5　　　　　　2016 年梅雨期常州包围圈内、外水位代表站水情特点

站　名	常州（三）	常州（三堡街）
起涨水位/m	3.84	3.85
最大涨速/(m/h)	0.23	0.3
水位开始超警时间（月-日 时:分）	06-22 8:00	—
最高水位/m	6.32（07-05 9:00）	4.84（06-22 10:00）
最大退水速率/(m/h)	0.24	0.21
平均水位/m	4.95	4.27
水位超警时长/h	668	—
水位超保时长/h	417	—
包围圈内外最大水头差/m	2.10	

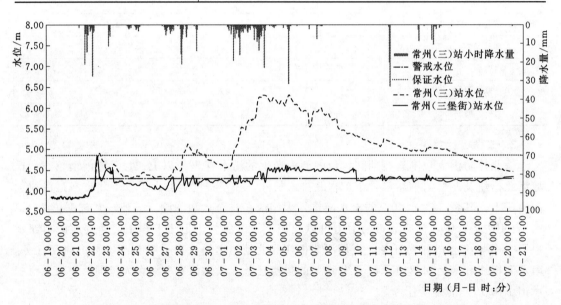

图 6.23　梅雨期常州（三）站、常州（三堡街）站水位和降水量过程线

5 次防洪大包围运行期间，包围圈沿线泵站总计排水约 1.483 亿 m³，最大排涝流量达 250m³/s，通过泵站运行将产水量大部分排至包围圈外，有效降低了大包围内河网的水位，防洪除涝效果显著。

包围圈外排水量主要去向为澡港河、澡港河东支及北塘河等骨干北排河道。包围圈内涝水大部分北排，但未对包围圈外的防洪除涝形势产生较大影响。

6.2.2　无锡

1. 工程运行情况

6 月 21 日，无锡市遭遇入梅后首场强降水，6 月 21 日至 7 月 4 日累计降水量为

412.8mm，占梅雨量的 92.4％，降水强度大并集中分布导致无锡市主要排洪河道水位猛涨。6 月 22 日运东片防洪大包围各水利枢纽陆续开启泵站进行排水。梅雨期间，北兴塘枢纽共开机 27.0 台时，排除涝水 145.8 万 m³；伯渎港枢纽共开机 178.8 台时，排除涝水 965.5 万 m³；江尖枢纽共开机 25.3 台时，排除涝水 182.4 万 m³；九里河枢纽共开机 80.6 台时，排除涝水 435.3 万 m³；利民桥枢纽共开机 131.3 台时，排除涝水 709.0 万 m³；仙蠡桥枢纽共开机 60.4 台时，排除涝水 326.0 万 m³；严埭港枢纽共开机约 397.0 台时，排除涝水 2001 万 m³。运东大包围主要水利枢纽累计开机 900.4 台时，排除涝水约 4765 万 m³。各枢纽排水量情况见图 6.24，占比见图 6.25。

图 6.24 2016 年梅雨期无锡城市防洪工程各枢纽排水量示意图（单位：万 m³）

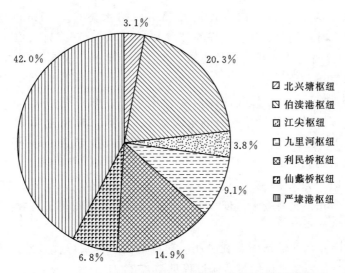

图 6.25 2016 年梅雨期无锡城市防洪工程各枢纽排水量占比

2. 工程运行效果

无锡运东片防洪包围圈内水位代表站为古运河无锡南门站；运东片防洪包围圈外水位代表站为大运河无锡（大）站。6月22日至7月20日，无锡市启用运东片城市防洪大包围工程，将包围圈内古运河无锡南门站最高水位控制在3.90m以下。

（1）对包围圈外大运河水位的影响。梅雨期，受强降水影响，大运河无锡（大）站水位出现3次明显上涨过程，其中6月21—22日的强降水使得锡澄地区河道水位上涨迅猛，大运河无锡（大）站水位从21日22时10分的3.79m开始上涨，大包围工程于22日9时陆续开启后，无锡（大）站水位快速上涨，22日15时45分最高达到4.53m，超过警戒水位0.63m，比降水前上涨0.74m，最大涨速为0.20m/h（22日8—9时）。

受6月27—28日暴雨影响，锡澄地区河道水位再次快速上涨，大运河无锡（大）站水位从28日4时的4.24m开始上涨，大包围工程于28日5时陆续开启后，水位上涨显著，15时10分无锡（大）站水位最高达到4.93m，超过警戒水位1.03m，比降水前上涨0.69m，最大涨速为0.17m/h（28日6—7时）。

受7月1—3日暴雨影响，锡澄地区河道水位第三次快速上涨，大包围工程于1日14时陆续开启，1日15时40分，大运河无锡（大）站水位4.26m，超过警戒水位0.36m，无锡（大）站水位在3日上午10时出现最高水位5.28m，超警1.38m，比降水前上涨1.02m，比历史最高水位5.18m（2015年6月17日）高0.10m，最大涨速为0.14m/h（2日3—4时）。

7月3日后，水位缓慢下降，平均退水速率为5.7cm/d。21日0时，该站水位退至4.16m（超警0.26m）。梅雨期，无锡（大）站水位共超警29d。

（2）对包围圈内河水位的影响。6月22日8时起，大包围内古运河无锡南门站水位自3.35m起涨，最大涨速为0.20m/h，22日11时达到此次降水过程的最高水位3.62m，涨幅为0.27m。运东片防洪大包围工程于22日9时后陆续开启向外排水，水位在短暂的上升后即开始下降，之后，水位一直低于3.50m，大部分时间控制在3.40m左右。

6月28日3时起，大包围内古运河无锡南门站水位自3.31m起涨，最大涨速为0.15m/h，22日7时达到此次降水过程的最高水位3.64m，涨幅为0.33m。运东片防洪大包围工程于28日5时后陆续开启向外排水，水位在短暂的上升后即开始下降，之后，水位一直控制在3.60m以下。

7月1日18时起，大包围内古运河无锡南门站水位自3.30m起涨，最大涨速为0.14m/h，3日7时达到此次降水过程的最高水位3.78m，涨幅为0.48m。运东片防洪大包围工程于1日14时后陆续开启向外排水，水位在持续的上升后即开始下降，之后，水位一直控制在3.60m以下。

7月21日0时，无锡南门站水位为3.43m，比警戒水位低0.47m。梅雨期，无锡南门站最高水位为3.78m，比警戒水位低0.12m。包围圈内水位得到了有效控制，城市防洪大包围工程发挥了显著的作用。

（3）对圈内圈外水位的影响对比分析。包围圈内、外水位代表站水情特点见表6.6。包围圈内、外水位代表站水位雨量对比过程见图6.26。

由表6.6、图6.26可以看出，梅雨期，在运东片防洪大包围的运行下，包围圈内运河水位控制在 3.90m 以下，平均水位为 3.46m，较包围圈外平均水位低 0.95m；期间，包围圈外水位超警（3.90m）及超保（4.53m）的时长分别达 690h、268h，而包围圈内水位一直控制在 3.90m 以下，达到了大包围启用的预期效果。

表 6.6   2016 年梅雨期无锡包围圈内、外水位代表站水情特点

站　　名	无锡（大）	无锡南门
起涨水位/m	3.79	3.35
最大涨速/(m/h)	0.20	0.20
水位开始超警戒时间（月-日 时：分）	06-22 6:00	—
最高水位/m	5.28（07-03 10:00）	3.78（07-03 7:00）
最大退水速率/(m/h)	0.07	0.08
平均水位/m	4.41	3.46
水位超警时长/h	690	0
水位超保时长/h	268	0
超历史最高水位时长/h	9	0
包围圈内外最大水头差/m	1.65	

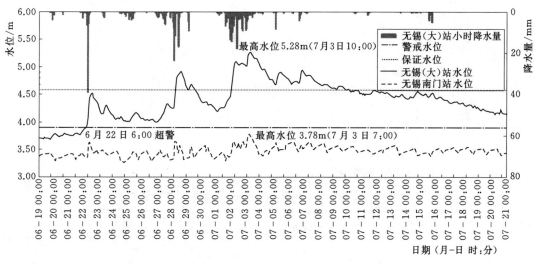

图 6.26　梅雨期无锡（大）站、南门站水位和降水量过程线

6.2.3　苏州

1. 工程运行情况

6 月 19 日，苏州市遭遇入梅后首场强降水，6 月 19 日至 7 月 2 日累计降水量为 372.5mm，占梅雨量的 85.7%，降水强度大并集中分布导致苏州市主要排洪河道水位猛涨。6 月 20 日苏州市城市防洪大包围各水利枢纽陆续开启泵站进行排水；梅雨期间，澹台湖水利枢纽共开机 99 台时，排除涝水 712.8 万 m³；大龙港枢纽共开机 1063.5 台时，排除涝水 1914 万 m³；南庄枢纽共开机 36 台时，排除涝水 64.8 万 m³；仙人大港枢纽共开机

242.3 台时，排除涝水 436.1 万 m³；胥江枢纽共开机 353 台时，排除涝水 635.4 万 m³；东风新水利枢纽共开机 1118 台时，排除涝水 2012 万 m³；娄江枢纽共开机 254.33 台时，排除涝水 457.8 万 m³；青龙桥枢纽共开机 105.5 台时，排除涝水 188.9 万 m³；外塘河枢纽共开机 64.33 台时，排除涝水 115.8 万 m³；元和塘枢纽共开机 322 台时，排除涝水 579.6 万 m³。梅雨期各枢纽排水量情况见图 6.27，占比见图 6.28。

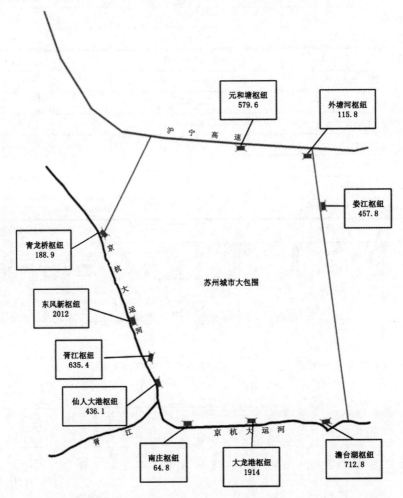

图 6.27　2016 年梅雨期苏州城市防洪工程各枢纽排水量示意图（单位：万 m³）

2. 工程运行效果

苏州城市防洪包围圈内水位代表站为古运河苏州（觅渡桥）站；防洪包围圈外水位代表站为大运河苏州（枫桥）站。

（1）对包围圈外大运河水位的影响。梅雨期，受强降水影响，大运河苏州（枫桥）站水位出现 3 次明显上涨过程。

受 6 月 19—22 日强降水影响，苏州地区河道水位上涨迅猛，大运河苏州（枫桥）站水位从 19 日 23 时的 3.66m 开始上涨，22 日 14 时 5 分达到本次降水过程最高水位 4.33m，超过警戒水位 0.53m，比降水前上涨 0.67m，最大涨速为 0.13m/h（22 日 11—

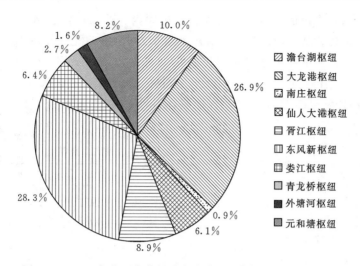

图 6.28 2016 年梅雨期苏州城市防洪工程各枢纽排水量占比图

12 时)。

受 6 月 27—28 日暴雨影响,苏州地区河道水位再次快速上涨,大运河苏州(枫桥)站水位从 28 日 5 时 30 分时的 4.09m 开始上涨,15 时 15 分达到本次降水过程最高水位 4.54m,超过警戒水位 0.74m,比降水前上涨 0.45m,最大涨速为 0.11m/h(28 日 14—15 时)。

受 7 月 1—2 日暴雨影响,苏州地区河道水位第三次快速上涨,1 日 19 时 10 分,大运河苏州(枫桥)站水位为 4.09m,超过警戒水位 0.29m,苏州(枫桥)站水位在 2 日上午 10 时 20 分时出现最高水位 4.82m,超过警戒水位 1.02m,比降水前上涨 0.73m,比历史最高水位 4.60m(1999 年 7 月 1 日)高 0.22m,最大涨速为 0.15m/h(2 日 3—4 时)。

7 月 2 日后,水位缓慢下降,平均退水速率为 4.1cm/d。21 日 0 时,该站水位为 3.96m(超警戒 0.16m)。梅雨期,苏州(枫桥)站水位共超警 31d。

(2)对包围圈内河水位的影响。6 月 21 日 5 时起,大包围内古运河苏州(觅渡桥)站水位自 2.75m 起涨,最大涨速为 0.04m/h,21 日 16 时达到 2.90m,最大涨幅为 0.15m。21 日 9 时,大包围枢纽开始陆续向外排水,水位短暂上升至 2.90m 后,开始回落,之后一直保持在 2.77m 左右。

7 月 2 日 0 时起,大包围内古运河苏州(觅渡桥)站水位自 2.78m 起涨,最大涨速 0.09m/h,2 日 5 时达到 3.03m,涨幅为 0.25m。大包围枢纽于 4 时 30 分后开始陆续向外排水,水位在 5 时达到最高水位 3.03m,随后开始回落,之后水位一直保持在 2.83m 左右。

7 月 6 日 17 时起,大包围内古运河苏州(觅渡桥)站水位自 2.83m 起涨,最大涨速为 0.09m/h,6 日 19 时达到 3.00m,最大涨幅为 0.17m。16 时 40 分起,大包围枢纽开始陆续向外排水,水位短暂上涨后开始回落,之后水位一直保持在 2.85m 左右。

梅雨期,古运河苏州(觅渡桥)站最高水位为 3.03m,大部分时间保持在 2.85m 左右,水位得到了有效的控制,城市防洪大包围工程发挥了显著作用。

（3）对圈内圈外水位的影响对比分析。包围圈内、外水位代表站水情特点见表 6.7。包围圈内、外水位代表站水位雨量过程对比见图 6.29。可以看出，梅雨期，在城市防洪大包围工程的运行下，包围圈内运河水位控制在 3.00m 以下，平均水位为 2.79m，较包围圈外平均水位低 1.38m；期间，包围圈外水位超警（3.80m）和超保（4.20m）的时长分别为 744h、304h，而包围圈内水位一直控制在 3.00m 以下，达到了大包围启用的预期效果。

表 6.7　　　　　　　　　2016 年梅雨期苏州包围圈内、外水位代表站水情特点

站　　名	苏州（枫桥）	苏州（觅渡桥）
起涨水位/m	3.72	2.74
最大涨速/(m/h)	0.15	0.09
水位开始超警时间（月-日 时:分）	06 - 20 0:00	—
最高水位/m	4.82（07 - 02 10:20）	3.03（07 - 02 5:00）
最大退水速率/(m/h)	0.07	0.08
平均水位/m	4.17	2.79
水位超警时长/h	744	0
水位超保 4.20m 时长/h	304	0
水位超历史 4.60m 时长/h	45	0
包围圈内外最大水头差/m	2.05	

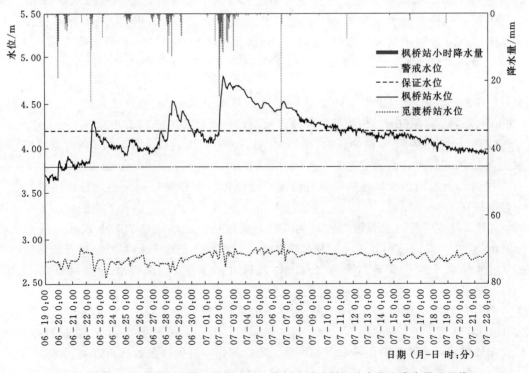

图 6.29　2016 年梅雨期苏州（枫桥）站、苏州（觅渡桥）站水位和降水量过程线

6.3 水库工程

6.3.1 江苏省水库工程

1. 横山水库

根据 2016 年梅雨期（6 月 19 日至 7 月 19 日）的降水量、流量数据（见图 6.30），分析横山水库泄洪对下游城镇防洪的影响，综合评价横山水库拦蓄和调蓄洪水的作用（见表 6.8）。2016 年梅雨期，横山水库降水主要集中在 6 月 27—28 日、7 月 1—3 日和 7 月 10—12 日，日降水量为 50～110mm。由入库、出库流量可知，梅雨期最大入库洪峰流量超过 260m³/s，而最大出库流量为 143m³/s（7 月 3 日），一般控制在 130m³/s 以下，对下游防护对象并未产生较大影响。

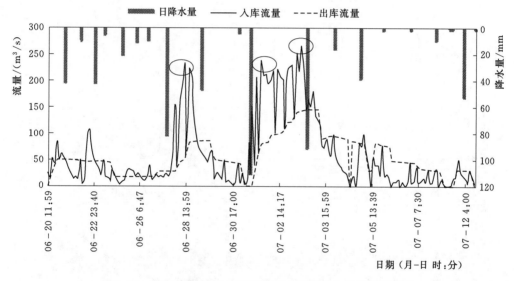

图 6.30　横山水库 2016 年梅雨期降水量与出入库流量过程线

表 6.8　　　　　　　　　　横山水库 **2016** 年梅雨期削峰效果统计

最大入库流量时间 （月-日 时:分）	最大入库流量/(m³/s)	最大出库流量/(m³/s)	削峰率/%
06-22 16:22	106	46.6	56
06-28 12:29	233	50.6	78
07-02 21:30	266	130	51
07-03 2:37	166	143	14

6 月 27—28 日，随着横山水库强降水的开始，水库入库流量和库水位迅速上涨，28 日开始超过汛限水位，最大入库洪峰流量为 233m³/s，27 日 9 时，水库开闸泄洪，28 日最大下泄流量为 50.6m³/s，削峰率为 78%。7 月 1 日，横山水库日降水量高达 110.2mm，7 月 2 日再降暴雨，水库坝上水位超过 35.50m，水库迎来第二次洪峰，7 月 2 日 6 时，横

山水库开始开闸泄洪，当天最大入库流量达到 $266m^3/s$，最大出库流量为 $130m^3/s$，削峰率达到 51%，至 7 月 3 日 12 时，最大出库流量达到 $143m^3/s$，削峰率为 14%。

总体来看，6 月 19 日至 7 月 20 日横山水库连续遭遇超历史暴雨洪水，但由于调度合理，提前利用泄洪闸泄洪，整个梅雨期水库最大下泄流量基本控制在 $130m^3/s$ 以下，削峰率总体高达 50% 以上，为下游河道错峰、削峰起到了很好的效果，减轻了下游城镇的防洪压力。

2. 沙河水库

根据 2016 年梅雨期降水量、流量数据（见图 6.31），分析沙河水库泄洪对下游城镇防洪的影响，综合评价沙河水库拦蓄和调蓄洪水的作用（见表 6.9）。梅雨期，沙河水库降水主要集中在 6 月 22 日、6 月 27—28 日、7 月 1—4 日以及 7 月 11 日，日降水量为 25.5～142.5mm。

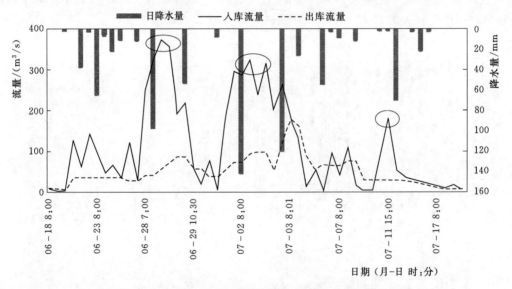

图 6.31　沙河水库 2016 年梅雨期降水量与出入库流量过程线

表 6.9　　　　　　　　　　　　沙河水库 2016 年梅雨期削峰效果统计

最大入库流量时间 （月-日 时:分）	最大入库流量/（m^3/s）	最大出库流量/（m^3/s）	削峰率/%
06-22　16:30	139	32.9	76
06-28　11:30	372	86.0	77
07-02　8:30	321	175	45
07-11　15:00	180	24.7	86

由于沙河水库前期维持高水位运行，入梅后，6 月 22 日沙河水库迎来首场强降水过程，水库水位和入库流量迅速上涨，22 日 13 时水位开始超汛限，最大入库洪峰流量为 $139m^3/s$，22 日 16 时 30 分开始，水库开闸泄洪，当日最大下泄流量为 $32.9m^3/s$，削峰率为 76%。

6 月 27—28 日，沙河水库迎来新一轮强降水，27 日日降水量达 98.0mm，最大入库洪峰流量达 372m³/s，水库于 6 月 28 日 7 时、11 时 30 分、16 时、20 时 40 分连续 4 次调整溢洪闸开启高度，加大泄洪力度，最大出库流量为 86m³/s，削峰率为 77%。

2016 年 7 月 1 日，沙河水库日降水量高达 142.5mm，7 月 2 日再降暴雨，日雨量为 119.5mm，水库迎来第二次洪峰，最大入库流量达到 321m³/s，最大出库流量为 175m³/s，削峰率达 45%。

总体来看，6 月 18 日至 7 月 19 日沙河水库连续遭遇超历史暴雨洪水，但由于调度合理，提前利用泄洪闸泄洪，削峰率总体高达 75% 以上，为下游河道错峰、削峰起到了很好的效果，减轻了下游城镇的防洪压力。

3. 大溪水库

根据 2016 年梅雨期降水量、流量数据（见图 6.32），分析大溪水库泄洪对下游城镇防洪的影响，综合评价大溪水库拦蓄和调蓄洪水的作用（见表 6.10）。梅雨期，沙河水库降水主要集中在 6 月 27—28 日和 7 月 1—4 日，日降水量为 41.5～140.5mm。

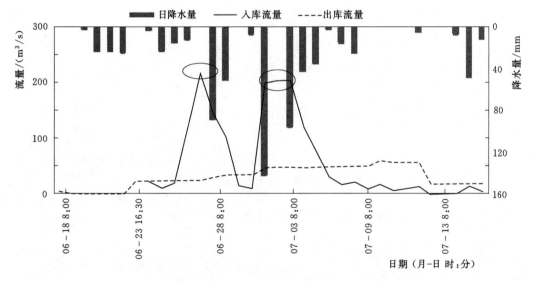

图 6.32　大溪水库 2016 年梅雨期降水量与出入库流量过程线

表 6.10　　　　　　　　　大溪水库 2016 年梅雨期削峰效果统计

最大入库流量时间 （月-日 时:分）	最大入库流量/(m³/s)	最大出库流量/(m³/s)	削峰率/%
06−28 6:00	217	35.5	84
07−02 13:25	203	50.6	75

6 月 27—28 日，大溪水库迎来入梅后的第一轮强降水，27 日日降水量为 87.0mm，入库洪峰流量为 217m³/s，水库于 6 月 28 日 6 时开始泄洪，最大出库流量为 35.5m³/s，削峰率为 84%。

7 月 1 日，大溪水库日降水量达到 140.5mm，7 月 2 日再降暴雨，日降水量为 94.5mm，水库迎来第二次洪峰，最大入库流量达到 203m³/s，最大出库流量为 50.6m³/s，削峰率达到 75%。

总体来看，6月18日至7月19日大溪水库连续遭遇超历史暴雨洪水，但由于调度合理，提前利用泄洪闸泄洪，削峰率在75%以上，为下游河道错峰、削峰起到了很好的效果，减轻了下游城镇的防洪压力。

6.3.2 浙江省水库工程

1. 青山水库

青山水库2016年汛期主要经历2次洪水过程（图6.33和图6.34）。

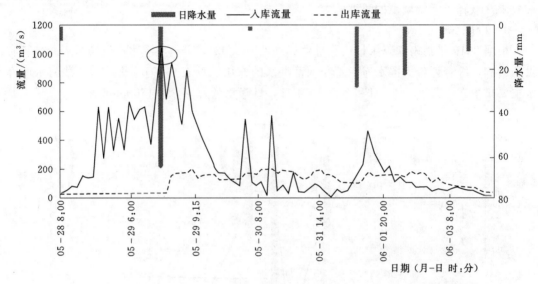

图6.33 青山水库2016年第一次洪水过程出库、入库流量过程线

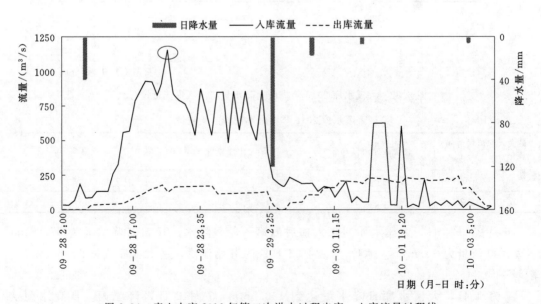

图6.34 青山水库2016年第二次洪水过程出库、入库流量过程线

第一次为5月28日至6月3日，过程累计降水量为131.5mm，期间出现1次较大洪

峰，最大洪峰水位为 25.53m（85 高程，下同），最大涨幅为 2.67m，拦洪量为 2516 万 m^3；5 月 29 日 8 时，水库最大入库流量达到 1040m^3/s，泄洪流量达 166m^3/s，9 时泄量加大至 180m^3/s，10 时 30 分加大至 212m^3/s，削峰率为 80%。

第二次为 9 月 27 日至 10 月 3 日，过程累计降水量为 181.5mm，洪峰水位为 27.45m，最大涨幅为 4.50m，拦洪量为 4719 万 m^3；9 月 28 日 21 时 5 分，最大入库流量达到 1160m^3/s，出库流量为 170m^3/s，削峰率为 85%。

青山水库 2016 年洪水期削峰效果统计见表 6.11。

表 6.11　　　　　　　　　青山水库 2016 年洪水期削峰效果统计

最大入库流量 时间（月-日 时:分）	最大入库流量/（m^3/s）	最大出库流量/（m^3/s）	削峰率/%
05－29 8:00	1040	212	80
09－28 21:05	1160	170	85

2. 对河口水库

对河口水库 2016 年汛期主要经历 3 次洪水过程（见图 6.35、图 6.36）。

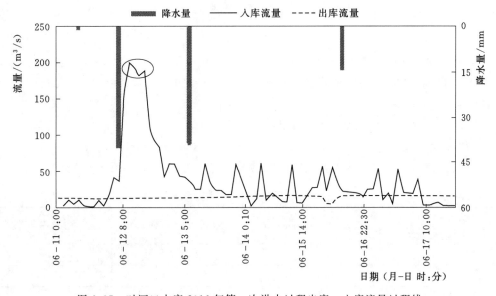

图 6.35　对河口水库 2016 年第一次洪水过程出库、入库流量过程线

第一次为 5 月 28 日 10 时至 6 月 17 日 8 时，过程累计降水量为 235.0mm，期间出现 1 次较大洪峰，最大洪峰水位为 47.84m，最大涨幅为 2.75m，拦洪量为 1541 万 m^3；6 月 12 日 15 时 25 分，水库最大入库流量达到 199m^3/s，15 时 30 分起调度泄洪流量为 30m^3/s，加上发电及供水流量，最大出库流量为 42.5m^3/s，削峰率为 79%。

第二次为 9 月 13 日 23 时至 28 日 8 时，过程累计降水量为 276.2mm，洪峰水位为 47.29m，最大涨幅为 3.49m，拦洪量为 1856 万 m^3；16 日 0 时 2 分，最大入库流量达 419m^3/s，因起涨水位控制在汛限水位以下，并预测估报水位不超过 47.50m，本次洪水过程未调度泄洪，16 日 17 时 30 分，以发电及供水流量出库，共 10.5m^3/s，削峰率达 97%。

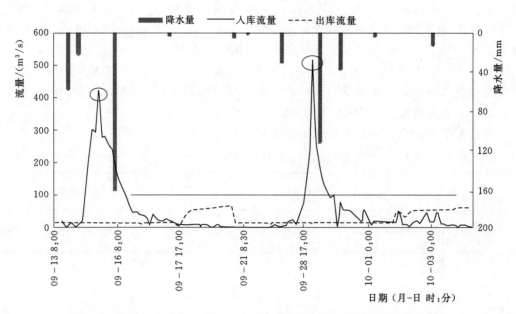

图 6.36　对河口水库 2016 年第二、第三次洪水过程出库、入库流量过程线

第三次为 9 月 28 日 14 时至 10 月 3 日 8 时，过程累计降水量为 164.8mm，洪峰水位为 48.73m，最大涨幅为 2.83m，拦洪量为 1670 万 m^3；29 日 0 时 2 分，最大入库流量为 511m^3/s，30 日 10 时，调度泄洪流量 50m^3/s，加上发电及供水流量，最大出库流量为 52.4m^3/s，削峰率为 90%。

对河口水库 2016 年洪水期削峰效果统计见表 6.12。

3. 老石坎水库

老石坎水库 2016 年汛期主要经历两次洪水过程（见图 6.37、图 6.38）。

表 6.12　　　　　　　　　　对河口水库 **2016** 年洪水期削峰效果统计

最大入库流量 时间（月-日 时:分）	最大入库流量/（m^3/s）	最大出库流量/（m^3/s）	削峰率/%
06-12 15:25	199	42.5	79
09-16 0:02	419	10.5	97
09-29 0:02	511	52.4	90

第一次为 6 月 24 日 16 时至 7 月 8 日 16 时，过程累计降水量为 255.5mm，期间大致出现 4 次洪峰，最大洪峰水位为 116.24m，最大涨幅为 4.16m，拦洪量为 1968 万 m^3；6 月 26 日 0 时，最大入库流量为 149m^3/s，未调度泄洪流量，发电流量为 15m^3/s，最大出库流量为 15.9m^3/s，削峰率为 89%。

第二次为 9 月 27 日 19 时至 10 月 2 日 10 时，过程累计降水量为 255.5mm，洪峰水位为 115.37m，最大涨幅为 8.57m，拦洪量为 3348 万 m^3。28 日 17 时，最大入库流量为 844m^3/s，30 日 10 时，调度泄洪流量为 100m^3/s，实际出库流量为 101m^3/s，削峰率为 88%。

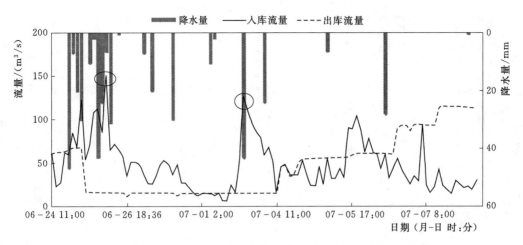

图 6.37　老石坎水库 2016 年第一次洪水过程出库、入库流量过程线

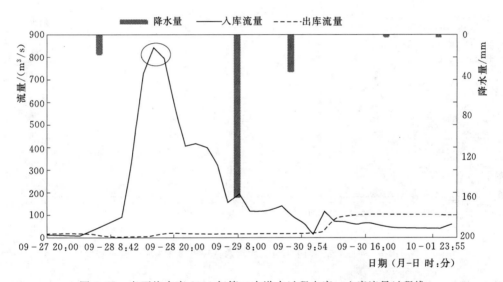

图 6.38　老石坎水库 2016 年第二次洪水过程出库、入库流量过程线

老石坎水库 2016 年洪水期削峰效果统计见表 6.13。

表 6.13　老石坎水库 **2016** 年洪水期削峰效果统计

最大入库流量 时间（月-日 时:分）	最大入库流量/(m³/s)	最大出库流量/(m³/s)	削峰率/%
06-26 0:00	149	15.9	89
09-28 17:00	844	101	88

4. 赋石水库

赋石水库 2016 年汛期出现多次洪水过程，涨幅较大的有两次（见图 6.39、图 6.40）。

第一次为 6 月 25 日 15 时至 7 月 8 日 16 时，过程累计降水量为 237.1mm，期间大致出现 2 次洪峰过程，最大洪峰水位为 80.99m，最大涨幅为 5.11m，拦洪量为 4057 万 m³；

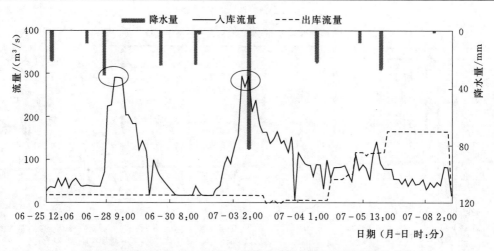

图 6.39　赋石水库 2016 年第一次洪水过程出库、入库流量过程线

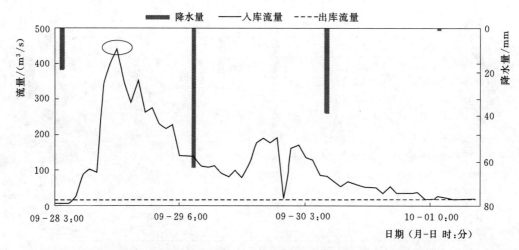

图 6.40　赋石水库 2016 年第二次洪水过程出库、入库流量过程线

6 月 28 日 12 时，出现洪峰流量为 291m³/s，此次洪水过程除发电出库流量 15m³/s 外基本全部拦蓄，实际出库流量仅为 18.9m³/s，削峰率为 94%；7 月 3 日 6 时，洪峰流量为 296m³/s；4 日 11 时，赋石水库调度泄洪流量 50m³/s，外加发电流量 15m³/s；17 时 30 分加大泄洪流量至 100m³/s，7 月 6 日 8 时 30 分加大泄洪流量至 150m³/s，加发电供水流量，出库流量达流量 167m³/s，削峰率为 44%。

第二次为 9 月 27 日 20 时至 10 月 2 日 14 时，过程降水量为 158.9mm，洪峰水位为 74.07m，最大涨幅为 5.02m，拦洪量为 2699 万 m³。28 日 22 时 5 分，最大入库流量为 440m³/s，因水库前期水位较低，此次洪水过程除发电出库流量 15m³/s 外基本全部拦蓄，实际出库流量仅为 18.0m³/s，削峰率为 96%。

赋石水库 2016 年洪水期削峰效果统计见表 6.14。

5. 合溪水库

合溪水库 2016 年汛期出现多次洪水过程，涨幅较大有两次（见图 6.41）：

表 6.14 赋石水库 2016 年洪水期削峰效果统计

最大入库流量 时间（月-日 时:分）	最大入库流量 /(m³/s)	最大出库流量 /(m³/s)	削峰率 /%
06-28 12:00	291	18.9	94
07-03 6:00	296	167	44
09-28 22:05	440	18.0	96

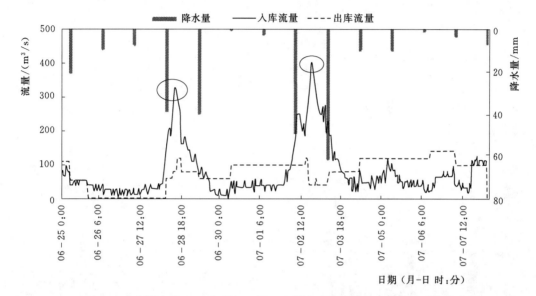

图 6.41 合溪水库 2016 年第一、第二次洪水过程出库、入库流量过程线

第一次为 6 月 25 日 2 时至 7 月 2 日 5 时，过程累计降水量为 142.2mm，洪峰水位为 22.03m，最大涨幅为 2.94m，拦洪量为 1584 万 m³。6 月 28 日 14 时，最大入库流量为 328m³/s；28 日 8—12 时，水库调度泄洪流量从 60m³/s 调整至 80m³/s，15 时 30 分，再次加大至 120m³/s，削峰率为 63%。

第二次为 7 月 1 日 18 时至 7 日 0 时，过程累计降水量为 200.9mm，洪峰水位为 23.36m，最大涨幅为 3.39m，拦洪量为 2006 万 m³。7 月 2 日 20 时，最大入库流量为 401m³/s；7 月 2 日 16 时，调度泄洪流量为 120m³/s；16 时 30 分，调度泄洪流量调整为 100m³/s；18 时，调度泄洪调整为 40m³/s；23 时，调度泄洪调整为 60m³/s；23 时 30 分，调度泄洪调整为 40m³/s 等，合溪水库在本次洪水过程中频繁多次调度，削峰率为 70%。

合溪水库 2016 年洪水期削峰效果统计情况见表 6.15。

表 6.15 合溪水库 2016 年洪水期削峰效果统计表

最大入库流量 时间（月-日 时:分）	最大入库流量 /(m³/s)	最大出库流量 /(m³/s)	削峰率 /%
06-28 14:00	328	120	63
07-02 20:00	401	120	70

6. 老虎潭水库

老虎潭水库2016年汛期出现多次洪水过程，涨幅较大有两次（见图6.42、图6.43）。

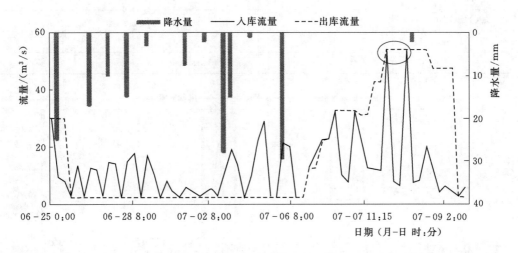

图6.42　老虎潭水库2016年第一次洪水过程出库、入库流量过程线

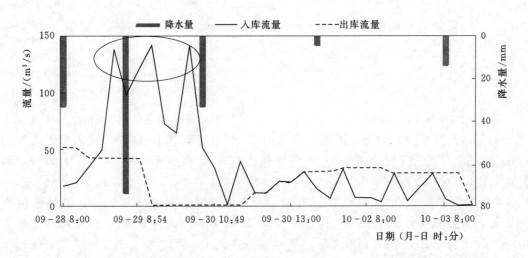

图6.43　老虎潭水库2016年第二次洪水过程出库、入库流量过程线

第一次为6月25日0时至7月9日12时，过程累计降水量为168.5mm，洪峰水位为49.32m，最大涨幅为1.85m，拦洪量为951万 m³；因降水过程分散，水位过程表现为缓慢上升，7月7日13时6分，最大入库流量仅54.2m³/s；为降低库水位，7月6日13时，泄洪流量为30m³/s，7月7日13时，泄洪流量加大至50m³/s，削峰率为8%。

第二次为9月28日12时至10月3日11时，过程累计降水量为157.8mm，洪峰水位为48.48m，最大涨幅为1.68m，拦洪量为836万 m³。9月29日9时，最大入库流量为142m³/s，27日9时至29日9时，调度泄洪流量为50m³/s，削峰率为65%。

老虎潭水库 2016 年洪水期削峰效果统计见表 6.16。

表 6.16　　　　　　　　　老虎潭水库 2016 年洪水期削峰效果统计表

最大入库流量 时间（月-日 时:分）	最大入库流量 /(m³/s)	最大出库流量 /(m³/s)	削峰率 /%
07-07 13:06	54.2	50	8
09-29 9:00	142	50	65

6.4　本章小结

（1）2016 年大洪水期间，在确保水利工程安全的情况下，流域骨干工程充分发挥效益。太浦河、望虞河长时间大流量泄洪，环湖大堤超蓄 5.377 亿 m³，沿钱塘江、沿长江各闸泵全力以赴排洪。汛期，望虞河望亭水利枢纽和太浦河太浦闸、长江北排工程（含常熟枢纽，不含上海市沿江口门）、钱塘江南排工程（含嘉兴段和杭州段）分别累计排水 63.33 亿 m³、89.09 亿 m³ 和 26.66 亿 m³，有效降低了太湖及河网水位。其中太浦闸和望亭水利枢纽 7 月 9 日合计下泄流量达 1367m³/s，创历史最大日下泄流量纪录；瓜泾口 7 月 10 日最大日均流量达到 138m³/s，东导流 7 月 8 日达到梅雨期最大分泄流量 288m³/s。太湖水位梅雨期退水阶段日均降幅 2.7cm，大于 1999 年的 2.6cm，梅雨期最大日均降幅达 0.05m，为历年最大。已建治太工程和现有水利工程在大洪水中经受住了考验，发挥了巨大的防洪减灾作用。

（2）江苏省各地市城市防洪工程运行期间，通过泵站将大部分涝水排至包围圈外，有效降低了大包围圈内水位，使包围圈内水位始终保持在控制水位以下，达到了大包围启用的预期效果，防洪除涝效益显著。

（3）梅雨及台风期间，流域内大中型水库连续遭遇强降水，由于调度合理，提前利用泄洪闸泄洪，水库工程削峰率普遍达 50% 以上，为下游河道错峰、削峰起到了很好的效果，减轻了下游城镇的防洪压力。

第7章 监测预报预警

2016年，太湖流域各级水文部门汛前强化测报准备，汛期发扬不怕艰苦、连续作战的精神，充分利用防汛信息技术，积极做好水文监测、水情分析、洪水预测，为太湖防总及各级政府防汛指挥机构的正确决策、合理调度和抗洪抢险工作提供了科学依据，取得了巨大的社会效益和经济效益。

7.1 水文监测

1999年大水之后，水文监测工作得到了太湖流域各级政府部门的进一步重视，水文建设投入持续增加。随着现代化科技的进步与发展，先进的科学技术和仪器设备在水文领域不断应用，传统的水文监测方法，结合自动化和信息化的升级改造，为全面提高水文工作质量和效率提供了技术支撑与保障。

太湖流域位于经济发达地区，经济社会的迅速发展对水文监测范围和监测能力提出了更高的要求。一直以来，太湖流域各级水文部门积极探索水文监测方式创新，加强水文信息采集自动化和信息传输网络化建设，致力于提高水文测报自动化程度，以满足经济社会发展的需求和缓解人力成本过高、人力资源不足的矛盾。目前，水位、降水量监测基本实现了自动采集、自动存储、自动传输；流量测验使用水文缆道或水文测船测验智能控制系统开展快速测流，部分测站已开展实时在线监测，实现了流量的自动测验或半自动测验；ADCP、全球卫星定位系统、全站仪、电波流速仪等一批水文测报先进仪器设备得到了推广和应用；测站终端通过数据光纤、GPRS、CDMA等通信方式向中心站自动实时传输数据；流域与各省市之间基本通过水利骨干网实现了水文信息交换与共享。流域水文测报技术的发展改变了完全依靠人力的传统水文测验方式，显著增强了水文应急机动测报能力，提高了水文信息采集的准确性、时效性和水文测报的自动化水平。

在监测管理上，除少数重要控制站仍采用人工驻测以外，大部分水文站采用"无人驻守、有人看管、自动监测与巡测比对结合"的方式运行管理，对精度要求稍低的测站采用箱体式建设，实现了数据采集传输一体化，水文监测的工作重点在常规水文巡测和各类水文应急监测上，逐步形成"驻巡结合、巡测优先、测报自动、应急补充"的现代水文监测体系。

7.1.1 汛前准备

根据气象部门防汛形势不利的预测，太湖流域各级水文部门高度重视汛前测报准备工作，及早安排部署、全面检查排查，为汛期流域超标准洪水测报工作打下了良好的基础。

1. 提早安排部署

根据气象部门预测，2016 年我国气象年景总体偏差，水旱灾害可能多发重发，太湖流域可能降水偏多，防汛形势严峻。太湖流域各级水文部门立足"防大汛、排大涝、抢大险、救大灾"，提前部署，围绕思想准备、设施养护、测洪方案、物资储备、安全生产等开展拉网式检查，通过测站自查、分局初查、省局复查、流域水文局及原水利部水文局抽查方式层层落实，有效保障了 2016 年水文测报汛前准备工作任务圆满完成。

2. 全面排查，强化基础

各级水文部门均开展了深入细致的检查保养工作，对所辖各类测站测验设施设备、供电设备、通信信道等进行了全面检查维护保养，对雨量筒、水位计、流速仪等仪器设备进行比对、检定，对水准点进行了校测，做到了全面覆盖，不漏一站。对水情系统中心和分中心数据库、各类软硬件、通信网络进行测试调试，确保稳定运行。同时开展水准接测工作、大断面测量、预警水位及特征水位核定等工作，为水文资料的监测、计算提供翔实可靠的基础资料。

3. 创新管理，完善制度

各级水文部门加强水文测报工作规章制度建设和落实，完善测站管理、岗位责任、信息报送等制度，并强化制度考核，确保水文测报工作的规范化、制度化运行。太湖局水文局建立了依托测站任务书的综合考评"打分制"和"互评制"，探索实行"师徒制""老带新""一对一"的工作方式；上海水文总站建立了全市"分级管理、系统考核、防汛应急、分析报送"等制度；浙江省制定了水文测站运行管理规程、预警发布管理办法、无人值守雨量站管理等办法。

同时各级水文部门积极探索新方法、新思路，改变传统模式。新科技微信二维码技术在江苏省水文测站及设施设备管理方面开始应用；多项实用小发明，如缆道加油器、水位虹吸进水管排气装置等在水文日常工作及汛前准备中应运而生，取得了良好效果。

4. 提前练兵、实战演练

为保证水文测验队伍拉得出、测得到、报得准，各级水文部门汛前开展水文应急测验演练，强化新仪器设备的使用训练，确保大洪水期间能够快速响应应急监测要求。太湖流域水文水资源监测中心（以下简称"太湖局监测中心"）在 2015 年汛后和 2016 年汛前分别模拟山区水库库区发生溃堤引发地质灾害形成堰塞湖险情和太湖流域连续降水导致杭嘉湖地区发生紧急汛情开展应急演练。江苏省水文局苏州分局（以下简称"苏州水文分局"）2015 年汛后和 2016 年汛前模拟太湖流域连续降水导致阳澄淀泖区发生紧急汛情，进行应急机动测验演练。

7.1.2　水雨情监测

太湖流域水情遥测系统于 20 世纪 90 年代建成，在 1999 年流域大洪水中发挥了重要的作用。随着遥测技术的不断发展和日益完善，1999 年之后各省市相继建设了遥测系统，水位、雨量监测基本都接入了遥测系统，实现自动测报，部分流量监测也接入遥测系统，实现流量的自动监测、计算、报送。1999 年之前已建的各类测站也陆续经过更新改造，实现水雨情的自动采集报送。经过近 20 年更新改造，总结提高，遥测数据精度不断提高，自动测报技术水平不断提升。

太湖局共接入流域内江苏、浙江、上海各省（直辖市）水情站点近500个，基本覆盖了流域内主要河湖、水库及沿江等区域，实现了实时接收展示、查询统计、自动生成流域重要区域、河道的水雨情报表，为流域水情预报和防汛调度提供支撑。流域内通过水利骨干网或当地网络系统实现了流域—省（直辖市）—地（市）三级水情数据交换与共享。在应对2016年流域特大洪水、秋汛，防御台风"尼伯特""莫兰蒂""马勒卡""鲇鱼"等工作中，水情自动测报系统及时准确地提供了大量实时信息，为各级防汛部门提供了重要支撑，同时收集汇总了大量历史极值信息，也可为流域今后的"防洪除涝"等工程建设提供宝贵的资料。

1. 采集传输

太湖流域现有雨量站约1010处（按观测项目统计，见表7.1），平均密度为37km²/站。基本采用翻斗式雨量计JDZ05自动采集降水量信息并实时传输，且具备长期保存观测数据的功能，采用人工观测加以比对进行校测。

表 7.1　　　　　　　　　太湖流域各水利分区雨量站统计表　　　　　　　　单位：个

隶属机构与省（直辖市）	湖西区	武澄锡虞区	阳澄淀泖区	太湖湖区	杭嘉湖区	浙西区	浦东浦西区	合计
太湖局	13	13	8	11	15	7	3	70
江苏	225	29	37	8	7	—	—	306
浙江	—	—	—	34	74	220	—	328
上海	—	—	—	—	—	—	306	306
合计	238	42	45	53	96	227	309	1010

太湖流域现有水位站703处（按观测项目统计，见表7.3），平均密度为52km²/站。浮子式水位计、压力式水位计、雷达水位计均有应用，最为常用的为WHF-2A水位计和气泡式水位计，接入遥测系统实现自动观测传输，极少数测站仍然为人工观测。

为实时掌握流域水雨情，测站终端5min内完成一次数据采集报送。太湖流域通信基础设施建设较完善，数据的传输报送除少数重要水文站采用数据光纤外，其他测站均通过GPRS和CDMA报送，水雨情信息的准确采集与报送为流域水情预报提供了可靠的基础资料。太湖流域水雨情测报数量见表7.2和表7.4。

表 7.2　　　　　　　　　太湖流域雨量测报数量统计表　　　　　　　　单位：万个

隶属机构与省（直辖市）	全　年	汛　期	梅雨期
太湖局	715	182	63
江苏	924	386	78
浙江	2934	1475	240
上海	3217	1075	273
合计	7790	3118	654

表7.3　　　　　　　　　　　　太湖流域各水利分区水位站统计表　　　　　　　　　单位：个

隶属机构与省（直辖市）	湖西区	武澄锡虞区	阳澄淀泖区	太湖区	杭嘉湖区	浙西区	浦东浦西区	合计
太湖局	14	19	13	19	15	5	2	87
江苏	190	10	21	5	4	—	—	230
浙江	—	—	—	—	66	157	—	223
上海	—	—	—	—	—	—	163	163
合计	204	29	34	24	85	162	165	703

注　表7.1中的雨量站基本包含水位站，但太湖局隶属的23个水位站不监测降水量。

表7.4　　　　　　　　　　　　太湖流域水位测报数量统计表　　　　　　　　　　单位：万个

隶属机构与省（直辖市）	全　年	汛　期	梅雨期
太湖局	830	212	73
江苏	864	361	74
浙江	2173	1093	178
上海	1734	580	147
合计	5601	2246	472

2. 运行维护

大量水雨情的采集、自动报汛，需要组织有力的运维队伍来保障。流域内水情站点数量多，且分布相对集中。因此，各级水文部门积极探索新的工作机制，并受国家政策引导，纷纷采用水文部门统一组织，引入社会服务开展测站常规运行和故障维修工作的方式，并制定相关监督考核办法，在2016年流域防汛防台工作中，特别是应对2016年流域特大洪水期间，系统运行稳定，监测数据可靠，报汛畅通及时。

太湖局监测中心全年组织开展巡检维护267站次、故障抢修63站次，大洪水期间开展24小时值班，时刻做好故障应急抢修准备。局中心、分中心发生故障时，半小时内响应并排除故障，测站发生故障时，各分中心1小时内响应，当天基本能排除故障。在防汛关键时刻，专业维护公司安排人员24小时驻守运维现场，实现故障响应、现场抢险无缝衔接。2016年6月9日，陈墅站由于雷击原因造成ACS300-MM损坏，数据中断，江苏省水文局无锡分局（以下简称"无锡水文分局"）立即派出维护人员进行设备更换，及时恢复数据。7月3日，无锡（大）水位站站房受淹，无锡水文分局维护人员火速赶往现场对遥测设备进行维修、更换，确保信息畅通，监测到了5.28m的历史最高水位。受大洪水影响，常州地区南渡水文站受淹，其水位监测已不能满足监测要求。江苏省水文局常州分局（以下简称"常州水文分局"）立即启用应急预案，测站职工坚守第一线，密切关注水情变化，提前设立临时水尺保证资料的连续性和完整性。为确保监测数据的正确性，测站职工淌着半米多深的水检查遥测设备的运行情况，并进行人工观测对比数据，确保大洪水测得出、报得准，监测到了6.85m的历史最高水位。

7.1.3　流量测验

太湖流域是平原河网地区，河流纵横交错，且受潮水顶托影响，常出现水流往复现象，难以建立良好的水位-流量关系，流量数据的获得只能靠"测"。随着流域经济社会快速发展，流域管理对流量测报的范围、时效性提出了更高的要求。自 1999 年大水以来，流域内流量站点不断增加，水文巡测范围不断扩大，传统的流速仪多线多点测流方法费时较长，对防洪测报影响较大，已无法适应新形势下的水文发展模式。各级水文部门、广大水文职工积极探索水文监测方式创新，致力于提高测流方法和测流效率，提高水文监测的巡测能力，加强水文信息采集自动化和信息传输网络化建设，开展快速测流和实时在线测流研究，有效提高信息采集的时效性。

目前，水文驻测、巡测多采用走航式 ADCP 进行快速测流，有部分测站已引进了 H-ADCP 或时差法超声流速仪等国际先进测流技术，实现了流量实时在线监测，大大提高了测报效率。

1. 站点概况

太湖流域现有固定流量站 146 处（见表 7.5），平均密度为 $253km^2/$ 站。太湖局直管流量站 20 处，其中国家基本站 8 处，专用站 12 处。

表 7.5　　　　　　　　　太湖流域各水利分区流量站统计表　　　　　　单位：个

隶属机构与省（直辖市）	太湖区	太浦河	望虞河	湖西区	武澄锡虞区	阳澄淀泖区	杭嘉湖区	浙西区	浦东浦西区	合计
太湖局	8	2	1	—	—	5	3	—	1	20
江苏	5	—	—	27	17	13	1	—	—	63
浙江	—	—	—	—	—	—	28	27	—	55
上海	—	—	—	—	—	—	—	—	8	8
合计	13	2	1	27	17	18	32	27	9	146

流量站大多采用水文缆道测流、船测和桥测，少数站采用筑坝断流、推流等方式方法测流；目前大部分使用走航式 ADCP 进行快速测流，部分流量站安装了 H-ADCP 在线测流并经比测率定后投入运行，个别站开展了超声时差法自动测流探索，极少数站仍使用流速仪测流。新建的中小河流站均采用水平式声学多普勒流速仪在线测流，目前还在比测率定阶段。太湖局直管的 20 处流量站采用 H-ADCP 自动测流，测流效果良好，其中太浦闸、张桥水文站作为国家重要水文站同时进行人工驻测和在线监测。

2. 测验设备

利用超声波测流在流域内已普遍得到应用。走航式 ADCP 经过多年的研究，已全面成熟应用；H-ADCP 在部分测站经比测率定后应用较好，具有较好的流量关系线，但还有部分测站还在探索阶段。

（1）走航式 ADCP。走航式 ADCP 借助水文缆道、测船等渡河设备或通过动力牵引桥测在水面表层移动，通过回波的多普勒频移计算被测水体每一单元的速度，根据流速面积法计算过水断面流量。

单独使用走航式 ADCP 具有一定的适用条件：

1）不受磁场干扰。测验环境受磁场的干扰影响，会使声学多普勒流速仪的内置磁罗经辨别测验断面方向困难或不准确，给流量测验资料的计算带来误差。

2）河床不存在"动底"。河床存在"动底"，违背了走航式 ADCP 测验计算原理"河底是固定不变的"假设，造成底跟踪失灵，船速测量失真，即此时的测船航行速度不能准确地跟踪回波多普勒频移计算，最终造成流量测验计算的较大误差。

3）河流含沙量不能太大。河流含沙量较大时，多普勒反射波无法有效穿透高含沙量水体，回波强度衰减快，造成指标流速及水深测量失真，最终导致流量测验误差大。

当出现磁场干扰、河床"动底"及含沙量较大时，可通过外接罗经、GPS、回声测深仪等仪器设备来共同完成流量测验计算。

太湖流域除苕溪水系部分河流为山区河流，水流携带少量泥沙外，其余均为平原河网，水流平缓，基本没有泥沙更不存在河床"动底"现象，满足走航式 ADCP 的使用条件。通常情况下采用水文缆道、渔船、橡皮艇等或人工牵引桥测等方式测流，不需外接其他仪器设备。一般半小时左右完成一次流量测验，大大提高了测流效率，测验精度能满足相关规范和报汛要求。

（2）H-ADCP。H-ADCP 安装在水边测流断面处，同样利用水流回波的多普勒频移测得仪器正对水中剖面上水体每一单元的速度，剖面最多可以有 128 个单元的流速，选取剖面上的某一具有代表性的流速作为指标流速，和断面平均流速建立起较固定的相关关系，从而得到断面平均流速。同时测量水位，得到测流断面面积，计算出断面流量，图7.1 为 H-ADCP 测流示意图。

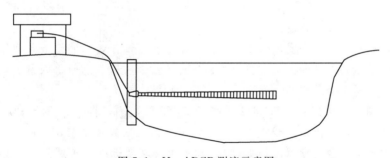

图 7.1　H-ADCP 测流示意图

H-ADCP 特点。H-ADCP 固定安装在水中，相对于走航式而言，它的优点是长期自动工作，测得流速、水位从而得到流量。其安装在水中的仪器体积不大，基本不影响水流。H-ADCP 适用于中小河流和渠道的流量自动监测，仪器技术先进，自动化程度很高，功能强大。

但 H-ADCP 的测速能力限制了它的应用，现有实际应用中的产品最远测速距离一般都只有几十米，很难用于大江大河，因为数十米水层的流速代表性十分有限。它只能测得仪器安装点处的一层水的局部流速分布，而水位是不断变化的，不同水位时，这一层水的流速代表性会发生变化。这就要求 H-ADCP 一般只适用于渠道、运河、断面稳定的中小河流。

太湖流域以中小河流为主，平原河网区河流宽一般在 100m 以内，少部分河流宽超过100m，且像太浦闸、张桥、望亭、平望等断面为石驳岸断面，断面流速分布稳定，水深一般为 3～8m，浙西山区少数河流水深超过 10m，水流冲刷、断面堆沙等影响较大。因此，H-ADCP 适用于太湖流域内大部分河道断面，测得水层流速具有稳定的代表性，与断面流速具有较固定的关系。自 21 世纪初引入 H-ADCP 后，经过不断地研究改进、比测率定后已在部分测站取得较成功的应用。

3. 在线监测

(1) 应用现状。近几年流域内流量站成倍增长，但与之相应的水文职工等人员配套不足。因此，各级水文部门致力于以 H-ADCP 为主的在线测流技术的研究和应用。

太湖局直管的太浦河、望虞河、环太湖出入湖河道、省界河流等共 20 个流量控制站全部实现流量在线监测，根据需要每 5min 或每 0.5h 采集一组流量、水位数据，测站运行稳定，数据准确可靠，在全流域起到了很好的引领示范作用。

苏州水文分局十分重视水文测报方式改革，望亭水文站 H-ADCP 测流成果已经用于报汛，枫桥站、平望站等站开展了大量的流量比测率定工作；无锡水文分局努力探索流量测验自动化，编制了分局《流量自动监测站整合实施方案》，对犊山闸、浯溪桥、杨巷、马镇流量自动监测站进行整合，新建宜兴（南）和洛社流量自动监测站，利用走航式 ADCP 多次对中小河流杨巷、马镇站点进行比测率定；常州水文分局组织编制了《常州市水文测报技术研究与应用实施方案》，对九里站、茶亭河站、紫阳桥站、石堰站开展了大量的流量比测工作。

浙江省嘉兴水文站已有 9 处流量站的 H-ADCP 流量在线成果用于报汛。

上海地区 2004 年引进了 H-ADCP 流量在线监测设备，在潮流量自动监测方面起步较早，目前，在黄浦江上游地区应用比较成熟，部分测站应用效果较好，但部分地区受水闸调度影响，误差较大，需要进一步的比测、率定。近两年，黄浦江下游河口地区也开展了 H-ADCP 流量在线监测，由于受泥沙、断面水深、主断面通航等因素影响，自动化潮流量监测效果不是十分理想，有待进一步实验、比测、研究。

目前，太湖流域共有 70 个流量站实现了流量在线监测，且各部门能够实现数据共享。与传统人工监测相比，流量在线监测频次高，流量信息采集速度快，数据量大，可以连续不间断地获取河道水情变化状况，尤其在 2016 年流域超标准洪水期间，仅太湖局直管的 20 个流量站就累计采集数据达 15 万组，自动监测站采集的重要河道洪水进出太湖的水量，为洪水调度及水情分析工作提供了最为完整、翔实的基础资料，对于防汛调度决策具有不可替代的重要意义。

(2) 运行管理。除了国家重要水文站以及骨干河流重要控制站，大部分流量自动站采用"无人驻守、有人看管、自动监测与巡测比对结合"的方式运行，自动站良好的日常维护管理是实现流量在线监测的保障。一方面汛前、汛后做好仪器设施设备的检查、保养、更换、断面清淤等工作；另一方面根据不同水情，每站每年进行 30~50 次流量比测，开展流量关系线的率定和检验，不断优化在线监测精度。

2016 年汛前，各级水文部门组织对各站进行了全面、细致的检查维护，对测验断面进行了清淤，以保证仪器设备正常施测及报汛传输畅通，并且利用历史比测资料对各站开展了流量关系曲线的率定和检验。太湖局监测中心对太湖局直管的 20 个流量自动监测站逐站开展了流量关系曲线率定检验工作，保证流量数据的准确可靠。部分站点流量关系曲线率定结果见图 7.2~图 7.5。

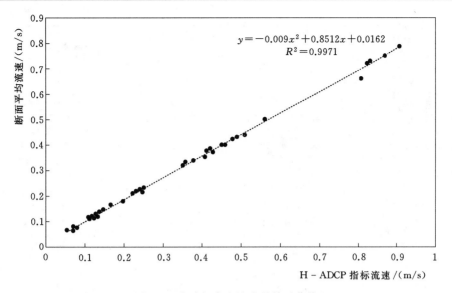

图 7.2 太浦闸水文站流量关系曲线

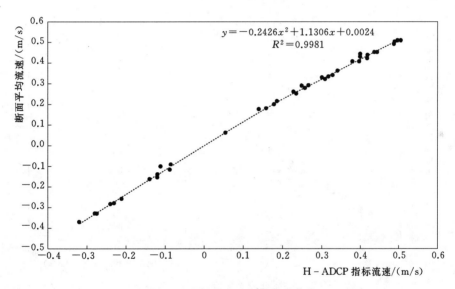

图 7.3 张桥水文站流量关系曲线

进入汛期后，随着汛情的不断发展，水文部门及时协调专业维护公司，安排专业人员每天对自动监测站巡回检查，及时排除故障，确保数据质量。同时抢抓大洪水期间有利时机连续开展比测工作，尤其汛期对中高水及洪峰的抢测，为测站流量关系曲线的率定积累了资料。太湖局监测中心对太湖局直管的 20 个流量站的比测次数达到 1345 断面次，经数据检验后 901 次测验结果用于率定关系曲线，明显提高了自动站的流量在线测验精度，拓宽了关系曲线适用范围，尤其提高了关系曲线在高水部分的适用性。

（3）数据评价。根据《水文资料整编规范》（SL 247—2012），参照单一曲线法定线精度指标对 2016 年在线测流精度进行分析评价。国家基本水文站按流量测验精度可分为一类精度站、二类精度站和三类精度站，单一曲线法定线精度指标见表 7.6。

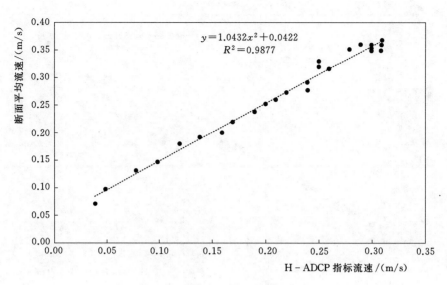

图 7.4　广陈水文站流量关系曲线

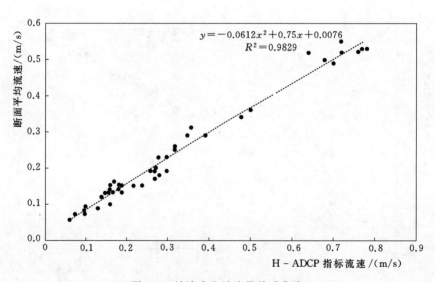

图 7.5　社渎水文站流量关系曲线

表 7.6　　　　　　　　　　　　单一曲线法定线精度指标表　　　　　　　　　　　　%

站　类	定线精度指标	
	系统误差	置信水平为95%的随机不确定度
一类精度水文站	±1	8
二类精度水文站	±1	10
三类精度水文站	±2	11

采用声学多普勒流速仪测流的随机不确定度可增大 2%，巡测站定线随机不确定度可增大 2%～4%。

根据《中小河流水文监测系统测验指导意见》，中小河流等专用水文站流量测验要求系统误差应不超过3%，随机不确定度应不超过20%。

现选取太湖局直管的18处流量站2016年比测数据进行定线精度分析，均采用走航式ADCP对H-ADCP在线测流进行了大量比测。采用在线测流指标流速与断面平均流速进行单一曲线定线，计算系统误差和随机不确定度，评价测站精度，具体见表7.7。

表7.7　　　　　　　　　　　测站在线测流精度指标计算值　　　　　　　　　　%

站　类	站　名	系统误差	置信水平为95%的随机不确定度
国家基本水文站	太浦闸	−1	12
	张桥	1	8
	金泽	0	13
	黄姑塘	−1	11
	太师桥	0	13
	思源	0	13
	廊下	1	13
太湖流域专用水文站	北窑港	1	14
	大港	0	20
	官渎	0	20
	洪巷	0	19
	幻溇	2	19
	琳桥	1	20
	濮溇	2	20
	社渎	0	20
	汤溇	1	19
	冶长泾	0	20
	永昌泾	0	14

太浦闸、张桥、金泽、黄姑塘、太师桥、思源、廊下7个国家基本水文站中，太浦闸、张桥水文站为驻测站，其他站为巡测站。根据系统误差和随机不确定度的计算值与指标值比较分析，7个国家基本水文站均满足规范规定的测站精度要求，其中张桥站流量测验精度满足一类精度水文站要求。

北窑港、大港、官渎、洪巷、幻溇、琳桥、濮溇、社渎、汤溇、冶长泾、永昌泾11个水文站为太湖流域专用水文站，河道流量一般不超过100m³/s，均采用人工巡测与在线测流相结合的方式进行流量测验。根据系统误差和随机不确定度的计算值与指标值比较分析，均满足专用水文站流量测验精度要求。

对以上站点流量关系曲线进行检验，均通过符号检验、适线检验以及偏离数值检验。

根据上述分析可得，H-ADCP在线测流满足各类测站流量测验精度要求。经过多年的实践表明，只要日常维护到位，在线自动测流数据稳定可靠，可以直接用于日常报汛和应急报汛的需要，也可以满足洪水预报和洪水调度的需要。

7.1.4 重要控制站水文测验

1. 太浦闸水文站

太浦闸水文站设立于 1960 年，隶属于太湖局，位于太湖流域泄洪骨干河道太浦河上游段，距太浦河出太湖河口约 1km，上游约 1km 处有太浦河节制闸、太浦河船闸和太浦河泵站，该站长期为流域骨干工程太浦闸提供水文信息服务。

2016 年 7 月 3 日，太湖水位达到 4.65m，太湖流域发生超标准洪水，7 月 6 日，太湖水位涨至 4.80m，发生流域性特大洪水，为尽快排泄太湖洪水，减缓太湖水位上涨，太浦闸持续大流量泄洪，7 月 1—24 日，日均排水流量不低于 600m³/s，平均排水流量达 828m³/s，7 月 4—19 日，太浦闸超设计流量运行，最大日均排水流量达 898m³/s，超过 1999 年最大日平均流量（746m³/s）。为了保证流量的准确性，太浦闸水文站职工连续抢测洪峰流量，仅 6 月 29 日至 7 月 17 日之间累计进行 147 次流量测验，7 月 9—14 日期间每日测流次数达 10 次以上，最多一天连续施测 13 次，在 7 月 8 日抢测到历史最大流量 956m³/s，是太浦闸 2014 年改造完工投入使用以来首次超校核流量。

测站职工打破在汛后重新率定关系曲线的常规，在主汛期利用抢测到的流量数据及时重新率定了更优的关系曲线并投入后续使用，提高后续在线测流精度。

2. 松浦大桥水文站

松浦大桥水文站设立于 1989 年 1 月，隶属于上海市水文总站，是黄浦江干流的主要控制站，上游两岸有北泖泾和南泖泾汇入，下游右岸有叶榭塘汇入。该站自 2004 年开始采用 H-ADCP 流量监测方式，2006 年 H-ADCP 运行基本稳定，为上海地区提供水文信息服务。

2016 年流域洪水期间，测站水文职工加密流量测验次数，24 小时监视测站汛情，每日向太湖局水文局报送松浦大桥站当日平均下泄流量。黄浦江作为太湖流域重要的排水通道，2016 年，松浦大桥站年径流量为 229.6 亿 m³。

3. 望亭（立交）水文站

望亭（立交）水文站设立于 1999 年 1 月，隶属于江苏省水文局，位于望虞河河口处，上游不远处为望亭水利枢纽，该站是望虞河出入太湖水量的重要控制站。

目前，该站流量测验采用流速仪测流和 H-ADCP 自动监测相结合的方式。2016 年 7 月 5 日，望亭立交（下）水位超过历史最高水位，达到 4.83m。7 月 11 日，测站职工抢测年最大流量为 452m³/s。

4. 南渡水文站

南渡水文站设立于 1956 年 5 月，隶属于江苏省水文局，涉及南河、中桥河、施家桥河、朱溇河 4 个断面，分别位于南河、中桥河、施家桥河、朱溇河上，是湖西区上游来水的重要控制站。2016 年大洪水期间，水文职工克服南渡水文站受淹的困难，监测到了 6.85m 的历史最高水位，4 条河同步测流 51 次，其中正流量 45 次，负流量 6 次。

7.1.5 水文巡测

随着防汛防台精细化调度、最严格水资源管理等要求，现有固定水文站远不能满足经济社会发展及流域管理的需要，为了弥补固定水文站测流的不足，一直以来，太湖流域各级水文部门加强水文巡测线的建设，目前已形成沿长江、环太湖、太浦河沿线、望虞河沿线、东导流线等10余条水文巡测线。

1. 巡测线设立

（1）沿长江巡测线。太湖流域沿长江段江堤长约207km，其中江堤138km，海塘69km。据统计，太湖流域沿长江江苏段口门共有68个，承担着流域与长江的排洪和引水作用。为掌握太湖流域沿江引排水量，各地水文部门在沿江段设立巡测线。

镇江市沿江巡测线共布设9处断面，分别为市区金山湖上的引航道闸和焦南闸断面、古运河上的丹徒闸和丹徒南闸断面；镇江新区捆山河上的龟山头闸断面、沙腰河的大路闸断面、姚桥港上的姚桥闸断面；丹阳市迎丰河上的迎丰闸断面、永红河上的永红闸断面。此9处断面加上由水文站控制的谏壁闸、谏壁抽水站和九曲河枢纽3处断面，基本上控制了长江与镇江市的水量交换情况。

常州市沿江巡测线共布设两处断面，分别为浦河孟城闸断面和剩银河剩银河断面。此两处断面加上由水文站控制的小河新闸、魏村闸及澡港闸3处断面，基本上控制了长江与常州市的水量交换情况。

无锡市沿江有桃花港、窑港、利港、芦埠港、申港、新沟、新夏港、夏港、锡澄运河、白屈港、大河港、石牌港等12条通江河道。个别河道在入江前又分叉入江，12条河道共15个入江口门。这些口门建有节制闸、抽水站或套闸等不同类型水工建筑物控制共17座。通过沿江巡测线的布置和由水文站控制的定波闸可有效控制江阴市河道与长江水量的交换情况。

苏州市沿长江岸线全长约135km，境内沿江口门40个，其中张家港市19个，常熟市10个，太仓市11个。苏州市沿江八大口门分别是：张家港闸、十一圩港闸、望虞河常熟水利枢纽（包括节制闸、船闸、抽水站）、浒浦闸（包括节制闸、船闸）、白茆闸、七浦闸、杨林闸、浏河闸（包括节制闸、船闸）。苏州市在沿江八大口门处设立了8个水文站，基本控制了苏州市的沿江引排水量。

（2）环太湖巡测线。环太湖共有约130个进出水口门，分属于苏州、无锡、常州、湖州4市为掌握环湖河道出入湖水量，各市水文部门分段建立水文巡测线。

苏州市共布设5段2站共63个进出水口门。团结桥段以团结桥为基点站与吴溇港闸至南亭子港闸14座桥断面总流量相关；联湖桥段以联湖桥为基点站与横路桥至兴星桥13座桥断面总流量相关；瓜泾口巡测段以瓜泾口为基点站与吴家港桥至溪江桥7座桥断面总流量相关；胥江大桥巡测段以胥江大桥为基点站与后巷桥至吕浦港闸9座桥断面总流量相关；铜坑闸巡测段以铜坑闸为基点站与铜坑闸至丁家浜闸18座桥断面总流量相关，因环湖路施工结束，恢复钿钵头闸、仁巷港闸、牡丹港闸、丁家浜闸，增设了马肚里闸和马干头港闸。另有望亭（立交）、太浦闸2个单站。

无锡市环湖巡测线共布设3段8站共47个进出水口门，浯溪桥段以浯溪桥为基点站与分水桥至师渎桥9座桥断面总流量相关；城东港桥段以陈东港桥为基点站与茭渎桥至乌溪桥14座桥断面总流量相关；沿湖小闸段以吴塘门套闸至四河港闸16个口门单站实测流量计算总流量。另外设大港桥、雅浦桥、龚巷桥、湖山桥、大渲河泵站、犊山闸、梅梁湖泵站、五里湖闸等8个单站。通过环湖巡测线的布置可有效控制无锡城区和宜兴市河道与太湖水量的交换。

常州市环湖巡测线共布设两处断面，分别为雅浦港雅浦港闸断面及太滆运河分水桥断面，加上由水文站控制的武进港闸断面，基本上控制了常州市进出太湖水量。

湖州市环湖巡测线共布设2段3站共18个进出水口门，长兴（二）段以长兴（二）为基点站与大乌桥至大菇桥9个断面总流量相关；幻溇闸段以幻溇闸为基点站与浒稍桥闸至汤溇闸6个断面总流量相关。另有杨家埠、杭长桥和湖州城北闸3个单站，基本上控制了湖州市进出太湖水量。

（3）太浦河巡测线。苏州市在太浦河南岸全线33条河道中布设3个巡测段，其中，将河道断面较宽，流量较大，且与3个巡测段流量有相应关系的3个断面作基点站布设，与之建立站、段流量关系。另设单站1处。一般基点站和单站每天监测1～2次。

流量单站：平望新运河大桥。

流量基点站：共3个，由西向东分别是：厍港大桥、雪河新桥、陶庄枢纽。

太湖局同时在太浦河南岸厍港大桥、平西大桥、雪湖老桥、雪湖新桥、玛瑙港大桥、梅潭港大桥、西港闸、陶庄枢纽、大舜枢纽、丁栅闸设有巡测断面，基本掌握出入太浦河水量。

太浦河北岸口门基本采用闸门控制。

（4）望虞河巡测线。无锡市在望虞河西岸设有锡澄东线，从大运河苏锡交界处望亭五七大桥开始，向东经新区鸿声镇，转向北经锡山区荡口、羊尖、港下镇，再转向东北，经江阴市北漍、华士、周庄镇，止于周庄镇东横河上的顾家桥，共有21个巡测断面，其中钓渚大桥、北漍大桥为巡测辅助站，港东大桥、五七大桥站单独测流。通过沿锡澄东线的布置可有效控制无锡与苏州的水量交换。

太湖局在望虞河西岸共设有5个巡测断面，分别为大义桥、新师桥、鸟嘴渡、大坊桥、福山船闸，在东岸设有10个巡测断面，分别为冶长泾闸、新琳桥、永昌泾闸、寺泾闸、灵岩闸、谢桥船闸、福圩闸、龙墩闸、王市船闸、新泾套闸，基本控制出入望虞河水量。

（5）东导流沿线。东导流（东苕溪）线分两段，全长约144km，分别为东苕溪线杭州段和东苕溪线湖州段，共布设13个单一流量站。

杭州段利用东苕溪余杭闸、化湾闸、安溪闸、上牵埠船闸4个单一流量站控制东苕溪进出杭嘉湖平原水量。

湖州段利用德清大闸、洛舍闸、鲇鱼口闸、菁山闸、吴沈门闸、新吴沈门闸、湖州船闸、湖州城南闸及湖州城西闸9个单一流量站控制东苕溪进出杭嘉湖平原水量。

（6）杭州湾沿线。杭州湾（钱塘江）线分两段，全长约170km，分别为钱塘江线嘉兴段和钱塘江线杭州段，共布设12个单一流量站。

嘉兴段利用独山闸、南台头闸、长山闸、盐官下河闸、盐官上河闸5个单一流量站控制向钱塘江排出水量，全长约130km。

杭州段利用七堡泵站、三堡船闸、三堡泵站（杭州南排）、闸口西湖引水泵站、中河双向泵站、赤山埠西湖引水泵站、珊瑚沙闸（泵）站7个单一流量站控制钱塘江进出杭嘉湖平原水量,全长约 40km。

(7) 杭嘉湖区北排线。北排线西起江苏省吴江市七都镇心田湾的心田湾大桥,东至嘉善县丁栅镇水庙村丁山闸,全长约 100km。分属南浔、桐乡、秀洲和嘉善 4 县(市、区),主要控制浙江省北部与江苏省交界的水量交换,全线布设 6 个巡测段、30 个巡测断面、6 个基点站及 4 个单一流量站。基点站和单站一般每天监测 1~2 次,巡测断面全年监测 20~30 次。

浔溪大桥巡测段北起江苏省吴江市七都镇心田湾的心田湾大桥,南至湖州市南浔区南浔镇横街的横街西大桥,全长约 27km,以浔溪大桥站为基点站,布设巡测断面 7 个。

桐乡巡测段西起桐乡市乌镇镇分水墩村乌镇双溪桥,东至桐乡市乌镇镇五星村削刀桥,全长约 16km,以乌镇双溪桥站为基点站,布设巡测断面 3 个。

秀洲西巡测段西起嘉兴市秀洲区新塍镇洛西村洛东大桥,东至嘉兴市秀洲区王江泾镇长浜北桥,全长约 18km,原基点站洛东大桥站 2016 年度因圩区建设无流量,为此以圣塘桥站为基点站,布设巡测断面 7 个。

秀洲北巡测段南起嘉兴市秀洲区王江泾镇西雁村塘埂桥,北至嘉兴市秀洲区王江泾镇大坝村大坝,全长约 15km,以王江泾站为基点站,布设巡测断面 10 个。

陶庄巡测段西起嘉善县陶庄镇湖滨村西港闸,东至嘉善县陶庄镇地园村陶庄(外),全长约 14km,以陶庄(外)站为基点站,布设巡测断面 2 个。

丁栅巡测段西起嘉善县西塘镇钟葫村钱家甸闸,东至嘉善县丁栅镇水庙村丁栅闸,全长约 13km,以丁栅闸站为基点站,布设巡测断面 1 个。

单一流量站北排线共布设太师大桥站、双塔站、梅潭港站及大舜闸站 4 个单一流量站。其中,梅潭港及大舜闸于 2016 年由巡测断面改为单一潮流量站。

(8) 湖西巡测线。湖西巡测线共布设 5 处断面,分别为大运河九里大桥、通济河紫阳桥、上新河庄城桥、丹金溧漕河丹金闸、鹤溪河张市桥。此 5 处断面基本上控制了太湖湖西区常州与镇江市的水量交换。

(9) 锡澄西线。锡澄西线从无锡市郊胡埭镇龙延河上的沙滩桥开始,沿南北向公路经无锡市惠山区洛社镇陆区港陆区西桥、阳山镇新渎港新渎桥和武进区洛阳镇锡溧运河安桥、武进区横林镇京杭大运河横林大桥,沿新沟河五牧河段西岸向北经武进区横山桥镇三山港采菱桥、焦溪镇新沟河北塘河段石堰桥,一直到江阴市申港镇西横河横塘河桥结束,共有 12 个测流断面,其中横林大桥、石堰桥为测流基点站。

锡澄西线位于锡澄运河西侧,控制上游常州方向进入锡澄地区的来水。

(10) 苏沪巡测线。苏沪省际边界主要控制苏州市东部与上海的水量交换,根据河道走向并考虑水流方向的一致性,全线 134 条河道中布设 5 个巡测段,其中,将河道断面较宽,流量较大,且与 5 个巡测段流量有相应关系的 5 个断面作基点站布设,与之建立站、段流量关系。

流量单站:太浦河干流金泽水文站和急水港周庄大桥。

流量基点站:共 5 个,由南向北分别为八荡河桥、大朱砂港桥、千灯浦闸、花桥吴淞江大桥、吴塘河桥。

基点站和单站采用每日定时测验;巡测断面采用巡测方法,一般全年监测 20~30 次;流量测验采用流速仪测流,流速-面积法计算断面流量。

（11）浙沪巡测线。浙沪边界线主要控制浙江省与上海市交界的水量交换，全线 28 条河道共布设 5 个巡测段，其中将河道断面较宽，流量较大的 4 个断面作基点站布设，1 个断面作单一流量站，其余 23 个断面作巡测断面布设。

流量单站：横枫泾港。

流量基点站：共 4 个，分别为俞汇塘的池家浜、红旗塘的横港大桥、上海塘的青阳汇、六里塘的广陈。

巡测段：共 5 个，其中池家浜巡测段北起嘉善县丁栅镇雷家浜封家圩港，南至丁栅镇池雷村池家浜，以池家浜站为基点站，布设巡测断面 2 个。2016 年池家浜段的巡测断面长年处于关闸状态，该段水量为池家浜站的水量。横港大桥巡测段北起嘉善县姚庄镇南鹿村横泾桥，南至嘉善县魏塘镇虹桥港，以横港大桥站为基点站，布设巡测断面 6 个，枫泾巡测段北起上海市金山区枫泾镇枫泾一号桥，南至上海市金山区兴塔镇新光村黄沙泾桥，以青阳汇站为基点站，布设巡测断面 6 个。平湖北巡测段北起平湖市新埭镇同心村新星桥，南至平湖市新埭镇姚浜村大寨河桥，以青阳汇站为基点站，布设巡测断面 4 个。平湖南巡测段北起平湖市新埭镇中新村广陈，南至平湖市全塘镇金沙村金桥，以广陈站为基点站，布设巡测断面 5 个。

基点站和单站采用每日定时测验，巡测断面采用巡测方法，一般全年监测 20～30 次；流量测验采用流速仪测流，流速-面积法计算断面流量。

2. 巡测成果

太湖局监测中心根据流域省际边界水体、重点水功能区监督监测，引江济太监测等要求，认真组织安排监测任务。全年累计监测天数为 335d，安排监测组为 1430 组，日均约 4.3 组，投入外业监测约 4290 人次，行程约 35.75 万 km。全年水文巡测取得流量成果 3399 组、水文数据 10197 个。

苏州水文分局全年共完成水质水量同步监测环太湖线 24 次，总计 1536 断面次；环阳澄湖线 24 次，总计 768 断面次；沿江（苏州）线 24 次；苏沪省际边界线 24 次；巡测里程超过 1 万 km。无锡水文分局全年共完成水质水量同步监测环太湖线 26 次，锡澄东线 22 次，锡澄西线 24 次，宜兴西线 24 次，锡澄区界线 50 次，沿江口门 37 次，总计 3062 断面次，巡测里程超过 2 万 km。常州水文分局汛期组成 12 个流量小组，对沿江、环太湖、环漏湖、京杭运河沿线、市界交界、南河沿线、水库（沙河、大溪）、丹金溧漕河沿线、新丹金溧漕河沿线、丹金漕河城区段、出入长荡湖河道、西部丘陵地区等 12 个片区共 61 个河道断面开展流量巡测，总人数达到 40 余人，总测次达到 1307 次。江苏省水文局镇江分局（以下简称"镇江水文分局"）积极组织开展市界断面水质水量同步监测工作，全年共完成水质水量同步监测 55 次；沿江口门 754 次，总计 809 断面次；巡测里程超过 5000km。

原浙江省水文局积极组织开展省市界断面水文巡测工作。入太湖线长兴（二）段全年巡测 21 次，幻溇闸段全年巡测 21 次；长兴（二）站、杨家埠站、杭长桥站、湖州城北闸站及幻溇闸站为单一流量站（基点站），常年开展巡测。北排线浔溪大桥段全年巡测 21 次，桐乡段全年巡测 20 次，秀洲西段全年巡测 21 次，秀洲北段全年巡测 20 次，陶庄段全年巡测 30 次，丁栅段全年巡测 34 次，浔溪大桥站、太师大桥站、乌镇双溪桥站、圣塘桥站、王江泾站、双塔站、梅潭港站、陶庄（外）站、大舜闸站及丁栅闸站为单一流量站（基点站），常年开展巡测。东排线池家浜段全年巡测涨潮和落潮合计32次，横港大桥段全年巡测涨潮和落潮合计31次，枫泾段全年巡测涨潮和落潮共31次；平湖北段全年巡测涨潮和落潮共31次；平湖南段全年巡测涨潮和落潮共31次。东苕溪线湖州段共布设9个单一流量站，其中，德清大闸、洛舍闸、鲇鱼口闸、菁山闸全年隔天逢双日测流；吴沈门闸、新吴沈门闸、湖州船闸、湖州城南闸、湖州城西闸五闸门4—10月每日测流，1—3月和11—12月逢双日测流。各闸在洪水期、闸门运行时均视水情加测。

7.1.6 水文应急监测

水文应急监测在应急抢险、防汛调度中扮演着非常重要的角色，要求准确、及时地提供现场监测第一手资料，为各级政府决策部门尽快制定抢险减灾方案提供决策依据，以保证决策的科学性和时效性。

太湖流域各级水文部门高度重视应急监测工作，加强水文应急监测管理体系建设与创新，建立水文应急监测长效机制，使得水文应急监测工作规范化、制度化、专业化、现代化。近几年通过水文测站、水文基地机动监测能力及中小河流水文监测系统等项目建设，配备了一批走航式 ADCP、微型 ADCP、ADV 声学多普勒流速仪（便携式）、微波流速仪、电波流速仪、ADCP 遥控电动船、小型水陆两用船及便携式水情应急自动监测站等应急监测设备，水利卫星应急通信小站、北斗卫星通信指挥机等应急通信指挥设备。各水文部门成立了专门的应急监测队伍，制定了应急监测预案，提前开展了应急演练和新仪器设备的强化训练。打造了多支"拉得出、测得到、报得准"的应急监测队伍。

1. 太湖局

（1）组织部署。5月1日8时，太湖水位以历史同期第一高水位（3.51m）入汛，受持续降水影响，6月3日8时，太湖水位为3.80m，首次达到警戒水位（3.80m），区域代表站杭长桥、琳桥、常州（三）、无锡（大）、苏州（枫桥）、甘露、平望、嘉兴等站水位均逼近或超过警戒水位，区域河网共有14个河道站水位超警，王江泾站水位超保。太湖防总于当日14时起启动防汛Ⅳ级应急响应，太湖局水文局于当日14时起启动Ⅳ级应急响应行动。为掌握流域汛期高水期间的洪水运动规律，保障流域汛期的防洪安全，太湖局水文局立即制定汛期水文应急监测工作方案，有序组织太湖局监测中心开展水文应急监测。

监测要求：当太湖水位超警时，望亭水利枢纽开闸泄洪期间，望虞河东西岸口门每日开展一次应急监测，监测项目为水位、流量；太湖流域梅雨期或太湖水位达到3.80m以上，每日开展一次太浦河南岸口门应急监测（涨潮或落潮期），监测项目为水位、流量；汛期太湖水位达到3.80m以上，或太湖流域遭受台风影响期间，每日开展一次太湖湖西地区主要入湖河道应急监测，监测项目为水位、流量，普降大到暴雨期间，次日加测水色、水温、pH、DO、COD_{Mn}、COD_{Cr}、TN、TP、DTP、NH_3-N、电导率等水质指标。太湖局汛期水文应急监测断面见表7.8。

6月19—28日、6月30日至7月7日，太湖流域遭遇强降水，太湖及地区河网水位持续上涨，部分地区出现超历史最高洪水位和超历史最大洪峰流量，太湖水位于7月3日达4.65m的设计洪水位，位列1954年以来历史同期第二位，区域河网共40个站水位超

表 7.8　　　　　　　　　　太湖局汛期水文应急监测断面一览表

序号	河　流　名　称		断面名称	序号	河　流　名　称		断面名称
1	望虞河西岸口门	张家港	大义桥	14	太湖湖西地区主要入湖河道	雅浦港	雅浦港桥
2		锡北运河	新师桥	15		百渎港	百渎港口
3		九里河	鸟嘴渡	16		殷村港	吾溪桥
4		伯渎港	大坊桥	17		烧香港	棉堤桥
5	望虞河东岸口门	冶长泾	冶长泾闸	18	太浦河南岸口门	城东港	埂上大桥
6		琳桥港	新琳桥	19		库港	库港大桥
7		永昌泾	永昌泾闸	20		京杭运河	平西大桥
8		寺泾港	寺泾闸	21		江南运河	雪湖老桥
9		灵岩荡	灵岩闸	22		江南运河	雪湖新桥
10	太湖湖西地区主要入湖河道	梁溪河	梅梁湖泵站	23		牛头河	玛瑙港大桥
11		梁溪河	犊山闸	24		西浒荡	梅潭港大桥
12		直湖港	湖山桥	25		汾湖	西港闸
13		武进港	龚巷桥	26		汾湖	湖滨闸

警，钟楼、坊前、王母观等共 23 个站水位超保，此时第 1 号台风"尼伯特"已在西太平洋生成，可能于 7 日前后影响太湖流域，防汛抗洪形势极为严峻。太湖防总决定启动防汛 I 级应急响应，并与各省市防指共同会商制定超标准洪水应对方案上报国家防总，太湖局水文局提前组织制定流域超标准洪水水文应急监测方案。7 日 8 时，太湖水位已上涨至 4.82m，流域内共有 47 个河道站、闸坝站水位超警，其中 24 个站水位超保；有 4 个潮位站水位超警；14 个大中型水库水位超汛限。太湖流域超标准洪水应对方案获得国家防总批复后，为做好流域超标准洪水调度支撑工作，太湖局水文局统筹流域和区域水文监测力量，即刻紧急部署望虞河、东太湖、东苕溪导流、大运河沿线、嘉兴西控制线等应急监测工作，要求每天监测一次水位、流量，当天及时上报监测成果。超标准洪水期间水文应急监测断面见表 7.9。

7 月 19 日 8 时，太湖水位虽已降至 4.62m，低于设计洪水位，太湖局水文局及时调整超标准洪水水文应急监测方案，鉴于正处于台风高发期，流域防汛防台风形势依然严峻，决定继续监测东导流、东太湖、望虞河两岸，其余监测断面停止监测。

7 月 27 日 8 时，太湖水位降至 4.16m，全面停止超标准洪水应急监测。

（2）应急监测。6 月 3 日，太湖局监测中心已提前做好人员、设备等各项准备，接到开展应急监测工作通知后，快速响应，当日就派出 3 组应急监测组奔赴望虞河东西两岸、太浦河南岸口门及太湖湖西地区主要入湖河道进行水文应急监测。

7 月 1 日起，太湖流域遭遇新一轮强降水，太湖水位不断攀升，于 7 月 8 日达到最高，地区河网水位也纷纷发生超历史洪水位。太湖防总调度望虞河、太浦河、东太湖超标准行洪通道泄洪，东苕溪导流东岸口门分泄太湖洪水，统筹流域泄洪与区域排涝关系。太湖局水文局紧急组织超标准洪水应急监测工作，太湖局监测中心统筹安排应急监测力量，抽调精干人员，在望虞河沿线、东苕溪导流、大运河等重点区域增派应急监测队伍，最多时一天派出 7 个应急监测组战斗在防御流域特大洪水一线，水文职工超负荷坚守监测阵地。

表 7.9   超标准洪水期间水文应急监测断面一览表

序号	河流	断面名称	承担单位	序号	河流	断面名称	承担单位
1	江南运河	五七大桥	苏州水文分局	17	嘉兴西控制线	安桥	嘉兴水文站
2		枫桥		18		大红桥	
3		尹山大桥		19		晚村	
4		江陵大桥	太湖局监测中心	20		车字桥	
5		科林大桥		21		大麻	
6	东太湖口门	胥口枢纽	苏州水文分局	22	望虞河	蠡河船闸	太湖局监测中心
7		瓜泾口枢纽		23		谢桥船闸	
8		三船路		24		福山船闸	
9		戗港闸		25		福圩闸	
10	东导流港	德清闸	湖州水文站	26		龙墩闸	
11		洛舍大闸		27		王市船闸	
12		鲇鱼口闸		28		新泾套闸	
13		菁山闸		29	千灯浦	千灯浦闸	
14		吴沈门闸		30	蕴藻浜	蕴西闸	上海水文总站
15		湖州船闸		31	淀浦河	淀浦河西闸	
16	嘉兴西控制线	太师桥	太湖局监测中心				

应对太湖流域大洪水期间，太湖局监测中心累计开展应急监测 62d，行程 35900km，投入外业监测人员 825 人次，开展流量巡测 2781 次，获取水文数据 8343 个；采集水样 504 个，获取水质数据 6048 个，编制上报应急监测简报 61 期。其中望虞河两岸开展应急监测 62d，行程 9150km，投入外业监测人员 183 人次，取得巡测流量 654 次，取得水文数据 1962 个；太浦河南岸开展应急监测 59d，行程 8850km，投入外业监测人员 177 人次，取得巡测流量 590 次，取得水文数据约 1770 个；在环太湖湖西地区主要入湖河流开展应急监测 47d，行程 9400km，投入外业监测人员 141 人次，取得巡测流量 658 次，取得水文数据 1974 个，采集水样 376 个，获取水质数据 4512 个；东导流沿线开展监督性应急监测 15d，行程 5250km，投入外业监测人员 45 人次，取得巡测流量 75 次，取得水文数据约 225 个；大运河、吴淞江开展应急监测 13d，行程 3250km，投入外业监测人员 39 人次，取得巡测流量 52 次，取得水文数据约 156 个。7 月 3—22 日，太湖高水位期间，进一步加大应急监测力量，投入外业监测人员 240 人次，开展流量巡测 752 次，获取水文数据约 2256 个；采集水样 128 个，获取水质数据 1536 个。详见表 7.10。

表 7.10   太湖局应急监测成果统计表

巡测线	时长 /d	行程 /km	人员投入 /人次	流量巡测 /次	水质采样 /次	水文数据 /个	水质数据 /个
望虞河两岸	62	9150	183	654	—	1962	—
太浦河南岸	59	8850	177	590	—	1770	—
环太湖湖西地区	47	9400	141	658	376	1974	4512

续表

巡测线	时长 /d	行程 /km	人员投入 /人次	流量巡测 /次	水质采样 /次	水文数据 /个	水质数据 /个
东导流沿线	15	5250	45	75	—	225	—
大运河、吴淞江	13	3250	39	52	—	156	—
超保期间加测	20	—	240	752	128	2256	1536
合计	—	35900	825	2781	504	8343	6048

根据防汛调度要求，在环太湖、流域骨干河道及重要河流节点迅速有效开展应急监测，弥补了常规水文站点的数量局限，通过监测及时了解太湖出入湖水量，望虞河、太浦河排泄水量，沿线口门进出水量，东苕溪进入杭嘉湖平原水量，大运河水位壅高等情况，全面掌握流域洪水运动状态，为防洪调度决策提供技术支撑。同时兼顾湖西主要入湖河道水质监测，为太湖水源地供水安全提供数据支持。

2. 江苏省

6月3日太湖水位首次超警，江苏省发布了洪水蓝色预警信息；入梅后受连续强降水影响，苏南运河常州至苏州段水位陆续超警且维持上涨趋势，常州、无锡、苏州水文分局及江苏省水文局根据水位及后续降水预报情况发布了洪水蓝色及黄色预警信息；7月2日8时，太湖水位涨至4.45m，超警0.65m，预报3日8时水位将超过4.50m；苏南运河苏州站水位为4.68m、无锡站为5.07m、常州站为5.53m，分别超警0.88m、1.17m、1.23m，其中苏州站超历史最高水位0.08m；望虞河琳桥站水位4.45m，超警戒水位0.65m，江苏省防指发布了洪水橙色预警信息；7月3日，太湖水位达到4.65m，发生超标准洪水，仍维持橙色预警。洪水期间，江苏省各级水文部门紧急组织开展水文应急监测工作。

苏州水文分局为应对超标准洪水，快速启动水文应急预案，根据流域、省、市的要求，科学统筹、合理安排，及时组织水文应急测验小组，开展望虞河两岸、江南运河、太浦河沿线应急监测，圆满完成各项应急测验任务。洪水期间，全局共监测断面93处，参与人员309次，获得水情信息2376条。

无锡市6月28日8时起启动防汛Ⅳ级应急响应，12时起，应急响应提升到Ⅲ级。无锡水文分局迅速启动应急监测预案，巡测组赴宜兴（西）线、环太湖沿线和沿江口门开展巡测，准确掌握宜兴上游来水情况，无锡入太湖水量信息和江阴沿江口门排水情况；29日，又增加锡澄东线、锡澄西线以及江南运河沿线巡测组，对区域边界以及大运河进出水量进行监测分析。洪水期间，全局共监测断面153处、参与人员500余人次，获得水情信息5970条，为各级防汛指挥部门决策提供了依据。

常州水文分局为应对超历史洪水，立即启动水文应急预案，组织15个流量监测小组奔赴沿江、江南运河沿线、市界交界、环太湖等巡测线，应急监测断面达105个，总人数达40余人，总测次达1700余断面次，收集数据资料5100余条。

镇江水文分局应急监测队立即启动应急监测预案，组织4组应急监测小组奔赴沿江、通胜测区、江南运河沿线、丹阳常州市界断面等开展应急监测，句容、赤山闸、北山水库水文站也开始抢测洪峰流量。经统计，全局共监测流量断面15处、发送水情信息近千条，发布水情简报 3 份，行程 3228km，投入外业监测人员 228 人次，开展流量巡测 438 次，获取水文数据 1314 个。

3. 浙江省

应对太湖超标准洪水期间，浙江省嘉兴、湖州和杭州等三市水文部门不间断地监测和巡测水量，完成杭嘉湖平原东苕溪线、入湖线、北排线、东排线和钱塘江线水量监测，对 12 处基点站、湖州导流港 8 个闸、嘉兴南排 5 个闸（泵）、杭州 2 个闸和 68 个巡测断面进行水量监测，共计完成了 1000 余份流量监测成果，收集 3000 余条水情数据，为原水利部水文局和太湖局应对太湖高水位指挥决策提供有力的技术支撑。

4. 上海市

上海市水文总站接到监测任务后第一时间组织青浦区水文勘测队、嘉定区水文站、总站直属苏州河水文站展开 24h 全潮测验。青浦区水文勘测队应急监测突击队伍 18 人，分三组轮班驻守淀浦河西闸，嘉定区水文站和总站直属苏州河水文站 10 人，驻守蕰藻浜西闸，每 30 分钟施测一次水位、流量，历时 10d 连续 24h 监测，共获取水文数据 1960 个。

5. 应急监测设备应用

水文应急监测工作是在特殊环境、特殊条件及特定时间开展的水文测验工作，监测难度大，时效性要求高，但测验成果的精度要求可以适当放宽，相对地"准"即可，精度以满足现实需要为原则。面对 1999 年以来的流域最大洪水，各级水文职工不拘泥于常规水文测验规范规定的精度指标和仪器比测要求，敢于学习新技术、掌握新技术、运用新技术，使用便于携带、操作简单和自动化程度高的新仪器新设备，提高了水文应急监测效率，在 2016 年流域特大洪水中更多、更快地获得水文监测成果，全面提升了水文信息的数量和质量，为太湖防总调度决策提供了及时、准确、可靠的水文信息，为流域防汛抗洪工作取得胜利提供了更加优质、高效的水文技术服务，充分展现了水文新技术运用带来的全新效益。在 2016 年应急监测中主要使用了如下新技术。

（1）走航式 ADCP 测流。2016 年汛前，各级水文部门均组织开展了走航式 ADCP 强化训练。流域超标准洪水期间，走航式 ADCP 是流域应急测验最主要的仪器，应急监测组每天可以承担 10 多个断面的流量监测任务，完成一个断面的流量监测仅需几分钟，效率较传统方法提高了几倍。现场应急监测完成后，及时将流量成果上报主管部门，极大地提高了水文信息的时效性。

（2）手持电波流速仪测流。电波流速仪是一种非接触式流速仪，利用多普勒频移原理测流，测流时不受含沙量、漂浮物影响，也不受水质、流态影响，具有操作安全，测量时间短，速度快等优点。尤其适用于高流速测量，测得表面流速后，通过系数换算成断面平均流速，借用之前的实测断面成果，计算出断面流量。鉴于应急监测期间部分分洪口门洪水流速特别快，漂浮物特别多，难以用走航式 ADCP 或旋杯流速仪等接触式设备进行流量测验，为此太湖局监测中心每个应急监测组均配备了手持电波流速仪，在仪器设备难以下水的情况下，利用手持电波流速仪，可快速、安全地获取洪水表面流速，确保洪水应急监测"测得出"，为洪水应急调度提供宝贵的参考依据。

（3）遥控船水下地形测量。常用的水下地形测绘设备需要有专人乘船跟随测量，大洪水期间山区河道流速快，树木等漂浮物多，具有一定的危险性。因此太湖局监测中心与相关技术支撑单位共同努力，利用现有的遥控船，搭载测深仪等测量设备，成功地实现了水下地形遥控测绘，提高了洪水期水下地形的测绘效率和安全保障。

6. 应急监测评价

2016 年汛期，太湖水位超警（3.80m）天数累计 63d，超设计洪水位（4.65m）天数累计 16d，太湖流域各级水文应急监测队作为流域防洪的"侦察兵"和"突击队"，充分发挥了"耳目"和"参谋"的作用，面对严峻的汛情，及时部署、全面动员，接到命令后迅速奔赴应急监测现场进行水文应急监测工作，有效应用水文新仪器、新技术，准确、及时地提供大量的现场监测第一手资料。整个应急监测期间做到忙而不乱、紧张有序、便捷高效。应急监测共派出监测人员 4000 余人次，沿江、环湖、省市边界等巡测线上共布设 510 个监测断面，采集了 28000 余条水文数据（详见表 7.11），数据资料符合有关规范规定和技术要求，为防汛调度、抗灾减灾提供了决策依据。

表 7.11　　　　　　　　　　　太湖流域 2016 年应急监测情况统计表

统计要素	太湖局	江苏省	浙江省	上海市	合计
监测人次	825	2037	1128	90	4080
监测断面/个	49	366	95	2	512
监测数据/条	8343	14760	3000	1960	28063

7.2　洪水预报

7.2.1　预报工作

1. 太湖局

（1）提前开展太湖水位预测。入汛后，太湖局水文局每日开展未来 3d 太湖水位预报工作，同时开展太湖流域 7—9 月降水趋势预测及汛期太湖最高水位预测。6 月 19 日宣布太湖流域入梅后，立即根据上海市气候中心关于太湖流域梅雨量偏多 2～5 成的预测成果，在分析历年梅雨情况的基础上，选取 5 个量级的梅雨开展了太湖最高水位预测。当梅雨量偏多 6.5 成时，预测太湖最高水位将达到 4.88m，流域将发生特大洪水，2016 年实际梅雨量较常年偏多 7 成，太湖最高水位 4.88m，提前准确的预报为太湖提前大流量泄洪提供了依据。

（2）强化梅雨期滚动预报。入梅后，加密太湖水位预报频次，每日 8 时开展太湖水位1～3d 预见期的滚动预报，每日 20 时开展太湖水位 12h 预见期的滚动预报。6 月 22 日起，根据中央气象台、日本气象厅、欧洲中期天气预报中心、上海中心气象台滚动发布的 10d降水数值预报成果，开展四种降水模式下 10d 过程降水太湖最高水位预报。根据天气形势变化，太湖局水文局与上海市气象局的技术人员保持 24h 热线联系，及时开展会商讨论，实时滚动预报太湖最高水位和出现时间。同时，加强与水利部水文情报预报中心的沟通，会商太湖水位预报成果。

（3）开展台风增水预报和太湖水位二维预报。台风影响期间，太湖流域外江出现增水，从而影响流域外排洪涝水能力；另外，由于太湖湖面大，吹程远，造成湖面倾斜严重，如果还是预报太湖平均水位，将造成较大误差。为此，在台风影响期间，太湖局水文局多次开展增水滚动预报，特别是当气象部门预测 2016 年第 1 号台风"尼伯特"可能于 7 月 7 日前后影响太湖流域时，当时又正值梅雨造成太湖发生超标准洪水期间，因此太湖局水文局开展了不同风场条件下环太湖水位预报。

（4）多次开展太湖退水预报。太湖最高水位出现后，根据防汛调度工作需要，多次开展太湖退水预报，为调整工程调度提供依据。

2. 江苏省

2016 年梅雨期，江苏省太湖地区累计梅雨量为 543mm，较历史常年梅雨量偏多129%，位居历史第三位，受强降水影响，江苏省太湖地区多个水文站点水位超警，大运河无锡、苏州及滆湖、洮湖等河湖水位超历史，太湖水位最高达 4.88m，排历史第二位。为了做好暴雨期间的水文预报工作，江苏省水文局开展了太湖、苏南运河、沿江潮位等重要江河水文预报工作。太湖水位的预报通过中国洪水预报系统利用经验公式法和太湖水动力模型两种方式进行预报，苏南运河根据水动力模型初步预报，镇江潮位采用多元回归模型，江阴潮位根据预报方案中的经验公式预报，对各种方案的预报成果进行会商，结合人工经验研判，形成最终预报成果并编制水文预报专报分送江苏省水利厅领导和江苏省防汛抗旱办公室，汛期江苏省水文局共制作水文预报专报 25 期。

3. 浙江省

根据原水利部水文局下发的预报任务要求，浙江省超额完成重要控制站每日的日常化预报。暴雨洪水和台风影响期间，浙江省各级水文部门积极应对，提前准备，省、市、县三级联动，及时有效地开展了相关流域（地区）的水文预报工作。累计开展了上百站次的作业预报工作，预报成果及时、可靠，为各级防汛指挥部门调度指挥、防灾减灾以及水资源综合利用提供了科学依据和技术支撑。梅雨期间，原浙江省水文局与相关地市水文部门等较好地完成了东苕溪洪水预报（估报），为各级防汛指挥部门科学调度洪水提供了技术支撑。

4. 上海市

2016 年，受超强厄尔尼诺事件影响，上海市台风、暴雨、洪水频发。为满足城市防汛管理的要求，上海市防汛信息中心在坚持做好黄浦江、长江口、杭州湾预报的同时，不断推进风暴潮的精细化预报、水利片内水位预报、城市暴雨内涝预报及温带风暴潮预报等工作，以信息化带动水情预报工作不断跃上新台阶，为防汛决策提供了重要的技术支撑。

（1）做好每日常规潮位预报工作。2016 年，上海市防汛信息中心坚持每天上午、下午两次制作和发布黄浦江吴淞口、黄浦公园、米市渡以及杭州湾芦潮港 4 个站点的高低潮预报，台风期间增加长江口高桥、杭州湾金山嘴两站的预报。全年共制作潮位预报 11000多潮次，通过优化天文潮计算，率定更新预报方案，预报精度合格率均达到 95% 以上。

（2）加强黄浦江上游预报。6—7 月，由于受连续强降水影响，太湖水位异常偏高，最高涨至 4.88m，为历史第二高水位，且持续 40 余天超过警戒线。受其影响，6 月、7 月黄浦江上游连续多天增水在 0.50m 以上，潮位普遍较常年偏高 0.30～0.50m。7 月 6 日，米市渡站最高潮位 4.11m，超警 0.31m，创近 10 年 7 月潮位新高。在太湖超标准洪水影响期间，上海市防汛信息中心在常规预报方法的基础上，增加了多元回归预报方法，通过最近几年资料的相关分析，得出米市渡站水位与黄浦公园、太湖、嘉兴、平望等站及降水的相关关系公式，以此进行米市渡站高潮位的预报，预报精度较高，为上游的防汛指挥决策提供了重要的依据。

（3）重视风暴潮预报。汛期，上海市防汛信息中心优化了长江口局部精细模型，更新了金山嘴至徐六泾的水下地形，完善了"上海沿海风暴潮预报信息系统"。在"马勒卡"台风影响期间，根据经验预报及数值模型，预报黄浦公园站高潮位将超警，达到正式对社会公众发布高潮位蓝色预警的标准，连续两天发布了两次黄浦江高潮位蓝色预警信号，为各级防汛机构启动防汛应急响应提供了科学、准确的决策指挥依据。

（4）开展试点城市暴雨内涝预报。2016 年，上海市防汛信息中心以洪水风险图项目成果为基础，根据建设完成的城市暴雨积水风险分析模型，利用上海气象局暴雨精细化预报数据，探索试点了上海市中心城区和浦东新区暴雨积水实时动态风险，在"9·15"特大暴雨与几场大暴雨中，进行了积水状况的实际模拟预测，得到了防汛部门的认可。

（5）探索水利片内水位预报。根据上海市防汛调度要求及上海市水务局重点工作要求，2016 年对青松片青浦南门、泖泾等上游地区站点水位进行了预报探索，初步制定了预报方案，进行了试预报。

（6）增加温带风暴潮预报。每年 11 月至次年 4 月，受冷空气影响，上海沿江沿海经常发生温带风暴潮，增水明显，给潮位预报工作带来了较大难度。2016 年，上海市防汛信息中心在以往经验预报的基础上，与河海大学合作，采用中央气象台对中国沿海 11 个近岸海区的风场预报输入数值模型，进行增水计算，从而弥补了上海沿江沿海站点在寒潮型风暴潮预报方面的缺乏。

7.2.2 预报成果

1. 太湖局

（1）梅雨期最高水位预测。6 月 19 日太湖流域入梅后，太湖局水文局立即依据上海市气候中心关于太湖流域梅雨量偏多 2～5 成的预测成果，在分析历年梅雨情况的基础上，选取梅雨量与常年持平、偏多 2 成、3.5 成、5 成、6.5 成等 5 种降水情况开展了梅汛期太湖最高水位预测。预测当梅雨量偏多 6.5 成左右时，太湖最高水位将达到 4.88m，流域将发生特大洪水，2016 年实际梅雨量较常年偏多 7 成，太湖最高水位 4.88m，预报结果与太湖实测水位完全一致，提前准确的预报为太湖流域提前大流量泄洪提供了依据。梅雨期太湖最高水位预测见表 7.12。

（2）日常化预报。2016 年汛期及非汛期台风影响期间，太湖局水文局每天分别根据中央气象台、日本气象厅、欧洲中期天气预报中心、上海中心气象台 4 种降水模式预报成果，利用太湖流域水动力模型对太湖水位开展预报，综合不同模式下降水模型的计算结果，通过预报会商，根据预报人员经验，对太湖水位预报成果进行修正并发布。全年共开展并发布太湖水位预报 195 期，预见期为 1d 的太湖水位预报合格率达 91%，其中预报优秀率达 66%，预报良好率达 84%；预见期为 2d 的太湖水位预报合格率达 77%，其中预报优秀率为 42%，预报良好率为 64%；预见期为 3d 的太湖水位预报合格率达 63%，其中预报优秀率为 32%，预报良好率为 49%。表 7.13 为预见期 1d 的太湖逐日预报水位误差统计表，图 7.6 为预见期为 1d 的太湖逐日预报水位与实况对比图。

表 7.12　　　　　　　　　　梅雨期太湖最高水位预测

序号	预 测 降 雨	数值预报水位/m	主观预报水位/m
1	与常年持平	4.30	4.15~4.30
2	较常年偏多 2 成	4.64	4.50~4.65
3	较常年偏多 3.5 成	4.69	4.65~4.75
4	较常年偏多 5 成	4.79	4.75~4.85
5	较常年偏多 6.5 成	4.88	4.85~4.95

表 7.13　　　　　　太湖逐日预报水位误差统计表（预见期为 1d）　　　　　　单位：m

日期（月-日）	实测水位	预报水位	误差	日期（月-日）	实测水位	预报水位	误差
05-02	3.50	3.51	0.01	05-28	3.50	3.52	0.02
05-03	3.45	3.53	0.08	05-29	3.53	3.54	0.01
05-04	3.47	3.46	−0.01	05-30	3.56	3.55	−0.01
05-05	3.46	3.45	−0.01	05-31	3.58	3.59	0.01
05-06	3.46	3.48	0.02	06-01	3.67	3.60	−0.07
05-07	3.45	3.46	0.01	06-02	3.73	3.74	0.01
05-08	3.45	3.47	0.02	06-03	3.80	3.74	−0.06
05-09	3.45	3.48	0.03	06-04	3.80	3.87	0.07
05-10	3.49	3.47	−0.02	06-05	3.81	3.82	0.01
05-11	3.49	3.48	−0.01	06-06	3.82	3.81	−0.01
05-12	3.50	3.48	−0.02	06-07	3.81	3.81	0
05-13	3.50	3.50	0	06-08	3.80	3.80	0
05-14	3.49	3.49	0	06-09	3.81	3.79	−0.02
05-15	3.48	3.48	0	06-10	3.78	3.80	0.02
05-16	3.45	3.51	0.06	06-11	3.76	3.77	0.01
05-17	3.45	3.45	0	06-12	3.81	3.74	−0.07
05-18	3.43	3.45	0.02	06-13	3.86	3.87	0.01
05-19	3.42	3.42	0	06-14	3.87	3.87	0
05-20	3.41	3.42	0.01	06-15	3.87	3.87	0
05-21	3.47	3.42	−0.05	06-16	3.85	3.87	0.02
05-22	3.48	3.51	0.03	06-17	3.84	3.84	0
05-23	3.48	3.48	0	06-18	3.81	3.82	0.01
05-24	3.48	3.48	0	06-19	3.77	3.80	0.03
05-25	3.48	3.48	0	06-20	3.77	3.76	−0.01
05-26	3.48	3.47	−0.01	06-21	3.86	3.86	0
05-27	3.48	3.48	0	06-22	3.88	3.91	0.03

日期（月-日）	实测水位	预报水位	误差	日期（月-日）	实测水位	预报水位	误差
06－23	4.02	3.94	－0.08	07－29	4.05	4.05	0
06－24	4.02	4.02	0	07－30	4.00	4.01	0.01
06－25	4.04	4.07	0.03	07－31	3.95	3.96	0.01
06－26	4.07	4.09	0.02	08－01	3.90	3.90	0
06－27	4.09	4.08	－0.01	08－02	3.85	3.85	0
06－28	4.18	4.16	－0.02	08－03	3.83	3.80	－0.03
06－29	4.31	4.32	0.01	08－04	3.80	3.80	0
06－30	4.34	4.37	0.03	08－05	3.79	3.78	－0.01
07－01	4.35	4.35	0	08－06	3.77	3.77	0
07－02	4.45	4.36	－0.09	08－07	3.75	3.76	0.01
07－03	4.61	4.53	－0.08	08－08	3.74	3.74	0
07－04	4.69	4.70	0.01	08－09	3.71	3.72	0.01
07－05	4.76	4.75	－0.01	08－10	3.69	3.69	0
07－06	4.80	4.78	－0.02	08－11	3.67	3.68	0.01
07－07	4.82	4.82	0	08－12	3.65	3.65	0
07－08	4.85	4.84	－0.01	08－13	3.63	3.64	0.01
07－09	4.86	4.86	0	08－14	3.60	3.61	0.01
07－10	4.85	4.85	0	08－15	3.57	3.58	0.01
07－11	4.82	4.86	0.04	08－16	3.54	3.55	0.01
07－12	4.80	4.82	0.02	08－17	3.52	3.52	0
07－13	4.76	4.77	0.01	08－18	3.50	3.50	0
07－14	4.75	4.77	0.02	08－19	3.48	3.48	0
07－15	4.74	4.76	0.02	08－20	3.46	3.46	0
07－16	4.71	4.73	0.02	08－21	3.43	3.44	0.01
07－17	4.69	4.68	－0.01	08－22	3.44	3.41	－0.03
07－18	4.66	4.66	0	08－23	3.43	3.43	0
07－19	4.62	4.62	0	08－24	3.41	3.42	0.01
07－20	4.56	4.57	0.01	08－25	3.39	3.40	0.01
07－21	4.50	4.52	0.02	08－26	3.40	3.38	－0.02
07－22	4.45	4.45	0	08－27	3.36	3.39	0.03
07－23	4.38	4.40	0.02	08－28	3.33	3.35	0.02
07－24	4.33	4.33	0	08－29	3.32	3.31	－0.01
07－25	4.28	4.28	0	08－30	3.29	3.30	0.01
07－26	4.21	4.23	0.02	08－31	3.28	3.27	－0.01
07－27	4.16	4.16	0	09－01	3.26	3.26	0
07－28	4.10	4.10	0	09－02	3.25	3.24	－0.01

日期（月-日）	实测水位	预报水位	误差	日期（月-日）	实测水位	预报水位	误差
09－03	3.24	3.23	−0.01	10－09	3.85	3.87	0.02
09－04	3.21	3.23	0.02	10－10	3.84	3.85	0.01
09－05	3.22	3.20	−0.02	10－11	3.83	3.83	0
09－06	3.21	3.20	−0.01	10－12	3.82	3.82	0
09－07	3.24	3.21	−0.03	10－13	3.78	3.80	0.02
09－08	3.24	3.25	0.01	10－14	3.78	3.76	−0.02
09－09	3.25	3.23	−0.02	10－15	3.76	3.76	0
09－10	3.25	3.25	0	10－21	3.72	3.73	0.01
09－11	3.25	3.26	0.01	10－23	3.84	3.79	−0.05
09－12	3.26	3.25	−0.01	10－24	3.88	3.86	−0.02
09－13	3.25	3.26	0.01	10－25	3.89	3.87	−0.02
09－14	3.25	3.25	0	10－26	3.92	3.91	−0.01
09－15	3.32	3.29	−0.03	10－27	4.05	3.98	−0.07
09－16	3.50	3.54	0.04	10－28	4.08	4.10	0.02
09－17	3.53	3.60	0.07	10－29	4.12	4.10	−0.02
09－18	3.58	3.54	−0.04	10－30	4.09	4.13	0.04
09－19	3.61	3.60	−0.01	10－31	4.09	4.08	−0.01
09－20	3.62	3.63	0.01	11－01	4.08	4.09	0.01
09－21	3.62	3.63	0.01	11－02	4.05	4.06	0.01
09－22	3.63	3.63	0	11－03	4.02	4.03	0.01
09－23	3.62	3.62	0	11－04	3.99	3.99	0
09－24	3.60	3.61	0.01	11－05	3.96	3.97	0.01
09－25	3.59	3.59	0	11－06	3.93	3.93	0
09－26	3.57	3.57	0	11－07	3.90	3.89	−0.01
09－27	3.55	3.56	0.01	11－08	3.91	3.90	−0.01
09－28	3.56	3.55	−0.01	11－09	3.87	3.90	0.03
09－29	3.59	3.59	0	11－10	3.84	3.84	0
09－30	3.68	3.67	−0.01	11－11	3.81	3.81	0
10－01	3.76	3.72	−0.04	11－12	3.78	3.78	0
10－02	3.80	3.81	0.01	11－14	3.72	3.72	0
10－03	3.82	3.82	0	11－16	3.70	3.67	−0.03
10－04	3.86	3.83	−0.03	11－21	3.61	3.62	0.01
10－05	3.84	3.86	0.02	11－23	3.59	3.61	0.02
10－06	3.85	3.83	−0.02	11－26	3.57	3.56	−0.01
10－07	3.84	3.83	−0.01	11－28	3.54	3.54	0
10－08	3.85	3.84	−0.01				

注 太湖水位预报误差 0.03m 之内为合格。

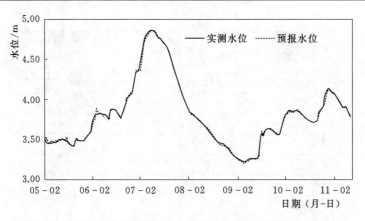

图 7.6 太湖逐日预报水位与实况对比图（预见期为 1d）

（3）太湖水位超警期间滚动预报。6 月 3 日 8 时太湖水位为 3.80m，预报后期仍有降水，太湖局水文局从 3 日开始每日晚 8 时增加预见期为 12h 的太湖水位滚动预报。期间，根据天气形势变化，太湖局水文局与上海中心气象台技术人员保持 24h 热线联系，及时开展会商讨论，实时滚动预报太湖最高水位和出现时间。共开展滚动预报 68 期，预报水位与实况水位误差在 0.03m 以内的有 63 期，预报合格率达 93%，其中预报误差在 0.01m 以内的优秀率达 82%，是历年预报精度最高的一次。太湖水位预报最大误差为 0.07m，出现在 6 月 12 日和 6 月 23 日，6 月 12 日预报太湖水位为 3.74m，实测为 3.81m，主要是由于降水预报误差较大导致，6 月 11 日预报降水为 2.5mm，实际降水为 29.6mm，且降水主要是从 6 月 12 日 1 时开始，故导致太湖水位预报误差较大。另外，太湖局水文局还提前 3d 准确预报出太湖出现最高水位。7 月 8 日 8 时太湖水位为 4.84m，20 时太湖水位达到 4.87m，据此预测 7 月 9 日 8 时太湖水位将开始下降，为 4.86m，结果与实测水位完全一致。精准预报为太湖流域超标准洪水调度提供了可靠的依据。表 7.14 为预见期 12h 的太湖预报水位误差统计表。

表 7.14　　　　　　　　　　太湖水位预报误差统计表（预见期为 12h）　　　　　　　　单位：m

日期（月-日）	实测水位	预报水位	误差	日期（月-日）	实测水位	预报水位	误差
06-04	3.80	3.84	0.04	06-15	3.87	3.87	0
06-05	3.81	3.80	−0.01	06-16	3.85	3.86	0.01
06-06	3.82	3.82	0	06-17	3.84	3.84	0
06-07	3.81	3.79	−0.02	06-18	3.81	3.82	0.01
06-08	3.80	3.79	−0.01	06-19	3.77	3.78	0.01
06-09	3.81	3.81	0	06-20	3.77	3.78	0.01
06-10	3.78	3.79	0.01	06-21	3.86	3.86	0
06-11	3.76	3.77	0.01	06-22	3.88	3.89	0.01
06-12	3.81	3.74	−0.07	06-23	4.02	3.95	−0.07
06-13	3.86	3.87	0.01	06-24	4.02	4.04	0.02
06-14	3.87	3.87	0	06-25	4.04	4.07	0.03

日期（月-日）	实测水位	预报水位	误差	日期（月-日）	实测水位	预报水位	误差
06 – 26	4.07	4.08	0.01	07 – 19	4.62	4.61	−0.01
06 – 27	4.09	4.09	0	07 – 20	4.56	4.57	0.01
06 – 28	4.18	4.17	−0.01	07 – 21	4.50	4.51	0.01
06 – 29	4.31	4.32	0.01	07 – 22	4.45	4.45	0
06 – 30	4.34	4.35	0.01	07 – 23	4.38	4.39	0.01
07 – 01	4.35	4.34	−0.01	07 – 24	4.33	4.33	0
07 – 02	4.45	4.39	−0.06	07 – 25	4.28	4.28	0
07 – 03	4.61	4.60	−0.01	07 – 26	4.21	4.22	0.01
07 – 04	4.69	4.69	0	07 – 27	4.16	4.16	0
07 – 05	4.76	4.75	−0.01	07 – 28	4.10	4.10	0
07 – 06	4.80	4.80	0	07 – 29	4.05	4.05	0
07 – 07	4.82	4.81	−0.01	07 – 30	4.00	4.00	0
07 – 08	4.85	4.86	0.01	07 – 31	3.95	3.95	0
07 – 09	4.86	4.86	0	08 – 01	3.90	3.90	0
07 – 10	4.85	4.84	−0.01	08 – 02	3.85	3.85	0
07 – 11	4.82	4.86	0.04	08 – 03	3.83	3.81	−0.02
07 – 12	4.80	4.80	0	08 – 04	3.80	3.79	−0.01
07 – 13	4.76	4.77	0.01	08 – 05	3.79	3.78	−0.01
07 – 14	4.75	4.76	0.01	09 – 15	3.32	3.33	0.01
07 – 15	4.74	4.76	0.02	09 – 16	3.50	3.52	0.02
07 – 16	4.71	4.73	0.02	09 – 17	3.53	3.54	0.01
07 – 17	4.69	4.68	−0.01	09 – 18	3.58	3.58	0
07 – 18	4.66	4.65	−0.01	09 – 19	3.61	3.62	0.01

（4）超标准洪水期间影响预测。7月3日，太湖水位超过4.65m，太湖流域发生超标准洪水，太湖局水文局紧急组织对东太湖、东导流、望虞河东岸不同分流方式的影响进行了分析，提出了合理可行的超标准洪水调度措施，为制定《太湖流域2016年超标准洪水应急处理方案》提供了依据。

7月6日8时，太湖水位已达4.80m，此时上海中心气象台又预测2016年1号台风"尼伯特"将在8日夜间以台风强度二次登陆福建中北部沿海，登陆后经浙江西部缓慢北上，10—11日经太湖附近转向东北方向进入黄海，期间将严重影响太湖流域，降水量可达50~150mm，太湖湖面风力可达7~9级。据此，太湖局水文局利用太湖二维水动力学模型开展了太湖高水位、暴雨、大风三碰头分析，评估了不同风力、降水条件下环湖大堤的安全性，为流域防汛调度和工程抢险提供了有力支撑。

（5）台风影响预测。2016年6月19日，太湖流域进入梅雨期，太湖水位为3.77m，为继1954年以来第二高的入梅水位。考虑到7月是台风多发月，为应对可能到来的台风、暴雨、太湖高水位三碰头的情况，太湖局水文局于 6 月 21 日利用太湖流域水动力模型，开展了风、雨、高水位三碰头对太湖环湖大堤的影响分析。共分析了 3.80m、4.00m、4.20m、4.50m、4.65m、4.80m、5.00m 七种太湖起调水位分别遭遇 100mm、200mm、300mm 三种降水和 10m/s、20m/s、30m/s 三种湖面风速共 45 种情景下太湖水位状况，为太湖防总提前做好预警准备提供了支撑。根据预测成果可知，当风速从 20m/s 增大至 30m/s 时，太湖东西侧水位差迅速增大，并随着太湖水位的升高而减小，见图 7.7。

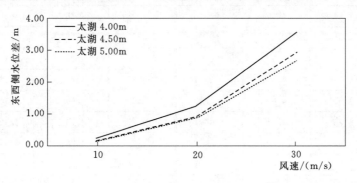

图 7.7　太湖不同起调水位下风速与东西侧水位差关系（100mm 降水量）

（6）太湖退水预报。7 月 7 日，"尼伯特"台风路径基本明确，影响太湖流域的程度基本确定，按照太湖局时任局长叶建春、分管副局长吴浩云等领导要求，太湖局水文局迅速响应，部署相关工作，制定具体分析方案。针对"两河"不同泄洪方式，结合超标准洪水防御措施，挑灯夜战，于 7 月 8 日凌晨 3 时完成了台风影响期间太湖最高水位及退水过程的预测成果。据预测，太湖水位退至 4.80m 需 6d 左右，即 7 月 14 日，实际 7 月 13 日退至 4.80m 以下，预测结果推后了 1d；太湖水位退至 4.65m 需 10d 左右，即 7 月 18 日，实际 7 月 19 日退至 4.65m 以下，预测结果提前了 1d；太湖水位退至 3.80m 需 33d 左右，即 8 月 10 日，实际 8 月 5 日退至 3.80m 以下，预测结果推后了 5d，具体见表 7.15。

表 7.15　　　　　　　　　　太湖水位退水预测成果表

太湖水位	预测时间（月-日）	实际时间（月-日）	误差/d
退至 4.80m	07－14	07－13	1
退至 4.65m	07－18	07－19	－1
退至 3.80m	08－10	08－05	5

（7）突发水污染预测。2016 年 9 月 20 日，在台风"莫兰蒂"影响期间，太浦河干流金泽水源地发生锑浓度异常事件，太湖局水文局高度重视，积极应对，在综合考虑防洪、供水、水环境安全条件下，根据开发完成的突发水污染事件预测模型模拟的结果，提出了太浦闸下泄 80m³/s 的建议，太湖防总办公室于当晚下达调度指令，开启太浦闸向下游泄水。根据下游水位及锑浓度变化情况，太湖局水文局开展了滚动预测，及时为调度部门提供调度建议，在确保防洪安全的前提下，成功保障了下游上海、嘉兴等地的供水安全。

2. 江苏省

6 月 3 日至 9 月 22 日开展了太湖水位预报，共 112d，每日预报未来三天 8 时水位，经统计误差 0.05m 范围内达 96％，0.02m 范围内达 71％；运河水位预报精度相对较低，有待进一步提高；镇江站自 5 月 1 日起，在原先的 3d 一次预报的基础上，实行超警期间逐日预报，至 10 月 1 日，共预报 300 多个潮次，经统计高低潮位预报合格率为 97％，其中潮位预报误差小于 0.10m 的达 71％，误差小于 0.05m 的达 45％。7 月 1 日暴雨期间镇江站创历史第二高潮位 8.58m（6 日 8 时），该日的预报值为 8.65m，误差仅为 0.07m；6 月 12 日至 9 月 30 日，江阴站潮位共进行了 216 次高潮预报，平均相对误差为 3.5％，最大为 20.5％。误差小于 3％ 的为 113 次，占比 52％；误差小于 5％ 的为 166 次，占比 77％；误差小于 10％ 的为 206 次，占比 94％。2016 年江阴站最高潮位 6.52m（7 月 6 日 4 时 30 分），预报值为 6.54m，误差仅为 0.02m，预报误差统计情况见表 7.16 和表 7.17。

表 7.16   汛期（5 月 1 日至 9 月 30 日）地区代表站潮位预报误差统计

站名	预报潮次	平均误差/m	<0.10m/次	预报合格率/％
镇江	306	0.13	217	97
江阴	216	0.21	89	80
小河新闸	48	0.12	23	98

注　根据水文情报预报规范，正常潮位许可误差取 ±0.30m。

表 7.17   汛期（5 月 1 日至 9 月 30 日）地区代表站水位预报误差统计

站　　名	预报次数	绝对误差/m	相对误差/％	<0.05m/次
太湖平均	213	0.04	0.9	130（<0.03m）
常州（三）站	31	0.29	5.1	8
无锡（大）站	31	0.25	5.1	5
苏州（枫桥）站	39	0.12	2.7	17

3. 浙江省

(1) 梅雨期。浙江省预报站水位误差小于 0.12m，预见期为 7～12h，按规范评定精度达到优秀、及时。根据预估未来降水（假定面雨量 150mm，按不同历时、不同雨型分配）对东苕溪瓶窑站做了 3 期洪水估报，供浙江省防汛指挥部门决策参考。

(2) 台风影响期。多个台风影响期间，原浙江省水文局根据台风动向和台风期间水雨情形势开展了沿海潮位和台风影响期间 21 个水情站的过程预报工作。累计完成 12 期沿海潮位站风暴增水和高潮位预报并报送原水利部水文局和浙江省防汛防台指挥部门；同时通过中洪系统和数据交换系统每日（8 时、14 时和 20 时）3 次上报 21 个站点共计 315 站次的过程预报成果至原水利部水文局，为国家防总防台会商提供参考依据。

17 号台风"鲇鱼"期间，完成东苕溪瓶窑站洪水预报 1 期（表 7.18），嘉兴站水位预报 7 期（误差 0.10m 以内 5 期），预报成果优秀、及时，为浙江省防汛指挥部门科学调度提供决策依据。

4. 上海市

(1) 汛期预报。根据《上海市防汛信息中心潮位预报工作规范》，正常潮位短期预报许可误差取 ±0.25m。对汛期黄浦公园站、吴淞站、米市渡站、芦潮港站的高潮位预报进行评定，结果见表 7.19。

表 7.18   2016 年浙江省重要水情站水文预报与实况对比表

站名	洪水		项目	误差分析			
				流量 /(m³/s)	出现时间 (月-日 时:分)	水位 /m	出现时间 (月-日 时:分)
瓶窑	鲇鱼洪水	洪峰	预报	—	—	5.90	09-29 13:00
			实测	462	09-29 14:00	5.90	09-29 13:00
			误差	—	—	0.00	0

表 7.19   汛期 (5 月 1 日至 9 月 30 日) 高潮误差统计

站名	预报潮次	平均误差/m	>0.25m/次	预报合格率/%
黄浦公园	304	0.10	9	97
吴淞	304	0.11	14	95
米市渡	305	0.07	7	98
芦潮港	294	0.13	12	96

汛期,黄浦公园站、吴淞站、米市渡站、芦潮港站的高潮位预报合格率均达到 95% 以上,4 站的平均误差分别为 0.10m、0.11m、0.07m、0.13m。

(2) 台风"马勒卡"期间风暴潮预报。2016 年第 16 号台风"马勒卡"虽然没有登陆我国,在海上转向时距上海约 450km,又恰逢冷空气南下和天文大潮汛,仍给上海带来了明显的风暴潮影响。受冷空气和台风外围云系的共同影响,上海地区 9 月 17—19 日普遍出现 6 级偏北大风,导致黄浦江及沿海出现了 0.40~0.80m 的风暴潮增水,黄浦江干流、支流、杭州湾和长江口都出现了超警的全年最高潮位,且创近 10 年新高。

由于台风期间增加长江口高桥及杭州湾金山嘴两站的预报,按照《上海市防汛信息中心潮位预报工作规范》计算,黄浦公园站、吴淞站、米市渡站、芦潮港站、高桥站及金山嘴站的高潮位误差统计见表 7.20。

由表 7.20 可知,黄浦公园站、吴淞站、米市渡站、芦潮港站、高桥站及金山嘴站的高潮位预报精度总体较高,6 站的平均误差分别为 0.11m、0.10m、0.08m、0.14m、0.12m、0.18m。其中,黄浦公园站、吴淞站、米市渡站及高桥站误差大于 0.25m 的潮次为 0,预报合格率为 100%;芦潮港站预报误差大于 0.25m 为 2 潮次,金山嘴站误差大于 0.25m 为 1 潮次,预报合格率均为 75%。

表 7.20   "马勒卡"台风期间 (9 月 17—20 日) 高潮误差统计

站名	预报潮次	平均误差/m	>0.25m/次	预报合格率/%
黄浦公园	8	0.11	0	100
吴淞	8	0.10	0	100
米市渡	8	0.08	0	100
芦潮港	8	0.14	2	75
高桥	4	0.12	0	100
金山嘴	4	0.18	1	75

此次风暴潮预报中,上海市防汛信息中心根据当时的台风预报路径以及前期潮位过程,预测 9 月 17 日、18 日黄浦公园站高潮增水为 0.50～0.60m,加上天文大潮,连续两天高潮位将超警,并发布了黄浦江高潮位蓝色预警信号。分析大于 0.25m 的误差集中在 9 月 19—20 日,主要是对台风、冷空气、天文大潮共同作用下的增水过程预估不足,杭州湾实际高潮增水要比预报偏大 0.20～0.30m。

7.3 水情预警

2016 年,太湖流域发生了流域性特大洪水。太湖局水文局在江苏省水文局、原浙江省水文局、上海市防汛信息中心和上海市气象局等单位的鼎力帮助下,依托不断发展的新技术,利用各种信息化设备和服务系统,对流域内的汛情进行了及时、快速以及高效的预警。

7.3.1 太湖局

太湖局水文局组织制定了《太湖水情预警发布暂行规定》,并于 2013 年 10 月得到了太湖防总的批复(太防总〔2013〕5 号),太湖水情预警分 4 个级别,分别为洪水蓝色预警、洪水黄色预警、洪水橙色预警和洪水红色预警,具体见表 7.21。太湖局水文局印发的《太湖局水文局(信息中心)防汛防台应急预案(试行)》对水文局防汛防台应急响应行动进行了规定,共分 4 个级别,分别为Ⅳ级、Ⅲ级、Ⅱ级、Ⅰ级。

太湖局还与上海市气象局签署了"水利部太湖流域管理局与上海市气象局应急响应联动机制",2016 年,上海市气象局及时分析太湖流域天气形势(包括降水、台风、旱情等预测),太湖局水文局据此对太湖水位进行预测,并即时发布预警。根据《太湖水情预警发布暂行规定》,太湖局水文局共发布太湖水情预警信息 10 期,预警天数合计达 80d。根据《太湖局水文局(信息中心)防汛防台应急预案(试行)》全年共启动应急响应 16 次,响应行动天数达 95d。太湖水情预警发布及应急响应行动情况见表 7.22。

太湖局预警信息主要通过太湖网、太湖流域水文信息网、原水利部水文局预警信息汇集系统发布。

表 7.21 太湖洪水水情预警标准及图标

级别	等级标准	预警图标
蓝色预警	太湖水位达到或超过 3.80m	
黄色预警	太湖水位达到或超过 4.20m	

续表

级别	等 级 标 准	预 警 图 标
橙色预警	太湖水位达到或超过 4.50m	
红色预警	太湖水位达到或超过 4.65m	

表 7.22　　　　　　　　　　太湖预警发布及应急响应启动情况表

序号	启动时间 （月－日）	太湖水情 预警级别	响应行动 级别	结束时间 （月－日）	事 件 说 明	持续时间
1	06－03	蓝色	Ⅳ级	06－10	太湖水位超警	8d
2	06－12	蓝色	Ⅳ级	06－19	太湖水位超警	8d
3	06－21	蓝色	Ⅳ级	—	太湖水位超警	46d，其中红色 预警（Ⅰ级响应） 16d
	06－28	黄色	Ⅲ级	—	太湖水位超过 4.20m	
	07－02	橙色	Ⅱ级	—	太湖水位超过 4.50m	
	07－03	红色	Ⅰ级	—	太湖水位超过 4.65m	
	07－18	橙色	Ⅱ级	—	太湖水位降至 4.65m 以下	
	07－22	黄色	Ⅲ级	—	太湖水位降至 4.50m 以下	
	07－27	蓝色	Ⅳ级	08－05	太湖水位降至 4.20m 以下，8月5日 降至 3.80m 以下	
4	09－13	—	Ⅱ级	—	"莫兰蒂""马勒卡"台风影响	4d
	09－16	—	Ⅲ级	09－16		
5	09－26	—	Ⅳ级	—	鲇鱼台风影响	5d
	09－26	—	Ⅲ级	—		
	09－29	—	Ⅳ级	09－30		
6	10－19	—	Ⅳ级	10－24	海马台风影响	6d
7	10－26	蓝色	Ⅳ级	11－12	太湖水位超警	18d

注　太湖水情预警天数：80d；应急响应天数：95d。

7.3.2　江苏省

江苏省水文局根据《江苏省水情预警发布管理办法（试行）》（以下简称《管理办法》），2016 年全年对江苏省太湖地区共发布洪水预警信息 22 期。

2016 年 6 月 3 日太湖水位首次超警，根据管理办法，江苏省发布了洪水蓝色预警信息；6 月 19 日入梅后，受连续强降水影响，苏南运河常州至苏州段陆续超警且维持上涨趋势，常州、无锡、苏州水文分局及江苏省水文局根据水位及后续降水预报情况发布了洪水蓝色及黄色预警信息；7月2日8时，太湖水位涨至4.45m，超警0.65m，预报3日8时水位超4.50m；苏南运河苏州（枫桥）站水位为4.68m、无锡（大）站为5.07m、常州（三）站为5.53m，分别超警0.88m、1.17m、1.23m，其中苏州（枫桥）站超历史0.08m；望虞河琳桥水位为4.45m，超警0.65m，江苏省防汛防旱指挥部发布了洪水橙色预警信息；7月3日，太湖水位达到4.65m，发生超标准洪水，仍维持橙色预警；受台风"莫兰蒂"和台风"鲇鱼"外围影响，9月中旬、月末苏南地区均出现大暴雨天气，主要河湖水位出现明显的上涨过程，常州水文分局分别发布洪水蓝色、黄色预警。江苏省的预警信息主要通过江苏省水文局外网、水利厅内网、原水利部水文局预警信息汇集系统发布。

7.3.3　浙江省

原浙江省水文局根据《浙江省实时雨水情预警工作规定（试行）》，2016年全年共发送雨水情预警短信16万余条。

2016年5月31日至6月1日，浙北嘉兴、湖州等地出现较强降水过程，6月1日8时有9个站水位超警，根据气象部门预报，1日浙中北地区仍有中到大雨、局部暴雨。根据《浙江省水文局防汛防台应急工作预案》，浙江省及时启动年内第一次水文测报Ⅳ级应急响应；此后，在梅雨期间和第1号台风"尼伯特"、第14号台风"莫兰蒂"、第16号台风"马勒卡"以及第17号台风"鲇鱼"影响期间，共启动或升级水文测报应急响应12次，明确要求受台风、暴雨等影响的地区，切实加强值班，做好水文测报和水情预测分析工作。

7.3.4　上海市

上海市防汛信息中心按照"互联网＋智能防汛"的新思维，形成了网站、移动APP和微信应用的组合拳，拓宽了水情服务的范围，拓展了新的应用空间，进一步提高了水情服务的能力，在2016年，与上海电视台、广播电台、移动电视以及《今日头条》等社会媒体开展合作，充分利用上海市民每天接触到的社会信息渠道，传播防汛和水雨情预报预警信息。通过社会合作、媒体联动的方式，主动回应了社会关切的问题。

近年来，上海市防汛信息中心在多渠道发布黄浦江高潮位预警信号的同时，根据上海市应急办的要求，不断完善与上海市预警发布中心的联合发布机制，与上海市气象局共同制定发布办法，规范预警发布。通过上海市突发事件预警信息发布管理系统的统一管理与发布，黄浦江高潮位预警信号可以更精准、快速地向社会公众发布。

2016年汛期，上海市防汛信息中心正式对外发布黄浦江高潮位蓝色预警2次。9月17日和18日，受2016年16号台风"马勒卡"、天文大潮汛和冷空气的共同影响，预报黄浦江黄浦公园站高潮位将超警，达到正式对社会公众发布高潮位蓝色预警的标准，为此在17日和18日下午15时分别发布了黄浦江高潮位蓝色预警信号；并于19日下午15时45分解除高潮位蓝色预警信号。

7.4 本章小结

（1）太湖流域 2016 年发生流域性特大洪水，对水文监测提出了更高的要求。面对严峻的汛情，太湖流域广大水文职工克服困难，全力以赴，有效应用水文新仪器、新技术，准确、及时地提供大量的现场第一手监测资料。整个应急监测期间，共派出监测人员 4000 余人次，沿江、环湖、省市边界等巡测线上共布设 512 个断面，采集了 28000 余条水文数据，圆满完成了监测任务，为水文预报、各级防汛指挥部门科学调度提供了大量准确、可靠的水情信息。

（2）水文气象信息是准确、及时做好水文情报、预报的基础。在 2016 年洪水期间，上海市气象局与太湖局密切配合，为太湖流域防洪科学决策、夺取抗洪抢险的全面胜利提供了重要的气象信息。大水期间，水情人员综合分析气象、水文信息，充分利用各种先进的预报技术手段，成功地对太湖水位及流域主要代表站水位作出了及时准确的洪水预报，为防汛调度提供了重要的决策支撑。

（3）为有效应对 2016 年流域性特大洪水，流域内各水文部门累计发布预警 50 余次，对流域内汛情进行了及时、快速、高效的响应。

第8章 认识、启示与建议

20世纪50年代以来,太湖流域先后发生了1954年、1991年、1999年、2016年4次流域性大或特大洪水,其中2016年年降水量为1855.2mm,位列1951年有纪录以来历史第一位,太湖出现4.88m的历史第二高水位。面对严峻的防汛形势,太湖局水文局与江浙沪两省一市水文部门加强监测预报预警和水文分析,为太湖防总科学调度决策提供了技术支撑,为赢得防御太湖流域2016年洪水的全面胜利作出了贡献。由于精准预报、科学分析、精细调度,使得太湖流域大汛之年无大灾。

8.1 认识

1. 关于2016年太湖洪水

(1)雨日多,年降水量大。太湖流域2016年降水量达1855.2mm,比多年平均多637.1mm,比历史最大纪录多225.6mm(1954年)。雨日228d,比1954年少12d,但比1991年、1999年分别多33d、27d。雨强介于1954年、1991年、1999年3个大洪水之间,如太湖流域2016年最大7d降水量为180.2mm,1954年、1991年、1999年最大7d降水量分别为150.7mm、216.7mm、339.1mm;太湖流域2016年最大15d降水量为330.3mm,1954年、1991年、1999年最大15d降水量分别为226.3mm、283.8mm、402.1mm;太湖流域2016年最大30d降水量为446.0mm,1954年、1991年、1999年最大30d降水量分别为354.3mm、489.1mm、621.1mm。

(2)降水空间分布极不均匀。太湖流域2016年降水空间分布西北部明显大于东南部,其中流域西北部的湖西区,武澄锡虞区年降水量分别为2134.6mm和1917.9mm,比常年偏多83%和71%,流域东南部的杭嘉湖区和浦东浦西区年降水量分别为1692.6mm和1549.8mm,比常年仅偏多36%和34%,湖西区年降水量是浦东浦西区年降水量的1.4倍;汛期,湖西区、武澄锡虞区降水量分别为1348.8mm和1181.5mm,比常年偏多89%和68%,杭嘉湖区和浦东浦西区分别为1004.3mm和844.0mm,比常年仅偏多43%和22%,湖西区汛期降水量是浦东浦西区的1.6倍;梅雨期,湖西区、武澄锡虞区降水量分别为638.2mm和557.0mm,比常年偏多157%和129%,杭嘉湖区和浦东浦西区分别为272.6mm和251.0mm,比常年仅偏多16%和9%,湖西区梅雨量是浦东浦西区的2.5倍。

湖西区最大3d、7d、15d降水量均位列历史第一位,最大30d、60d、90d降水量位列历史第二位,而浦东浦西区除最大7d降水量位列历史第五位,最大3d、15d、30d、60d、90d降水量均位列历史第10~26位。

(3)太湖水位全年三度超警,两次超4.00m。2016年4月开始,太湖流域出现持续降水过程,4月26日太湖水位位列1954年以来同期最高,太湖流域发生春汛。入梅以后,太湖水位持续上涨,7月8日达年最高水位4.88m,为1954年以来第二高水位。9月中旬起，受台风登陆和冷空气影响，太湖水位再次上涨，又分别于 10 月 2 日和 10 月 22 日超过警戒水位，10 月 29 日涨至 4.14m，居历史同期首位，太湖水位出现了年度三次超警、两次超 4.00m 的现象，流域春汛、梅汛、秋汛连发，历史罕见。另外，全年太湖水位超警天数达到 97d，仅次于 1954 年洪水的 119d，比 1991 年大水和 1999 年历史最大纪录洪水超警天数分别多 27d 和 12d。

（4）区域河网水位屡创新高。地区河网水位变化趋势与太湖水位较为相似，入梅后，地区河网水位快速上涨，至 7 月 3 日，河网水位全面超警。梅雨期，江苏常州、无锡、苏州等市有 15 个河道、闸坝站水位超过历史最高纪录 0.01～0.43m，其中王母观、溧阳（二）两站 4 次刷新历史纪录。汛末和汛后受台风影响，地区河网水位再次快速上涨，流域南部河网代表站普遍在 9 月至 10 月下旬出现全年最高水位。

2. 下垫面变化大，洪涝特性发生显著变化

1991 年大洪水之后，太湖流域开始了 11 项治太骨干工程建设，1999 年大水后，为了确保城市防洪安全，流域内各大、中城市相继开展了城市大包围工程建设，近年来区县、乡镇也加快了圩区建设，流域内圩区保护面积越来越大，排涝模数不断增加，加上城镇化进程加快，城市不透水面积增加，流域水文特性发生了很大变化。

（1）城市建设用地不断增加。随着太湖流域城镇化快速发展，特别是 2000 年后受城镇化进程加快的影响，建设用地进入了加速发展时期，太湖流域土地利用呈现快速变化，主要表现为耕地向建设用地的快速转换。1985—2000 年太湖流域建设用地平均每年增加 90km² 左右，而 2000—2010 年建设用地平均每年增加 400km² 左右，年均增加值为 1985—2000 年的 4 倍多，加之农业结构调整，水田变成大棚，使得降雨径流系数增大，汇流速度加快。

（2）圩区排涝能力不断提升。2015 年，太湖流域圩区总面积为 1.70 万 km²，占流域面积的 46%，占平原面积的 58%，圩区平均排涝模数为 1.43（m³/s）/km²，其中江苏省圩区面积为 5880km²，圩区平均排涝模数为 1.66（m³/s）/km²；浙江省圩区面积 6410km²，圩区平均排涝模数为 1.20（m³/s）/km²；上海市保护面积为 4740km²，圩区平均排涝模数为 1.52（m³/s）/km²。据初步统计，与 1999 年相比，太湖流域圩区面积增加 3000km² 左右，平均排涝模数增加 0.58（m³/s）/km²。

圩区能力的加强造成固有的雨水滞蓄、削峰作用降低，虽然有圩区保护的区域受灾几率大大降低，但非圩区保护区域，因圩区排涝能力的增强，圩外河道水位上涨加快，高水位持续时间延长，防洪风险反而加大，一定程度上圩区建设导致风险由重点区域向非重点区域转移。

（3）太湖流域洪涝特性发生明显变化。随着太湖流域建设用地增加、农业结构调整、圩区排涝动力加大、通航河道升级（河道拓宽竣深）等因素的影响，一方面导致降雨径流增加，汇流速度加快，河道水位上涨快速，高水位持续时间延长；另一方面，因区域水环境改善的需要，长期引水明显抬升了区域河网底水，同样的降水，圩外河道水位更高。太湖流域洪涝特性变化主要体现在以下几方面：

1）人类活动影响明显、圩区变化较大的区域，同样大小的降水，水位涨幅明显增大，水位呈现出趋势性上升，特别是 2000 年以后趋势性增高尤其明显。如 1999 年 6 月 23—30

日 8d 降水量达 366.3mm，太湖最大日均涨幅为 0.19m（6 月 30 日），2016 年 9 月 13—16 日 4d 降水量为 152.4mm，太湖最大日均涨幅达 0.15m（9 月 16 日）；又如武澄锡虞区的青阳站水位，1999 年以前，100mm 降水水位涨幅一般在 0.30～0.50m，而 2010 年以后，100mm 降水水位涨幅为 0.70m 左右，使得中等量级降水出现持续高水位成为一种新常态。

2）大运河水位居高不下，局部河段长时间出现逆流。随着城镇化的快速发展，近年来，运河沿线的苏州、无锡、常州等城市防洪大包围工程已建成并投入运行，沿线城市、圩区的排涝动力逐步增强，据初步统计，太湖流域苏南运河沿线的泵站排涝规模已达到了 1049m³/s；加之 2007 年太湖蓝藻暴发后，为改善太湖水质，常州、无锡环太湖口门长期关闭，原排入太湖的涝水出路受阻，转而向运河排涝，从而导致运河沿线水位易涨难消，居高不下。大运河无锡（大）站过去降水水位涨幅比为 100mm 降水水位上涨 0.30m 左右，现在是 100mm 降水水位一般上涨 1.00m 左右；大运河苏州（枫桥）站过去降水水位涨幅比为 100mm 降水水位上涨 0.60m 左右，现在 100mm 降水水位上涨幅度普遍达到 0.90～1.00m，常州（三）站更是，2017 年 "6·10" 暴雨 12h 降水量达 205mm，大运河常州（三）站水位 12h 涨幅达 1.96m，24h 涨幅达 2.03m，创历史新高。另外，2007 年蓝藻暴发后，为改善太湖水环境，梅梁湖泵站全年投入运行，加上无锡城市大包围工程启用，大运河洛社站流量开始出现逆流，而且逆流天数不断增加，至 2011 年全年 1/3 的时间出现逆流。

3）湖西区入太湖水量不断增加。近年来，由于区域水环境改善的需要，沿江口门长时间引长江水入河网地区，抬高了河网底水位，加上圩区排涝动力增加，以及大运河部分河段长时间逆流，造成湖西区入太湖水量不断增加。与降水空间分布相似的 1991 年大洪水相比，2016 年最大 30d 降水量比 1991 年小，但太湖流域上游最大 30d 降雨对应的入太湖水量 2016 年为 36.18 亿 m³，是 1991 年 28.31 亿 m³ 的 1.3 倍；也是 1999 年太湖流域历史最大纪录洪水 33.10 亿 m³ 的 1.1 倍。

8.2 启示

1. 水文气象合作是防洪安全的前提

2015 年 6 月，太湖局与上海市气象局签署了双方战略合作框架协议，2016 年 5 月，双方进一步建立了应急响应联动工作机制及防汛防台会商制度。根据战略合作框架协议和应急响应联动机制的要求，太湖局水文局进一步加强与上海市气象局等单位的深化合作，为防御太湖流域 2016 年特大洪水作出了积极贡献。

（1）长期预测做指导。上海市气象局为太湖局水文局提供了季、月、周的中长期降水预测，结合 2016 年 3 月全国和华东区域气候会商会、水利系统汛期雨水情预测会商会确定的 2016 年汛期太湖流域降水显著偏多的预测意见，太湖局水文局开展了太湖水位周预报、月预测、枯季最低水位预测、汛期最高水位预测等多种时间尺度的预测。尤其是 6 月 19 日宣布太湖流域入梅后，太湖局水文局依据上海市气象局关于太湖流域梅雨量偏多 2～5 成的预测成果组织开展了梅汛期太湖最高水位预测，对梅雨量接近常年、偏多 2 成、3.5 成、5 成、6.5 成等 5 种降水情况开展了太湖最高水位模拟计算，预测当梅雨量偏多 6.5

成左右时，太湖最高水位将达到 4.88m，2016 年实际梅雨量较常年偏多 7 成，梅雨期太湖最高水位 4.88m，预报结果与太湖实测水位完全一致，为太湖流域提前泄洪提供了依据。

（2）精准预报做支撑。上海市气象局进一步强化水文气象预报技术，向太湖局水文局每日两次滚动提供了 10d 精细化格点降水数值预报产品。在此基础上，太湖局水文局组织完善了基于太湖流域河网水动力模型与气象降水数值预报模型耦合的太湖洪水预报模型，有效提高了预报精度。在应对太湖流域超标准洪水和重要场次降水期间，上海市气象局每日两次定期向太湖局水文局发布太湖流域降水预测专报，预报准确率高，为精准预报太湖水位、科学调度太湖洪水提供了有力支撑。上海市气象局全年提供 10d 面雨量趋势预报 24 期，重要信息专报 42 期，天气周报 24 期，过程降水预报 13 期，季度降水预测 4 期，月降水预测 12 期。

（3）创新会商提质量。2016 年太湖局水文局与上海市气象局开展了多种形式的联合会商。防汛 Ⅰ 级响应期间水文气象技术人员保持 24h 热线联系，太湖局与上海市气象局连续 15d 开展联合视频会商，共同分析、研判流域天气形势和未来防汛形势；在流域大洪水、重要场次降水和台风影响期间，太湖局水文局与上海市气象局技术人员通过太湖流域气象服务平台、传真、微信群、QQ 群、专线电话等多种途径进行实时会商，及时了解气象动态信息，预判未来的风雨变化。特别是 2016 年太湖流域梅雨期太湖水位超警期间，水文、气象技术人员开展实时会商，分析研判太湖流域降水的具体分布位置、细化到小时的降水时间过程、降水量级等，在此基础上，实时滚动预报太湖最高水位和出现时间，为流域防汛防台工作赢得了宝贵的时间。

（4）信息共享见成效。为落实双方签署的战略合作框架协议，太湖局水文局和上海市气象局作为技术支撑单位，积极探索信息共享共用，双方建立了信息共享交换机制，开发了太湖流域气象水文信息共享平台，并上线运行。太湖局水文局向上海市气象局共享了流域片 36 个代表站 8 时、20 时的水（潮）位数据和流域各水利分区的日降水量数据，以及太湖水位预报数据；上海市气象局向太湖局共享了 18 个环湖、长江口、浙闽沿海站点的实时风力风向信息，在信息共享平台上共享各类专报和气象信息、展示太湖流域水雨情，进一步扩大了信息共享和服务范围，充分的信息共享为精准预报太湖水位、服务流域防汛、战胜流域特大洪水奠定了基础。

2. 水文服务工作是防洪安全的保障

面对太湖流域 2016 年严峻的防汛形势，太湖局水文局科学研判，超前部署，准确测报，及时分析，为太湖防总正确决策，保障流域防洪安全提供了强有力的技术支撑。

（1）水文预报精准到位。在 2016 年梅雨期，太湖局水文局加密太湖水位预报频次，每日两次开展太湖水位 1～3d 预见期的滚动预报，在太湖水位超警期间，还开展 12h 预见期的太湖水位预报。6 月 22 日起，根据中央气象台、日本气象厅、欧洲中期天气预报中心、上海中心气象台滚动发布的 10d 降水数值预报成果，每日两次开展 10d 过程降水太湖最高水位预报，在防汛关键节点，加强与水利部水文情报预报中心的沟通，会商太湖水位预报成果。同时，太湖局水文局还开展了月、周等中长期太湖水位预测预报。全年共编制太湖水位月预报 12 期、周预报 52 期、日常化水位预报 195 期、滚动预报 70 期、过程预报 34 期，预见期 1d 的太湖水位预报合格率达 91%；特别是 12h 预见期的太湖水位预报，全年共预报 68 期，其中预报误差在 0~0.01m 的有 56 期，占总预报期数的 82%，仅 5 期预报误差超过 0.03m，预报合格率高达 93%，是历年预报精度最高的一次；另外，太湖局水文局还提前 3d 准确预报出太湖出现最高水位。精准预报为太湖流域超标准洪水精细化调度提供了可靠的依据，也得到了各级领导和流域内两省一市的充分肯定。

太湖湖面大，吹程远，台风影响期间，湖面倾斜度较大，为提高太湖水位预报精度，太湖局水文局开发了太湖二维水动力模型，完善了太湖流域洪水预报模型，在防御"莫兰蒂"等台风过程中，利用完善后的太湖流域洪水预报模型开展风力影响下的太湖水位预报，有效提高了台风等特殊雨水情条件下太湖水位的预报精度。

另外，2016 年 9 月 20 日，在"莫兰蒂"台风影响期间，太浦河干流金泽水源地发生锑浓度异常事件，太湖局水文局高度重视，积极应对，在综合考虑防洪、供水、水环境安全条件下，根据开发完成的突发水污染事件预测模型模拟的结果，提出了太浦闸下泄 80m³/s 的建议，太湖防总办公室于当晚下达调度指令，开启太浦闸向下游泄水。根据下游水位及锑浓度变化情况，太湖局水文局开展了滚动预测，及时为调度部门提供调度建议，在确保防洪安全的前提下，成功保障了下游上海、嘉兴等地的供水安全。

（2）水文分析准确深入。7 月 3 日，太湖水位超过 4.65m，流域发生超标准洪水，太湖局水文局紧急组织对东太湖、东导流、望虞河东岸"三东"分流等超标准调度措施效果开展分析，提出了分流建议方案，为制定《太湖流域 2016 年超标准洪水应急处理方案》提供了依据。

7 月 6 日 8 时，太湖水位已达 4.80m，此时上海市中心气象台又预测 2016 年第 1 号台风"尼伯特"将在 8 日夜间以台风强度二次登陆福建中北部沿海，登陆后经浙江西部缓慢北上，10—11 日经太湖附近转向东北方向进入黄海，期间将严重影响太湖流域，降水量可达 50~150mm，太湖湖面风力可达 7~9 级。据此，太湖局水文局利用太湖二维水动力学模型，开展了太湖高水位、暴雨、大风三碰头分析，评估了不同风力、降水条件下环湖大堤的安全性，为流域防汛调度和工程抢险提供了有力支撑。7 月 7 日，"尼伯特"台风路径基本明确，影响太湖流域基本确定，按照太湖局时任局长叶建春、分管副局长吴浩云等领导要求，太湖局水文局迅速响应，部署相关工作，制定具体分析方案。针对"两河"不同泄洪方式，结合超标准洪水防御措施，挑灯夜战，于 7 月 8 日凌晨 3 时完成了台风影响期间太湖最高水位及退水过程的预测成果，并及时上报相关领导和太湖防总办公室。

汛后，太湖局水文局根据 2015 年、2016 年太湖流域各站超警情况，结合当时实际汛情，对太湖流域防汛特征水位的合理性进行了分析，提出湖西区坊前站、杭嘉湖区王江泾等站设置的警戒水位与流域整体汛情不相协调，建议相关部门对以上站点的防汛特征水位进行适时调整。为此太湖防总要求相关省市对不合理站点的防汛特征水位进行修订，依据太湖局水文局分析成果，江苏省防汛防旱指挥部以《江苏省防汛防旱指挥部关于上报我省太湖地区部分站点防汛特征水位核定成果的函》（苏防函〔2017〕3 号）将坊前站警戒水位由 4.00m 调整至 4.10m，保证水位由 4.50m 调整至 4.60m；浙江省防汛防台抗旱指挥部以《浙江省人民政府防汛防台抗旱指挥部关于公布省级重要水情站嘉兴市王江泾站防汛特征水位核定值（调整）的通知》（浙防指〔2017〕8 号）将王江泾站警戒水位由 3.10m

调整至 3.20m，保证水位由 3.40m 调整至 3.50m。坊前、王江泾站防汛特征水位均按照太湖局水文局的建议进行了调整。

（3）应急监测支撑有力。2016 年 6 月 3 日，当太湖水位超过警戒水位 3.80m 时，太湖局水文局立即派出 3 个应急监测组在望虞河东西岸口门、太湖湖西地区和太浦河沿线 26 个站点开展监测工作；7 月 3 日，太湖水位达到 4.65m，为全力做好流域性大洪水防御工作，按太湖防总要求，太湖局水文局当天再次派出 5 个应急监测组，坚守在大运河沿线、东导流各闸、嘉兴西控制线、东太湖口门、望虞河两岸等 31 个站点；7 月 8 日，太湖水位达到最高水位后，太湖局水文局统筹安排应急监测力量，抽调精干人员，在东苕溪导流、大运河等重点区域增派应急监测队伍，最多时一天有 7 个应急监测组战斗在防御流域特大洪水一线，现场采集水位、流量等水文信息，分析流域洪水运行规律，为太湖水位滚动预报、流域汛情分析及调度决策等提供了第一手资料。应对 2016 年流域特大洪水期间，太湖局及江浙沪两省一市水文部门累计开展应急监测 61d，投入外业监测人员 4080 人次，开展流量巡测断面 512 处，获取水文数据 28063 个；采集水样 504 个，获取水质数据 6048 个。

3. 水利工程是防汛安全的基础

经过多年的水利工程建设，太湖流域防洪体系已形成洪水北排长江、东出黄浦江、南排杭州湾，充分利用太湖调蓄，形成蓄泄兼筹、以泄为主的防洪格局。面对 2016 年严峻汛情，太湖局加强监测预报预警和分析会商，及时准确研判防汛形势，科学、精细调度流域骨干水利工程，以超常规措施应对超标准洪水。针对河湖水位全面上涨的不利形势，流域骨干工程望虞河常熟水利枢纽于 4 月 26 日提前 38d 启用泵站排水，太浦闸持续大流量泄洪；区域骨干工程中，除了已建工程外，在建工程也得到了充分发挥，如在建工程新沟河闸施工围堰拆坝投入排涝，刚建成的苏州七浦塘工程开机排涝，在确保工程安全的前提下，开启沿江船闸、套闸参与排水，加大洪涝外排力度。据统计，望虞河常熟水利枢纽全年累计排水 46.66 亿 m³，望亭水利枢纽排水 34.47 亿 m³，太浦闸排水 68.03 亿 m³，均创历史新高；沿江江苏段口门全年排水 137.2 亿 m³；杭嘉湖南排工程排水 34.23 亿 m³（不含杭州段）。1991 年大水，望虞河常熟水利枢纽全年累计排水 13.34 亿 m³，望亭水利枢纽排水 6.139 亿 m³，太浦闸排水 11.92 亿 m³，沿江江苏段口门全年排水 109.6 亿 m³；杭嘉湖南排工程排水 20.52 亿 m³。1999 年大水，望虞河常熟水利枢纽全年累计排水 39.17 亿 m³，望亭水利枢纽排水 27.75 亿 m³，太浦闸排水 28.73 亿 m³，沿江江苏段口门全年排水 108.5 亿 m³；杭嘉湖南排工程排水 36.63 亿 m³。2016 年沿江排水能力较 1991 年、1999 年明显增强，望亭水利枢纽、太浦闸排水较 1991 年增加显著，分别是 1991 年的 5.6 倍、5.7 倍，主要原因是 1991 年两河为自然河道，未进行拓宽疏浚。与 1999 年相比，2016 年望亭水利枢纽排水量有所增加，是 1999 年的 1.2 倍，太浦河排水量增加显著，是 1999 年的 2.4 倍，主要原因是一方面供水需求越来越高；另一方面 2016 年南部降水相对较小，使得太浦闸可以充分排泄太湖洪水。

流域超标准洪水期间（7 月 3—18 日），太湖局直管工程经受了考验，望亭水利枢纽、太浦闸持续突破设计流量，并按照校核流量控制运行，加快了流域区域洪涝水外排，望亭水利枢纽及太浦闸泄洪量占太湖出湖水量的 89%，为成功防御超标准洪水发挥了至关重要的作用。据统计，超标准洪水期间，太浦河、望虞河两河累计排泄太湖洪水 17.22 亿 m³，相当于降低太湖水位 0.74m。江苏省东太湖瓜泾口闸泄洪 0.9469 亿 m³，相当于降低太湖水位 0.04m，望虞河西岸福山船闸及东岸谢桥以下口门分流 0.5529 亿 m³；浙江省东苕溪导流东岸口门泄洪 2.331 亿 m³，相当于降低太湖水位 0.10m，太浦河南岸浙江段口门分流 1.138 亿 m³；上海市淀浦河西闸和蕴藻浜西闸泄洪 0.7938 亿 m³，黄浦江、太浦河有关口门纳潮 1.010 亿 m³。流域及区域骨干水利工程发挥了显著效益。

太湖退水阶段，2016 年、1991 年、1999 年太湖水位最大日均降幅分别为 0.06m、0.05m 和 0.06m，其中 2016 年有 9d 太湖水位日均降幅达到 0.06m，而 1999 年仅 1d。

8.3 建议

1. 加强规划指导，加快推进流域骨干工程建设

目前，太湖仅有望虞河和太浦河两条骨干河道外排洪水，洪水出路依然不足，太湖水位易涨难消现象依然存在。与 1999 年相比，太湖洪水外排能力未得到根本性提高；太湖西部入湖河道堤防标准不高，受上游强降水和太湖高水位顶托影响，长兴、宜兴等设防标准较低的地区极易受涝。太湖水位易涨难消、流域洪水蓄泄能力严重不足问题突出，如 1999 年入梅后太湖涨水期入湖水量为 42.70 亿 m³，出湖水量仅为 17.34 亿 m³，入出比达 2.5 倍；2013 年 "菲特" 台风期间，太湖涨水期入湖水量为 12.01 亿 m³，出湖水量仅为 1.098 亿 m³，入出比达 10.9 倍；2016 年入梅后太湖涨水期入湖水量为 30.81 亿 m³，出湖水量仅为 16.19 亿 m³，入出比达 1.9 倍。近 30 年的资料统计表明，太湖水位最大日均涨幅为 0.24m，最大日均跌幅仅为 0.07m，2016 年太湖水位最大日均涨幅为 0.15m，最大日均跌幅仅为 0.06m。另外，沿长江、沿杭州湾主要闸泵设计排水量为 0.86 万 m³/s，而江苏省和浙江省太湖地区圩区排涝能力至 2016 年年底已超过 1.6 万 m³/s，仅为圩区排涝能力的一半左右。加上太湖流域特殊的地理位置，沿江、沿杭州湾口门排水受外江高潮顶托影响，每天排水时间有限，泄洪能力难以充分发挥。

区域涝水与流域洪水抢道问题也十分突出。由于太湖流域仅 3.71 万 km²，流域面积相对较小，流域洪水与区域涝水往往同时遭遇，一旦太湖出现高水位时，区域防汛也处于紧张状态，太湖排洪与区域排涝抢道严重。2016 年太湖高水位期间，江南运河洪水 4 次通过蠡河船闸经太湖的骨干排洪河道望虞河外排，望虞河已成为江南运河及武澄锡虞区排泄区域洪涝水的重要通道，直接影响太湖洪水外排能力。2016 年 4 月 4 日太湖水位起涨至 7 月 8 日太湖出现最高水位期间，望虞河承泄太湖洪水比例仅为 62.8%。太浦河下游嘉北地区地面沉降严重，工程防洪能力明显不足，一旦遭遇强降水，嘉北地区的王江泾站、嘉兴站等站水位上涨较快，为兼顾区域防洪安全，太浦闸常常因此调减太湖排洪流量甚至关闭，为下游嘉北等地区涝水外排创造条件，但严重影响了太浦河排泄太湖洪水的功能。

为尽快提高太湖流域防洪排涝能力，要加快推进流域规划确定的环湖大堤后续工程、望虞河及太浦河后续工程、吴淞江行洪通道、新孟河、扩大杭嘉湖南排等流域性骨干工程的建设，提高流域洪水外排能力。同时要加强流域圩区规划指导，避免各自为政，给流域防汛工作带来压力。

2. 加强环湖站点建设，提高水文测报能力

太湖流域是平原河网地区，河流众多，重要控制线上缺少水文站。2016 年大水期间，

主要依托人工巡测为防汛调度提供决策支撑，最多时一天投入 7 个应急监测组，共计 4080 人次，既费时费力，又不利于水文资料的积累和水文分析。特别是太湖，作为流域洪水的调蓄中心，在历年的防灾减灾中发挥了重要作用，但由于环太湖 130 条河道缺乏水文站，目前，环太湖进出水量是由环湖 9 个巡测段进出水量累加得到，每个巡测段由其中一个流量较大的河道（基点站）和若干流量较小的河道（巡测断面）组成，基点站流量每天监测 1~2 次，巡测断面流量每年监测 20 次左右，巡测段流量由基点站流量和巡测断面流量组成，巡测断面流量是通过与基点站同期流量建立关系推得。总体上，基点站流量基本能控制环湖总进出水量的 70% 左右，剩下 30% 巡测流量通过计算得到，会存在一定误差。另外，在太湖流域发生大雨期间或大风期间，由于降水时空分布不均，出入湖流量也是一个随时间变化的过程，同时大风或局地降水都有可能导致环湖口门在一天内改变水流方向，因此，每天 1~2 次的监测频次不能反映太湖进出水量的实际情况，不能满足防汛和洪水分析工作的需要。为此，应加大水文基础设施资金投入，切实增强水文监测能力，特别是要尽快建设环太湖重要口门（含基点站）流量自动监测站。另外，要加强水文应急监测关键技术研究，强化雷达、卫星、遥感等新技术在水文监测预警中的应用，实现空、天、地一体化的数据网络资源全覆盖，大力提升应急监测能力。

3. 加强基础研究，不断提升水情服务能力

2012 年太湖局水文局成立以来，水情服务能力有了质的提升，如作业预报时间不断延长，太湖水位预报由原来梅雨期和特定水位条件下开展作业预报延长至整个汛期的日常化预报；预报范围不断扩大，由原来太湖水位扩大至重要站点水位、入湖流量预报；预报领域不断拓宽，由原来的水位预报拓展至突发水污染的预测预报；预报精度稳步提高；预报产品更加丰富，原来只有日预报，目前全年开展周预报、月预报、季预报、关键节点预报、重要降水过程预报、锑浓度异常事件预测等；服务对象越来越广泛，原来仅向太湖防总提供服务，2016 年大水期间还向流域内省市、地市提供服务，并得到了相关省市领导的高度肯定。将独立的太湖流域降水数值预报模型、风暴潮预报模型与太湖洪水预报模型进行了边界条件的耦合，解决了洪水作业预报过程中需要将降水数值预报成果和风暴潮预报成果人工输入到洪水预报模型中的繁琐和耗时长问题，使预报效率提高 6 倍以上。但与新形势新情况下防汛防台决策需求相比，仍存在较大差距。2000 年以来，太湖流域下垫面发生了显著变化，一是城镇化快速发展导致流域内水田面积呈明显减少、建设用地面积呈快速增加的趋势，1999 年年底太湖流域城市化率为 49%，2015 年流域城市化率已达 78%，使得相同的降水其产水量呈现增加的态势；二是农业产业结构发生了很大调整，过去以水稻为主，现在多为经济作物，以大棚为主，使得产流能力大大提高，从而增加产水量；三是圩区面积扩大，排涝动力增加，2000—2015 年，全流域圩区面积增加约 1900 km^2，总排涝动力增加超过 1.28 万 m^3/s，保护了一大片圩内保护区的同时，也增加了圩外区域的防洪风险。在以上三个因素的共同影响下，导致了同样的降水，产水量增加，汇流速度加快，洪峰更加尖锐，水位明显抬高，最高水位出现了趋势性上升，洪水防御难度增加。如大运河无锡（大）站水位，2000 年之前每 4 年出现一次 4.00m 以上的水位，2000—2007 年基本每 2 年出现一次 4.00m 以上的水位，2007 年以后几乎年年出现超 4.00m 的水位，2015—2017 年，连续 3 年刷新历史纪录；再如大运河常州（三）站水位，

2015 年、2016 年，同样的降水条件下，水位的涨幅是 1999 年的 3～7 倍，2017 年"6·10"暴雨，12h 降水量为 205mm，水位上涨了 1.96m，24h 上涨了 2.03m，刷新了历史纪录。

　　为此，下一步太湖流域各水文部门应结合流域下垫面复杂情况，加强水文特性变化规律、产汇流机制特别是城市产汇流机制、流域纳雨能力等研究，探索重点区域洪涝风险快速评估，进一步完善预报模型，不断延长预见期，扩大预报范围，拓宽预报领域，提高预报精度，丰富预报产品，扩大服务对象，特别要从为行业服务逐步扩大至为社会公众服务，全力提高决策支撑水平和水情服务能力。

附 录

附录1 主 要 名 词

1. 特征水位

警戒水位：可能造成防洪工程或防护区出现险情的河流和其他水体的水位。

保证水位：能保证防洪工程或防护区安全运行的最高洪水位。

附表1.1　　　　　　　　　　太湖流域重要站点特征水位表

序号	站名	站别	警戒水位/m	保证水位/m	水位基面
1	太湖	水位	3.80	4.65①	镇江吴淞
2	王母观	水位	4.60	5.60	镇江吴淞
3	坊前	水位	4.00②	4.50②	镇江吴淞
4	溧阳（二）	水位	4.50	—	镇江吴淞
5	常州（三）	水位	4.30	4.80	镇江吴淞
6	宜兴（西）	水位	4.20	5.20	镇江吴淞
7	青阳	水位	4.00	4.85	镇江吴淞
8	陈墅	水位	3.90	4.50	镇江吴淞
9	无锡（二）	水位	3.90	4.53	镇江吴淞
10	琳桥	水位	3.80	4.20	镇江吴淞
11	湘城	水位	3.70	4.00	镇江吴淞
12	苏州（枫桥）	水文	3.80	4.20	镇江吴淞
13	陈墓	水位	3.60	4.00	镇江吴淞
14	平望	水文	3.70	4.00	镇江吴淞
15	嘉兴	水位	3.30	3.70	镇江吴淞
16	王江泾	水位	3.10③	3.40③	镇江吴淞
17	乌镇	水位	3.40	3.80	镇江吴淞
18	新市	水位	3.70	4.30	镇江吴淞
19	杭长桥	水文	4.50	5.00	镇江吴淞
20	港口	水文	5.60	6.60	镇江吴淞
21	瓶窑	水文	7.50	8.50	镇江吴淞
22	大浦口	水位	3.85	4.66	镇江吴淞
23	西山	水位	3.80	4.66	镇江吴淞
24	望亭（太）	水位	3.80	4.66	镇江吴淞
25	夹浦	水位	3.70	4.30	镇江吴淞

序号	站名	站别	警戒水位/m	保证水位/m	水位基面
26	小梅口	水位	3.70	4.30	镇江吴淞
27	望亭（立交）上游/下游	水文	3.80/3.80	4.66/4.20	镇江吴淞
28	太浦闸上游/下游	水文	3.80/3.70	4.66/4.00	镇江吴淞
29	镇江（二）	潮位	7.00	—	镇江吴淞
30	米市渡	潮位	3.80	4.30	佘山吴淞
31	黄浦公园	潮位	4.55	5.86	佘山吴淞
32	吴淞	潮位	4.80	6.27	佘山吴淞
33	芦潮港	潮位	4.60	5.40	佘山吴淞
34	青浦南门	水位	3.20	3.50	佘山吴淞
35	嘉定南门	水位	3.20	3.87	佘山吴淞

① 国家防总仅对太湖警戒水位进行了批复，未对保证水位进行批复，4.65m 为太湖设计洪水位。

② 2016 年坊前站警戒水位、保证水位分别为 4.00m、4.50m，2017 年警戒水位、保证水位分别调整为 4.10m、4.60m。

③ 2016 年王江泾站警戒水位、保证水位分别为 3.10m、3.40m，2017 年警戒水位、保证水位分别调整为 3.20m、3.50m。

2. 洪水

（1）一般规定。

1）小洪水：洪水要素重现期小于 5 年一遇的洪水。

2）中洪水：洪水要素重现期大于或等于 5 年，小于 20 年一遇的洪水。

3）大洪水：洪水要素重现期大于或等于 20 年，小于 50 年一遇的洪水。

4）特大洪水：洪水要素重现期大于或等于 50 年一遇的洪水。

（2）太湖流域。

流域性洪水：由覆盖全流域、历时长、总量大的降水形成的，且太湖及地区河网水位普遍超警戒水位的洪水。

流域性大洪水：太湖水位达到 4.50m，或流域平均最大 30d 降水量达到 20 年一遇（450mm）。

流域性特大洪水：太湖水位达到 4.80m，或流域平均最大 30d 降水量达到 50 年一遇（515mm）。

3. 干旱

（1）轻度干旱：降水较常年略偏少，区域因旱出现饮水困难人口占所在地区人口比例达 5%～10%，或城镇出现缺水现象，城市干旱缺水率达 5%～10%，居民生活、生产用水受到一定程度影响。

（2）中度干旱：降水较常年显著偏少，因旱出现饮水困难人口占所在地区人口比例达 10%～15%，或城镇出现缺水现象，城市干旱缺水率达 10%～20%，居民生活、生产用水受到较大影响。

（3）严重干旱：降水较常年异常偏少，因旱出现饮水困难人口占所在地区人口比例达 15%～20%，或城镇出现缺水现象，城市干旱缺水率达 20%～30%，居民生活、生产用水受到严重影响。

（4）特大干旱：降水较常年异常偏少，因旱出现饮水困难人口占所在地区人口比例超过20%，或城镇出现缺水现象，城市干旱缺水率超过30%，出现极为严重的缺水局面或发生供水危机，居民生活、生产用水受到极大影响。

4. 台风

附表 1.2　　　　　　　　　　　台 风 风 力 等 级 表

台风等级	风力/级	底层中心平均最大风速	
		km/h	m/s
超强台风	≥17	≥202	≥56.1
	16	184~201	51.0~56.0
强台风	15	167~183	46.2~50.9
	14	150~166	41.5~46.1
台风	13	134~149	37.0~41.4
	12	118~133	32.7~36.9
强热带风暴	11	103~117	28.5~32.6
	10	89~102	24.5~28.4
热带风暴	9	75~88	20.8~24.4
	8	62~74	17.2~20.7
热带低压	7	50~61	13.9~17.1
	6	39~49	10.8~13.8

5. 降雨等级

雨量等级分为小雨、中雨、大雨、暴雨、大暴雨、特大暴雨六级，通常按其日降水量（当日8时至次日8时）划分。

附表 1.3　　　　　　　　　　　雨 量 等 级 划 分 表

雨量等级	24h降水量/mm	雨量等级	24h降水量/mm
小雨	<10	暴雨	50~100
中雨	10~25	大暴雨	100~250
大雨	25~50	特大暴雨	>250

附录 2 2016 年汛期太浦闸运行情况表

附表 2.1

日期 (月-日)	水位/m				闸门启闭情况	计 划			实 测		
	太湖	平望	太浦闸(上)	太浦闸(下)		流量 /(m³/s)	泄量 /万 m³	累计净泄量/万 m³	流量 /(m³/s)	泄量 /万 m³	累计净泄量/万 m³
05-01	3.51	3.31	3.46	3.44	10 孔，4m	500	4320	4320	271	2341	2341
05-02	3.50	3.29	3.45	3.42	10 孔，4m	500	4320	8640	277	2393	4734
05-03	3.45	3.42	3.67	3.62	10 孔，3.5~4m	500	4320	12960	402	3473	8207
05-04	3.47	3.37	3.46	3.46	10 孔，4m	500	4320	17280	209	1806	10013
05-05	3.46	3.33	3.43	3.41	10 孔，4m	500	4320	21600	221	1909	11922
05-06	3.46	3.38	3.47	3.46	10 孔，4m	500	4320	25920	234	2022	13944
05-07	3.45	3.39	3.40	3.40	10 孔，0~4m	500	4320	30240	97	838	14782
05-08	3.45	3.42	3.42	3.42	10 孔，0~4m	500	4320	34560	90	777	15559
05-09	3.45	3.45	3.47	3.46	10 孔，4m	500	4320	38880	174	1503	17062
05-10	3.49	3.53	3.62	3.60	10 孔，0~4m	500	4320	43200	142	1227	18289
05-11	3.49	3.52	3.53	3.53	10 孔，0~4m	500	4320	47520	78	672	18961
05-12	3.50	3.41	3.43	3.43	10 孔，3.8m	500	4320	51840	134	1158	20119
05-13	3.50	3.40	3.52	3.50	10 孔，3.8m	500	4320	56160	241	2082	22201
05-14	3.49	3.32	3.41	3.40	10 孔，3.8m	500	4320	60480	180	1555	23756
05-15	3.48	3.30	3.49	3.46	10 孔，3.8m	500	4320	64800	368	3180	26936
05-16	3.45	3.35	3.53	3.50	10 孔，3.8m	500	4320	69120	268	2316	29252
05-17	3.45	3.27	3.40	3.38	10 孔，3.8m	500	4320	73440	207	1788	31040
05-18	3.43	3.22	3.33	3.30	10 孔，3.8m	500	4320	77760	200	1728	32768
05-19	3.42	3.24	3.38	3.34	10 孔，3.8m	500	4320	82080	208	1797	34565
05-20	3.41	3.23	3.31	3.30	10 孔，3.8m	500	4320	86400	155	1339	35904
05-21	3.47	3.38	3.46	3.45	10 孔，3.8m	500	4320	90720	186	1607	37511
05-22	3.48	3.50	3.60	3.58	10 孔，3.8m	500	4320	95040	211	1823	39334
05-23	3.48	3.49	3.51	3.50	10 孔，3.8m	500	4320	99360	163	1408	40742
05-24	3.48	3.48	3.51	3.50	10 孔，3.8m	500	4320	103680	196	1693	42435
05-25	3.48	3.45	3.47	3.46	10 孔，3.8m	500	4320	108000	172	1486	43921
05-26	3.48	3.42	3.48	3.46	10 孔，3.8m	500	4320	112320	215	1858	45779
05-27	3.48	3.43	3.47	3.46	10 孔，3.8m	500	4320	116640	175	1512	47291
05-28	3.50	3.38	3.47	3.45	10 孔，3.8m	500	4320	120960	198	1711	49002
05-29	3.53	3.48	3.63	3.60	10 孔，3.8m	500	4320	125280	192	1659	50661
05-30	3.56	3.50	3.60	3.58	10 孔，3.8m	500	4320	129600	129	1115	51776

日期 (月-日)	水位/m				闸门启闭情况	计　划			实　测		
	太湖	平望	太浦 闸(上)	太浦 闸(下)		流量 /(m³/s)	泄量 /万 m³	累计净泄 量/万 m³	流量 /(m³/s)	泄量 /万 m³	累计净泄 量/万 m³
05-31	3.58	3.45	3.56	3.54	10孔，3.8m	500	4320	133920	211	1823	53599
06-01	3.67	3.52	3.66	3.63	10孔，0~3.8m	500	4320	138240	138	1192	54791
06-02	3.73	3.67	3.73	3.72	10孔，0~3.8m	500	4320	142560	97	837	55628
06-03	3.80	3.62	3.65	3.65	10孔，0~4m	500	4320	146880	87	750	56378
06-04	3.80	3.75	3.90	3.87	10孔，4m	500	4320	151200	328	2834	59212
06-05	3.81	3.71	3.82	3.80	10孔，4m	500	4320	155520	280	2419	61631
06-06	3.82	3.67	3.77	3.75	10孔，4m	500	4320	159840	289	2497	64128
06-07	3.81	3.68	3.81	3.78	10孔，4m	500	4320	164160	341	2946	67074
06-08	3.80	3.66	3.79	3.75	10孔，4m	500	4320	168480	339	2929	70003
06-09	3.81	3.65	3.80	3.76	10孔，4m	500	4320	172800	312	2696	72699
06-10	3.78	3.59	3.73	3.69	10孔，4m	500	4320	177120	291	2514	75213
06-11	3.76	3.52	3.73	3.69	10孔，4m	500	4320	181440	344	2972	78185
06-12	3.81	3.56	3.70	3.67	10孔，0~4m	500	4320	185760	208	1797	79982
06-13	3.86	3.80	3.92	3.83	10孔，0~4m	500	4320	190080	99	854	80836
06-14	3.87	3.72	3.87	3.83	10孔，4m	500	4320	194400	229	1979	82815
06-15	3.87	3.66	3.87	3.82	10孔，4m	500	4320	198720	346	2989	85804
06-16	3.85	3.70	3.92	3.87	10孔，4m	500	4320	203040	344	2972	88776
06-17	3.84	3.65	3.85	3.80	10孔，4m	500	4320	207360	291	2514	91290
06-18	3.81	3.58	3.79	3.74	10孔，4m	500	4320	211680	327	2825	94115
06-19	3.77	3.57	3.77	3.72	10孔，4m	500	4320	216000	333	2877	96992
06-20	3.77	3.66	3.82	3.78	10孔，0~4m	500	4320	220320	208	1797	98789
06-21	3.86	3.89	3.86	3.92	10孔，0~4.1m	500	4320	224640	61	530	99319
06-22	3.88	3.85	3.94	3.92	10孔，4.1m	500	4320	228960	227	1961	101280
06-23	4.02	3.90	3.99	3.95	10孔，4.1m	500	4320	233280	263	2272	103552
06-24	4.02	3.86	4.03	3.98	10孔，4.1m	500	4320	237600	377	3257	106809
06-25	4.04	3.87	4.02	3.98	10孔，4.1m	500	4320	241920	314	2713	109522
06-26	4.07	3.89	4.02	3.99	10孔，4.1m	500	4320	246240	267	2307	111829
06-27	4.09	3.85	4.05	4.01	10孔，4.1m	500	4320	250560	344	2972	114801
06-28	4.18	3.87	4.14	4.08	10孔，4.1~4.5m	500	4320	254880	419	3620	118421
06-29	4.31	3.91	4.22	4.15	10孔，4.5m	500	4320	259200	492	4251	122672
06-30	4.34	3.87	4.26	4.18	10孔，4.5m	500~931	6182	265382	589	5089	127761
07-01	4.35	3.83	4.28	4.18	10孔，4.5m	931	8044	273426	637	5504	133265
07-02	4.45	3.85	4.32	4.21	10孔，4.5m	931	8044	281470	687	5936	139201
07-03	4.61	4.01	4.49	4.39	10孔，4.5~5.0m	931	8044	289513	663	5728	144929

日期 （月-日）	水位/m				闸门启闭情况	计　划			实　测		
	太湖	平望	太浦 闸（上）	太浦 闸（下）		流量 /(m³/s)	泄量 /万 m³	累计净泄 量/万 m³	流量 /(m³/s)	泄量 /万 m³	累计净泄 量/万 m³
07-04	4.69	4.08	4.57	4.48	10 孔，5m	931	8044	297557	694	5996	150925
07-05	4.76	4.09	4.62	4.52	10 孔，4.5～5.0m	931	8044	305601	732	6324	157249
07-06	4.80	4.14	4.66	4.56	10 孔，5m	931	8044	313645	741	6402	163651
07-07	4.82	4.17	4.66	4.56	10 孔，5m	931	8044	321689	756	6532	170183
07-08	4.85	4.09	4.69	4.57	10 孔，5m	931	8044	329733	777	6713	176896
07-09	4.86	4.07	4.68	4.56	10 孔，5m	931	8044	337776	772	6670	183566
07-10	4.85	4.01	4.68	4.56	10 孔，5m	931	8044	345820	770	6653	190219
07-11	4.82	4.01	4.67	4.56	10 孔，4～5.0m	931	8044	353864	898	7759	197978
07-12	4.80	3.97	4.69	4.54	9 孔，3.9～4.3m； 套闸 3.9～5m	931	8044	361908	890	7690	205668
07-13	4.76	3.92	4.68	4.50	10 孔，3.7～4.2m	931	8044	369952	887	7664	213332
07-14	4.75	3.89	4.65	4.46	10 孔，3.7m	931	8044	377996	872	7534	220866
07-15	4.74	3.91	4.60	4.47	10 孔，3.4～4.1m	931	8044	386040	871	7525	228391
07-16	4.71	3.90	4.69	4.45	10 孔，3.4～4.1m	931	8044	394083	854	7379	235770
07-17	4.69	3.90	4.57	4.45	10 孔，4.1～4.7m	931	8044	402127	849	7335	243105
07-18	4.66	3.88	4.53	4.42	10 孔，4.7m	931	8044	410171	832	7188	250293
07-19	4.62	3.88	4.49	4.39	10 孔，4.7m	931	8044	418215	788	6808	257101
07-20	4.56	3.87	4.42	4.31	10 孔，4.7m	931	8044	426259	758	6549	263650
07-21	4.50	3.85	4.42	4.29	10 孔，4.7m	931	8044	434303	725	6264	269914
07-22	4.45	3.84	4.36	4.26	10 孔，4.7m	931	8044	442346	710	6134	276048
07-23	4.38	3.79	4.31	4.21	10 孔，4.7m	931	8044	450390	684	5910	281958
07-24	4.33	3.75	4.23	4.13	10 孔，4.7m	931	8044	458434	651	5625	287583
07-25	4.28	3.70	4.17	4.09	10 孔，4.2～4.7m	931	8044	466478	602	5201	292784
07-26	4.21	3.66	4.11	4.04	10 孔，4.2m	931	8044	474522	600	5184	297968
07-27	4.16	3.62	4.10	4.02	10 孔，4.2m	931	8044	482566	597	5158	303126
07-28	4.10	3.59	4.06	3.98	10 孔，4.2m	931	8044	490609	544	4700	307826
07-29	4.05	3.58	4.00	3.93	10 孔，4.2m	931	8044	498653	500	4320	312146
07-30	4.00	3.58	3.92	3.87	10 孔，4.2m	931	8044	506697	427	3689	315835
07-31	3.95	3.56	3.80	3.77	10 孔，4.2m	931	8044	514741	377	3257	319092
08-01	3.90	3.55	3.78	3.70	10 孔，4.2m	931	8044	522785	365	3154	322246
08-02	3.85	3.56	3.77	3.73	10 孔，4.2m	931	8044	530829	368	3180	325426
08-03	3.83	3.61	3.81	3.78	10 孔，4.2m	931	8044	538872	369	3188	328614
08-04	3.80	3.67	3.81	3.78	10 孔，4.2m	931	8044	546916	329	2843	331457
08-05	3.79	3.70	3.80	3.78	10 孔，4.2m	931	8044	554960	312	2696	334153

日期 （月-日）	水位/m				闸门启闭情况	计　划			实　测		
	太湖	平望	太浦 闸（上）	太浦 闸（下）		流量 /(m³/s)	泄量 /万 m³	累计净泄 量/万 m³	流量 /(m³/s)	泄量 /万 m³	累计净泄 量/万 m³
08-06	3.77	3.69	3.78	3.75	10 孔，4.2m	931	8044	563004	271	2341	336494
08-07	3.75	3.62	3.70	3.68	10 孔，4.0～4.2m	931	8044	571048	241	2082	338576
08-08	3.74	3.55	3.67	3.64	10 孔，4m	931	8044	579092	275	2376	340952
08-09	3.71	3.51	3.69	3.65	10 孔，4m	931	8044	587136	285	2462	343414
08-10	3.69	3.50	3.62	3.60	10 孔，4m	931	8044	595179	224	1935	345349
08-11	3.67	3.46	3.60	3.57	9 孔，1.6～4m； 套闸 0～4m	931～150	5232	600412	208	1797	347146
08-12	3.65	3.40	3.60	3.47	9 孔，1.2～1.6m	150	1296	601708	158	1365	348511
08-13	3.63	3.34	3.58	3.41	9 孔，1～1.2m	150	1296	603004	157	1356	349867
08-14	3.60	3.28	3.56	3.35	9 孔，1m	150	1296	604300	154	1331	351198
08-15	3.57	3.26	3.56	3.33	9 孔，0.5～1m	150～100	1192	605492	137	1184	352382
08-16	3.54	3.24	3.56	3.26	9 孔，0.5m	100	864	606356	101	873	353255
08-17	3.52	3.25	3.53	3.25	9 孔，0.5m	100	864	607220	96	831	354086
08-18	3.50	3.28	3.46	3.28	9 孔，0.5～0.7m	100	864	608084	96	826	354912
08-19	3.48	3.29	3.47	3.30	9 孔，0.7m	100	864	608948	100	861	355773
08-20	3.46	3.32	3.48	3.31	9 孔，0.5～0.7m	100	864	609812	104	899	356672
08-21	3.43	3.35	3.51	3.32	9 孔，0.5～0.7m	100	864	610676	105	907	357579
08-22	3.44	3.39	3.46	3.36	9 孔，0.5～1.5m	100	864	611540	101	873	358452
08-23	3.43	3.37	3.46	3.34	9 孔，0.8m	100	864	612404	99	857	359309
08-24	3.41	3.32	3.43	3.31	9 孔，0.8～1m	100	864	613268	99	852	360161
08-25	3.39	3.28	3.43	3.30	9 孔，0.8～1m	100	864	614132	109	942	361103
08-26	3.40	3.26	3.46	3.28	9 孔，0.7～0.8m	100	864	614996	102	881	361984
08-27	3.36	3.27	3.51	3.29	9 孔，0.7m	100	864	615860	108	933	362917
08-28	3.33	3.26	3.56	3.28	9 孔，0.7m	100	864	616724	105	907	363824
08-29	3.32	3.28	3.41	3.28	9 孔，0.7m	100	864	617588	102	881	364705
08-30	3.29	3.26	3.41	3.26	9 孔，0.2～1m	100～150	1028	618616	120	1037	365742
08-31	3.28	3.26	3.31	3.28	9 孔，1～2m	150	1296	619912	143	1236	366978
09-01	3.26	3.24	3.30	3.25	9 孔，1.6～3.3m	150	1296	621208	149	1287	368265
09-02	3.25	3.24	3.30	3.24	9 孔，1.5～3.3m	150	1296	622504	148	1279	369544
09-03	3.24	3.24	3.27	3.25	9 孔，1.5～3.3m	150	1296	623800	138	1192	370736
09-04	3.21	3.25	3.25	3.24	9 孔，1.5～3.5m	150	1296	625096	133	1149	371885
09-05	3.22	3.23	3.24	3.22	9 孔，2.8～3.5m	150	1296	626392	116	1002	372887
09-06	3.21	3.24	3.25	3.23	9 孔，2.0～3.5m	150	1296	627688	148	1279	374166
09-07	3.24	3.24	3.22	3.21	9 孔，0～3.5m	150	1296	628984	66	569	374735

日期 (月-日)	水位/m				闸门启闭情况	计 划			实 测		
	太湖	平望	太浦闸(上)	太浦闸(下)		流量/(m³/s)	泄量/万 m³	累计净泄量/万 m³	流量/(m³/s)	泄量/万 m³	累计净泄量/万 m³
09-08	3.24	3.26	3.28	3.25	9 孔, 0～3.3m	150～80	994	629978	75	651	375386
09-09	3.25	3.21	3.29	3.22	9 孔, 0.8～1.3m	80	691	630669	82	710	376096
09-10	3.25	3.17	3.28	3.20	9 孔, 0.8～3.5m	80	691	631360	83	718	376814
09-11	3.25	3.14	3.26	3.14	10 孔, 0.9m	80	691	632051	81	698	377512
09-12	3.26	3.12	3.30	3.13	9 孔, 0.9～0.6m	80	691	632743	83	714	378226
09-13	3.25	3.13	3.29	3.13	9 孔, 0.15～0.6m	80	691	633434	93	806	379032
09-14	3.25	3.19	3.25	3.20	9 孔, 0～3.3m	80	691	634125	64	551	379583
09-15	3.32	3.30	3.31	3.31	9 孔, 0～3.5m	80～0	562	634687	21	185	379768
09-16	3.50	3.66	3.34	3.66	13:00 关闸	80～0	234	634921	0	0	379768
09-17	3.53	3.82	3.72	3.85	关闸	0	0	634921	0	0	379768
09-18	3.58	3.83	3.73	3.82	关闸	0	0	634921	0	0	379768
09-19	3.61	3.78	3.83	3.76	关闸	0	0	634921	0	0	379768
09-20	3.62	3.70	3.76	3.68	19:00 开闸	0～80	144	635065	16	142	379910
09-21	3.62	3.61	3.67	3.59	9 孔, 0.8～1.1m	80	691	635756	93	806	380716
09-22	3.63	3.51	3.65	3.50	9 孔, 0.9～2.0m	80～200	1210	636966	147	1267	381983
09-23	3.62	3.44	3.60	3.50	9 孔, 2.0m	200	1728	638694	197	1701	383684
09-24	3.60	3.40	3.57	3.47	9 孔, 2.0m	200	1728	640422	208	1797	385481
09-25	3.59	3.36	3.56	3.43	9 孔, 2.0m	200	1728	642150	218	1880	387361
09-26	3.57	3.33	3.54	3.41	9 孔, 0.6～2.0m	200～80	1166	643316	144	1248	388609
09-27	3.55	3.26	3.57	3.28	9 孔, 0.6m	80	691	644007	85	738	389347
09-28	3.56	3.29	3.58	3.31	9 孔, 0.6m	80	691.2	644699	83	714	390061
09-29	3.59	3.41	3.57	3.43	9 孔, 0.2～0.6m	80	691.2	645390	87	748	390809
09-30	3.68	3.55	3.75	3.57	9 孔, 0.6m	80	691.2	646081	90	777	391586

注 表中水位数据均为当时调度采用的 8:00 报汛数据。

附录3　2016年汛期望亭水利枢纽运行情况表

附表3.1

日期 （月-日）	水位/m				闸门启闭情况	计　划			实　测		
	太湖	琳桥	望亭 （立交 上）	望亭 （立交 下）		流量 /(m³/s)	泄量 /万 m³	累计 净泄量 /万 m³	流量 /(m³/s)	泄量 /万 m³	累计 净泄量 /万 m³
05-01	3.51	3.42	3.52	3.49	1～7孔，6.5m	400	3456	3456	195	1685	1685
05-02	3.50	3.42	3.52	3.49	1～7孔，6.5m	400	3456	6912	190	1642	3327
05-03	3.45	3.54	3.76	3.69	1～7孔，0～6.5m	400	3456	10368	231	1996	5323
05-04	3.47	3.46	3.55	3.52	1～7孔，3～5m	400	3456	13824	152	1313	6636
05-05	3.46	3.45	3.50	3.47	1～7孔，5～5.5m	400	3456	17280	140	1210	7846
05-06	3.46	3.46	3.51	3.49	1～7孔，0～6m	400	3456	20736	112	968	8814
05-07	3.45	3.30	3.31	3.31	1～7孔，5m	400	3456	24192	99	859	9673
05-08	3.45	3.38	3.43	3.41	1～7孔，5m	400	3456	27648	161	1391	11064
05-09	3.45	3.38	3.47	3.45	1～7孔，5m； 8～9孔，6.5m	400	3456	31104	175	1512	12576
05-10	3.49	3.37	3.41	3.39	1～7孔，5～5.5m	400	3456	34560	155	1339	13915
05-11	3.49	3.42	3.54	3.50	1～7孔，5.5m	400	3456	38016	199	1719	15634
05-12	3.50	3.43	3.59	3.54	1～7孔，5.5～6.5m	400	3456	41472	192	1659	17293
05-13	3.50	3.37	3.44	3.42	1～7孔，0～6.5m	400	3456	44928	88	757	18050
05-14	3.49	3.38	3.54	3.50	1～7孔，2.5～6.5m	400	3456	48384	199	1719	19769
05-15	3.48	3.38	3.58	3.54	1～7孔，5.5～6m	400	3456	51840	177	1529	21298
05-16	3.45	3.41	3.49	3.47	1～7孔，6m	400	3456	55296	157	1356	22654
05-17	3.45	3.38	3.51	3.50	1～7孔，6m	400	3456	58752	168	1452	24106
05-18	3.43	3.39	3.44	3.43	1～7孔，6m	400	3456	62208	132	1140	25246
05-19	3.42	3.37	3.42	3.42	1～7孔，6m	400	3456	65664	144	1244	26490
05-20	3.41	3.33	3.40	3.41	1～4孔，2～6m； 5～7孔，3～6m	400	3456	69120	87	751	27241
05-21	3.47	3.37	3.43	3.40	1～7孔，0～4m	400	3456	72576	45	387	27628
05-22	3.48	3.51	3.47	3.52	1～7孔，0～5m	400	3456	76032	60	518	28146
05-23	3.48	3.46	3.53	3.53	1～7孔，0～5.5m	400	3456	79488	151	1305	29451
05-24	3.48	3.46	3.54	3.49	1～7孔，5.5m	400	3456	82944	181	1564	31015
05-25	3.48	3.44	3.48	3.48	1～7孔，5.5m	400	3456	86400	176	1521	32536
05-26	3.48	3.43	3.50	3.47	1～7孔，5.5m	400	3456	89856	158	1365	33901
05-27	3.48	3.38	3.43	3.41	1～7孔，0～5.5m	400	3456	93312	118	1020	34921

日期 （月-日）	水位/m				闸门启闭情况	计　划			实　测		
	太湖	琳桥	望亭 （立交 上）	望亭 （立交 下）		流量 /(m³/s)	泄量 /万 m³	累计 净泄量 /万 m³	流量 /(m³/s)	泄量 /万 m³	累计 净泄量 /万 m³
05-28	3.50	3.42	3.52	3.49	1～7孔，5m	400	3456	96768	164	1417	36338
05-29	3.53	3.47	3.51	3.50	1～7孔，5m	400	3456	100224	117	1011	37349
05-30	3.56	3.47	3.54	3.53	1～7孔，5m	400	3456	103680	172	1486	38835
05-31	3.58	3.49	3.63	3.61	1～7孔，5～6m	400	3456	107136	175	1512	40347
06-01	3.67	3.47	3.62	3.49	1～7孔，0～6m	400	3456	110592	51	439	40786
06-02	3.73	3.58	3.68	3.67	1～7孔，4～6m	400	3456	114048	184	1590	42376
06-03	3.80	3.63	3.74	3.70	1～7孔，6～6.5m	400	3456	117504	200	1728	44104
06-04	3.80	3.72	3.86	3.83	1～7孔，6.5m	400	3456	120960	232	2004	46108
06-05	3.81	3.68	3.79	3.77	1～7孔，6.5m	400	3456	124416	251	2169	48277
06-06	3.82	3.66	3.83	3.79	9孔，5～6.5m	400	3456	127872	254	2195	50472
06-07	3.81	3.68	3.81	3.79	9孔，6～6.5m	400	3456	131328	255	2203	52675
06-08	3.80	3.65	3.80	3.78	9孔，6.5m	400	3456	134784	259	2238	54913
06-09	3.81	3.63	3.77	3.75	9孔，6.5m	400	3456	138240	257	2220	57133
06-10	3.78	3.62	3.76	3.72	9孔，6.5m	400	3456	141696	258	2229	59362
06-11	3.76	3.62	3.77	3.74	9孔，6.5m	400	3456	145152	238	2056	61418
06-12	3.81	3.67	3.74	3.72	9孔，0～6.5m	400	3456	148608	52	448	61866
06-13	3.86	3.73	3.87	3.83	9孔，3～6m	400	3456	152064	190	1642	63508
06-14	3.87	3.71	3.88	3.84	9孔，6～6.5m	400	3456	155520	261	2255	65763
06-15	3.87	3.69	3.88	3.84	9孔，6.5m	400	3456	158976	294	2540	68303
06-16	3.85	3.69	3.88	3.84	9孔，6.5m	400	3456	162432	283	2445	70748
06-17	3.84	3.69	3.86	3.82	9孔，6.5m	400	3456	165888	276	2385	73133
06-18	3.81	3.65	3.82	3.78	9孔，6.5m	400	3456	169344	301	2601	75734
06-19	3.77	3.63	3.82	3.76	9孔，6.5m	400	3456	172800	310	2678	78412
06-20	3.77	3.66	3.80	3.77	9孔，6.5m	400	3456	176256	296	2557	80969
06-21	3.86	3.67	3.88	3.83	9孔，6.5m	400	3456	179712	311	2687	83656
06-22	3.88	3.73	3.87	3.84	9孔，0～6.5m	400	3456	183168	128	1106	84762
06-23	4.02	3.94	4.11	4.04	9孔，0～6.5m	400	3456	186624	227	1961	86723
06-24	4.02	3.90	4.02	3.99	9孔，6.5m	400	3456	190080	226	1953	88676
06-25	4.04	3.87	4.03	3.99	9孔，6.5m	400	3456	193536	280	2419	91095
06-26	4.07	3.89	4.07	4.02	9孔，6.5m	400	3456	196992	307	2652	93747
06-27	4.09	3.89	4.11	4.05	9孔，6.5m	400	3456	200448	296	2557	96304

日期 (月-日)	水位/m				闸门启闭情况	计　　划			实　　测		
	太湖	琳桥	望亭 (立交上)	望亭 (立交下)		流量 /(m³/s)	泄量 /万 m³	累计 净泄量 /万 m³	流量 /(m³/s)	泄量 /万 m³	累计 净泄量 /万 m³
06-28	4.18	4.07	4.17	4.16	9孔，0～6.5m	400	3456	203904	150	1296	97600
06-29	4.31	4.23	4.33	4.30	9孔，0～6.5m	400	3456	207360	162	1400	99000
06-30	4.34	4.18	4.32	4.29	9孔，6.5m	400	3456	210816	311	2687	101687
07-01	4.35	4.14	4.34	4.29	9孔，6.5m	400	3456	214272	352	3041	104728
07-02	4.45	4.45	4.51	4.50	9孔，0～6.5m	400	3456	217728	90	779	105507
07-03	4.61	4.68	4.64	4.77	9孔，0～2m	400	3456	221184	10	90	105597
07-04	4.69	4.61	4.70	4.65	9孔，0～6.5m	400	3456	224640	196	1693	107290
07-05	4.76	4.59	4.71	4.69	9孔，6.5m	400	3456	228096	323	2791	110081
07-06	4.80	4.56	4.79	4.74	9孔，6.5m	400	3456	231552	389	3361	113442
07-07	4.82	4.56	4.80	4.74	9孔，6.5m	400	3456	235008	407	3516	116958
07-08	4.85	4.55	4.80	4.74	9孔，6.5m	400	3456	238464	408	3525	120483
07-09	4.86	4.50	4.78	4.70	9孔，6.5m	400	3456	241920	434	3750	124233
07-10	4.85	4.49	4.75	4.68	9孔，6.5m	400	3456	245376	434	3750	127983
07-11	4.82	4.49	4.77	4.71	9孔，6.5m	400	3456	248832	452	3905	131888
07-12	4.80	4.52	4.78	4.72	9孔，6.5m	400	3456	252288	423	3655	135543
07-13	4.76	4.46	4.70	4.65	9孔，6.5m	400	3456	255744	446	3853	139396
07-14	4.75	4.45	4.74	4.65	9孔，6.5m	400	3456	259200	412	3560	142956
07-15	4.74	4.50	4.74	4.69	9孔，6.5m	400	3456	262656	400	3456	146412
07-16	4.71	4.47	4.67	4.62	9孔，6.5m	400	3456	266112	401	3465	149877
07-17	4.69	4.42	4.69	4.62	9孔，6.5m	400	3456	269568	407	3516	153393
07-18	4.66	4.37	4.61	4.56	9孔，6.5m	400	3456	273024	405	3499	156892
07-19	4.62	4.31	4.60	4.53	9孔，6.5m	400	3456	276480	419	3620	160512
07-20	4.56	4.27	4.58	4.50	9孔，6.5m	400	3456	279936	412	3560	164072
07-21	4.50	4.21	4.51	4.43	9孔，6.5m	400	3456	283392	404	3491	167563
07-22	4.45	4.18	4.44	4.39	9孔，6.5m	400	3456	286848	397	3430	170993
07-23	4.38	4.12	4.38	4.31	9孔，6.5m	400	3456	290304	380	3283	174276
07-24	4.33	4.09	4.32	4.27	9孔，6.5m	400	3456	293760	353	3050	177326
07-25	4.28	4.04	4.25	4.20	9孔，6.5m	400	3456	297216	335	2894	180220
07-26	4.21	4.01	4.21	4.16	9孔，6.5m	400	3456	300672	338	2920	183140
07-27	4.16	3.97	4.18	4.13	9孔，6.5m	400	3456	304128	327	2825	185965
07-28	4.10	3.92	4.08	4.04	9孔，6.5m	400	3456	307584	309	2670	188635

日期 （月-日）	水位/m				闸门启闭情况	计 划			实 测		
	太湖	琳桥	望亭 （立交 上）	望亭 （立交 下）		流量 /(m³/s)	泄量 /万 m³	累计 净泄量 /万 m³	流量 /(m³/s)	泄量 /万 m³	累计 净泄量 /万 m³
07－29	4.05	3.90	4.06	4.03	9孔，6.5m	400	3456	311040	268	2316	190951
07－30	4.00	3.84	3.98	3.95	9孔，6.5m	400	3456	314496	260	2246	193197
07－31	3.95	3.83	3.97	3.93	9孔，6.5m	400	3456	317952	253	2186	195383
08－01	3.90	3.81	3.92	3.88	9孔，6.5m	400	3456	321408	240	2074	197457
08－02	3.85	3.79	3.88	3.86	9孔，6.5m	400	3456	324864	222	1918	199375
08－03	3.83	3.77	3.84	3.83	9孔，6.5m	400	3456	328320	209	1806	201181
08－04	3.80	3.76	3.86	3.84	9孔，6.5m	400	3456	331776	171	1477	202658
08－05	3.79	3.80	3.84	3.83	9孔，6.5m	400	3456	335232	154	1331	203989
08－06	3.77	3.75	3.76	3.74	1～7孔，6.5m	400	3456	338688	190	1642	205631
08－07	3.75	3.73	3.80	3.78	1～7孔，6.5m	400	3456	342144	187	1616	207247
08－08	3.74	3.71	3.76	3.75	1～7孔，6.5m	400	3456	345600	175	1512	208759
08－09	3.71	3.66	3.68	3.67	1～7孔，1～6.5m	400	3456	349056	130	1123	209882
08－10	3.69	3.59	3.67	3.63	1～7孔，2～4m	400	3456	352512	158	1365	211247
08－11	3.67	3.60	3.67	3.66	1～7孔，1.5～4m	400～100	2376	354888	142	1227	212474
08－12	3.65	3.62	3.66	3.62	1～7孔，1.4～2.2m	100	864	355752	106	916	213390
08－13	3.63	3.45	3.66	3.46	1～7孔，1～1.4m	100	864	356616	117	1011	214401
08－14	3.60	3.41	3.65	3.43	1～7孔，0.9～1.4m	100	864	357480	109	942	215343
08－15	3.57	3.43	3.60	3.49	1～7孔，0～1.4m	100～0	648	358128	83	721	216064
08－16	3.54	3.50	3.54	3.52	关闸	0	0	358128	0	0	216064
08－17	3.52	3.54	3.50	3.55	关闸	0	0	358128	0	0	216064
08－18	3.50	3.55	3.57	3.55	关闸	0	0	358128	0	0	216064
08－19	3.48	3.57	3.54	3.56	关闸	0	0	358128	0	0	216064
08－20	3.46	3.60	3.49	3.60	关闸	0	0	358128	0	0	216064
08－21	3.43	3.63	3.46	3.63	关闸	0	0	358128	0	0	216064
08－22	3.44	3.69	3.47	3.68	关闸	0	0	358128	0	0	216064
08－23	3.43	3.66	3.46	3.66	关闸	0	0	358128	0	0	216064
08－24	3.41	3.63	3.46	3.63	关闸	0	0	358128	0	0	216064
08－25	3.39	3.61	3.42	3.60	关闸	0	0	358128	0	0	216064
08－26	3.40	3.60	3.35	3.60	关闸	0	0	358128	0	0	216064
08－27	3.36	3.57	3.34	3.56	关闸	0	0	358128	0	0	216064
08－28	3.33	3.51	3.33	3.50	关闸	0	0	358128	0	0	216064
08－29	3.32	3.49	3.34	3.48	关闸	0	0	358128	0	0	216064
08－30	3.29	3.49	3.33	3.48	关闸	0	0	358128	0	0	216064
08－31	3.28	3.60	3.36	3.61	关闸	0	0	358128	0	0	216064

日期 （月-日）	水位/m				闸门启闭情况	计　划			实　测		
	太湖	琳桥	望亭 （立交 上）	望亭 （立交 下）		流量 /(m³/s)	泄量 /万 m³	累计 净泄量 /万 m³	流量 /(m³/s)	泄量 /万 m³	累计 净泄量 /万 m³
09-01	3.26	3.63	3.32	3.63	关闸	0	0	358128	0	0	216064
09-02	3.25	3.69	3.34	3.70	关闸	0	0	358128	0	0	216064
09-03	3.24	3.75	3.26	3.75	关闸	0	0	358128	0	0	216064
09-04	3.21	3.81	3.26	3.81	关闸	0	0	358128	0	0	216064
09-05	3.22	3.87	3.27	3.88	1～7孔，0～0.6m	0～-80	-201	357927	-8	-66	215998
09-06	3.21	3.83	3.24	3.82	1～7孔，0～1.2m	-80	-691	357235	-35	-302	215696
09-07	3.24	3.79	3.18	3.71	1～7孔，0～1.2m	-80	-691	356544	-59	-510	215186
09-08	3.24	3.75	3.27	3.73	1～7孔，0.9～1.4m	-80	-691	355853	-84	-730	214456
09-09	3.25	3.68	3.30	3.66	1～7孔，1.4m	-80	-691	355162	-88	-762	213694
09-10	3.25	3.61	3.29	3.56	1～7孔，1.3～2m	-80～ -100	-778	354384	-101	-873	212821
09-11	3.25	3.57	3.36	3.55	1～7孔，1.6m	-100	-864	353520	-92	-791	212030
09-12	3.26	3.51	3.27	3.51	1～7孔，0～2m	-100～0	0	353520	-62	-534	211496
09-13	3.25	3.49	3.26	3.51	关闸	0	0	353520	0	0	211496
09-14	3.25	3.50	3.18	3.54	关闸	0	0	353520	0	0	211496
09-15	3.32	3.59	3.24	3.59	关闸	0	0	353520	0	0	211496
09-16	3.50	3.77	3.36	3.77	关闸	0	0	353520	0	0	211496
09-17	3.53	3.90	3.53	3.90	关闸	0	0	353520	0	0	211496
09-18	3.58	3.65	3.54	3.65	关闸	0	0	353520	0	0	211496
09-19	3.61	3.51	3.56	3.51	关闸	0	0	353520	0	0	211496
09-20	3.62	3.57	3.61	3.57	关闸	0	0	353520	0	0	211496
09-21	3.62	3.65	3.65	3.66	关闸	0	0	353520	0	0	211496
09-22	3.63	3.68	3.66	3.70	关闸	0	0	353520	0	0	211496
09-23	3.62	3.63	3.63	3.65	关闸	0	0	353520	0	0	211496
09-24	3.60	3.63	3.65	3.64	关闸	0	0	353520	0	0	211496
09-25	3.59	3.60	3.61	3.61	关闸	0	0	353520	0	0	211496
09-26	3.57	3.57	3.58	3.59	关闸	0	0	353520	0	0	211496
09-27	3.55	3.59	3.55	3.60	关闸	0	0	353520	0	0	211496
09-28	3.56	3.63	3.33	3.62	关闸	0	0	353520	0	0	211496
09-29	3.59	3.62	3.29	3.62	关闸	0	0	353520	0	0	211496
09-30	3.68	3.91	3.71	3.88	关闸	0	0	353520	0	0	211496

注　表中水位数据均为当时调度采用的 8:00 报汛数据。

附录4 典 型 洪 水

1. 1931年大洪水

1931年洪灾是由梅雨叠加台风雨形成的，当年梅雨期较长，又遭遇7月3—8日及21—25日两次台风，每次降水量均约200.0mm。各水利分区中，湖西区、浙西区、太湖区、武澄锡虞区、阳澄淀泖区5区最大30d降水量均接近或超过500.0mm，最大90d降水量均超过820.0mm，30d以湖西区最大，浙西区略小，90d以浙西区最大，湖西区次之。全流域最大30d降水量为487.0mm，高于后来的大水年1954年，而最大90d降水量为834.0mm，略低于1954年。该年大雨集中于7月，单站月总降水量超600.0mm的有吴兴、安吉梅溪、百渎口3站，500～600mm的有湖州、孝丰、长兴、金坛、丹阳、镇江、武进、江阴、洞庭西山、青浦、吴淞等11站。

流域内绝大部分地区水位创历史新高，太湖平均水位最高达4.46m，当年长江沿岸苏南各河口无闸，长江高水位时江水长驱直入，江水入运河，提高了运河水位，望亭水位达4.35m，上游湖西区、浙西区大量山水入太湖，宜兴和吴兴共9处口门实测入湖流量合计达1381m³/s，尚非全部。出湖主要口门瓜泾口、沙墩口等6处实测出湖流量合计达450m³/s，下游吴江水位也达4.00m。由于降水主要分布在长江中下游及江淮之间，长江水位大涨，太湖水位抬高1.30m，江湖水位齐涨，流域排水困难，灾情严重。

2. 1954年大洪水

1954年洪水为梅雨型洪水，降水历时长，总量大，但强度不大，暴雨中心位于南部的浙西区和杭嘉湖区。4月流域平均降水量为117.0mm。汛期5—9月降水连绵不断，太湖流域6月1日入梅，8月2日出梅，梅雨期长达62d，至今仍是中华人民共和国成立以来梅雨期的最长纪录。流域最大90d降水量为890.5mm，重现期约43年；各月降水分布均匀，流域及各分区30d以内时段降水量均较小，重现期普遍不超过10年。汛期太湖最高水位达到了4.65m，比历史纪录（1931年）高0.19m，全流域地面高程在4.00m以下的地区大都受淹。1954年梅雨期流域河湖水位并涨，高水持久不退，加之中华人民共和国成立初期水利设施薄弱，流域防洪除涝能力弱，形成了全流域的严重水灾。

1954年太湖洪水是缓涨缓落型，这主要是由于流域降水总量较大，短期降水强度不大所造成。

1954年5—7月流域平均降水量为891.2mm，为多年平均的1.89倍，约相当于50年一遇，洪水总量为203.2亿m³（不含浦东浦西区）。浙西区、湖西区、杭嘉湖区入湖总水量为63.9亿m³，同期太湖出湖总水量为43.3亿m³，占入湖水量的68%。长江倒灌湖西区水量为3.2亿m³，下游阳澄区排入长江水量为12.7亿m³。浙西区入东部平原水量为18.2亿m³，杭嘉湖区入黄浦江水量为46.4亿m³。5—7月黄浦江净泄水量为80.5亿m³，吴淞江出流量为7.3亿m³。也就是在203.2亿m³洪水总量中有97.3亿m³排出流域外，占洪水总量的48%，剩余105.9亿m³洪水留在流域河网、湖泊中，占洪水总量的52%。1954年流域洪水运动总趋势为上游洪涝水汇入太湖，湖西地区为长江水倒灌，大部分水由阳澄区诸河和黄浦江、吴淞江排出，洪水由西向东运动。

3. 1991 年大洪水

1991 年洪水为梅雨型洪水，入梅早，梅雨期长，降水量集中，强度大，暴雨中心主要位于北部的湖西区和武澄锡虞区，降水量集中在 6 月中下旬及 7 月上旬。太湖流域 5 月 19 日入梅至 7 月 13 日出梅，梅雨期达 55d。全流域最大 30d、60d 降水量较大，最大 30d 降水量为 489.1mm，重现期约 35 年。太湖最高水位达到 4.79m，比历史最高水位（1954 年）高 0.14m。

1991 年洪水特点是分布不均、雨强大。梅雨期间集中降水有 3 次：5 月 19—26 日，6 月 2—20 日，6 月 29 日至 7 月 13 日，造成太湖流域洪涝灾害的是第二、第三次降水。6 月 11 日在太湖流域北部和南部各有一片雨区，12 日除浙江大部分和太仓、昆山、嘉定局部地区外，出现了大面积降水，以金坛的王母观、溧阳的横山水库和望虞闸为 3 个大暴雨中心，13 日流域南北部降暴雨，中心在北部的丹阳至小河闸一带，中部降大雨，14 日雨势减弱。6 月 29 日至 7 月 13 日降水先从西北部开始，过程降水西北部大，东南部小，最大暴雨中心在金坛和青阳。流域最大 30d 以上各时段暴雨均在当年排在历史第一位，湖西地区各时段降水均为 1954 年的 1.5～2 倍，重现期均超 100 年一遇，湖东北片最大 30d 以上各时段暴雨均超过 1954 年，排在当年历史第一位，重现期 10～50 年，而浙西区、杭嘉湖区远小于 1954 年，重现期不到 10 年。

1991 年太湖水位为双峰型，并且上涨快，下落慢。太湖水位从 6 月 12 日的 3.45m 起涨，到 6 月 23 日出现第一次洪峰水位为 4.27m，7 月 15 日出现第二次洪峰水位为 4.79m，总涨幅达 1.34m，涨洪历时 35d。1991 年洪峰水位超过 1954 年实测最高水位 0.14m，保持时间长达 14d，太湖水位有 62d 超过 4.00m（当年太湖水位采用西山、望亭（太）、太浦闸（上）、大浦口、三船路、胥口、小梅口的平均值）。

1991 年涨水期集中出现在 6 月 11 日至 7 月 15 日，流域平均降水 535.0mm，洪水总量为 124.5 亿 m³（不含浦东浦西区），太湖调蓄为 31.7 亿 m³。入湖水量为 37.4 亿 m³，出湖水量为 16.9 亿 m³，占入湖水量的 45%。排入长江水量为 43.6 亿 m³，排入黄浦江水量为 26.6 亿 m³，南排水量为 4.8 亿 m³，合计流域外排水量为 75.0 亿 m³，占洪水总量的 60%，剩余 49.5 亿 m³ 留在流域里，占洪水总量的 40%。运动趋势为向南、向东和向北三个方向分流，其中 58% 外排水量向北排入长江，42% 外排水量向南、向东分别排入杭州湾和黄浦江，同时东导流东泄水量为 3.8 亿 m³，入湖水量为 11.8 亿 m³，各占浙西区出流的 24% 和 76%。

4. 1999 年大洪水

1999 年洪水是有历史纪录以来最大的梅雨型洪水，暴雨集中，总量大，强度大，暴雨中心分布在太湖区、浙西区。太湖流域自 6 月 7 日入梅至 7 月 20 日出梅，梅雨期长达 43d，在历年梅雨期中列第三位，是常年梅雨期的 2 倍。主雨期发生在 6 月 7 日至 7 月 1 日，形成 1999 年太湖最高水位的主要降水时段约为 25d。太湖水位创历史新高，达 4.97m，太湖以及周边地市的河网水位迅速上涨。

1999 年降水时空分布极不均匀，6 月降水量为 598.0mm，占汛期降水量的 51%。主雨期有 3 次集中降水过程，分别为 6 月 7—11 日、6 月 15—17 日和 6 月 23 日至 7 月 1 日，

3 次强降水过程降水量达 600.1mm，17d 降水量占汛期降水量的 51％，3 次强降水过程均发生在流域的南部和中部，降水量由南向北递减，浙西区梅雨量达 837.2mm，湖西区和武澄锡虞区梅雨量只有 533.0mm，仅占浙西区的 64％，暴雨中心位于长兴平原的访贤站，单站梅雨量达 1045.0mm，而流域北部的镇江市梅雨量仅为 325.0mm，不到访贤站的 1/3。全流域平均最大 7d 至 90d 各时段的降水量均超过了历史降水量最大值，30d、90d 时段降水量超过 100 年一遇，其中全流域最大 30d 降水量达 621.1mm。

1999 年暴雨中心自上游浙西山区到下游平原，顺流而下，上游来水和暴雨中心移动一致，造成上游来水和雨锋叠加，又恰逢下游高潮顶托，致使下游河网地区水位不断抬高，形成超历史最高水位。5 月和 6 月初太湖流域降水少，太湖水位基本维持在 2.90～3.05m，6 月 7 日太湖水位为 2.97m，相对较低。6 月 7—10 日第 1 次强降水过程，太湖水位从 7 日的 2.97m 上涨到 11 日的 3.53m。6 月 15—17 日出现第 2 次降水过程，但强度弱于第 1 次降水过程，至 6 月 19 日太湖水位上涨到 3.68m，只上涨 0.12m。6 月 23 日至 7 月 1 日出现第 3 次强降水过程，太湖水位从 6 月 23 日的 3.66m 起涨，7 月 3 日 8 时突破历史最高纪录，达到 4.83m。7 月 2 日太湖流域第 3 次降水过程结束，但上游洪水继续汇入，太湖水位继续上涨，7 月 8 日 10 时达到最高水位 4.97m，超过 1991 年历史最高水位 0.18m，4.79m 以上的高水位一直持续到 7 月 15 日。

1999 年入梅后涨水期为 6 月 7 日至 7 月 8 日，流域产水量为 181.2 亿 m³。太湖调蓄水量为 47.4 亿 m³，圩外河网调蓄水量为 26.8 亿 m³，水库调蓄水量为 2.1 亿 m³，合计调蓄水量为 76.3 亿 m³，占流域产水量的 42％。入长江水量为 31.6 亿 m³，入杭州湾水量为 12.0 亿 m³，黄浦江松浦大桥泄量 28.9 亿 m³，浦西入长江水量为 2.0 亿 m³、入黄浦江水量为 11.0 亿 m³，浦东入长江水量为 5.0 亿 m³、入黄浦江水量为 5.0 亿 m³，合计外排水量为 95.5 亿 m³，占流域产水量的 53％，剩余水量留在流域里，占流域产水量的 47％。涨水期有 60％的外排洪水向南、向东排入杭州湾和黄浦江，40％外排洪水向北排入长江。1999 年汛期淞浦大桥最大泄量达 1920m³/s（7 月 1 日），比 1991 年的 1400m³/s（7 月 6 日）增大 520m³/s。

附录 5 典 型 干 旱

1. 1971 年干旱

1971 年 4—10 月全流域降水量为 804.6mm，保证率为 64%，但 7 月、8 月降水只有
120.5mm，保证率高达 94%，其中杭嘉湖区和阳澄淀泖区降水量均不足 90.0mm。7 月、
8 月为流域高温季节，又是用水高峰期，使干旱影响更为突出。

当年 7 月、8 月长江上游降水量也偏少，江潮低落，镇江谏壁低潮位仅 3.15m 左右，
谏壁抽水站当时尚未兴建，江水引不进，常州溧阳 170 多个电灌站停机。太湖以及宜兴和
溧阳河道最低水位为 2.50~2.60m，苏南地区一度受灾达 70 万亩。

浙西区 7 月、8 月降水量为 197.6mm，高于流域平均值，但在本区的保证率高达
86%，长兴、安吉、德清等县受灾面积也多达 10 多万亩。

上海郊区各县梅雨期后久晴少雨，如松江县从 6 月 25 日至 8 月 22 日降水量不足
10mm，但因已建立了较好的电灌设施，故虽有旱情并未成灾。

2. 1978 年干旱

1978 年为太湖流域的特枯年，全年降水量少，流域平均年降水量仅为 680.0mm，为
多年平均降水量的 56%，其中 4—10 月降水量为 447.1mm，保证率高达 99% 以上，比大
旱的 1934 年 604.0mm 还少 156.9mm。该年春汛小，无梅雨，高温持续时间长，春夏秋
连旱。长期无雨造成河湖水位急剧下降，部分溪河断流，山区大量山塘、水库干涸。全年
太湖最高水位仅 2.92m，最低水位仅为 2.37m，均创历史最低纪录。

流域各水利分区 4—10 月降水量为：湖西 343.8mm，太湖区 426.2mm，武澄锡虞
区 363.3mm，阳澄淀泖区 409.4mm，均小于同期流域平均值。太湖瓜泾口年平均水位仅
为 2.60m，比历史最低的 1925 年还低 0.01m。凭借北临长江的地理优势和水利工程的抗
旱能力以及得力的临时抗旱措施，4—10 月沿江各水闸和泵站引抽江水 60 亿 m^3，其中镇
江谏壁抽水站当年刚建成，即投入运行，共抽长江水 6.37 亿 m^3。浏河闸引江水 8.88 亿
m^3。不仅补给了苏州市，还泽及苏沪边界的淀山湖。当年江苏省长江流域粮食总产量为
1104 万 t，仅次于 1979 年，为位居 20 世纪 70 年代第二位的丰收年。

浙江杭嘉湖区和浙西山区 4—10 月降水量分别为 526.5mm 和 590.6mm，其本区降水
保证率也高达 98% 以上，嘉兴市从 6 月 3 日至 9 月 24 日共 114d 未下过透雨。嘉兴运河最
低水位为 2.16m，崇德最低水位为 1.75m。吴兴县 169 座山塘、水库除 6 座外，全部放
空。湖州市各地最低水位为：梅溪 2.15m、德清 2.10m、长兴 2.12m、吴兴 2.22m，太湖
小梅口 2.25m，均为中华人民共和国成立后最低纪录。由于太湖得到长江引水补充，水位
有所抬高，可向嘉兴、湖州补水。两地区充分开动电灌动力，计有电动机 1398 台，柴油
机 890 台，水泵 2109 台，同时拓浚引水河道，吴兴县挖宽通太湖的大钱港，加大引太湖
水量，海宁建临时机埠 20 余处，将运河水抽到上塘河。经过大力抗旱，嘉兴、湖州两地
区粮食也比上一年 1977 年增产 26.8%。

上海市 1978 年降水量为 772.2mm，比常年减少 30% 以上，连续无透雨天数长达

161d。由于 20 世纪 60 年代后郊县实现了排灌机电化，出现了旱年大丰收，粮食亩产为 803kg、棉花亩产为 84.5kg、油菜亩产为 152kg，均创历史新高。

3. 2003 年干旱

2003 年汛期，太湖流域普遍出现持续高温，不少地市极端最高气温和持续时间均打破历史纪录，上海气温比常年平均高 1～2℃，大于 35℃ 的天气达 40d，极端最高气温 39.6℃，创下了 1934 年以来的最高纪录；浙江大部分地区 35℃ 以上的高温累计超过 50d，有 22 个县市极端最高气温创历史最高纪录；福建省有 30 个县市极端最高气温创历史最高纪录。高温的同时流域降水量显著偏少，汛期（5—9 月）流域降水量仅 466mm，比常年偏少 40%，时空分布不均，总趋势北多南少，其中杭嘉湖区、浙西区偏少 50% 左右，阳澄淀泖区、武澄锡虞区、湖西区、太湖湖区、上海比常年偏少 20%～40%，上海 6—9 月比常年偏少 55%。

7 月 12 日流域出梅后，由于持续高温少雨，太湖和河网水位急速下降，浙江、上海等地发生了较为严重的干旱缺水现象。8 月初，太湖梅梁湖和贡湖湾蓝藻暴发，流域主要水源地和河网水质持续恶化；杭嘉湖区河网水面上出现大量蓝藻，主要河道铁、锰含量严重超标；8 月 5 日凌晨，上海市黄浦江上游吴泾电厂码头发生油船被撞，85t 燃油泄漏在上海市黄浦江水源地下游 17km 的敏感区域，造成长 200m、宽 20m 的油污带。这些都严重影响流域内城市和农村生活、生产用水，流域水环境、水生态面临严峻考验。针对这些紧急情况，太湖局综合考虑流域防洪安全、供水安全，进行风险决策，及时实施了流域水资源应急调度：一是通过望虞河大流量引长江水入太湖，有效地抑制了太湖湖区蓝藻繁衍暴发；二是通过太浦河闸泵大流量向黄浦江供水，最大可能地阻止燃油随潮流向上游水源地扩散，成功地化解了黄浦江取水口的燃油泄漏污染危机；三是通过杭嘉湖环湖口门由太湖向杭嘉湖区供水，明显改善了区域河道铁、锰含量严重超标情况，也使得杭嘉湖区大旱之年无大灾。通过有效的水资源调度，保障了流域用水安全。

附录6 典型旱涝急转

2011年1—5月，太湖流域降水严重偏少，仅为178.7mm，较多年（1951—2010年）平均偏少59%，为1951年有降水系列资料以来同期最少，流域出现了近60年来最严重的气象干旱。各水利分区中，浦东浦西区最小，仅为130.9mm，较多年平均偏少68%。

受降水偏少影响，太湖及地区河网水位持续下降，太湖水位曾一度降至2.74m（当年按2010年发布的沉降改正数改正，2014年有更新，下同），为1954年来同期第三低水位，特别是湖西区和太湖南部地区河网水位降至近10年来的最低水位，湖西区部分水库水位降至死水位以下，流域个别引水机埠抽水困难，但由于及时加大了引江济太及区域水资源调度力度，除镇江及常州市部分高片地区出现农业旱情及人畜饮水困难外，流域总体上旱情较轻。

进入6月，天气形势发生突变。从6月3日起至6月18日，太湖流域出现了4次较强的降水过程，累计降水量达302.2mm，6月流域降水量较多年平均偏多96%，其中浙西区降水量为471.7mm，较多年平均偏多120%，杭嘉湖区降水量为381.2mm，较多年平均偏多105%。持续降水导致太湖及河网水位不断上涨，普遍超警，局部区域超保，6月25日太湖出现了入汛后的最高水位3.86m，6月18日8时至19日8时，太湖水位从3.41m涨至3.60m，单日最大涨幅达19cm，流域出现了典型的旱涝急转。

1—6月太湖流域降水量与太湖水位过程见附图6.1，1—5月和6月太湖流域各分区降水量与多年平均对比见附图6.2和附图6.3。

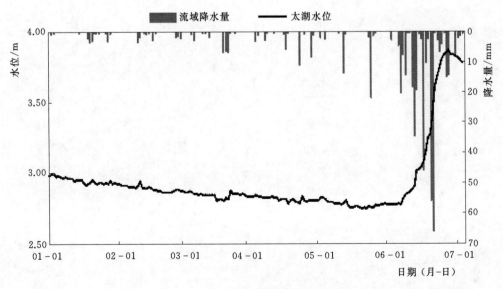

附图6.1　1—6月太湖流域降水量与太湖水位过程

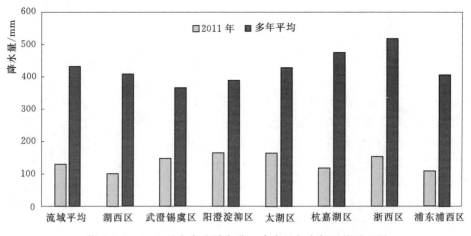

附图 6.2　1—5 月太湖流域各分区降水量与多年平均对比图

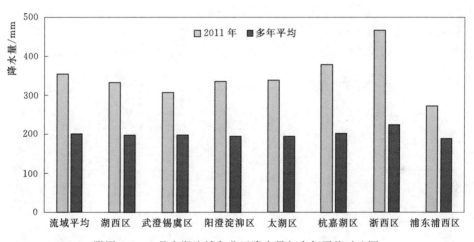

附图 6.3　6 月太湖流域各分区降水量与多年平均对比图

附录7 典型台风

太湖流域地处我国的最东端，每年的汛期常常受到台风的袭击。中华人民共和国成立后对太湖流域影响较大的造成太湖最大日均涨幅的台风有 1962 年第 14 号台风"艾美"；20 世纪 90 年代以来，对太湖流域影响比较大的台风有 1994 年第 17 号台风"弗雷德"、2004 年第 7 号台风"蒲公英"、2004 年第 14 号台风"云娜"、2005 年第 9 号台风"麦莎"、2005 年第 19 号台风"龙王"、2006 年第 8 号台风"桑美"、2007 年第 16 号台风"罗莎"、2009 年第 8 号台风"莫拉克"、2012 年第 11 号台风"海葵"和 2013 年第 23 号台风"菲特"等。

1. 1962 年第 14 号台风"艾美"

1962 年 8 月 31 日第 14 号台风在关岛附近洋面形成，9 月 6 日在福建连江登陆，登陆时中心附近最大风速为 30m/s，风力 11 级。登陆后向偏北方向移动进入浙江省，经过丽水、金华、杭州、湖州地区，于 7 日出浙江进入江苏省后移入东海，台风路径见附图 7.1。

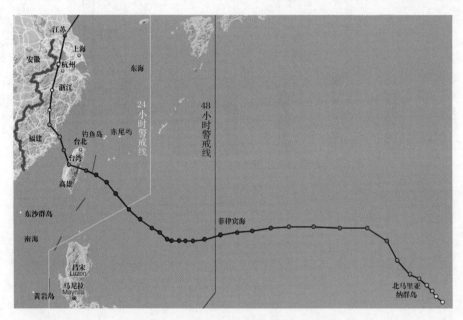

附图 7.1 6214 号台风"艾美"路径图

（1）对太湖流域的影响。受台风与冷空气交会的影响，太湖流域局部地区降暴雨，降水集中在 9 月 5—6 日两天，达 221.8mm，其中 5 日达 150.1mm。暴雨中心有两处：一处在常熟、苏州、嘉善一线；另一处在西苕溪天目山区。流域最大 3d 降水量为 225.5mm，重现期超过 100 年，阳澄淀泖区为 280.0mm，重现期近 150 年，杭嘉湖为 280.7mm，重现期约为 130 年。太湖水位从 9 月 4 日的 3.45m 涨至 16 日的 4.20m，涨幅达 0.75m，最大日涨幅达 0.27m，位列 1954 年以来太湖水位日均涨幅首位。

受台风暴雨影响，太湖流域内涝严重，杭嘉湖区、阳澄淀泖区、浦东浦西区农田受淹水深达 0.3～1.0m，全流域受灾农田 644 万亩，倒损房屋 9 万多间，其中上海死亡 21 人，伤 220 余人。

（2）对浙闽地区的影响。浙江省除衢州等西部地区外，全省普降大暴雨，局部特大暴雨。次降水量（3d）100mm 以上降水笼罩面积为 8.4 万 km²，200mm 以上降水笼罩面积为 6.3 万 km²，300mm 以上降水笼罩面积为 2.4 万 km²。次降水量大于 500mm 以上的暴雨中心有两个：一个是北雁荡山区，乐清庄屋 634mm，最大日降水量为 360mm；另一个是四明山区，上虞大管 548mm，最大日降水量为 357mm。沿海海面风力大于 12 级。受台风暴雨影响，浙江省主要江河飞云江、灵江、姚江、曹娥江、浦阳江和萧绍、姚北平原河网水位出现历史实测最高水位。青田、临海、余姚、嵊县等县城进水，肖绍宁、温黄临和温瑞平原均受到严重的洪涝灾害，全省洪涝面积达 1028 万亩，粮、棉产量受到很大损失。全省死亡 224 人，倒塌房屋 4.07 万间。

福建省部分地区降水量达到 200～400mm，鳌江、蛟溪、霍童溪出现洪水，福安县城进水，地委机关被淹，平原地区水深达 1.0m 以上，福鼎县城街道水深达 0.7m 左右；全省受淹农田 119 万亩，沉损渔船 700 余只，倒塌房屋 2700 多栋，死亡 32 人。

2. 1994 年第 17 号台风"弗雷德"

1994 年第 17 号台风"弗雷德"于 8 月 13 日在西太平洋洋面上生成，16 日 8 时加强为强热带风暴，17 日 8 时加强为台风，19 日 14 时达到超强台风级别，此后一直向西北偏西直奔台湾岛方向移动，20 日 2 时台风路径突然转向北北西方向绕开台湾向浙闽方向移动，于 8 月 21 日 22 时 30 分（农历七月十五）在温州市瑞安梅头镇（今温州市龙湾区海城街道）登陆，登陆时中心气压 916hPa，近中心的最大风力为 16 级（55m/s）。22 日 9 时台风进入江西境内，穿过湖北、河南、安徽、江苏、山东入海，台风路径见附图 7.2。

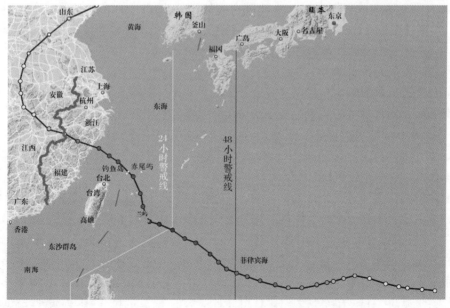

附图 7.2　9417 号台风"弗雷德"路径图

"弗雷德"台风主要对浙江省造成严重影响，对太湖流域影响不大。台风登陆当晚在玉环的坎门镇（今坎门街道）阵风突破 50m/s，温州市区测得 42m/s 阵风，温州机场的阵风亦在 50m/s 以上。乐清砩头日降水量达 620mm，打破了 5612 号台风保持了 38 年之久的全省纪录，狂风夹杂着暴雨倾泻进浙南大地。另外，登陆地附近沿海浪涛普遍高出海岸 2～3m，飞云江北岸至乐清湾的巨浪尤甚，局部地段拍岸浪高达 12m，离温州市区不远的瓯江口波高达到 10m，为有纪录以来所未闻。1700 多艘船只被巨浪打沉，甚至有千吨渔船被大浪抛进海塘。农历七月十五的高潮位与超强台风碰头，使得瑞安和温州港的潮位分别超过历史实测最高潮位 0.21m 和 0.65m，龙湾区潮位达到 200 年一遇。在台风登陆前后的几个小时里，温州沿海所有区县的一线海塘几乎全线崩溃，二线海塘决口无数，三线海塘也不同程度进水，海水势不可当地涌入这片土地。温州市百余千米的海岸线纵深 1km 内尽成泽国，尤其是飞云江，江水混杂着潮水淹没了其以北纵深 7km 的土地，最深处超过 3m，瑞安市区全部被水淹没。瓯江水位也随暴雨猛涨，伴随着外面高涨推进的海水，温州市区最繁华地段的潮水立刻涨至 1.5～2.5m，居民家及商铺损失惨重。温州机场候机大厅进水 1.5m 深，彻底瘫痪达两个星期之久。更令人瞠目的是位于瓯江口的灵昆岛、江心屿、七都岛竟被高于地平面 2～3m 的海潮淹没，直到第二天潮水退却才重见天日。

据统计，温州全市沿海 122.6km 长的标准海塘有近 50% 被不同程度损坏，其中 27.2km 被潮水全线推平，而普通海塘仅有 20% 保存完好，死亡人数超过 1000 人，经济损失达 100 多亿元。

3. 2004 年第 7 号台风"蒲公英"

2004 年第 7 号台风"蒲公英"于 6 月 23 日下午 14 时在关岛西北方向洋面上生成，24 日 14 时加强为强热带风暴，27 日 14 时加强为台风，7 月 1 日 22 时 40 分左右在台湾省花莲市南方约 20km 处登陆，随后逐渐向福建省北部到浙江省中部沿海靠近，7 月 3 日 9 时 30 分在浙江省乐清市黄华镇登陆，登陆时中心气压 985hPa，近中心的最大风力为 10 级（25m/s），台风中心经过的海域风力达到 12 级以上。台风登陆后继续向北偏东方向移动，并且移动速度加快，继续影响太湖流域。7 月 3 日 11 时减弱为热带风暴，7 月 5 日 8 时减弱为低气压，台风路径见附图 7.3。

（1）对太湖流域的影响。台风"蒲公英"于 7 月 3 日影响太湖流域，全流域大部分地区降中到大雨，局部暴雨，降水主要分布在武澄锡虞区和阳澄区，暴雨中心在白茆闸，降水量达 173mm。全流域平均降水量为 29.8mm，其中阳澄区平均降水量达 86.9mm，武澄锡虞区达 61.9mm，湖西区和杭嘉湖区降水量最小，分别为 10.4mm 和 14.8mm，浙西区、浦东浦西区、太湖湖区降水量为 20～30mm。

受台风影响，太湖短时间内的风力达 8～9 级，阵风 10 级左右，受风力风向的影响，太湖出现强风浪，太湖南岸水位急剧上涨，太湖北岸水位急剧下降。7 月 3 日上午 10 时至下午 16 时，小梅口水位由 3.36m 骤升至 4.41m，6h 内增幅为 1.05m；夹浦水位由 3.32m 上涨到 3.92m，增幅为 0.60m；大浦口水位增幅不明显，水位由 3 日 14 时的 3.40m 增加到 17 时的 3.48m，增幅仅为 0.08m；西山水位由 3 日 11 时的 3.30m 上涨至 17 时的 3.61m，增幅为 0.31m；望亭（太）水位由 3 日 8 时的 3.32m 降至 19 时的 2.28m，降幅达 1.04m。太湖五站平均水位也有一个骤变的过程，水位由 3 日 13 时的 3.34m 增加到 16

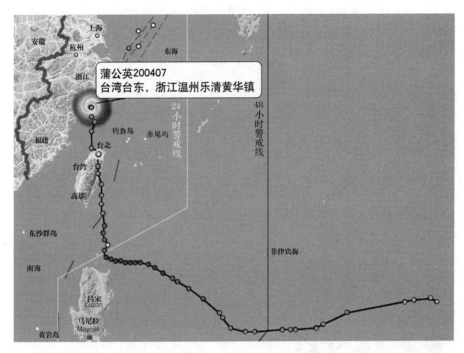

附图 7.3 200407 号台风"蒲公英"路径图

时的 3.57m，3h 内增幅为 0.23m。无锡、苏州地区水位也普遍上涨 0.20m 以上，其中陈墅最高水位涨至 4.05m，涨幅 0.63m，水位超警戒 0.15m。其他地区河网水位受影响较小。7 月 4 日凌晨，上海市黄浦江及沿海的许多站点水位普遍超警，幅度在 0.12～0.20m，其中米市渡水位超警 0.41m。

（2）对浙闽地区的影响。台风"蒲公英"对福建影响不大，对浙江全省影响较大。7 月 2 日 8 时起，浙江省大部分地区开始降水，其中东南沿海普降大到暴雨，局部大暴雨，7 月 2 日 8 时至 4 日 5 时，暴雨主要在沿海及天目山区。鳌江流域、温瑞、温黄平原的河网水位涨幅达 0.40m 左右，温州、台州沿海潮位大多在警戒水位以下，仅鳌江站、瑞安站 7 月 2 日晚的高潮位超过警戒水位 0.30m。

台风"蒲公英"给浙江带来了较大范围降水，增加了水库、河网的蓄水量，其中温、台、甬地区大中型水库增加蓄水量超过 1.0 亿 m^3，缓解了台州、温州等沿海地区的旱情。

4. 2004 年第 14 号台风"云娜"

2004 年第 14 号台风"云娜"于 8 月 8 日 20 时在菲律宾以东约 900km 的洋面上生成，然后向北偏西方向移动，于 8 月 10 日 5 时在台湾岛以东约 850km 的洋面上加强为强热带风暴，11 日 2 时在台湾岛以东 500km 洋面上加强为台风，此后台风中心以 15～20km/h 的速度向西北方向移动，于 12 日 20 时左右在浙江温岭石塘镇登陆，登陆时台风中心气压为 950hPa，风速为 45m/s（14 级）。登陆后台风中心先后穿过浙江省台州、温州、丽水和衢州市，并继续向西北偏西方向移动，强度继续减弱，13 日 11 时进入江西省境内，台风路径见附图 7.4。

（1）对太湖流域的影响。台风"云娜"对太湖流域影响较小，8 月 12 日夜里至 13

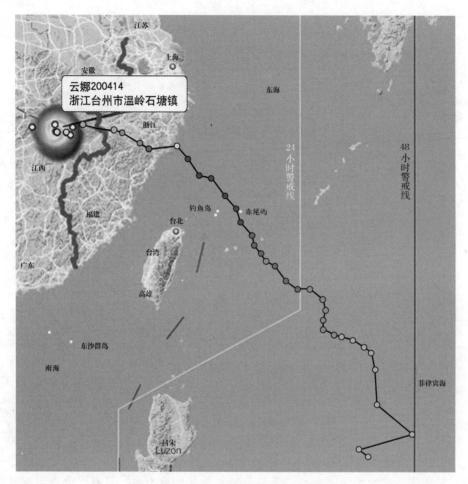

附图 7.4　200414 号台风"云娜"路径图

凌晨，太湖流域南部及东部地区的浙西区、杭嘉湖区、浦东浦西区、淀泖区普降中雨，局部大雨，浙西山区及钱塘江杭州湾一线降水量大于 30mm，杭嘉湖区的临平站最大，为46mm。湖西区、武澄锡虞区、阳澄区及太湖湖区均为小雨。

　　太湖流域浙西区、杭嘉湖区、浦东浦西区和淀泖区河网水位有所上涨，涨幅为 0.06～0.44m，但均未超警戒水位，其他地区水位变化不大。期间，受大风影响，太湖湖体水位出现一个短时变化过程。太湖南岸水位有所上升，夹浦站水位由 12 日 11 时的 3.14m 上涨至 13 日 2 时的 3.33m，涨幅 0.19m，之后水位逐渐回落；小梅口水位由 12 日 13 时的3.08m 上涨至 23 时的 3.28m，涨幅 0.20m，之后水位也逐渐回落。同时，太湖北岸水位有所下降，望亭（太）水位由 12 日 3 时的 3.23m 下降至 13 日 2 时的 2.81m，降幅达0.42m，之后水位逐渐回升。台风影响期间，太湖西山站水位不断下降，至 14 日 1 时降至 2.83m。

　　上海市原南汇区 14 个镇受灾，面积达 0.29 万亩，估计损失 144.0 万元。

　　（2）对浙闽地区的影响。台风"云娜"对浙江省影响最大，台风影响期间，浙江省台州、温州等部分地区降特大暴雨，8 月 11 日 8 时至 14 日 8 时，累计降水量超过 100mm 的站点有 275 个,其中超过 200mm 的站点有 79 个,超过 300mm 的站点有 36 个。最大点降水量为乐清砩头的 916.0mm,其最大 12h 降水量为 661.8mm,最大 24h 降水量为 874.7mm,均为历史实测最大值,临海小芝临脚累计降水量为 518.5mm,仙居方山累计降水量为 467.0mm,永嘉石柱累计降水量为 328.0mm。

福建省东北部地区普降大雨,8 月 12 日 8 时至 13 日 6 时,有 14 个县(市、区)降水量大于 25mm,其中,光泽、松溪、柘荣、寿宁等 4 个县降水量大于 50mm,寿宁最大达 75mm。

受台风登陆影响,浙江省台风增水最大值达 3.50m,沿海潮位普遍超警,其中台州的海门潮位达 7.42m,接近历史最高潮位;温台沿海平原水位暴涨,有 7 个站水位超保,其中仙居下回头最高水位达 57.97m,超保 1.47m,临海沙段水位 16.54m,超保 1.04m,永嘉石柱 30.50m,超保 2.50m,乐清河网水位为 6.13m,超保 0.63m。

台风"云娜"对浙江省危害最为严重,其中台州、温州和宁波南部等地损失尤为惨重。据统计,台风"云娜"造成浙江 164 人死亡,失踪 24 人,全省受灾人口达 1299 万人。75 个县(市、区)、765 个乡(镇)受灾,倒塌房屋 6.43 万间,受灾农作物面积为 39.19 万 hm²,其中成灾面积 18.97 万 hm²,死亡牲畜 5.5 万头,损失水产养殖面积为 4.4 万 hm²,损失水产品 16 万 t;公路中断 579 条,损坏公路基(面)1163km,损坏输电线路 3342km,损坏通信线路 1522km;损坏堤防 4059 处 563km,堤防决口 1222 处 88km,损坏水闸 206 座。损坏灌溉设施 3148 处,损坏水文测站 99 座,直接经济损失达 181 亿元。

福建省南平市受台风影响,8 月 13—14 日南平市共有邵武、光泽、政和、浦城 4 个县(市)25 个乡(镇)受灾,受灾人口 2.39 万人。

(3)台风特点。

1)风力特强。台风登陆时中心气压 950hPa,过程最大风速达 58.7m/s,大大超过 12 级台风 36.9m/s 的上限,其风速之大,杀伤力之强,为历史上所罕见。因此,台风委员会决定将"云娜"从台风名册中删除。

2)降水强度特大。从 11 日 8 时至 14 日 8 时,乐清市的砩头降水量达 916.0mm,其中 12h 降水量为 661.8mm,24h 降水量为 874.7mm,均突破历史实测最高纪录。高强度的降水,造成乐清等地发生重大泥石流、山体滑坡;温台沿海平原水位暴涨,大面积农田被淹,黄岩、永嘉等 4 座县城进水,44.4 万名群众一度被洪水围困。

3)影响范围广。这次台风 10 级风圈达 180km,降水量大于 50mm 的笼罩面积达 8.2 万 km²;大于 100mm 的笼罩面积达 4.4 万 km²;大于 200mm 的笼罩面积达 1.3 万 km²;大于 300mm 的笼罩面积达 0.7 万 km²;大于 500mm 的笼罩面积达 0.23 万 km²;大于 700mm 的笼罩面积达 100km²。台风正面登陆浙江,横穿浙江腹地,在浙江省境内滞留时间长达 15h,造成严重灾害。

4)风暴增水高。台风登陆时正逢天文大潮起潮,风暴造成沿海增水最大达 3.50m,对沿海海塘构成极大的威胁。

5. 2005 年第 9 号台风"麦莎"

2005 年第 9 号台风"麦莎"7 月 31 日 20 时在菲律宾以东洋面上生成,8 月 3 日 2 时加强为台风，8月6日凌晨3时40分在浙江玉环登陆，登陆时中心气压为950hPa，中心最大风力为45m/s（14级），登陆后台风"麦莎"进入浙江省境内，继续向西北偏北方向移动，强度逐渐减弱，于当日下午17时在诸暨境内减弱为强热带风暴，经过富阳、临安、安吉后，于6日晚22时15分离开安吉进入安徽省境内，7日凌晨2时减弱为热带风暴，台风路径见附图7.5。

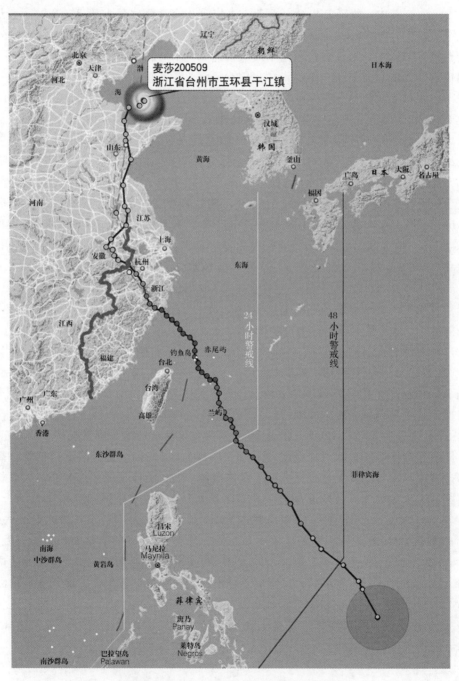

附图7.5　200509号台风"麦莎"路径图

(1) 对太湖流域的影响。太湖流域 8 月 5 日起普降中到大雨，局部暴雨到大暴雨，截至 8 日 8 时，流域平均过程降水量为 131mm，上海地区最大，平均降水量达 203mm。全流域有 53 个站降水量大于 100mm，13 个站降水量大于 200mm。最大点降水量在浙西区的长兴县市岭站，降水量达 385mm。

受台风降水影响，太湖流域河网湖泊水位纷纷上涨。至 8 月 9 日 8 时，太湖水位达 3.53m，4d 时间涨幅 0.20m，并继续上涨。由于受风的影响，6 日、7 日两天，太湖周边水位出现倾斜。6 日，太湖流域风向为偏东风，风力 8～10 级，太湖东部水位迅速下降，望亭（太）水位日跌幅达 0.64m，太湖西部水位上涨，涨幅为 0.20～0.35m。6 日 23 时，望亭水利枢纽太湖侧水位降至 2.17m，较当日 8 时水位下降 1.39m。到 7 日 8 时，由于风力减弱，太湖东部水位上涨、西部水位回落，水位恢复正常。台风影响期间，最大湖面倾斜 1.87m，发生在 8 月 6 日 23 时，也是有纪录以来最大的湖面倾斜度。太湖流域平原河网水位涨幅大多在 0.20～0.60m，个别站点水位涨幅超过 0.80m，浙西山区瓶窑站水位涨幅达 4.64m，流域大部分站点水位出现超警。杭州湾、黄浦江、长江沿线出现了超警戒的高潮位，杭州湾盐官、乍浦、澉浦站最高潮位超警 0.33～0.37m，8 月 7 日凌晨，吴淞出现了 5.03m 的高潮位，超警 0.28m，黄浦公园站高潮位为 4.94m，超警 0.37m，米市渡高潮位为 4.38m，超警 0.88m（当年米市渡警戒水位为 3.50m），创历史新纪录，比历史最高潮位 4.27m 高 0.11m。8 月 7 日早晨，长江镇江站最高潮位为 7.61m，超警 0.81m，江阴站最高潮位为 6.67m，超警 1.17m。

8 月 7 日，受台风"麦莎"影响，上海市区淮海路等多条道路严重积水，地面积水倒灌地铁一号线区间隧道，导致列车停止运营 5h。

(2) 对浙闽地区的影响。8 月 4 日起，浙江省除衢州外普降暴雨到大暴雨，部分特大暴雨。截至 7 日 8 时，全省有 299 个站降水量超 100mm，笼罩面积为 36900km²，120 个站降水量超 200mm，笼罩面积为 14200km²，49 个站降水量超 300mm，笼罩面积为 7250km²；26 个站降水量超 400mm，笼罩面积为 1900km²；13 个站降水量超过 500mm，笼罩面积为 510km²；3 个站降水量超 600mm，分别为永嘉中堡 648mm，乐清砩头 624mm，北仑柴桥 609mm。福建省南平和宁德两市 8 月 5 日降中到大雨。

台风登陆时恰逢天文大潮，受风暴潮增水和天文大潮影响，浙江北部沿海普遍出现超警戒潮位，其中海门站最高潮位为 6.31m，超警 0.71m。浙江温黄平原、乐清、姚江河网水位迅速上涨，一些站点水位出现超警。

6. 2005 年第 19 号台风"龙王"

2005 年第 19 号台风"龙王"于 9 月 26 日在日本硫黄岛东南偏南 335 海里处生成，26 日 17 时后增强为强热带风暴，27 日 9 时加强为台风，之后持续增强，以西北偏西的移动方向朝向台湾，于 10 月 2 日上午 5 时 10 分于台湾花莲县丰滨乡登陆，登陆时中心气压 930hPa，近中心最大风力为 64.9m/s（17 级以上），打破花莲气象站有史以来的纪录。同日 10 时于彰化县浊水溪口附近进入台湾海峡，再由金门附近进入福建省，再次在泉州市南安市石井镇登陆，台风路径见附图 7.6。

"龙王"台风主要对福建省造成影响，特别是福州市，有 86 位武警被"龙王"造成的急流冲走。台风暴雨造成山洪暴发，冲击福州市区，造成福州市区 138km² 受淹，最深处

附图 7.6　200519 号台风"龙王"路径图

达 5m，96 个居民小区停电，81 条公交线路停运，火车站停运，铁路中断，高速公路被淹，直接经济损失达 33 亿元。

由于"龙王"台风造成严重的人员伤亡和财产损失，因此被台风委员会从台风名册中删除。

7. 2006 年第 8 号超强台风"桑美"

2006 年第 8 号超强台风"桑美"于 8 月 5 日 20 时在关岛附近洋面上生成，生成后向西北偏西方向移动，强度逐渐增强，7 日 8 时加强为强热带风暴，7 日 14 时加强为台风，9 日 11 时加强为强台风，9 日 18 时加强为超强台风，并于 10 日 17 时 25 分在浙江省苍南县马站镇登陆，登陆时中心气压 920hPa，近中心最大风力为 60m/s（17 级），"桑美"台风是近 50 年来直接登陆我国大陆的最强台风。"桑美"登陆后向偏西方向移动，强度逐渐减弱，10 日 23 时减弱为强热带风暴，11 日 2 时减弱为热带风暴，6 时中心位于江西上饶境内，11 日 9 时减弱为热带低压，台风路径见附图 7.7。

（1）风情。"桑美"带来的区域性大风强度破历史纪录。超强台风"桑美"7 级风圈半径为 350km，10 级风圈半径为 250km，特别是 17 级风圈半径达 45km，其影响区域的狂风具有毁灭性威力，而且超强风持续时间长，达 25h 以上。浙江省实测最大风速为：苍南霞关为 68m/s、平阳南麂 45.2m/s、洞头小门为 41m/s、苍南新安为 38.5m/s、瑞安为 33m/s。

福建省 8 月 10 日上午到夜里，北部沿海一线和台风经过的各县市均遭受到超强风力的袭击。10 日 17 时 10 分福鼎合岩掌最大风速达 75.8m/s，超过 17 级；福鼎台山站风速为 56.3m/s，达 17 级；福鼎市城区连续 4h 风速超过 40m/s。

（2）雨情。浙江省从 8 月 10 日 5 时起，受第 8 号超强台风"桑美"外围云系影响，东南沿海地区开始降水，随着台风的逼近和登陆，降水逐渐扩展到全省大部。温州全市、丽水市大部、台州市部分地区和宁波市的宁海县出现大到暴雨，局部大到特大暴雨。至 11

附图 7.7　200608 号台风"桑美"路径图

日 8 时降水基本结束。暴雨区主要集中在温州全市和丽水市的东部和南部地区以及台州的南部地区。据统计，全省累计降水量大于 50mm 的站有 233 个，大于 100mm 的站有 75 个，大于 200mm 的站有 24 个，大于 300mm 的站有 11 个，大于 400mm 的站有 6 个，分别是苍南县昌禅站为 606mm、矾山站为 455mm、玉苍山站为 443mm、金乡站为 404mm、灵溪站为 402mm、坝下站为 401mm。台风降水过程中局部短历时降水强度大，1h 降水量超过 100mm 的有 9 站次，最大 1h 降水量为苍南坝下站的 135mm，创中华人民共和国成立以来浙江省台风暴雨最大 1h 降水量纪录。苍南昌禅站最大 24h 降水量为 586mm，创本站历史实测最大值，重现期为 80 年。

福建省受超强台风影响，10—11 日宁德、南平两地市普降暴雨到大暴雨，宁德市北部降特大暴雨。10—11 日过程降水量达 50～99mm 的共 4 个县（市、区）；达 100～199mm 的有 8 个县（市）；达 200～299mm 的有寿宁、福安 2 个县（市）；福鼎、柘荣两个县（市）超过 300mm，最大为福鼎管阳站达 314mm。其中，最大 1h 降水量为柘荣站的 78mm；最大 3h 降水量为福鼎西阳站的 163mm；最大 6h 降水量为福鼎西阳站的 261.5mm；最大 24h 降水量为福鼎管阳站的 307mm。

（3）风暴潮。台风"桑美"影响期间，虽然浙江省沿海适逢天文大潮汛时期，但由于台风登陆时正值当日天文低潮时期，未出现最大增水与天文高潮叠加的不利局面，温州、瑞安、鳌江等浙南沿海主要潮位站最高潮位超过警戒潮位，但均低于历史最高高潮位。镇海站最高高潮位 8 月 11 日 0 时 30 分超警 0.08m；温州站最高高潮位 8 月 10 日 23 时 15 分超警 0.41m；瑞安站最高高潮位 8 月 10 日 22 时 18 分超警 0.59m；鳌江站最高高潮位 8 月 10 日 22 时 30 分超警 0.52m。但风暴增水大，鳌江站过程最大增水达 3.57m，为浙南沿海潮位站历史最大增水。

福建省受台风及天文大潮的共同影响，北部沿海风暴潮汹涌，巨浪滔天。9—10日闽江口以北各潮位站高潮位发生超警戒情况。自北向南出现超警戒的最高高潮位：福鼎沙埕站9日22时8分高潮位为3.37m，超警0.27m；连江琯头站9日23时20分高潮位为5.74m，超警0.24m；长乐梅花站9日22时45分高潮位为3.61m，超警0.01m；长乐白岩潭站10日0时15分高潮位为3.37m，超警0.07m；泉州大桥（下）站10日0时30分高潮位为3.97m，超警0.17m。

（4）水情。台风"桑美"影响期间，浙江苍南县灵溪站最高水位超过保证水位，鳌江南港灵溪站8月10日22时15分出现洪峰水位7.14m，超警3.54m，超保3.04m；历史排位第二高水位，重现期为20年。平阳县埭头、平阳站、温州西山站、乐清站最高水位超过警戒水位，其中鳌江北港埭头站10日21时42分出现洪峰水位16.81m，超警1.67m；瑞平平原平阳站10日22时20分出现最高水位3.30m，超警0.40m；温瑞平原西山站11日1时30分出现最高水位3.17m，超警0.07m；柳乐平原乐清站10日23时5分出现最高水位3.21m，超警0.03m。

福建省受第8号超强台风"桑美"影响，交溪流域上游普降暴雨，河流水位暴涨，交溪发生较大洪水。交溪支流东溪上白石站10日22时水位为7.19m，23时水位为14.86m，1h水位涨幅达7.67m；干流福安白塔站水位从10日23时的21.92m开始暴涨，11日2时20分洪峰水位为32.88m，涨幅达10.96m，最大60min水位涨幅达7.94m，最大5min水位涨幅达2.49m。交溪支流东溪上白石站11日0时15分出现最高水位17.01m，超警6.01m，为1958年设站以来第二高水位；西溪寿宁斜滩站11日6时55分最高水位45.51m，超警1.51m；干流白塔站11日2时20分出现最高水位32.88m，超警6.88m，相应流量为10200m³/s，为1958年设站以来第四大，且为1969年以来最大洪水，重现期约15年。

闽江建溪、富屯溪发生超警戒水位以上洪水。建溪松溪、东游、水吉、建阳、七里街站以及富屯溪光泽、邵武等站洪峰水位超过警戒水位。七里街站11日22时洪峰水位为95.40m，超警1.40m。

（5）灾情。据初步统计，浙江省有3个市18个县（市、区）的325个乡镇254.9万人受灾，2.1万间房屋倒塌，死亡193人，失踪11人。台风灾害造成直接经济损失达49亿元。

福建省有16个县（市、区）、182个乡镇受灾，受灾人口145.52万人，受淹城市3个，倒塌房屋4.57万间，大量船只损毁沉没，因灾死亡221人（其中海难185人），失踪153人（其中海难149人）。台风灾害造成直接经济损失达64亿元。

正因为台风"桑美"造成严重的人员伤亡和财产损失，因此被台风委员会从台风名册中删除。

（6）台风特点。

1）台风强度大。台风以17级超强台风登陆，是近50年来直接登陆我国大陆的最强台风。

2）风力超强。10日17时10分福鼎合岩掌最大风速达75.8m/s，超过17级；台风登陆时苍南霞关站实测最大风速为68m/s。

3）降水强度大。台风影响下，过程面平均降水量在200mm以上的特大暴雨区主要集中在温州的苍南、平阳县、瑞安市和丽水的庆元县以及福建的寿宁、福安、福鼎、柘荣等县（市），其中 400mm 以上降水量笼罩面积为 189km²。暴雨中心苍南昌禅站过程降水量达 606mm，其最大 24h 降水量为 586mm，创本站历史实测最大值。苍南坝下最大 1h 降水量为 135mm，为中华人民共和国成立以来浙江省台风暴雨最大 1h 降水量。

4）潮位较高。台风登陆期间正值天文高潮，浙江南部、福建中北部沿海潮位站潮位全线超警，其中浙江温州、瑞安、鳌江高潮位超警 0.41～0.64m；福建长乐梅花站、白岩潭、连江琯头、福鼎沙埕站超警 0.01～0.27m。

5）部分江河发生较大洪水。交溪支流东溪上白石站 1h 水位涨幅达 7.67m；干流福安白塔站水位 3h20min 涨幅达 10.96m，最大 60min 水位涨幅达 7.94m，最大 5min 水位涨幅达 2.49m。福建交溪干流发生 1969 年以来最大洪水。

8. 2007 年第 16 号台风"罗莎"

2007 年第 16 号台风"罗莎"于 10 月 2 日在菲律宾以东的西太平洋洋面上生成，3 日凌晨 2 时加强为台风，4 日凌晨加强为强台风，5 日凌晨加强为超强台风，并于 6 日 15 时 30 分前后在台湾省宜兰县沿海登陆，登陆时中心附近最大风力为 50m/s（15 级）。7 日凌晨 2 时减弱为台风，7 日 15 时 30 分左右在浙闽交界处再次登陆，登陆时中心附近最大风力为 33m/s（12 级）。7 日 17 时减弱为强热带风暴，8 日 2 时减弱为热带风暴，台风路径见附图 7.8。

附图 7.8　200716 号台风"罗莎"路径图

（1）对太湖流域的影响。太湖流域 10 月 7 日起普降暴雨到大暴雨，7—8 日，太湖流域面平均降水量为 109.3mm，其中 7 日降水量达 75.7mm。各水利分区中除湖西区、武澄锡虞区外，降水量均较大，其中浙西区最大，2d 降水量达 178.3mm，仅 10 月 7 日降水量就达 138.5mm，其次是杭嘉湖区的 151.2mm（10 月 7 日降水量为 94.9mm），浦东浦西区、阳澄淀泖区、太湖区 2d 降水量均在 100mm 以上，其中 10 月 7 日降水量基本在 70mm 以上。

受台风降水影响，太湖流域河网湖泊水位纷纷上涨。太湖水位从 7 日 8 时的 3.60m 上涨至 13 日 8 时的 3.93m，6d 涨幅 0.33m，其中 7 日 8 时至 8 日 8 时太湖日涨幅达到 0.21m。由于受风的影响，7 日、8 日两天，太湖周边水位出现倾斜，望亭（太）站水位从 7 日 8 时的 3.57m 降至 8 日 8 时的 2.79m，日跌幅达 0.78m，小梅口水位从 7 日 8 时的 3.66m 涨至 8 日 8 时的 4.66m，日涨幅达 1.00m，东北与西南湖面倾斜达 1.87m，平 2005 年台风"麦莎"引起的最大湖面水位差。9 日 8 时，湖面逐步恢复正常。太湖流域浙西山区瓶窑站 2d 水位涨幅达 4.62m，港口站 2d 水位涨幅达 3.65m，杭长桥站 2d 水位涨幅达 1.48m；杭嘉湖区水位涨幅大多为 0.70～1.00m，个别站点水位涨幅超过 1.00m；淀泖区水位涨幅多为 0.40～0.60m，阳澄区水位涨幅多为 0.15～0.30m。

（2）对浙闽地区的影响。台风"罗莎"给浙江沿海地区带来狂风暴雨。7 日白天，浙江中南沿海最大风力达到 12～13 级，浙北沿海海面最大风力为 8～10 级。其中以苍南渔寮的风力最大，为 35.3m/s。温州、台州、丽水东部、宁波南部、绍兴南部以及金华部分地区出现暴雨到大暴雨，局部特大暴雨。据初步统计，台风"罗莎"造成浙江 11 市 68 县 959 个乡镇 718.7 万人受灾，全省直接经济损失达 75 亿元。

受"罗莎"影响，福建中北部沿海出现 12～13 级大风，福鼎市崳山岛极大风速达 37.7m/s；6 日 8 时至 9 日 8 时，福州、宁德二市共有 14 个县（市、区）降水量超过 50mm，以柘荣 366.8mm 最大。福州、宁德、莆田三市共有 10 个县（市、区）126 个乡镇 42.91 万人受灾，直接经济损失达 4.6 亿元。

9. 2009 年第 8 号台风"莫拉克"

2009 年第 8 号台风"莫拉克"于 8 月 4 日在西太平洋洋面生成，生成后缓慢向西北方向移动，8 日 5 时加强为强热带风暴，5 日 17 时加强为台风，此后基本沿偏西方向移动，于 7 日 23 时 55 分在台湾花莲附近登陆，登陆时中心气压为 955hPa，风力为 40m/s（13 级）。台风登陆后穿过台湾中部，进入台湾海峡（在台湾中部移动方向改为偏北方向），并于 9 日 16 时 20 分在福建霞浦再次登陆，登陆时中心气压为 970hPa，风力为 33m/s（12 级），登陆后向西北方向移动，9 日 18 时减弱为强热带风暴，10 日 2 时减弱为热带风暴，5 时离开福建进入浙江境内，23 时开始穿越太湖流域，并于 11 日 15 时离开江苏盐城进入黄海海域，12 日 2 时停止编报，台风路径见附图 7.9。

受台风影响，太湖流域自 8 月 8 日起开始降水，至 12 日 8 时，流域平均累计降水量为 87.2mm。降水中心在流域上游，浙西区最大为 132mm，其次是湖西区的 97.7mm，其余各分区为 60～80mm。台风期间，流域大部分地区降水量为 50～100mm，湖西山区、湖西西北角沿江地区降水量为 100～200mm，浙西上游山区降水量为 100～300mm，其中市岭达 465mm。降水主要集中在 9—10 日两天，其中 9 日流域普降大到暴雨，主要降水区在阳澄淀泖区、浦东浦西区以及浙西区，分区平均降水量均在 50mm 以上，流域平均降

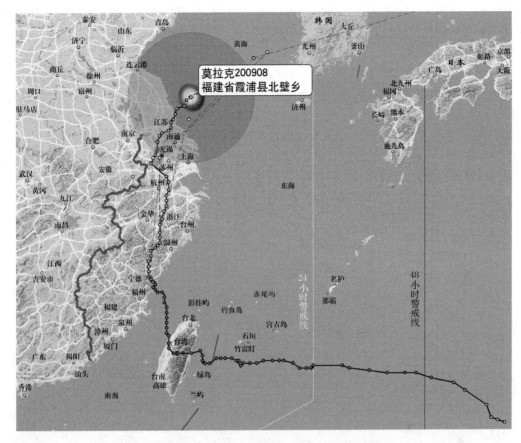

附图 7.9　200908 号台风"莫拉克"路径图

水量为 39.3mm，单站最大降水量为市岭站的 203mm；10 日暴雨中心在流域上游的湖西区和浙西区，区平均降水量分别为 79.7mm、55.3mm，流域平均降水量为 34.7mm，单站最大降水量为市岭站的 194mm。

8 月 8 日 8 时太湖水位为 3.89m。受台风降水影响，太湖水位快速上涨。12 日 8 时，太湖水位为 4.11m，较 8 日 8 时上涨 0.22m，高于常年同期水位 0.83m，位列历史同期第三位。台风影响期间，太湖流域风向基本为北到东北风，位于太湖东北角的望亭（太）水位从 9 日 3 时 35 分的 3.94m 降到 10 日 6 时 50 分的 3.69m，降幅 0.25m；位于太湖西南角的小梅口从 9 日 2 时的 3.84m 上涨至 10 日 5 时 30 分的 4.10m，涨幅 0.26m，夹浦站从 9 日 3 时 15 分的 3.92m 上涨至 10 日 6 时的 4.15m，涨幅 0.23m。

台风影响期间，10 日东苕溪上游山洪暴发，四岭水库水位从 65.27m（85 高程）猛涨至 77.85m（85 高程），最大入库流量为 450m³/s，均破历史纪录，并出现建库以来的首次非常溢洪道泄流。北苕溪出现超历史洪水，洪峰流量为 750m³/s，大大超过河道安全流量。为快速有效降低北苕溪水位，11 日凌晨 1 时启用北湖滞洪区，为加快洪水进入滞洪区的速度，8 时 15 分实施人工破提，破堤长 40m，分洪流量为 200m³/s，在 3h 内降低北苕溪水位 1.30m，降低东苕溪干流水位 0.50m。11 日 8 时，东西苕溪水位几乎全面超警，5 个站点水位超保，至 12 日 8 时，东西苕溪仍有 4 个站点水位超警，2 个站点水位超保。

　　台风影响期间，恰逢天文大潮，10 日凌晨长江口、杭州湾及黄浦江都出现了超警戒潮位，风暴潮增水明显。

　　10. 2012 年第 11 号台风"海葵"

　　2012 年第 11 号台风"海葵"于 8 月 3 日在日本冲绳县东偏南约 1360km 的西北太平洋洋面上生成，5 日 17 时加强为强热带风暴，6 日 17 时加强为台风，7 日 14 时增强为强台风，8 日 3 时 20 分前后"海葵"在浙江象山县鹤浦镇沿海登陆。"海葵"登陆时中心气压 965hPa，近中心最大风力为 42m/s（14 级），七级风圈 400km。登陆后的"海葵"穿越浙江省北部地区一路向西北方向移动，强度迅速减弱，8 日 16 时减弱为强热带风暴，21时减弱为热带风暴，9 日 12 时于安徽池州境内再度减弱为热带低压，台风路径见附图 7.10。

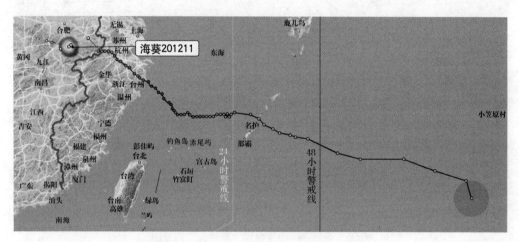

附图 7.10　201211 号台风"海葵"路径图

　　受台风影响，8 月 7 日 8 时至 11 日 8 时，流域面平均降水量为 159.8mm，其中浙西区过程降水量最大，达 195.9mm，其次为太湖湖区 183.1mm、湖西区 179.2mm、杭嘉湖区 164.3mm，其余各分区为 118.6～126.3mm。降水总体呈现出山区大于平原，西部大于东部的特点，暴雨中心位于浙西山丘区，董岭站累计降水量达 629.0mm、市岭站达 612.2mm。

　　8 月 8 日太湖流域普降暴雨到大暴雨，流域平均降水量达 118.3mm，各分区降水量除浦东浦西区略小于 100mm 外，其余各分区降水量均超过 100mm，100mm 以上的降水笼罩面积占流域总面积的 73%。浙西区董岭站最大 12h 降水量达 395.5mm、最大 24h 降水量达 525.5mm。日降水约为整个台风过程累计降水量的 74%。

　　受台风暴雨影响，太湖水位快速上涨，8 月 7 日 8 时，太湖水位为 3.26m，至 8 月 9 日 8 时达到 3.59m，14 日 8 时太湖水位达过程最高水位 3.86m。太湖水位最大日涨幅 0.21m。8 日 15 时，受东北风影响（阵风最大风力达 19m/s），太湖湖面水位发生倾斜，大浦口站、夹浦站、小梅口站水位较 8 日 8 时分别上涨 0.62m、0.57m 和 0.21m，望亭（太）站水位下降 0.24m。受台风风向影响，8 日大浦口站、夹浦站、小梅口站过程最大增水分别达 0.75m、0.83m 和 0.85m，望亭（太）站过程最大下跌 0.51m。望亭（太）站与小梅口站最大水位差达到 1.57m，发生在 8 月 8 日 13 时，其中望亭（太）站水位仅 2.65m，而小梅口水位达到 4.22m。

8 月 8—9 日，流域地区代表站达最高水位；8 月 6—15 日，流域共有 67 个站点水位超警，12 个站点水位超保，主要发生在浙西区和杭嘉湖区。

11. 2013 年第 23 号台风"菲特"

2013 年第 23 号台风"菲特"于 9 月 30 日 20 时在菲律宾以东的西北太平洋洋面上生成，生成后以 10~20km/h 的速度向北偏西方向移动，强度逐渐加强；10 月 1 日 17 时加强为强热带风暴，3 日 5 时加强为台风，4 日 17 时加强为强台风，之后逐渐转向偏西方向移动，强度变化不大，于 7 日 1 时 15 分在福建省福鼎市沙埕镇沿海登陆，登陆时中心气压为 955hPa，中心附近最大风力为 42m/s（14 级）。登陆后强度迅速减弱，于 7 日 11 时停止编报，台风路径见附图 7.11。

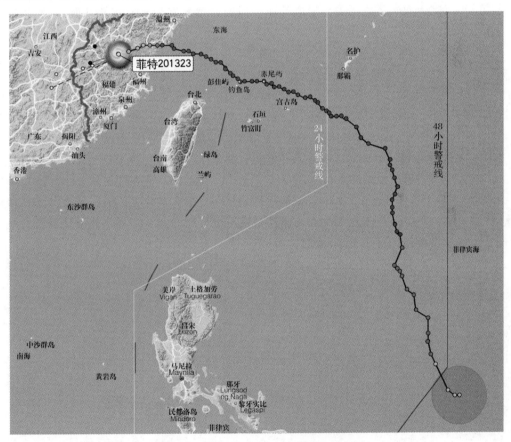

附图 7.11　201323 号台风"菲特"路径图

受强台风"菲特"外围及冷空气共同影响，10 月 5 日，太湖流域开始下零星小雨，6 日起降暴雨，7 日大暴雨，降水一直持续到 8 日。6 日 8 时至 9 日 8 时，全流域 3d 降水量达 204.7mm，位列 1951 年以来第二位，重现期约为 40 年。各水利分区中，杭嘉湖区降水量最大，为 284.0mm，其次为浙西区 266.6mm，浦东浦西区 216.8mm，均位列 1951 年以来第一位，重现期分别为 60 年、70 年、50 年。其余各分区为 101.2~216.8mm。降水总体呈现东南向西北递减的趋势，暴雨中心位于浙西山丘区，市岭站累计降水量达471.3mm。流域内降水量超过200mm的站点有69个，超过300mm的站点有18个，超过400mm的站点有4个。流域降水量超过100mm的笼罩面积达30193km²，占流域总面积的82%；超过200mm的笼罩面积达13316km²，占流域总面积的36%。

台风影响期间，降水集中，强度大。7日全流域单日降水量达130.5mm，重现期约为30年；杭嘉湖区达194.5mm，重现期约为40年；浙西区、阳澄淀泖区、浦东浦西区日降水量分别达156.1mm、151.1mm、143.4mm，重现期均约为20年左右。暴雨中心位于杭嘉湖平原区，软城站单日降水量达295.0mm，流域内单日降水量超过250mm的站点有4个，超过100mm的站点有84个。流域单日降水量超过100mm的笼罩面积达19967km²，占流域总面积的54%；超过50mm的笼罩面积达30171km²，占流域总面积的82%。

太湖水位及地区河网水位自10月5日起开始上涨，大部分站点于8日、9日上涨至最高水位。台风影响期间，恰逢天文大潮，地区河网水位和潮位普遍超警（保），部分站点出现超历史情况。

太湖水位从10月5日8时的3.14m上涨至13日8时的3.74m，累计涨幅为0.60m，位列1949年以来台风影响下太湖水位累计涨幅的第二位，其中最大日涨幅为0.19m，位列1954年以来第九位。10月5—15日，区域水位站点累计涨幅为0.15~7.24m，其中浙西区横塘村站累计涨幅最大，为7.24m，最大日涨幅为5.11m。台风影响期间，流域124个报汛站中共有45个站点（河道站、闸坝站）水位超警，其中19个站点水位超保；共有11个潮位站潮位超警，其中4个站点潮位超保；共有9个站点出现超历史。

浙西区港口站超历史最高水位（2012年7.65m）0.19m。浦东浦西区夏字圩站超历史最高潮位（2005年4.38m）0.32m，松浦大桥站超历史最高潮位0.29m，米市渡站、沙港站、泖港站均超历史最高潮位0.22m，洙泾站超历史最高潮位0.14m，泗泾站超历史最高潮位0.11m，青浦南门超历史最高潮位（1999年3.77m）0.01m。

附录8 引 江 济 太

1. 概况

太湖流域位于长江流域下游,是我国典型的平原河网地区,属于长江流域的二级支流水系,江湖相连,水系沟通,依存关系十分密切。自古以来,太湖流域沿长江地区的人民群众根据饮用、防洪、排涝、灌溉、航运等需要,在内河水位高时向长江排水,在内河水位低时从长江引水,进而实现太湖及流域河网与长江的沟通联系,保障了几千年来流域经济社会发展和人民群众的生产生活需要。

改革开放以来,特别是进入新世纪后,太湖流域经济持续快速发展,人口急剧增加,成为我国经济最发达、人口最密集、城市化水平最高的地区。2016年,太湖流域总人口为6028万人,占全国的4.4%;GDP为7.28万亿元,占全国的9.8%;人均GDP为12.1万元,是全国人均GDP的2.2倍。2000年以来,太湖流域年均总用水量为337亿m³,是多年平均本地水资源量(176亿m³)的1.9倍,流域本地水资源严重不足,主要依靠上下游重复利用和调引长江水解决,其中年均引长江水近100亿m³。另外,在工业化、城镇化的发展过程中,大量的污废水排放导致太湖流域水污染严重,湖泊呈富营养化,太湖蓝藻暴发频繁,流域水质型缺水问题突出。

面对流域水质型缺水和地区经济发展的需要,20世纪90年代水利部门开展了多次引长江水改善流域部分地区水环境的尝试。1990年、1992年、1994年,太湖流域干旱少雨,太湖水位偏低,黄浦江市区段污水上溯,影响了取水口水质。为了遏制黄浦江污水上溯对取水口的影响,太湖局曾与江苏省防指协商,调度苏州市沿江主要水闸向流域阳澄地区引水,进而向黄浦江上游供水,取得了一定效果。2000年汛期,流域降水少,太湖水位低,气温高,太湖水质较差,继梅梁湖蓝藻暴发,贡湖也发生大面积"水华",严重威胁苏州、无锡的生活饮水安全。太湖局在江苏、浙江、上海两省一市的支持下,组织制定并实施了《望虞河引水应急方案》,7月24日,开启常熟水利枢纽引水,7月31日望亭水利枢纽首次开闸向太湖引水,至8月23日关闸期间,望虞河引长江水4.6亿m³,其中入太湖水量2.22亿m³,太湖贡湖湾水体水质从引水前的劣于Ⅴ类改善为引水一周后的Ⅱ类。8月11—27日,为改善黄浦江上游水质,从太湖向黄浦江供水0.73亿m³。2000年首次实现了望虞河建成以来引长江水入太湖,发挥了治太工程望虞河的综合效益,进一步提高了对水资源调度的认识,也为深入开展引江济太调水试验积累了经验。

防治太湖水污染、治理太湖水环境是一项极为复杂而艰巨的系统工程,党中央、国务院高度重视太湖水污染防治工作,在2001年国务院召开的太湖水污染防治第三次工作会议上提出了"以动治静、以清释污、以丰补枯、改善水质"的水资源调度方针。太湖局认真贯彻国务院精神,积极践行水利部党组治水新思路,于2002—2004年组织实施了引江济太调水试验工程和扩大引江济太调水试验工程,利用已建治太骨干工程体系,优化工程调度,调引长江清水入太湖流域,特别是引水入太湖,并通过太浦河及环湖口门向下游及周边地区增加供水,有效增加流域水资源量,促进太湖及河网水体流动,提高流域水环境承载能力，保障太湖及下游河网地区供水安全，取得了显著成效。2005 年起，引江济太进入常态运行阶段。2008 年 5 月，国务院批复《太湖流域水环境综合治理总体方案》，明确将引江济太作为提高太湖流域水环境容量、保障饮用水安全的一项重要措施，要求进一步完善引江济太长效机制，加强引江济太调度管理。太湖局进一步加大引江济太工作力度，为实现太湖流域水环境综合治理"确保饮用水安全，确保不发生大面积湖泛"的工作目标发挥了积极作用。

2. 成效

在多年实践的基础上，太湖局组织流域两省一市水行政主管部门，编制了《太湖流域引江济太调度方案》和《太湖流域洪水与水量调度方案》《太湖抗旱水量应急调度预案》，先后经水利部和国家防总批复实施，为科学调度、依法调度奠定了坚实基础。

2002 年开展引江济太以来至 2016 年年底，年均通过望虞河调引长江水 18.5 亿 m³，引水入太湖 8.4 亿 m³，通过太浦闸向下游地区增加供水 13.7 亿 m³（详见附图 8.1～附图 8.3），有效增加了太湖和河网的水资源量，同时受水区水质改善明显，有效保障了流域供水安全。

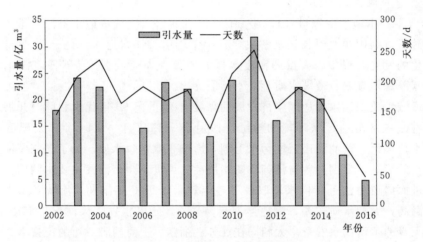

附图 8.1　2002—2016 年常熟水利枢纽引水量及引水天数

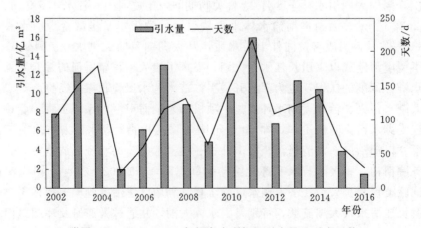

附图 8.2　2002—2016 年望亭水利枢纽引水量及引水天数

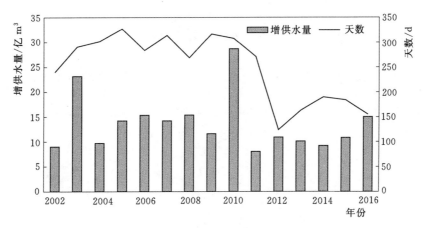

附图 8.3　2002—2016 年太浦闸增供水量及供水天数

（1）增加了流域水资源供给，提高了流域供水保障能力。2002 年以来，累计通过望虞河常熟水利枢纽调引长江水 277.1 亿 m^3，通过望亭水利枢纽入太湖水量为 125.6 亿 m^3，通过太浦闸向下游增加供水 205.4 亿 m^3，切实增加了太湖和河网的水资源量，有效应对了 2011 年、2013 年流域严重气象干旱，成功保障了 2010 年上海世博会、青草沙水库原水切换期间供水安全。

（2）加快了河湖水体流动，显著改善了河湖水源地水质。太湖换水周期已由 310d 缩短至 250d 左右，河湖水流速度及水体自净能力显著提高。引江济太供水范围涵盖太湖、太浦河及黄浦江上游主要饮用水水源地，保障人口超过 2000 万。引江济太期间，无锡锡东水厂等 6 个太湖水源地水质保持优良；通过太浦闸常年向下游地区供水，有效改善了上海、江苏、浙江太浦河水源地及上海市黄浦江上游水源地水质。

（3）提高了应对突发事件能力，成功应对了多起突发水污染事件。在应对 2007 年 5 月无锡供水危机事件中，通过加大调引长江水入太湖流量，最大限度地改善并稳定了无锡市太湖贡湖水源地水质，成效显著，受到了水利部和地方党委、政府的好评。此外，通过引江济太还有效应对了 2003 年黄浦江燃油泄漏、2013 年上海市金山区朱泾镇苯酚泄漏污染、2014—2016 年多起太浦河锑浓度异常等突发水环境事件，有效缓解了污染事件影响。

（4）促进流域水环境综合治理，有效保障了"两个确保"目标的实现。治污是太湖治理的根本，在流域河网水质特别是环太湖入湖河流水质尚未得到根本好转的情况下，引江济太仍然是提高太湖流域水资源承载能力，改善太湖及流域河网水环境的关键举措。与 2007 年相比，太湖综合水质类别已由劣 V 类改善到 V 类，主要水质指标高锰酸盐指数为 Ⅲ 类，氨氮为 Ⅰ 类，总磷为 Ⅳ 类；流域一级水功能区达标率由 10.8％ 提高到 39.4％，太湖连续 9 年实现了"确保饮用水安全、确保不发生大面积湖泛"的目标，引江济太取得了显著的资源环境效益。

（5）积极探索了流域防洪和水资源调度新理念。通过引江济太实践，逐步实现了太湖流域调度的"四个转变"，即从洪水调度向洪水调度与资源调度相结合转变，从汛期调度向全年调度转变，从水量调度向水量水质统一调度转变，从区域调度向流域与区域相结合调度转变。

参 考 文 献

[1] 吴浩云，管惟庆. 1991 年太湖流域洪水 ［M］. 北京：中国水利水电出版社，1999.

[2] 欧炎伦，吴浩云. 1999 年太湖流域洪水 ［M］. 北京：中国水利水电出版社，2001.

[3] 水利部太湖流域管理局，《太湖志》编纂委员会. 太湖志 ［M］. 北京：中国水利水电出版社，2018.